实战
家电维修

图表详解

空调器维修实战

王学屯 编著

化学工业出版社
·北京·

本书采用“图表”与“全彩”结合的形式，详细介绍了空调器的维修知识，主要内容包括：空调器的分类和系统组成、空调器的维修工艺、制冷 / 制热循环系统的组成及维修、电气控制系统的组成及维修、空气循环通风系统的组成及维修、空调器的拆解、空调器的新安装与移机、科龙空调器的电路分析与故障维修、志高空调器的电路分析与故障维修、柜式空调器电控系统、空调器常见故障分析与实战维修汇总等。

本书内容实用性和可操作性强，机型选取新颖常用，电路原理阐述详细，故障分析精细透彻，图表直观清晰，全彩重点标注，学习起来更加得心应手。

本书适合家电维修技术人员阅读使用，同时也可用作职业院校及培训学校相关专业的教材及参考书。

图书在版编目（CIP）数据

图表详解空调器维修实战 / 王学屯编著 . —北京：化学工业出版社，2017.9
（实战家电维修）
ISBN 978-7-122-30156-7

Ⅰ . ①图… Ⅱ . ①王… Ⅲ . ①空气调节器 - 维修 - 图解 Ⅳ . ① TM925.120.7-64

中国版本图书馆 CIP 数据核字（2017）第 165432 号

责任编辑：要利娜　　文字编辑：陈　喆
责任校对：边　涛　　装帧设计：刘丽华

出版发行：化学工业出版社（北京市东城区青年湖南街 13 号 邮政编码 100011）
印　　装：高教社（天津）印务有限公司
787mm × 1092mm　1/16　印张 17¼　字数 420 千字　2017 年 10 月北京第 1 版第 1 次印刷

购书咨询：010-64518888（传真：010-64519686）　售后服务：010-64518899
网　　址：http://www.cip.com.cn
凡购买本书，如有缺损质量问题，本社销售中心负责调换。

定　　价：68.00 元

前言

本书是“实战家电维修”系列图书之一，内容新颖，新知识点较多，语言通俗易懂。“图表形式”的讲解使读者学习起来十分轻松愉快，操作起来也更加容易上手。基本上避免了烦琐的理论讲述，对于需要学习和掌握空调器设备的读者来说，是一本难得的工具型、资料型图书。

家用空调器的销量逐年增加，对其维修与保养也显得越来越重要。特别是变频空调器的结构更复杂、成本更高，对维修技术也提出了更高的要求。为了让广大空调设备维修的初中级人员在短时间内掌握空调器的制冷技术、单片机电路控制技术及基本检修方法，我们在总结实践经验和搜集相关资料的基础上编写了本书。希望本书的出版能给广大空调器维修人员提供帮助。

本书的最大特点是：

① 全程图表解析，形式直观清晰，一目了然。原理阐述简单化，起点低，语言简洁，入门级维修人员即可读懂。

② 全程维修实战，直指故障现象，对症下药。

③ 机型常用，故障类型丰富，随查随用。

④ 故障现象分析详尽，有正常参数比对，判断故障技巧实用，维修案例经典实用。

⑤ 彩色印刷，重点知识、核心内容、信号传输及电源等采用特殊颜色标注，提高阅读效率。

本书在编写过程中，参考了各生产厂家的产品使用说明书和电路图及相关的文献资料，在此，一并表示衷心感谢！

本书适合家电售后人员或家电维修人员学习使用，也可作为职业院校或相关技能培训机构的培训教材。

全书由王学屯编著。另外，王墨敏、高选梅、孙文波、王米米、王江南、王学道、贠建林、王连博、张建波、张邦丁、王琼琼、刘军朝、张铁锤、贠爱花等为本书资料整理做了大量工作。

由于编著者水平有限，且时间仓促，书中难免有不足之处，恳请读者批评指正。

编著者

目录

基础篇

实战篇

基础篇

空调器维修既需要理论知识，又需要实际操作经验，而实际操作是建立在扎实的理论基础之上的。所以本书以“基础篇”开篇，主要讲述空调器的型号、分类、参数、组成、作用和基本维修工艺，作为学习空调器维修的预备知识。通过对本篇的学习，读者可以为下一步进行实际操作打下良好的基础，实际操作起来可以更加得心应手。

第1章

空调器基础知识

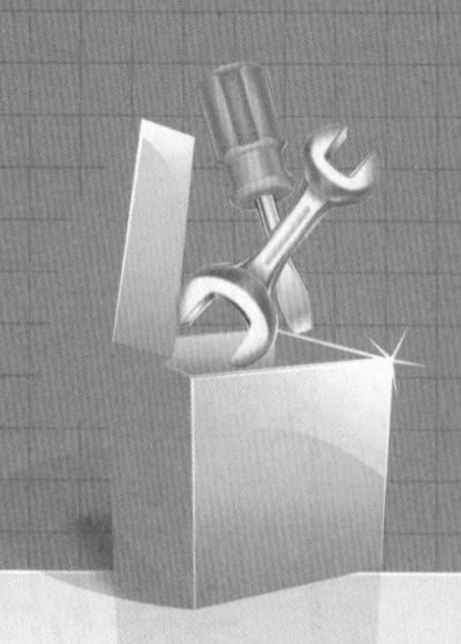

1.1 空调器的型号、分类及参数

1.1.1 空调器的型号与规格

为了有利于生产和市场销售，1996 年国家标准局（国家标准 GB/T7725—1996）对空调器的型号命名又作了统一的规定，型号命名由两个号段（标准型号段 / 公司型号段）组成。

① 标准型号段

标准型号段的组成（□—字母，×—数字）								
□	□	□	□	××	□	□	□	□
K	气候类型	结构形式代号	功能代号	名义制冷量	室内机组结构代号	室外机组结构代号	工厂设计序号	特殊功能代号
房间空调器	T1（-7 ～ 43℃） T2（-7 ～ 35℃ T3（-7 ～ 52℃） T1 一般省略	C—整体式 F—分体式 Y—整体移动式 YF—移动分体式	风冷式省略 R—热泵 D—电热 Rd—热泵辅助电热型	两位数×100W	整体式：窗机略 C—穿墙式 分体式： G—挂壁式 L—落地式 D—吊顶式 T—天井式	W	一般表示室外机改进号	F—变频空调 N—新工质

② 公司型号段（简称代号含义）

<table>
<tr><td colspan="9">公司型号段的组成</td></tr>
<tr><td>位码</td><td>1、2</td><td>3</td><td>4、5</td><td colspan="2">6</td><td>7</td><td>8、9</td><td>括号外末位</td></tr>
<tr><td>含义</td><td>名义制冷量</td><td>产品结构形式</td><td>设计序号</td><td colspan="2">整机或内机结构分类</td><td>主要特征功能</td><td>室外机配置</td><td>表示特殊功能</td></tr>
<tr><td rowspan="8">分类</td><td>二位数字</td><td>一位数字</td><td>一位字母＋一位数字</td><td colspan="2">一位大写汉语拼音字母</td><td>一位大写英文字母</td><td>一或二位大写英文字母</td><td>一或二位英文字母</td></tr>
<tr><td rowspan="7">00～99</td><td rowspan="7">0—KCR
1—KC
2—KCD
3—KF
4—KFR
5—KFR+D（辅助电加热）</td><td rowspan="7">00～99或A～Z+0～9顺次排列</td><td>整体式</td><td>窗式省略
A—穿墙式
Q—嵌入式</td><td>A—遥控式</td><td rowspan="7">AA～ZZ</td><td rowspan="7">F—变频
Fd—直流变频
N—新工质</td></tr>
<tr><td>挂壁式</td><td>挂壁式省略</td><td rowspan="2">H—换气；G—感应；S—加湿、换气；A—灯箱遥控；C—动感灯箱遥控；P—P板两控；K—远程遥控；E—记忆</td></tr>
<tr><td>落地式</td><td>L—落地式</td></tr>
<tr><td>吊顶式</td><td>D—吊顶式</td><td>暂无</td></tr>
<tr><td>天井式</td><td>T—天井式</td><td>暂无</td></tr>
<tr><td>风管式</td><td>P—风管式</td><td>A—遥控式</td></tr>
<tr><td>移动式</td><td>F—移动式</td><td>暂无</td></tr>
</table>

③ 新标准

此后，我国又增加了GB12021.3—2004和GB12021.3—2010两个标准，主要内容是增加“中国能效标识”图标。

❶ 能效比标识

能效比即EER(名义制冷量/额定输入功率)和COP（名义制热量/额定输入功率）。

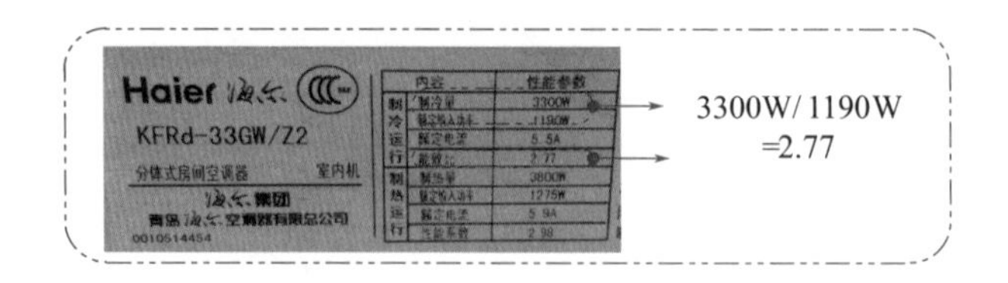

❷ 旧能效比标准

旧能效比标准（GB12021.3—2004），分体式共分 5 个等级，1 级最省电，5 级最费电。

项目	1 级	2 级	3 级	4 级	5 级
制冷量≤ 4500W	3.4 及以上	3.39 ～ 3.2	3.19 ～ 3.0	2.99 ～ 2.8	2.79 ～ 2.6
4500W ＜制冷量≤ 7100W	3.3 及以上	3.29 ～ 3.1	3.09 ～ 2.9	2.89 ～ 2.7	2.69 ～ 2.5
7100W ＜制冷量≤ 14000W	3.2 及以上	3.19 ～ 3.0	2.99 ～ 2.8	2.79 ～ 2.6	2.59 ～ 2.4

❸ 新能效比标准

新能效比标准（GB12021.3—2010）中，分体式共分 3 个等级，相对于旧标准，各级别提高了能效比。

项目	1 级	2 级	3 级
制冷量≤ 4500W	3.6 及以上	3.59 ～ 3.4	3.39 ～ 3.2
4500W ＜制冷量≤ 7100W	3.5 及以上	3.49 ～ 3.3	3.29 ～ 3.1
7100W ＜制冷量≤ 14000W	3.4 及以上	3.39 ～ 3.2	3.19 ～ 3.0

4 空调器型号命名实例

❶ 海尔 KFRd-33GW/Z2

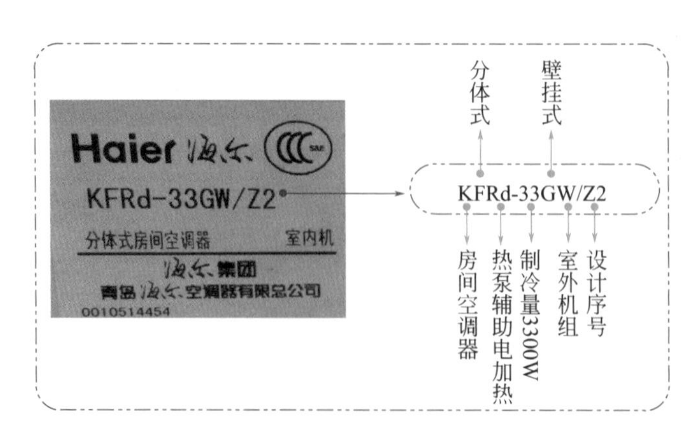

❷ 美的 KFR23GW/DY-FC(E1)

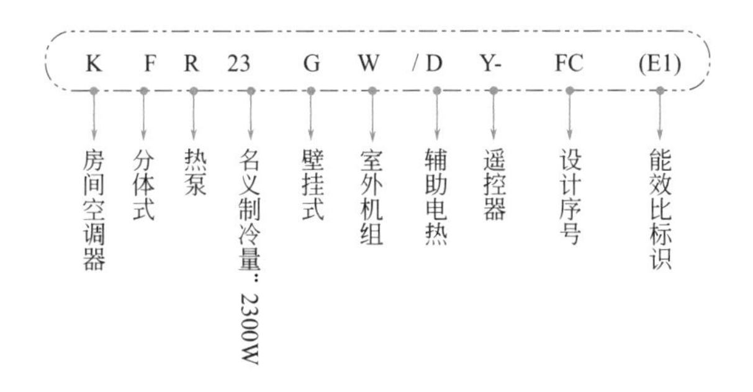

❸ 空调器型号基本格式

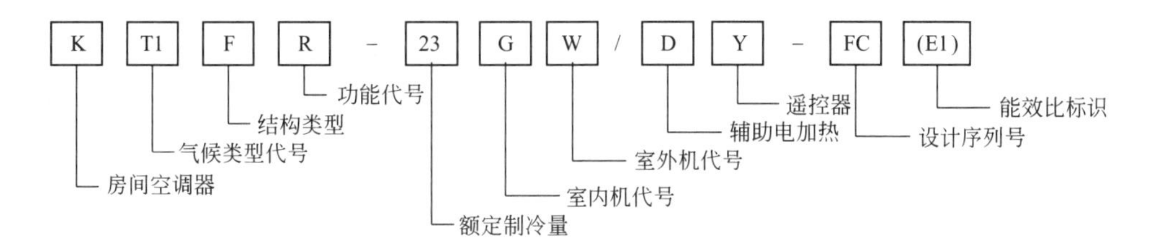

❹ 科龙 KFR-26GW/VGFDBP-3

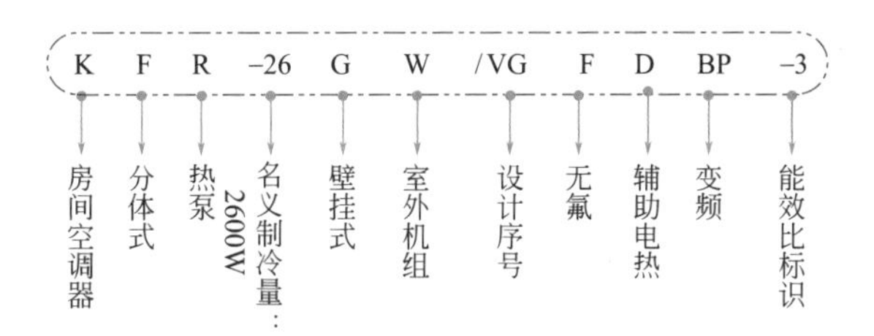

1.1.2 空调器的分类

家用空调器的种类很多，常有以下几种分类方法。

(1) 按结构形式分

❶ 整体式空调器

整体式空调器可分为两大类：窗式空调器和移动空调器。

窗式空调器

移动空调器

移动空调是一种突破传统设计理念，体形较小、能效比高、无需安装，可随意放置在不同房屋内的移动式空调。从外观上看，该空调的款型和体积均与家用吸尘器差不多，具有时尚、轻便、灵巧等特点

移动空调机体内压缩机、排风机、电热器、蒸发器、风冷翅片式冷凝器等装置一应俱全，机身配有电源插头，机壳底座安装了四个脚轮，可使空调自由移动

❷ 分体式空调器

分体式空调器由室内机组和室外机组两部分组成，两个机组分别安装在房间的内、外，功率范围多在 2200 ～ 3600W 之间。分体式空调器有多种类型。

壁挂式空调器

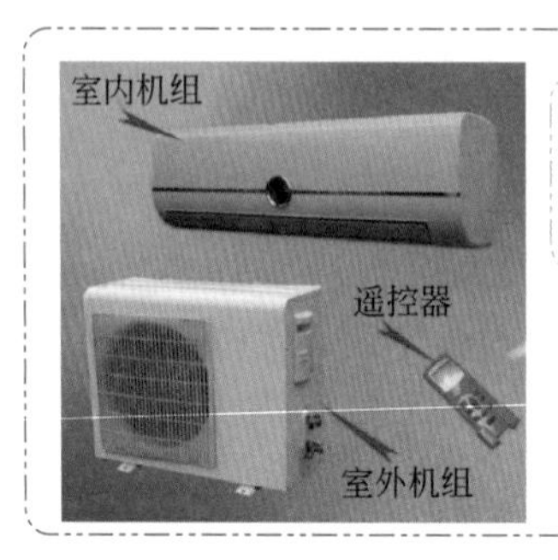

因室内机组挂在墙壁上而得名，是目前使用最普遍的空调器。分体壁挂式空调器有一拖一和一拖多之分，即一台室外机组带动一台或多台室内机组

落地式空调器

落地式空调器又称柜机，其结构与壁挂式空调相同，只是室内机的形状和摆放方式类似柜子。通常，柜式空调比壁挂式空调的制冷功率更大，能够满足面积较大房间温度调节的需求。特点是制冷量大

吊顶式空调器

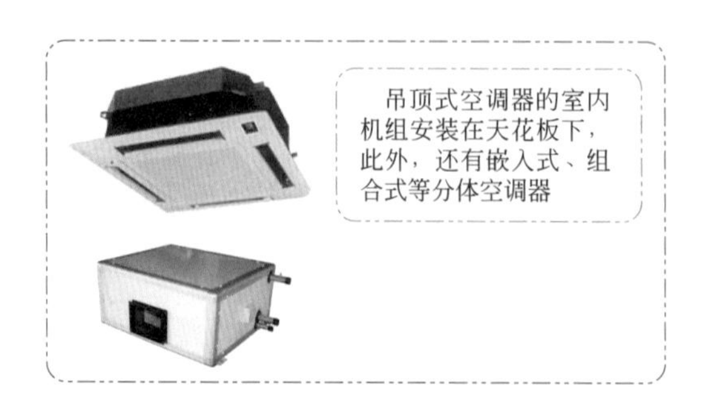

吊顶式空调器的室内机组安装在天花板下，此外，还有嵌入式、组合式等分体空调器

② 按主要功能分

冷风型空调器	冷风型空调器结构简单，它是单纯以制冷为目的，夏季为空调房间提供冷风，能将房间温度控制在25～27℃
热泵型空调器	将室外的热量吸入到室内的制热方式称为热泵制热。热泵型空调器在结构上比冷风型空调器增加了电磁四通换向阀、单向阀和辅助毛细管等零部件。热泵型空调器既可以制冷，又可以制热，夏季可以为房间提供冷风，冬季又能提供暖风。这种空调器能将房间温度夏季维持在25～27℃，冬季维持在18～20℃，所以也称为冷暖两用空调。特点：方便、节能，效率较高
电热型空调器	电热型空调器和热泵型空调器的主要区别在于制热方式不同，其制冷系统而与冷风型空调器完全相同，只是在室内循环系统的适当部位安装了电热元件，如电加热器、电热管或PTC发热件，制热运行实际上只有电热元件和风扇在工作。特点：结构简单、使用方便，不受室外环境的影响，但耗电量大
热泵辅助电热型	热泵辅助电热型空调器，是热泵型和电热型优特点相结合的产物。可用少量的电加热来补充热泵制热量不足的难题，既可有效地降低电加热器的功率消耗，又能够扩大热泵空调的使用范围

③ 按使用气候环境最高温度分类

单位：℃

冷暖类型	T1(温带气候)	T2（低温气候）	T3（高温气候）
单冷型	18～43	10～35	21～52
冷暖型	-7～43	-7～35	-7～52

④ 其他分类方式

❶ 按压缩机的工作方式	定频（定速）式	定频式空调器的压缩机由市电直接供电，它的供电频率（50Hz）是不变的，因此转速是一定的。为了维持房间温度的稳定，定频式空调器只能采取“时开时停”的调节方式工作
	变频式	变频式空调器的压缩机虽然也是由市电供电，但它是经过变频器(变频电路)变换频率后再供给压缩机，通过改变输入电压的频率和大小来改变压缩机的转速和输出功率，使压缩机转速可连续变化，从而实现了自动无级变速。变频空调在启动时以高频运转，这样可以使房间温度迅速达到设定的温度。当快要达到设定温度时，压缩机将以低转速运转，使房间温度保持在设定值左右，这样就可以避免空调频繁开停机而费电（空调开机启动阶段电流大，功率消耗也大）
❷ 按供电方式	单相供电	小功率空调器的压缩机采用单相异步电机，所以多采用单相交流220V供电方式
	三相供电	部分大功率的落地式空调器采用三相异步电机，所以采取三相交流电380V供电方式
❸ 按采用的制冷剂	有氟空调器	有氟空调器的制冷剂采用的多为R22或混合工质R502等
	无氟空调器	无氟空调器采用的制冷剂多为R407c、R410a等

续表

❹ 其他类型	—	随着电子和机电等工业的发展，由于技术的不断进步，多种新技术、新材料的节能环保、多用途空调器不断涌现出来，如有氧空调器、环绕空调器、绿色空调器、太阳能空调器等

1.1.3 空调器铭牌主要参数

按照国家标准，空调器的主要性能参数较多，从维修的角度，需要清楚了解制冷量、制热量及额定功率这三个技术参数。

① 制冷量

空调器的制冷量是指空调器进行制冷运行时，每小时所产生的“冷量”，按照国际单位制（SI 制），它的标准单位为 W（瓦）。

匹数是一种不规则的民间叫法与用法，在空调行业中较为流行，这里的匹数代表的是耗电量，因以前生产的空调器种类较少，技术也差不多，因此使用耗电量来代表制冷能力，匹（P）与 W 的大致换算关系是：1 匹 =2200 ～ 2600 W（常取 2500 W）。

制冷量与匹的对应关系			
制冷量	匹（P）	制冷量	匹（P）
2300W 以下	小 1P	4800W 或 5000W	正 2P
2400W 或 2500W	正 1P	5100W 或 5200W	大 2P
2600W 或 2800W	大 1P	6000W 或 6100W	2.5P
3200W	小 1.5P	7000W 或 7100W	正 3P
3500W 或 3600W	正 1.5P	12000W	正 5P
4500W 或 4600W	小 2P	1 ～ 1.5P 空调器常见形式为挂机，2 ～ 5P 空调器常见形式为柜机	

② 制热量

空调器的制热量是指空调器进行制热运行时，每小时所产生的热量，也就是在单位时间内向空调房间送入的热量值，单位为 W 或 kcal/h（千卡 / 小时，1kcal=4186.8J）。

③ 额定功率

空调器的额定功率是指空调器在制冷或制热时所需消耗的电功率，又称输入功率，单位为 W（瓦）。

1.2 空调器的系统组成

分体壁挂热泵型空调器的整机，从结构外形上划分，主要由室内机组、室外机组和连接室内外机组的管路、通信线路等组成。

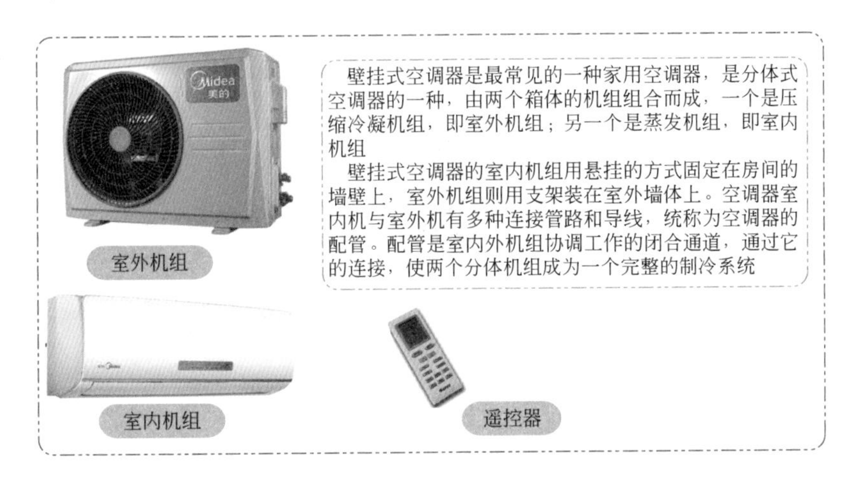

热泵型空调器主要由制冷循环系统、空气循环通风系统、电气控制系统及箱体等部分组成。

1.2.1 制冷循环系统的组成

制冷循环系统由全封闭压缩机、冷凝器、干燥过滤器、毛细管、蒸发器及连接管道（铜管）等部件组成。

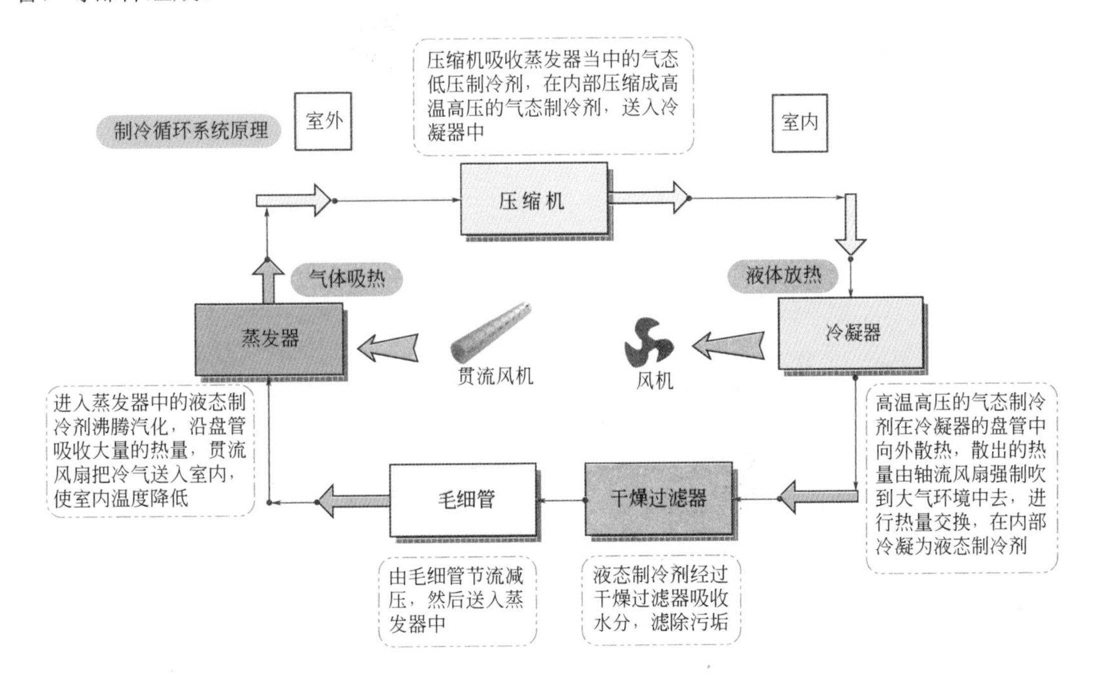

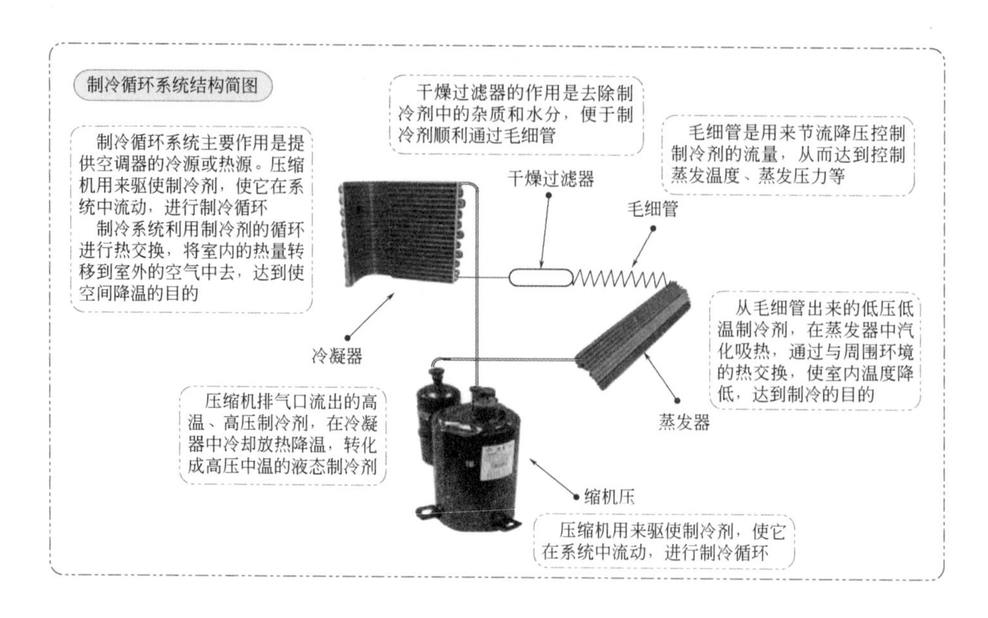

1.2.2　空气循环通风系统

空气循环通风系统的作用是完成空调器中的热力交换，为蒸发器与冷凝器提供空气热交换条件，以达到调节空气温度的目的。空气循环通风系统的主要部件有轴流风机、贯流风机、风道、导风板、空气过滤网等组成。

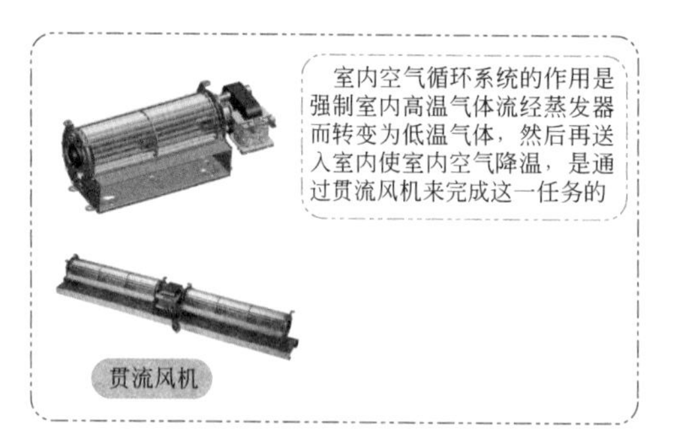

1.2.3　电气控制系统

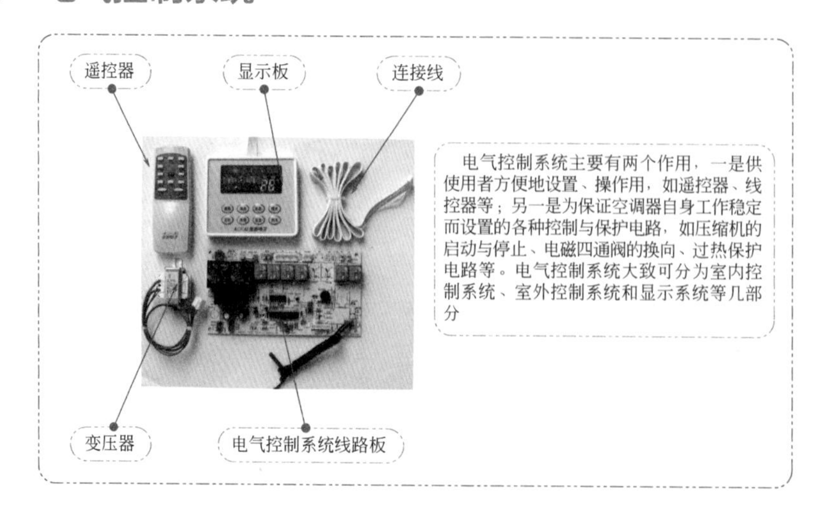

1.2.4 箱体

箱体（机壳）是空调器的基本框架，它为制冷循环系统、空气循环通风系统、电气控制系统提供存放空间。

如果将热交换器比做空调器的毛细血管，压缩机则是空调器的心脏，制冷剂则相当于血液，空气循环通风系统则相当于呼吸系统，电气控制系统则相当于大脑和手，箱体则相当于骨骼和肌肤。

1.2.5 空调器结构爆炸图

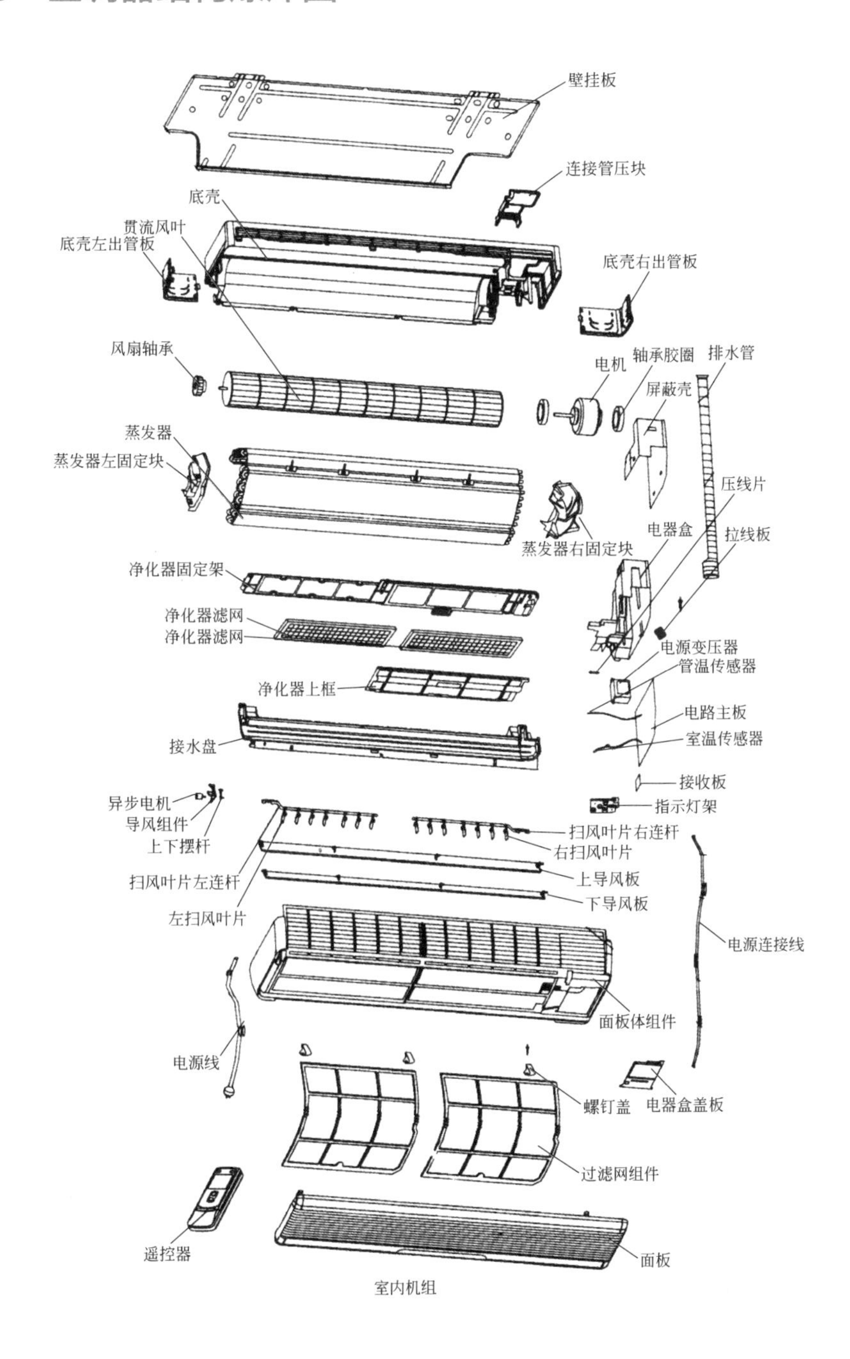

室内机组

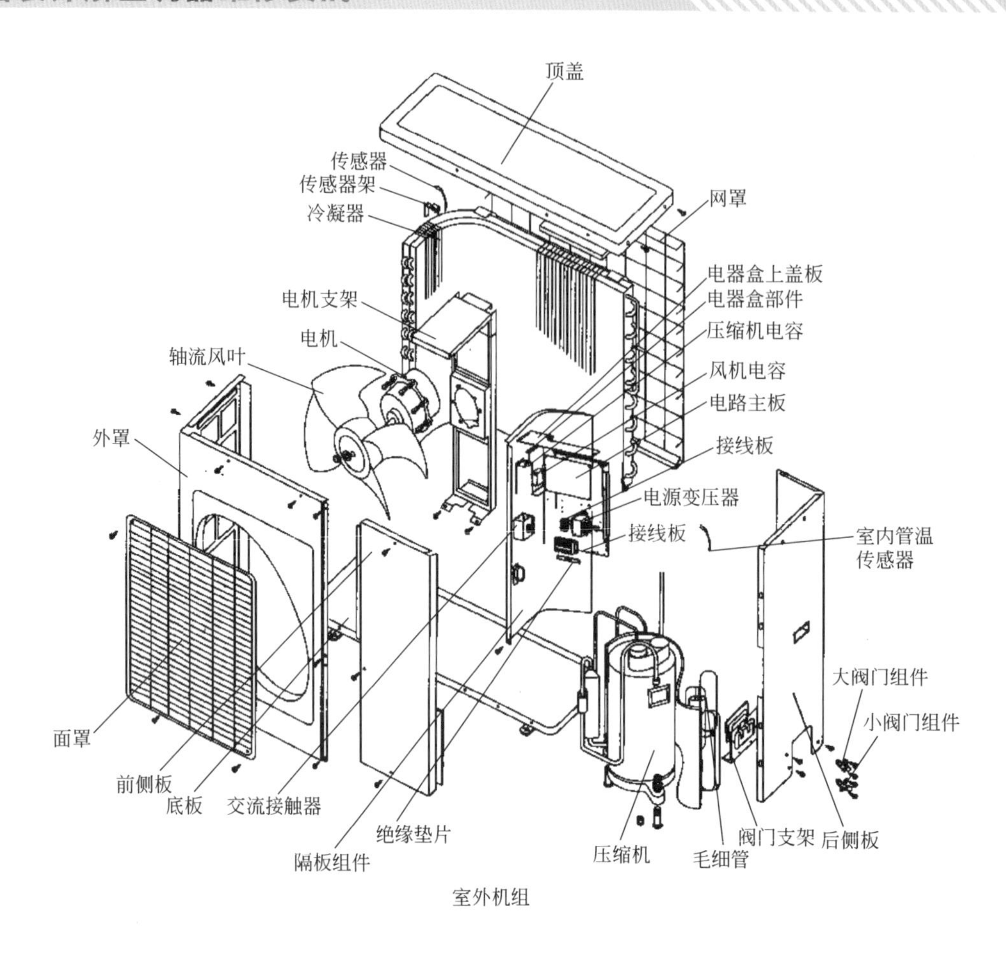

室外机组

1.3 制冷剂

制冷剂又称制冷工质、雪种或冷媒。在空调器设备中，热能与机械能的转换或热能的转移，都要借助于某种携带热能的工作物质的状态变化来实现，这类工作物质被称为制冷剂。在蒸气压缩式制冷系统中，它通过压缩冷却（放热）而液化，通过节流降压而汽化（吸热），从而将低温体的热量转移给高温体。正是制冷剂在制冷系统中的循环吸热和放热才实现了连续的热量转移，达到制冷 / 制热的目的。

有氟空调器制冷剂使用氟利昂（R22）；无氟空调器早期使用混合工质，目前多使用R134a 等。目前一些厂家已生产出一些新型制冷剂，如 R410A 及 R407C 等。

1.3.1 空调器常用制冷剂

(1) 氟利昂 R22

氟利昂 R22 特点	
代号	R22 或 F22

续表

氟利昂 R22 特点	
分子式	$CHClF_2$，又称二氟一氯甲烷
常温、常压下性质	氟利昂的主要特征是化学性质稳定，无毒、无味、无色、不燃烧、没有爆炸危险、对金属不腐蚀。但它不易溶于水，要求制冷系统保持干燥，以避免产生冰堵和防止含水的氟利昂对金属产生腐蚀作用；易溶解天然橡胶和树脂，比空气重。标准大气压下：沸点－40.8℃、凝固点－160℃。安全可靠，目前被普遍用于小型空调器的制冷剂
危害	当与火焰（800℃以上）高温接触，易分解成刺激性卤化碳、一氧化碳等有毒气体 氟利昂气体随着气流上升到大气平流层后，在强烈的太阳紫外辐射作用下会产生分解，释放出氯原子。氯原子可与大气上层的臭氧分子作用生成氧化氯和氧分子，从而对臭氧层发生破坏作用。臭氧层被破坏，则会导致地球表面所受紫外辐射增加，危害地球的生态环境，使人的免疫力下降，如皮肤病、白内障等疾病会增加，影响人类的健康甚至生命
	被限制使用的氟利昂有 R11、R12、R113、R114 和 R115，它们在 2000 年已被禁用。电冰箱、电冰柜使用的 R12 为过渡工质，到 2020 年将被完全禁止使用

② 多元混合溶液

多元混合溶液特点
多元混合溶液又称混合制冷剂，是由两种或两种以上的氟利昂组成的混合物。混合的目的，是为了充分利用现有结构的压缩机，改善耗能指标，扩大它的温度使用范围 常用的有 R500(由 R12 和 R152a 组成，R12 占 73.8％)、R501（由 R22 和 R12 组成，R22 占 75％)、R502(由 R22 和 R115 组成，R22 占 48.8％)等 混合工质一般比构成它的纯工质能耗小、制冷量大、排温低、腐蚀性小、正常蒸发低，并能适应不同制冷装置的要求

③ 绿色空调器制冷剂 R134a

制冷剂 R134a 特点	
代号	制冷剂 HFC-134a，俗称 R134a
分子式	$C_2H_2F_4$(四氟乙烷)，是一种环保型制冷剂
与氟利昂 R12 相比	它与氟利昂 R12 相比有较相似的热物理性质，而且消耗臭氧潜能 ODP 和温室效应潜能 GWP 均很低，并且基本上无毒性
渗透性较强	由于 R134a 比 R12 的分子更小，渗透性更强，从而对密封材料的选用及气密试验提出了更高的要求
饱和压力较高	与 R12 相比，同温度下 R134a 的饱和压力较高，这就要求在维修过程中必须确保加氟工具密封性良好，以防空气和水分进入系统，且对压缩机的结构材料要求较高
水的溶解性高	水的溶解性高达 0.15g/100g, 因此要求制冷循环系统保持绝对干燥

续表

制冷剂 R134a 特点	
腐蚀性强	对空调器电机漆包线的耐压等级要求更高
温室效应	由于 GWP=0.26，不为零，可产生温室效应，因而不是最终替代方案，是空调器从有氟到无氟的过渡产品

1.3.2 使用制冷剂注意事项

使用制冷剂注意事项
❶ 制冷剂要存放在专用的钢瓶内。一般维修部选用中小型制冷剂瓶，大型维修部可采用大存储瓶 为了避免发生爆炸等意外事故，对钢瓶有多项要求：一是要质量可靠，二是装有制冷剂的钢瓶要正置且放置在阴凉处，三是远离火源，四是不能被撞击。另外，大钢瓶上的阀门要采用帽盖或铁罩进行保护，以免在搬运过程中因碰击等原因损坏阀门
❷ 需要通过大钢瓶为小钢瓶加注制冷剂时，要先用加液管将两瓶口进行连接，大瓶放倒，适当抬高它的尾部，快速加注时可采用温水或毛巾热敷大钢瓶，严禁用火烤，否则可能会导致制冷剂钢瓶爆炸。另外，每次用完钢瓶时，应随手关闭阀门
❸ 使用时应避免制冷剂喷射到皮肤上，尤其是不能喷入眼睛内
❹ R22 在空气中的浓度超过 20% 就会闻到异味，若浓度超过 80% 会引起窒息，并且在温度超过 400℃后，遇到明火可能会产生有毒物质
❺ 空气中 R134a 的浓度达到一定值时会刺激人的皮肤和眼睛

第2章

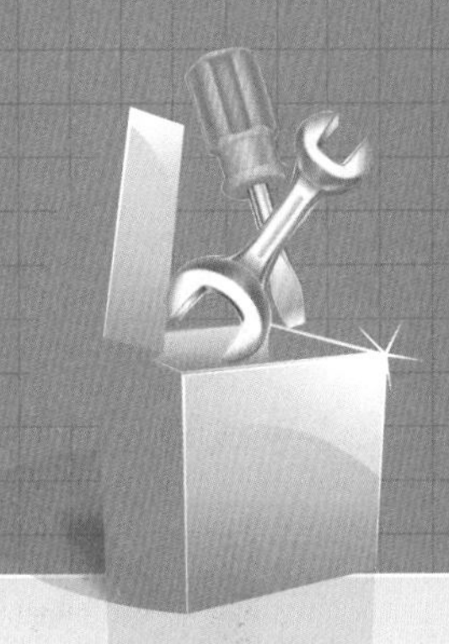

空调器基本维修工艺

2.1 电路板焊接工艺

2.1.1 实战1——导线的焊接工艺

1 剥线

剥线方法有多种，下面只介绍2种。

❶ 第1种剥线方法：剥线钳剥线

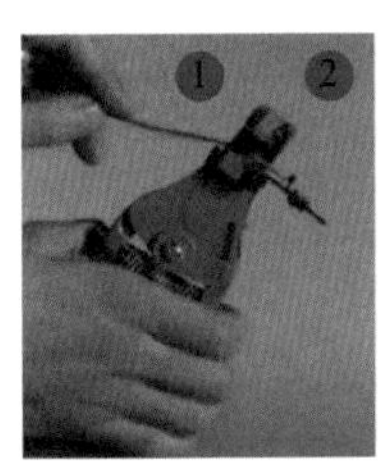

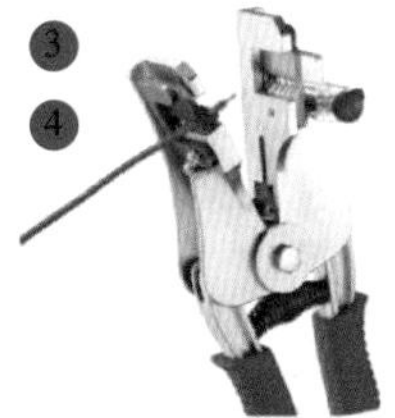

剥线钳的使用方法如下：
① 根据缆线的粗细型号，选择相应的剥线刀口
② 将准备好的电缆放在剥线工具的刀刃中间，选择好要剥线的长度
③ 握住剥线工具手柄，将电缆夹住，缓缓用力使电缆外表皮慢慢剥落
④ 松开工具手柄，取出电缆线，这时电缆金属整齐露出外面，其余绝缘塑料完好无损

❷ 第 2 种剥线方法：通电的电烙铁剥线

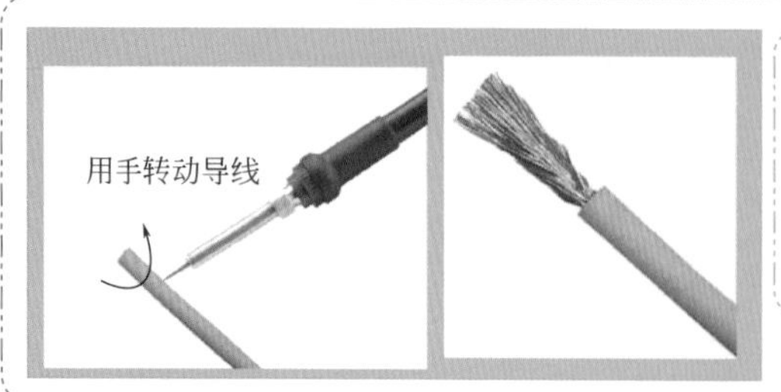

用通电的电烙铁头对着需要剥离的导线进行划剥，另一只手同时转动导线，把导线划出一道槽，最后用手剥离导线

导线若原来已经剥离了，最好剪掉原来的，因为原来的往往已经有污垢或氧化了

（2）导线吃锡（镀锡）

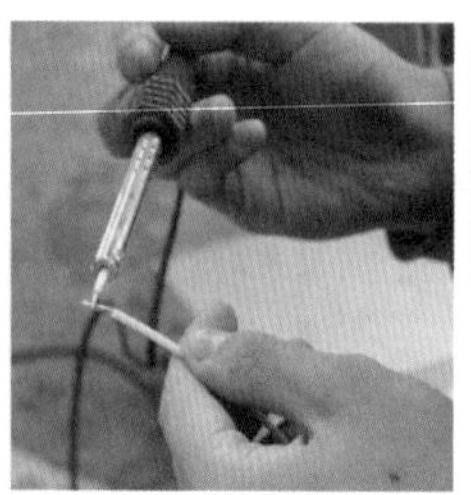

导线先进行吃锡，是为了方便以后的焊接。剥离的导线头可以放在松香盒中或直接拿在手中吃锡

吃锡后的导线头若有些过长，可适当剪掉一些

（3）导线的焊接

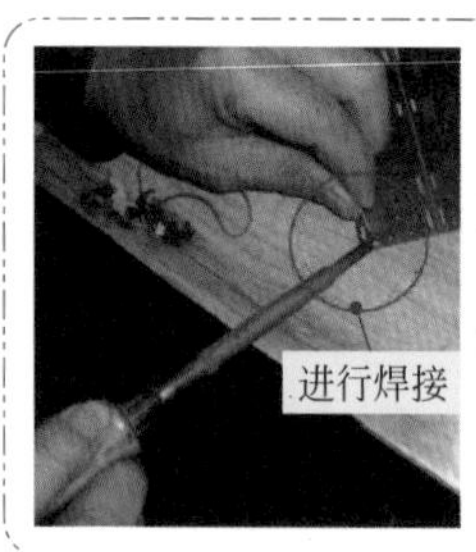

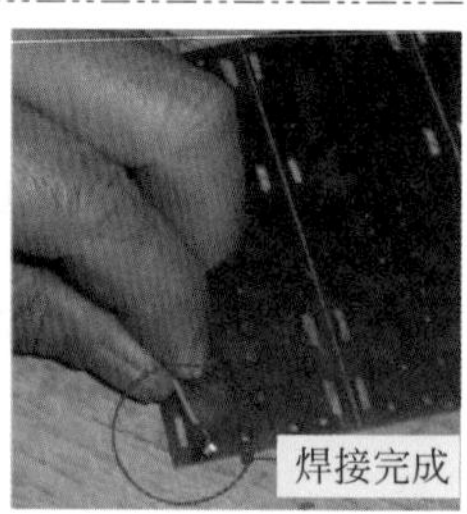

导线头对准所要焊接的部位，一般采用带锡焊接法进行焊接

焊接完成后，手不要急于脱离导线，待焊点完全冷却后，手再撤离，这样做是为防止接头出现虚焊

2.1.2　实战 2——元件的焊接工艺

（1）焊接前工具、器材的准备

❶ 焊锡

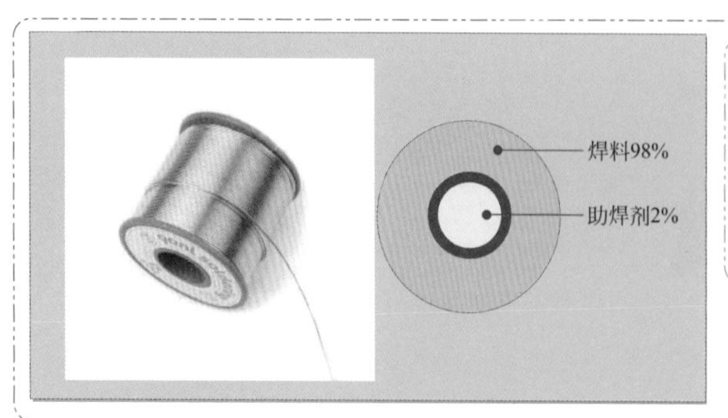

手工烙铁焊接经常使用管状焊锡丝(又称线状焊锡)。管状焊锡丝由助焊剂与焊锡制作在一起做成管状，焊锡管中夹带固体助焊剂。助焊剂一般选用特级松香为基质材料，并添加一定的活化剂

助焊剂是有助于清洁被焊接面，防止氧化，增加焊料的流动性，使焊点易于成形，提高焊接质量

❷ 烙铁架

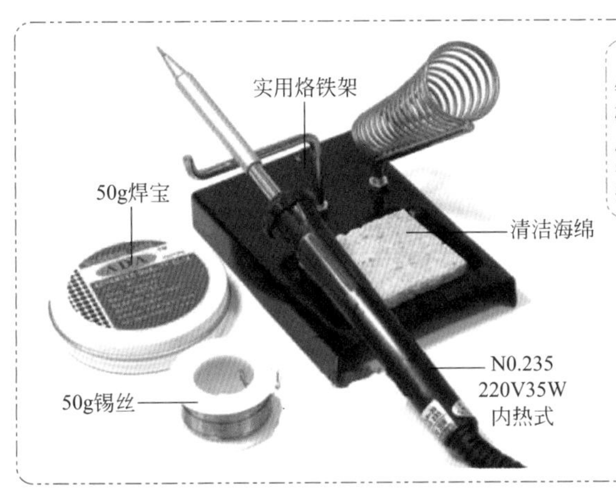

烙铁架的好处有：① 可以放置工作中的烙铁；② 烙铁暂时不用时，有利于散热，烙铁头不易烧死；③ 确保安全性，不易引起烫伤物品或火灾；④ 架板(选用坚硬的木质)部分可用作工作台面，用以刮、烫元器件；⑤ 有松香槽，方便助焊。⑥ 焊锡槽方便盛装剩余的焊锡和烙铁用锡

❸ 电烙铁

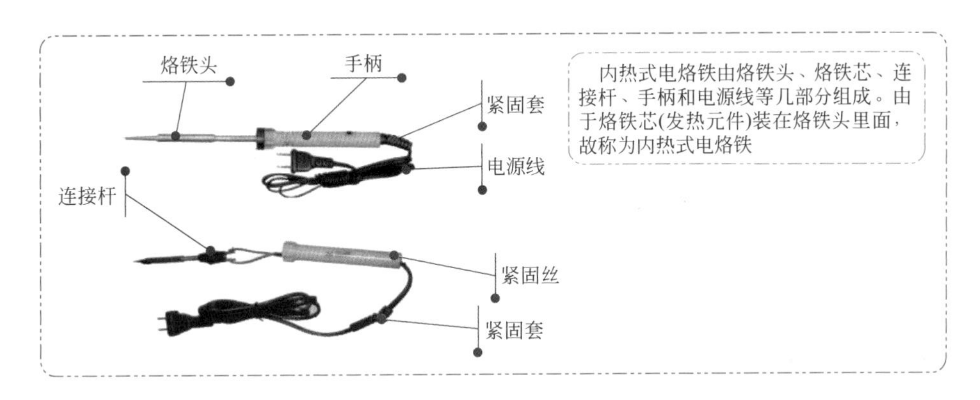

内热式电烙铁由烙铁头、烙铁芯、连接杆、手柄和电源线等几部分组成。由于烙铁芯(发热元件)装在烙铁头里面，故称为内热式电烙铁

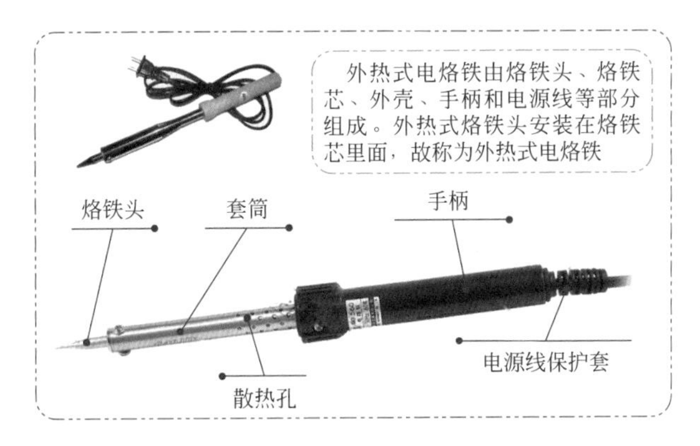

外热式电烙铁由烙铁头、烙铁芯、外壳、手柄和电源线等部分组成。外热式烙铁头安装在烙铁芯里面，故称为外热式电烙铁

② 焊前焊件的处理

❶ 测量元器件的好坏

测量就是利用万用表检测准备焊接的元器件是否质量可靠，若有质量问题或已损坏的元器件，就不能焊接，需要更换

❷ 刮引脚

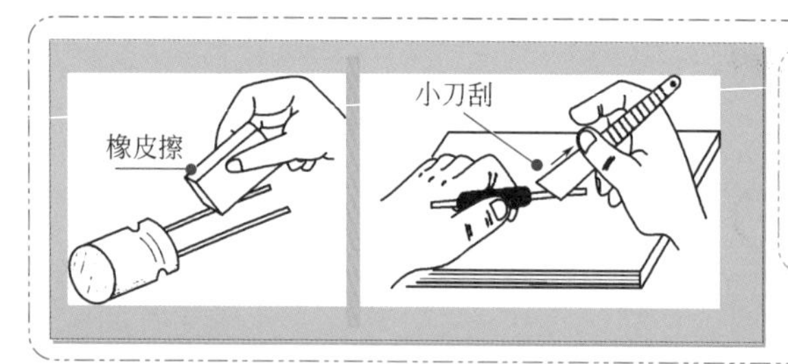

刮引脚就是在焊接前做好焊接部位的表面清洁工作。对于引脚没有氧化或污垢的新元件可以不做这个处理。一般采用的工具是小刀、橡皮擦或废旧钢锯条(用折断后的断面)等

❸ 镀锡

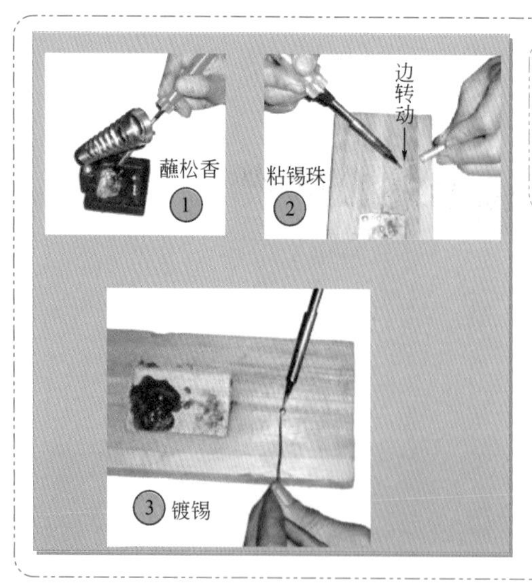

镀锡的具体做法是：发热的烙铁头蘸取松香少许(或松香酒精溶液涂在镀锡部位)，再迅速从贮锡盒粘取适量的锡珠，快速将带锡的热烙铁头压在元器件上，并转动元器件，使其均匀地镀上一层很薄的锡层

③ 焊接技术

手工焊接方法常有送锡法和带锡法两种。

❶ 送锡焊接法

送锡焊接法，就是右手握持电烙铁，左手持一段焊锡丝进行焊接的方法，送锡焊接法的焊接过程通常分成五个步骤，简称“五步法”，具体操作步骤如下。

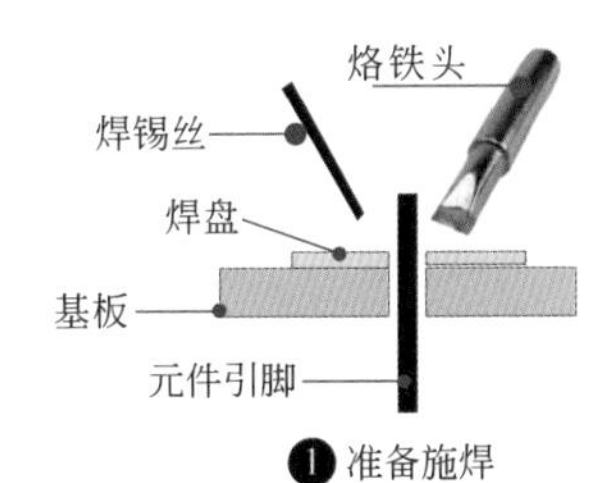

❶ 准备施焊

第1步：准备施焊
准备阶段应观察烙铁头吃锡是否良好，焊接温度是否达到，插装元器件是否到位，同时要准备好焊锡丝

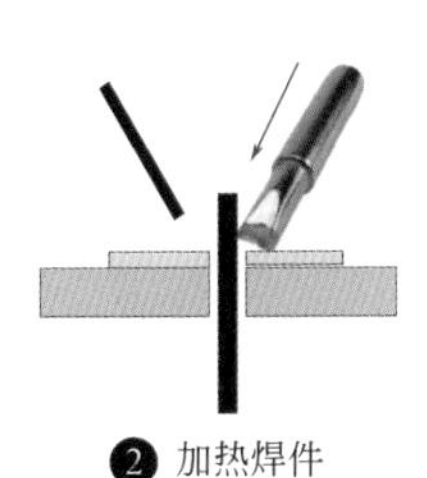

❷ 加热焊件

第2步：加热焊件
右手握持电烙铁，烙铁头先蘸取少量的松香，将烙铁头对准焊点(焊件)进行加热。加热焊件就是将烙铁头给元器件引脚和焊盘“同时”加热，并要尽可能加大与被焊件的接触面，以提高加热效率、缩短加热时间，保护铜箔不被烫坏

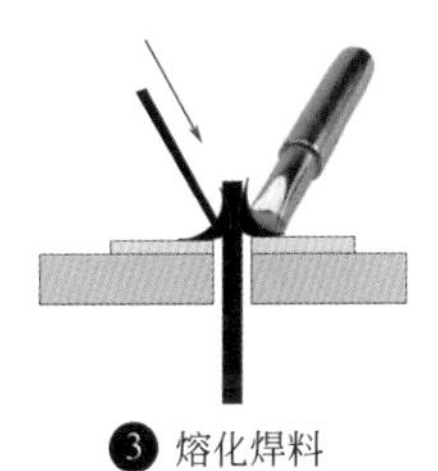

❸ 熔化焊料

第3步：熔化焊料
当焊件的温度升高到接近烙铁头温度时，左手持焊锡丝快速送到烙铁头的端面或被焊件和铜箔的交界面上，送锡量的多少，根据焊点的大小灵活掌握

❹ 移开焊锡

第4步：移开焊锡
适量送锡后，左手迅速撤离，这时烙铁头还未脱离焊点，随后熔化后的焊锡从烙铁头上流下，浸润整个焊点。当焊点上的焊锡已将焊点浸湿时，要及时撤离焊锡丝，不要让焊盘出现“堆锡”现象

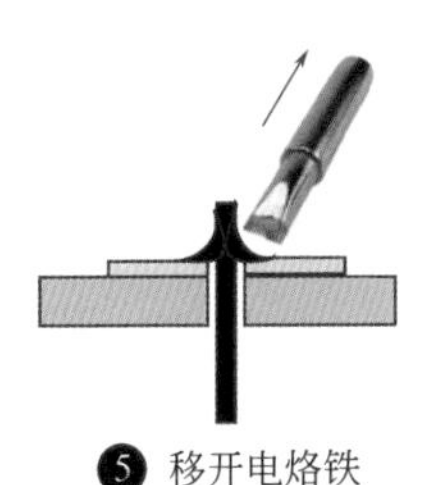

❺ 移开电烙铁

第5步：移开电烙铁
送锡后，右手的烙铁就要做好撤离的准备。撤离前若锡量少，再次送锡补焊；若锡量多，撤离时烙铁要带走少许。烙铁头移开的方向以45°为最佳

❷ 带锡焊接方法

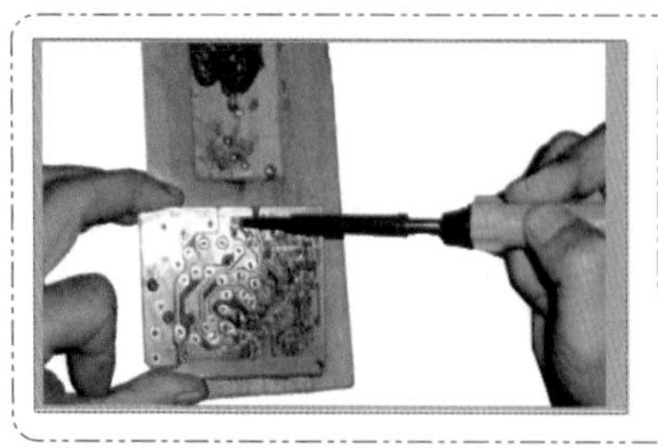

① 烙铁头上先粘适量的锡珠，将烙铁头对准焊点(焊件)进行加热
② 当铁头上熔化后的焊锡流下时，浸润到整个焊点时，烙铁迅速撤离
③ 带锡珠的大小，要根据焊点的大小灵活掌握。焊后若焊点小，再次补焊；若焊点大，用烙铁带走少许

2.2 铜管加工技术

2.2.1 实战3——割管工艺

1 割管工具

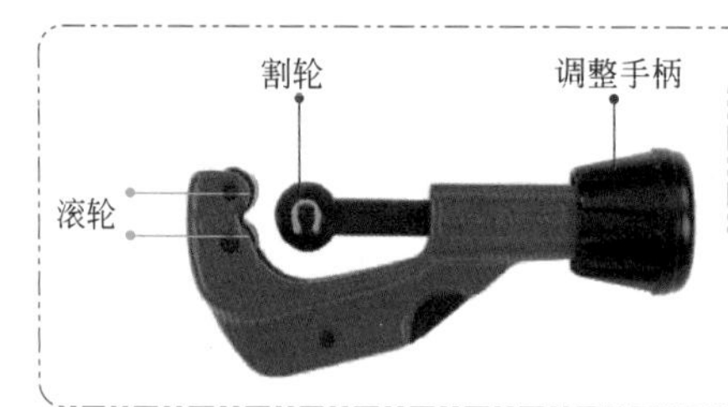

割管器又叫管割刀、切管器，它是一种专门用来切割紫铜、黄铜、铝等金属管子的工具，一般可以切割直径3~25mm的金属管

2 割管方法

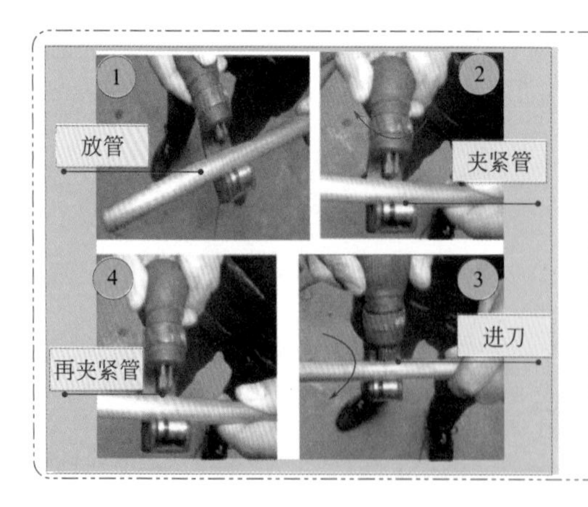

在切割时，将金属管放在割轮和滚轮之间，割轮与铜管垂直。然后一手捏紧管子(若手捏不住，可用扩口工具加紧)，另一手转动调整手柄夹紧管，使割轮的切刀切入管子管壁，随即均匀的将割管器环绕铜管旋转进刀。旋转数圈后再拧动调整手柄，使割轮进一步切入管子，每次进刀量不宜过多，拧紧1/4圈即可，然后继续转动割管器。此后边拧边转，直至将管子切断

③ 切割毛细管

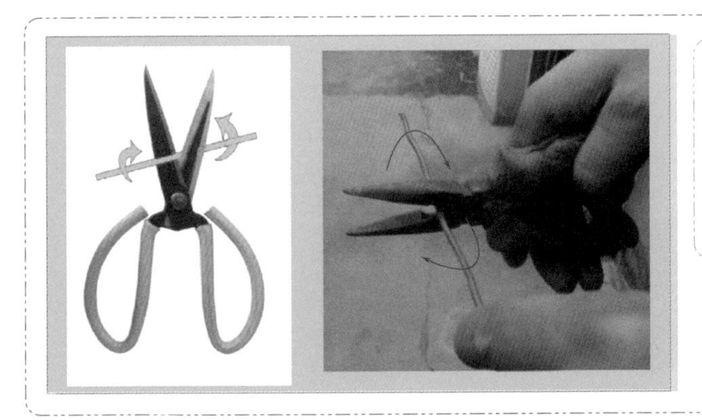

用剪刀或尖嘴钳切割铜管。此法适用于切割较细的铜管——毛细管

用剪刀或尖嘴钳夹住毛细管来回转动，当毛细管上出现一定深度的刀痕后，再用手轻轻折断

剪刀或尖嘴钳夹住毛细管来回转动时，不能用力过大，不然，会出现内凹的收口而造成毛细管不通

2.2.2 实战4——扩口工艺

① 扩口工具

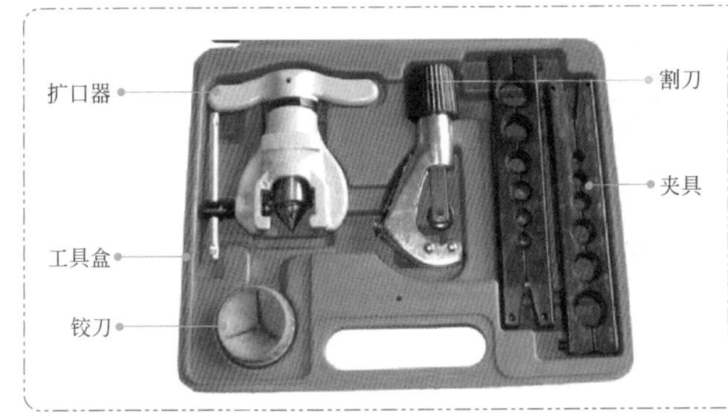

扩口器又称胀管器，主要用来制作铜管的喇叭口

电冰箱管路切断后，如果还要将它连接起来，就要在管端做喇叭口。喇叭口形状的管口用于螺纹接头或不适于对插接口时的连接，目的是保证对接口部位的密封性和强度。这项操作也叫“支喇叭口”“支法兰”

扩口喇叭口现在常用45°偏心扩口器，该扩口器易操作，省时省力，扩展的喇叭面会更加平滑、平整而没有刮伤

② 扩口工艺及方法

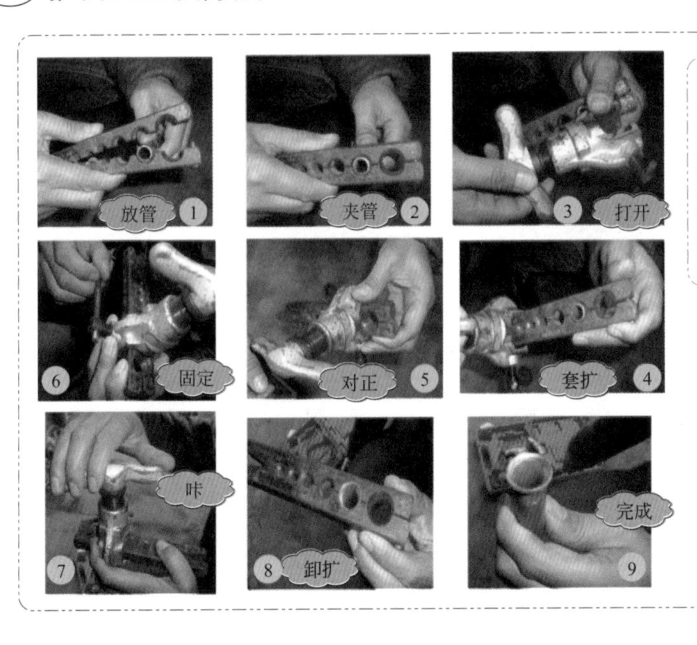

在夹具中选择合适的孔径放管，并用夹具夹住铜管，打开顶压口径，从夹具的开口端套入顶压装置，圆锥头对正铜管时，旋紧定位螺钉，顺时针缓缓旋转弓形架，扩管工作完成时，偏心式圆锥头会自动弹起同时会听到“咔”的一声，这时让圆锥头再回旋，松开定位螺钉，取下圆锥头，这时喇叭口就扩好了

2.2.3 实战5——胀管工艺

① 胀管工具

两根铜管对接时，需要将一根铜管插入另一根铜管中，这时往往需要将被插入铜管的端部的内径胀大，以便另一根铜管能够吻合地插入，只有这样才能使两根铜管焊接牢固，并且不容易发生泄漏，胀管器的作用就是根据需要对不同规格的铜管进行胀管

② 胀管工艺

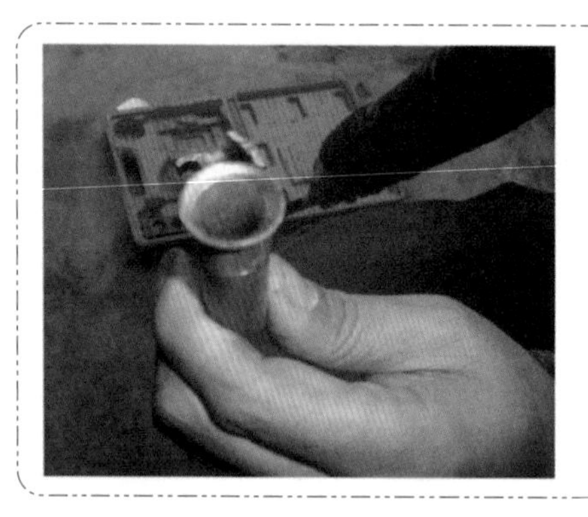

胀管工艺与上面的扩口喇叭口工艺基本相同，只是需要更换与铜管直径一致的杯状胀管头。

扩制圆柱口时，夹具应牢牢地夹紧铜管，否则扩口时铜管容易后移而变位，造成圆柱口的深度不够、偏斜或倒角等缺陷。管口露出夹具表面高度应略大于胀头的深度

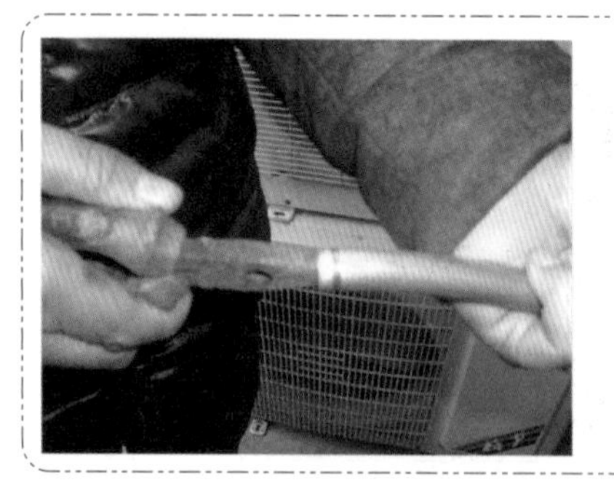

在实际操作过程中，熟练的师傅一般采用将扩口后的铜管用尖嘴钳进行胀管，或直接用尖嘴钳进行胀管

2.2.4 实战6——弯管工艺

弯管器主要用来改变管子的弯曲程度，将管子加工成所需要的形状的工具。

① 滚轮式弯管

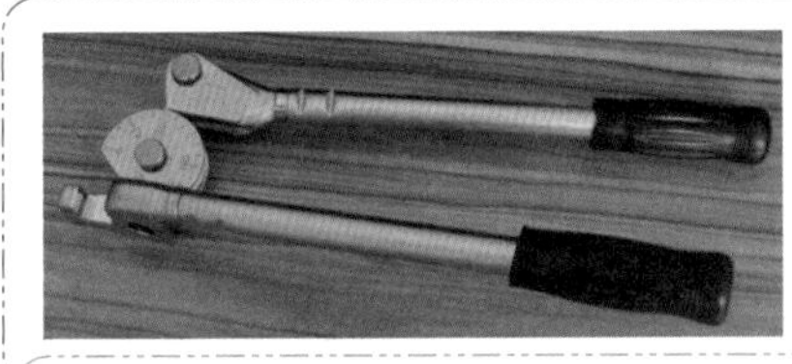
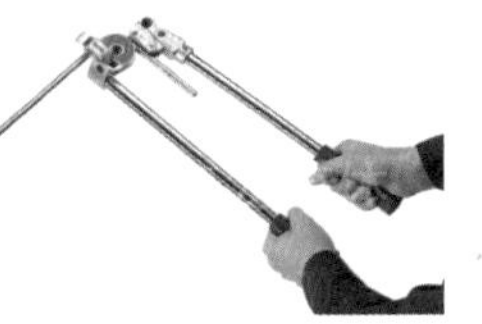

把管子插入滚轮和导轮之间的槽内，并用紧固螺丝将管子固定；随后将活动杠杆按顺时针方向转动，直到达到所弯曲角度为止，最后将金属管子退出弯管器

滚轮式弯管器在弯管时应注意，铜管的弯曲半径不小于铜管外径的5倍，否则铜管的弯曲部位容易变形；可根据实际情况，更换不同半径的导轮来弯曲不同半径的管子

② 弹簧式弯管

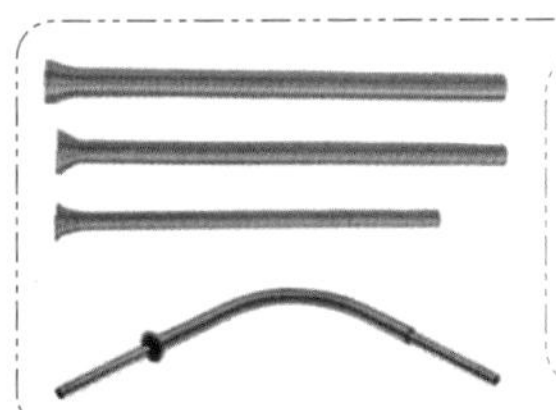

直径小于10mm的管子可用弹簧弯管器弯制。操作时，将管子套入弹簧弯管器内，用两大拇指顶住弯曲部位轻轻弯曲，如果弯曲时速度过快、用力过猛都会造成管子损坏

弹簧弯管器在弯管时应注意弯曲半径不能过小，否则管子不易从弯管器中抽出。弹簧弯管器也有多种形式，可根据弯制管子的半径不同，合理选用不同规格的弹簧弯管器

2.3 常用仪表的使用

2.3.1 实战7——万用表的测量技巧与方法

① MF47型万用表的结构

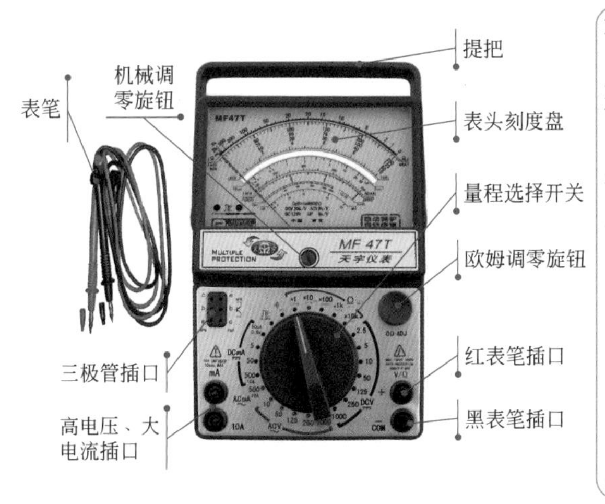

MF47型万用表，可供测量直流电流、交直流电压、直流电阻等，具有26个基本量程和电平、电容、电感、晶体管直流参数等7个附加参考量程。正面上部是微安表，中间有一个机械调零螺钉，用来校正指针左端的零位。下部为操作面板，面板中央为测量选择、转换开关，右上角为欧姆调零旋钮，左下角有2500V交直流电压和直流5A专用插孔，左上角有晶体管静态直流放大系数检测装置，右下角有正(红)、负(黑)表笔插孔

② 刻度盘的正确识读

❶ MF47 型万用表刻度盘

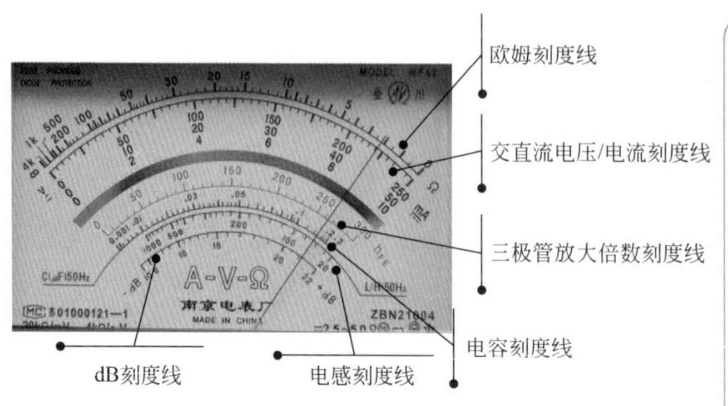

刻度盘与开关指示盘印刷成红、绿、黑三色，二盘颜色分别按交流红色，晶体管绿色，其余黑色对应制成，使用时读取示数便捷。刻度盘共有六条刻度，从上往下依次是：第一条专供测电阻用；第二条供测交直流电压、直流电流之用；第三条供测晶体管放大倍数用；第四条供测电容用；第五条供测电感之用；第六条供测音频电平。刻度盘上装有反光镜，用以消除视差

❷ 刻度盘正确读法

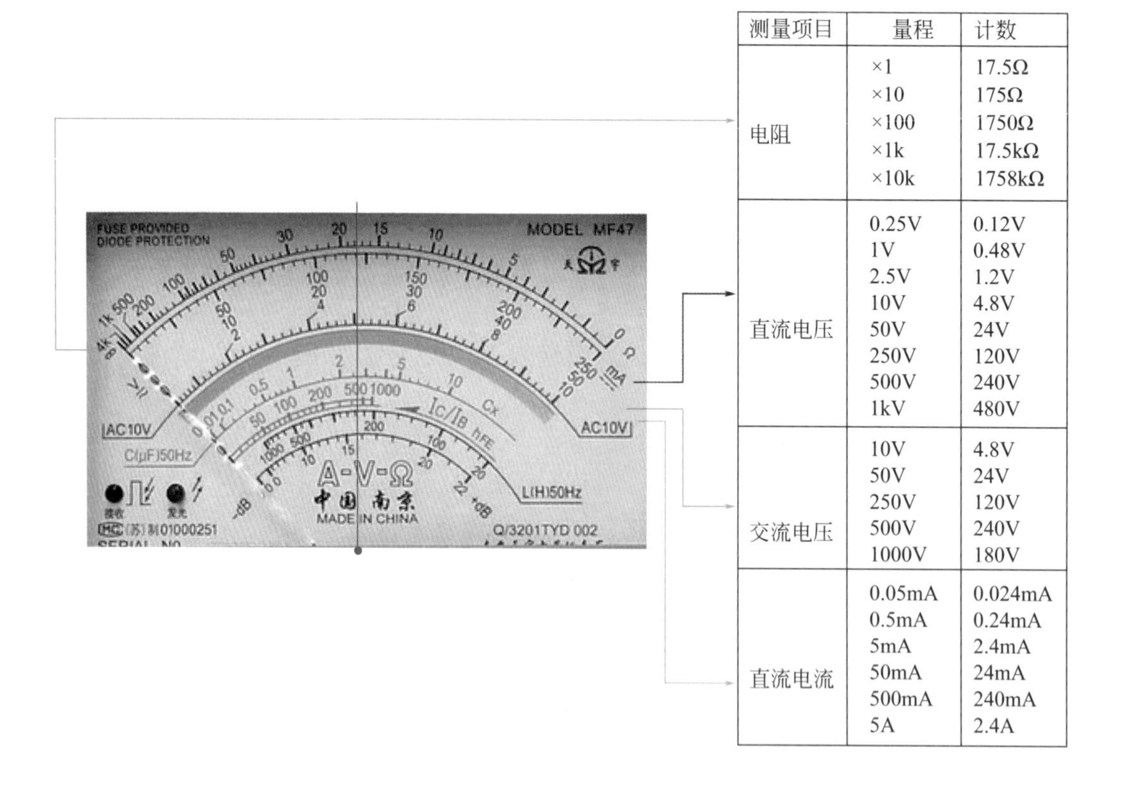

测量项目	量程	计数
电阻	×1 ×10 ×100 ×1k ×10k	17.5Ω 175Ω 1750Ω 17.5kΩ 1758kΩ
直流电压	0.25V 1V 2.5V 10V 50V 250V 500V 1kV	0.12V 0.48V 1.2V 4.8V 24V 120V 240V 480V
交流电压	10V 50V 250V 500V 1000V	4.8V 24V 120V 240V 180V
直流电流	0.05mA 0.5mA 5mA 50mA 500mA 5A	0.024mA 0.24mA 2.4mA 24mA 240mA 2.4A

③ 测量电阻

❶ 选择倍率（挡位）

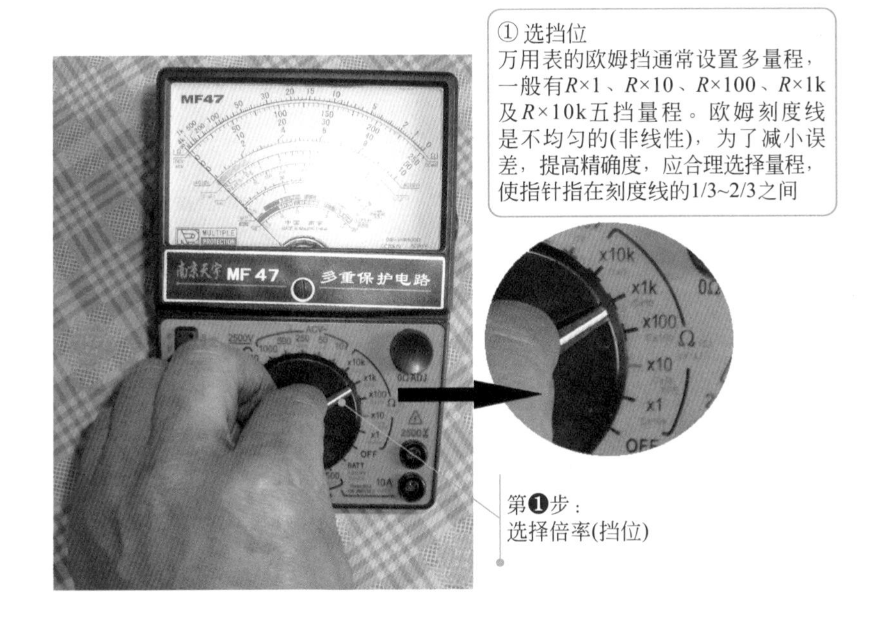

❷ 欧姆调零

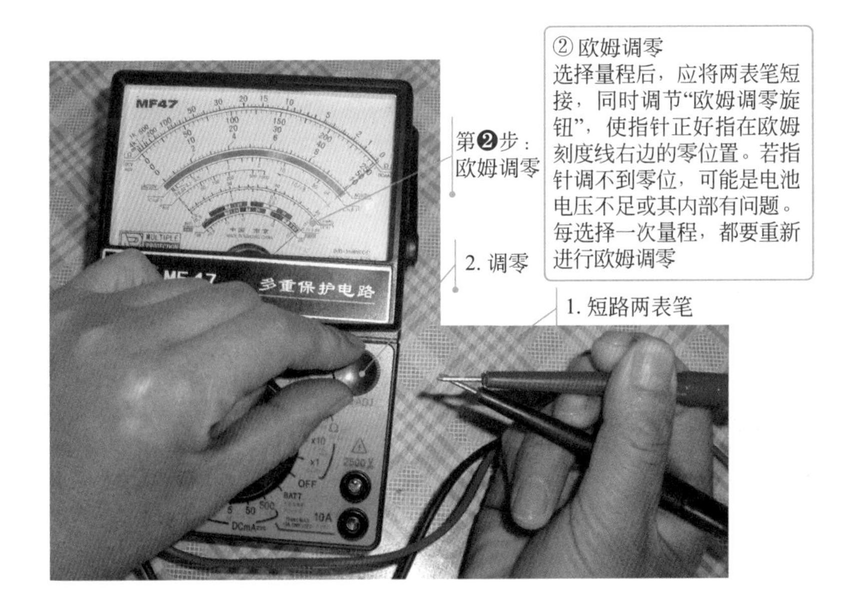

③ 测量电阻并读数

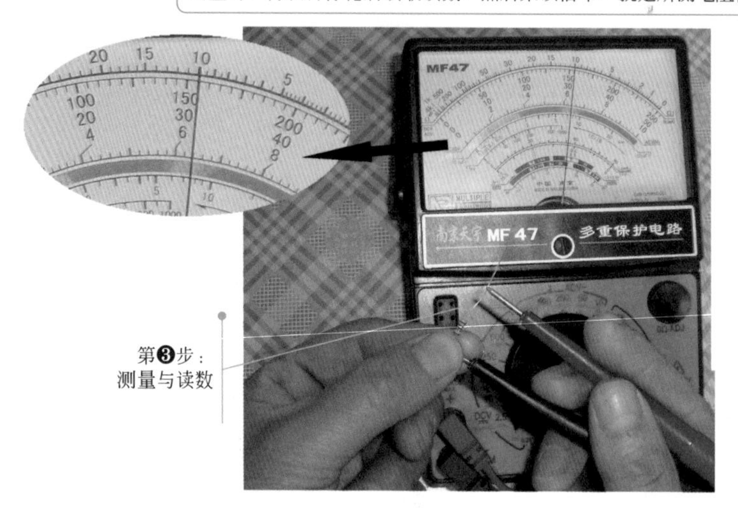

④ 测量直流电压

① 选量程
万用表直流电压挡标有“V”,通常有2.5V、10V、50V、250V、500V等不同量程，选择量程时应根据电路中的电压大小而定。若不知电压大小，应先用最高电压挡量程，然后逐渐减小到合适的电压挡
② 测量方法
将万用表与被测电路并联，且红表笔接被测电路的正极(高电位)，黑表笔接被测电路的负极(低电位)
③ 正确读数
待表针稳定后，仔细观察刻度盘，找到相对应的刻度线，正视线读出被测电压值

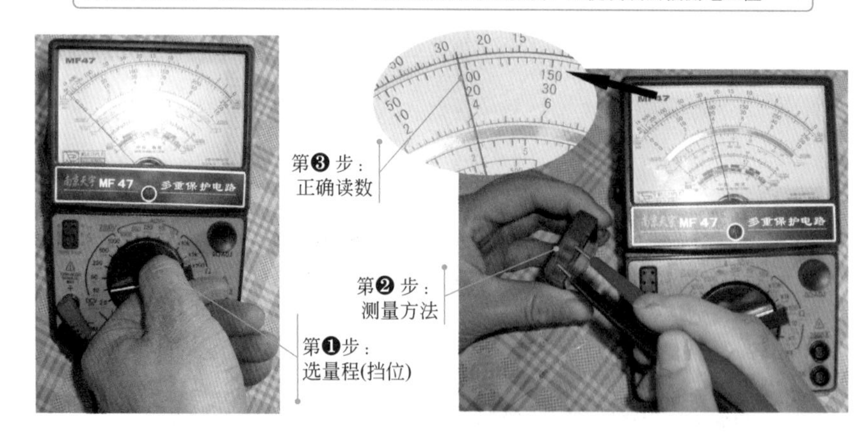

5 测量交流电压

交流电压的测量与上述直流电压的测量相似，不同之处为：交流电压挡标有“V̰”，通常有10V、50V、250V、500V等不同量程；测量时，不区分红黑表笔，只要并联在被测电路两端即可

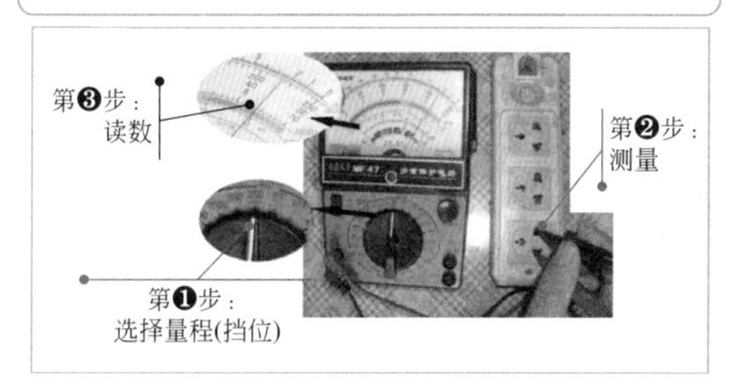

6 测量直流电流

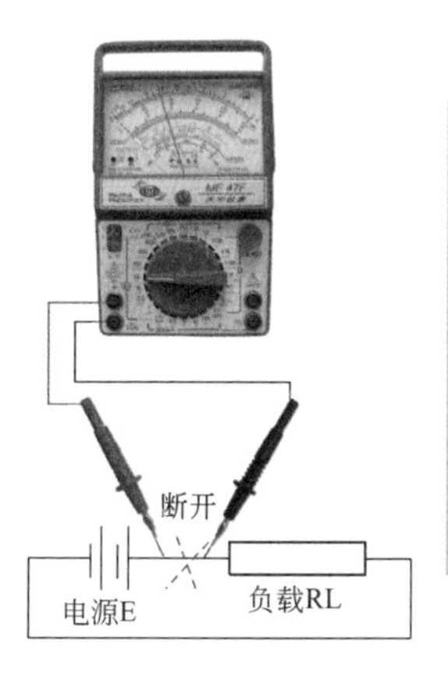

① 选量程

万用表直流电流挡标有“mA”，通常有1mA、10mA、100mA、500mA等不同量程，选择量程时应根据电路中的电流大小而定。若不知电流大小，应先用最高电流挡量程，然后逐渐减小到合适的电流挡

② 测量方法

将万用表与被测电路串联。应将电路相应部分断开后，将万用表表笔串联接在断点的两端。红表笔接在和电源正极相连的断点，黑表笔接在和电源负极相连的断点

③ 正确读数

待表针稳定后，仔细观察刻度盘，找到相对应的刻度线，正视线读出被测电流值

7 数字式万用表的使用

❶ 数字式万用表的面板结构

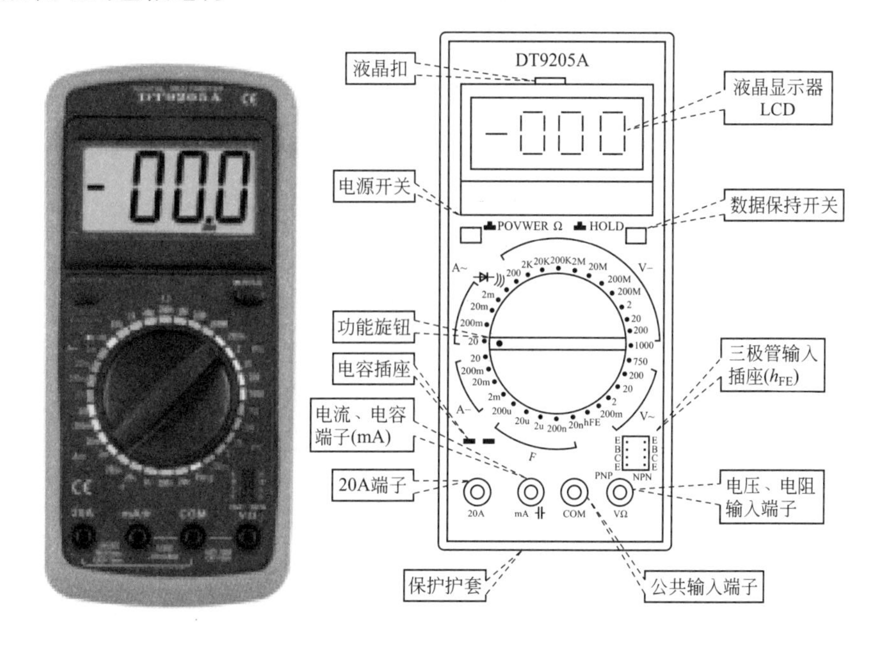

❷ 测量直流电压

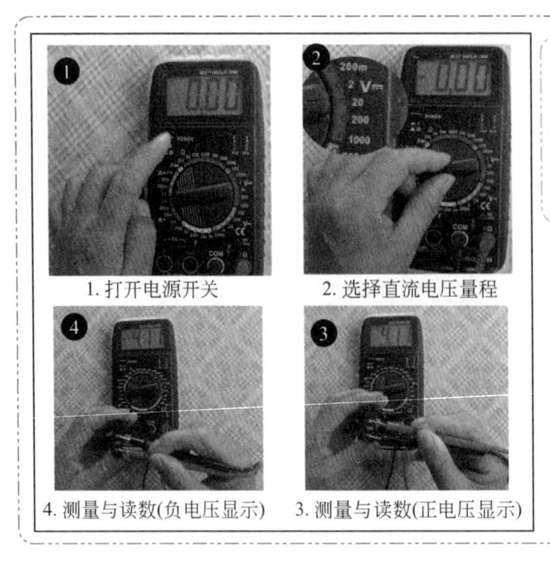

1. 打开电源开关　2. 选择直流电压量程

4. 测量与读数(负电压显示)　3. 测量与读数(正电压显示)

将电源开关POWER按下；然后将量程选择开关拨到“DCV”区域内合适的量程档；红表笔应插入“V·Ω”插孔，黑表笔插入“COM”插孔；这时即可以并联方式进行直流电压的测量，便可读出显示值，红表笔所接的极性将同时显示于液晶显示屏上

❸ 测量交流电压

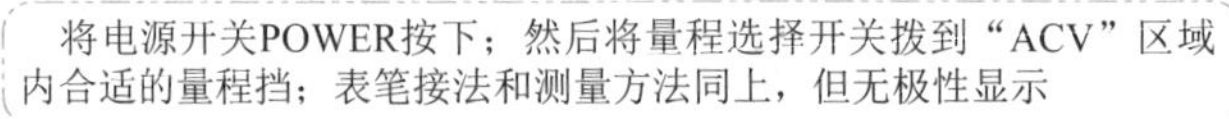

将电源开关POWER按下；然后将量程选择开关拨到“ACV”区域内合适的量程挡；表笔接法和测量方法同上，但无极性显示

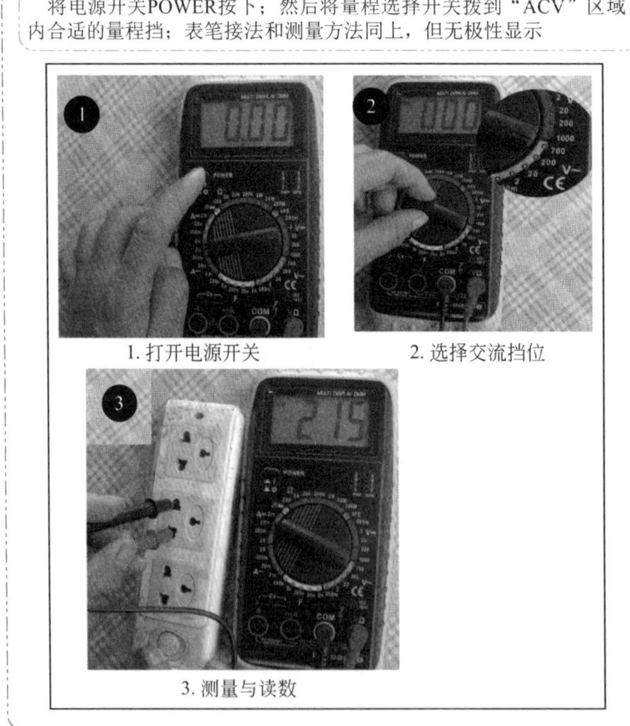

1. 打开电源开关　2. 选择交流挡位

3. 测量与读数

④ 其他项目的测量

测量直流电流	将电源开关 POWER 按下，然后将功能量程选择开关拨到“DCA”区域内合适的量程挡，红表笔挡插“mA ”插孔（被测电流≤ 200mA）或接“20A”插孔（被测电流 >200mA），黑表笔插入“COM”插孔，将数字万用表串联于电路中即可进行测量，红表笔所接的极性将同时显示于液晶显示屏上
测量交流电流	将功能量程选择开关拨到“ACA”区域内合适的量程挡上，其余的操作方法与测量直流电流时相同
测量电阻	按下电源开关 POWER，将功能量程选择开关拨到“Ω”区域内合适的量程挡上，红表笔接“V · Ω”插孔，黑表笔接“COM”插孔，将两表笔接于被测电阻两端即可进行电阻测量，便可读出显示值

2.3.2 实战 8——钳式电流表的使用

钳形表是电冰箱电气故障检修中最常用的工具，它也可以测量交流或直流电压、交流电流、电阻等。其他功能测量方法同万用表，下面只对测量电流加以介绍。

① 测量前需调零

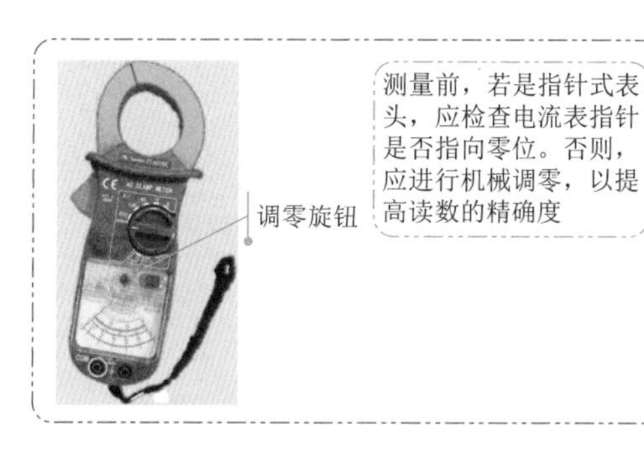

② 测量电流

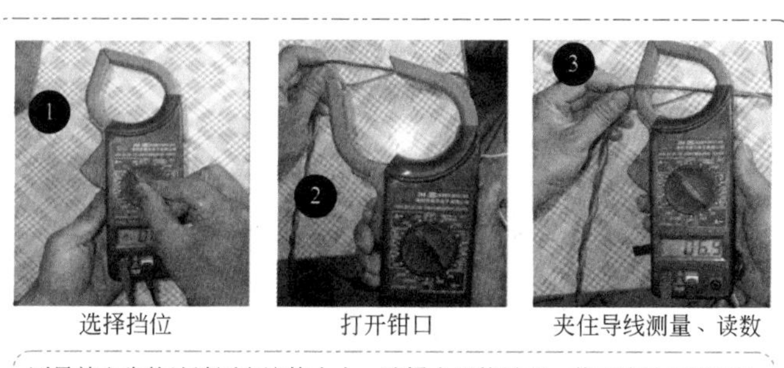

选择挡位　打开钳口　夹住导线测量、读数

测量前应先估计被测电流的大小，选择合适的量程。若无法估计则应先用较大量程测量，然后根据被测电流的大小再逐步换到合适的量程上。在每次换量程时，必须打开钳口，再转换量程开关

③ 测量小电流

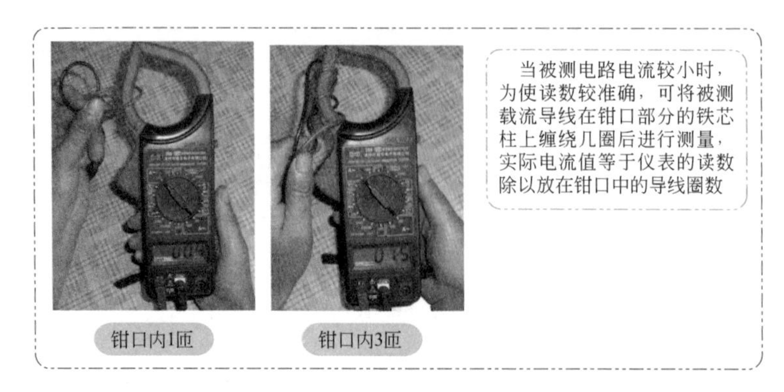

2.4 铜管焊接工艺

制冷系统中的管路维修，常常需要气焊。气焊常用的是氧气与乙炔燃烧产生的气体火焰——氧 - 乙炔焰，氧气与液化石油气燃烧产生的气体火焰——氧 - 液化石油气火焰等。

2.4.1 气焊设备构成与连接

① 氧气 - 乙炔气气焊设备主要构成

设备	数量	设备	数量	设备	数量
15MPa 氧气瓶（带气）	1 个	乙炔回火防止器	1 个	软管夹持器（或紧固圈）	4 支
氧气减压阀	1 个	氧气软管	不少于 5m	乙炔专用扳手	1 把
乙炔气瓶	1 个	乙炔软管	不少于 5m	12 号扳手	1 把
乙炔减压阀	1 个	小号射吸式焊炬	1 把	点火枪	1 把

② 减压器的结构

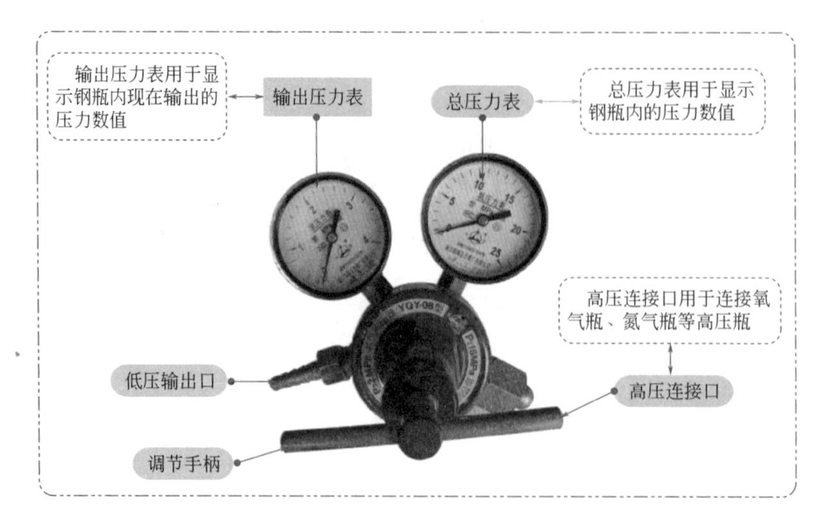

③ 焊枪

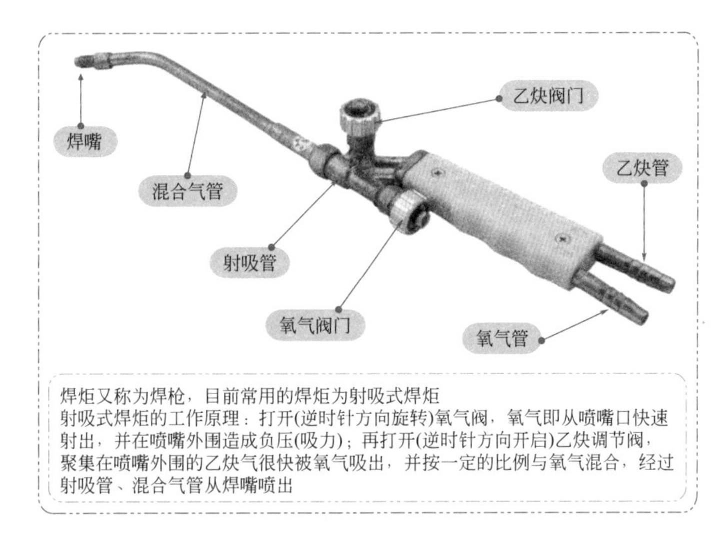

焊炬又称为焊枪，目前常用的焊炬为射吸式焊炬
射吸式焊炬的工作原理：打开(逆时针方向旋转)氧气阀，氧气即从喷嘴口快速射出，并在喷嘴外围造成负压(吸力)；再打开(逆时针方向开启)乙炔调节阀，聚集在喷嘴外围的乙炔气很快被氧气吸出，并按一定的比例与氧气混合，经过射吸管、混合气管从焊嘴喷出

焊炬的正确使用	
❶	根据焊件的厚度选用合适的焊炬及焊嘴，并组装好。焊炬的氧气管接头必须接得牢固。乙炔管又不要接得太紧，以不漏气又容易插上、拉下为准
❷	焊炬使用前要检查射吸情况。先接上氧气胶管，但不接乙炔管，打开氧气和乙炔阀门，用手指按在乙炔进气管的接头上，如在手指上感到有吸力，说明射吸能力正常；如没有射吸力，不能使用
❸	检查焊炬的射吸能力后，把乙炔的进气胶管接上，同时把乙炔管接好，检查各部位有无漏气现象
❹	检查合格后才能点火，点火后要随即调整火焰的大小和形状。如果火焰不正常，或带有灭火现象时，应检查焊炬通道及焊嘴有无漏气及堵塞。在大多数情况下，灭火是乙炔压力过低或通路有空气等
❺	焊嘴被飞溅物阻塞时，应将焊嘴卸下来，用通针从焊嘴内通过，清除脏物
❻	焊炬不得受压，使用完毕或暂时不用时，要放到合适的地方或挂起来，以免碰坏

④ 气焊设备的连接

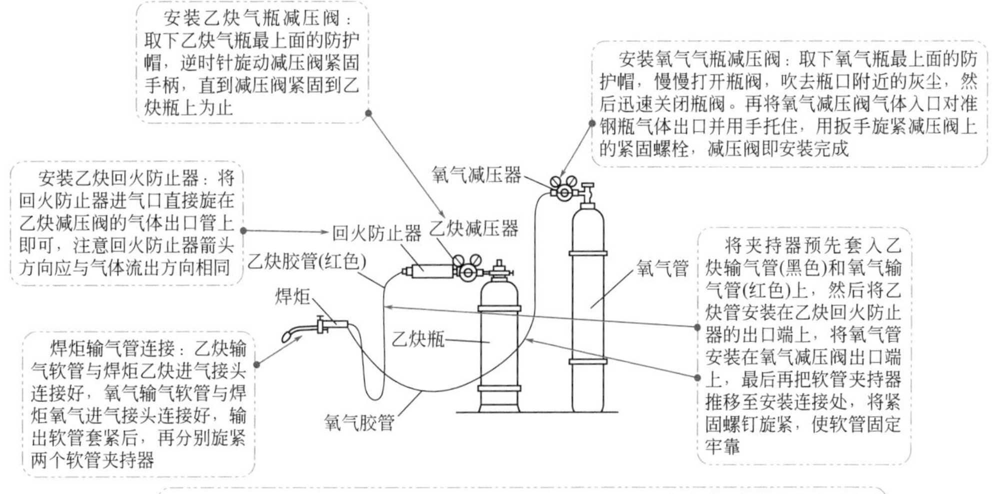

2.4.2 实战 9——气焊设备的基本操作

<table>
<tr><th colspan="3">气焊设备的基本操作</th></tr>
<tr><td rowspan="2">压力调节方法</td><td>氧气压力调节</td><td>开启焊炬上的氧气调节旋钮，放掉氧气输出软管内剩余气体，然后旋紧旋钮。接着逆时针打开氧气瓶瓶阀，将工作压力调节在 0.3 ～ 0.5MPa</td></tr>
<tr><td>乙炔压力调节</td><td>开启焊炬上的乙炔调节旋钮，放掉乙炔输出软管内剩余气体，然后旋紧旋钮。随后用乙炔专用扳手逆时针打开乙炔瓶瓶阀，将工作压力调节在 0.3 ～ 0.5MPa 之内</td></tr>
<tr><td rowspan="4">点火、熄火和火焰调节的方法</td><td>点火前</td><td>在点火前，必须做好以下两项检查：先打开乙炔瓶阀，看压力表指针是否在规定压力范围内。再打开氧气瓶阀，看压力表指针是否在规定压力范围内
如果乙炔瓶压力增大，不能使用焊枪，可能是由于氧气将乙炔压入钢瓶，造成乙炔气回流入瓶内</td></tr>
<tr><td>点火时</td><td>点火时，戴上防护眼镜，右手握住焊枪，左手将焊枪上的乙炔阀门逆时针打开 1/4 圈，使焊枪喷嘴有少量乙炔气喷出，然后用左手持点火枪点火。当火焰点燃后，再用右手的拇指和食指配合，逆时针缓慢地打开氧气阀门，点火即告完成</td></tr>
<tr><td>熄火时</td><td>熄火时，先将氧气阀门顺时针调小（否则在关闭乙炔阀时枪嘴会有爆炸声），然后顺时针关闭乙炔阀门，将火焰熄灭，最后再关闭氧气阀门，完成熄火操作
一般氧气压力比乙炔压力大 2 倍，在使用中如发现乙炔气回流时，应立即关闭氧气开关，以免发生意外</td></tr>
<tr><td>点火后火焰形状</td><td>点火后，反复调节焊炬上的氧气、乙炔气阀门，使火焰形状如下图。 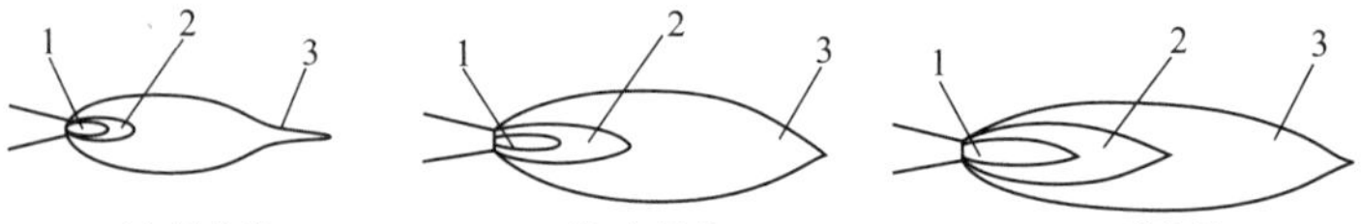
(a) 氧化焰 (b) 中性焰 (c) 磷化焰
1—焰心；2—内焰；3—外焰
中性焰。氧与乙炔的混合比为（1 ∶ 1）～（1 ∶ 2）。适于焊接一般碳钢和有色金属
碳化焰。氧与乙炔的混合比小于 1 ∶ 1，适于焊接高碳钢、铸铁及硬质合金等
氧化焰。氧与乙炔的混合比大于 1 ∶ 2，适于焊接黄铜、锰钢等</td></tr>
<tr><td colspan="2">氧气 - 液化石油气基本操作</td><td>氧气 - 液化石油气的基本操作与氧气 - 乙炔气的基本操作相似，可根据具体情况从中选择一种。不同之处在于：氧气 - 液化石油气焊接侧重银铜焊接，而液化气减压阀为固定式的，所以压力不必调节，也不能调节</td></tr>
</table>

2.4.3 实战10——管路焊接工艺

1 焊条、焊剂的选用

焊条、焊剂的选用	
焊条	钎焊常用的焊条有银铜焊条、铜磷焊条、铜锌焊条等
焊条的选用	为提高焊接质量，在焊接制冷系统管道时，要根据不同的焊件材料选用合适的焊条。铜管与铜管之间的焊接一般选用铜磷焊条，而且可以不用焊剂；铜管与钢管或钢管与钢管之间的焊接，可选用银铜焊条或铜锌焊条。银铜焊条具有良好的焊接性能，铜锌焊条次之，但在焊接时需要焊剂
焊剂	焊剂又称焊粉、焊药、熔剂，焊剂能在钎焊过程中使焊件上的金属氧化物或非金属杂质生成熔渣，同时，钎焊生成的熔渣覆盖在焊接处的表面，使焊接处与空气隔绝，防止焊件在高温下继续氧化
焊剂的选用	焊剂的种类较多，钎焊时要根据焊件材料、焊条选用不同的焊剂 铜管与铜管的焊接，使用铜磷焊条可不用焊剂；银铜焊条或铜锌焊条，要选用硼砂、硼酸或硼砂与硼酸的混合焊剂等。铜管与钢管或钢管与钢管焊接，用银铜焊条或铜锌焊条，焊剂要选用活性化焊剂等

2 管路焊接技术及质量要求

<table>
<tr><td rowspan="3">气焊焊接铜管要具备的条件</td><td>❶ 插管焊接时，两管之间要有适当的嵌合间隙，其间隙和深度如下表
mm
<table>
<tr><th>管外径</th><th>最小插入深度</th><th>配合间隙（单边）</th></tr>
<tr><td>5 ～ 8</td><td>6</td><td>0.05 ～ 0.035</td></tr>
<tr><td>8 ～ 12</td><td>7</td><td>0.05 ～ 0.035</td></tr>
<tr><td>12 ～ 16</td><td>8</td><td>0.05 ～ 0.045</td></tr>
<tr><td>16 ～ 25</td><td>10</td><td>0.05 ～ 0.055</td></tr>
<tr><td>25 ～ 35</td><td>12</td><td>0.05 ～ 0.055</td></tr>
</table></td></tr>
<tr><td>❷ 焊接金属表面要洁净，并去除油垢；焊料、火候要适当</td></tr>
<tr><td>❸ 加热的过程中焊枪在需要加热部位来回摆动，不得定点加热。加入焊料时，必须从火焰加热方向的背面添加焊料，焊料必须由铜管烫熔，自然流开并填充焊缝。停止加焊料后，保温时间不得小于3s</td></tr>
<tr><td>焊接质量要求</td><td>焊缝的表面应光滑，无大的焊瘤，无裂纹、气孔、砂眼、未熔合、烧伤等焊接缺陷，焊缝的内部焊料渗进深度均在配管深度的80%以上，并在连接的6mm长度内无裂纹、气孔、砂眼、焊堵等焊接缺陷</td></tr>
</table>

续表

铜管与铜管的焊接	铜管与铜管的焊接一般采用银钎焊，使用含银量为 5% ～ 25% 的焊料或铜磷焊料。由于焊料熔化后有较好的流动性，因此，一般采用中性火焰，不需助焊剂

③ 相同管径的铜管焊接

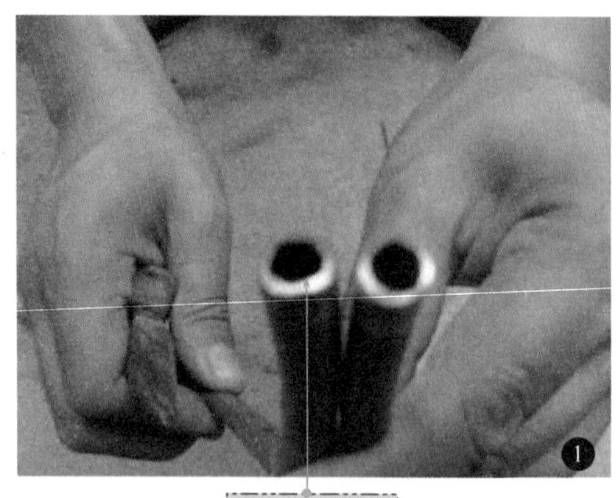

待焊接的管口

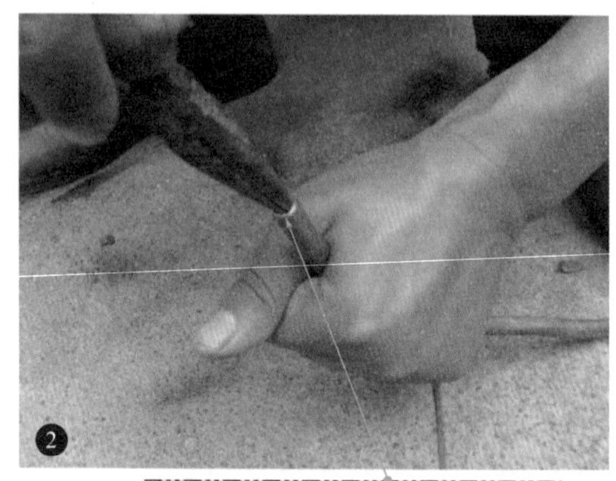

用尖嘴钳把其中的一个管口扩为杯形状

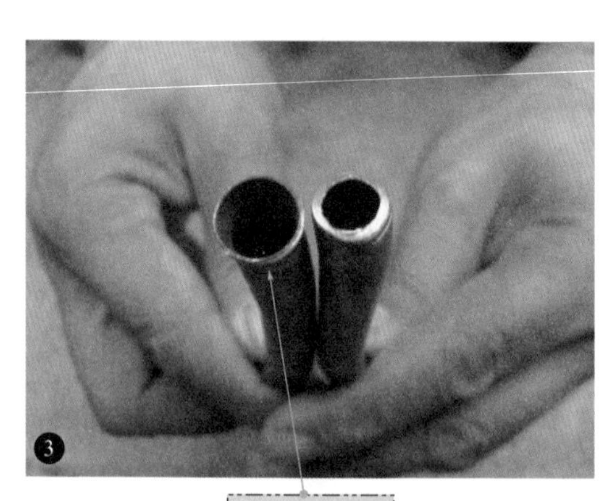

扩口后的管口

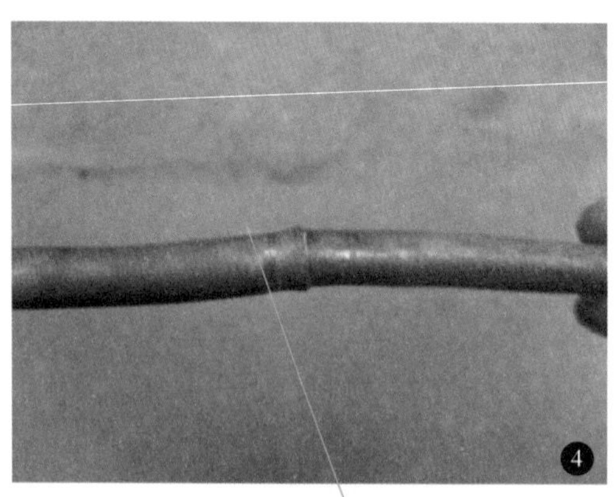

把另一个管口插入杯型口

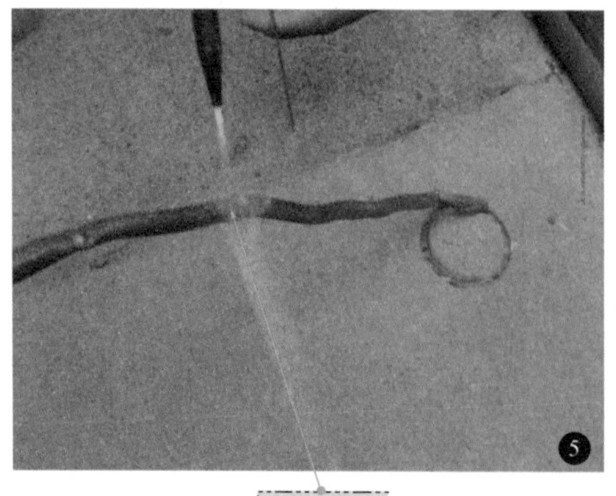

加温预热

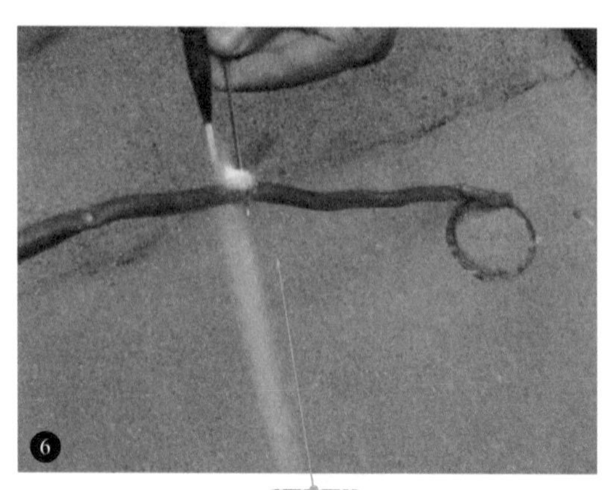

焊接

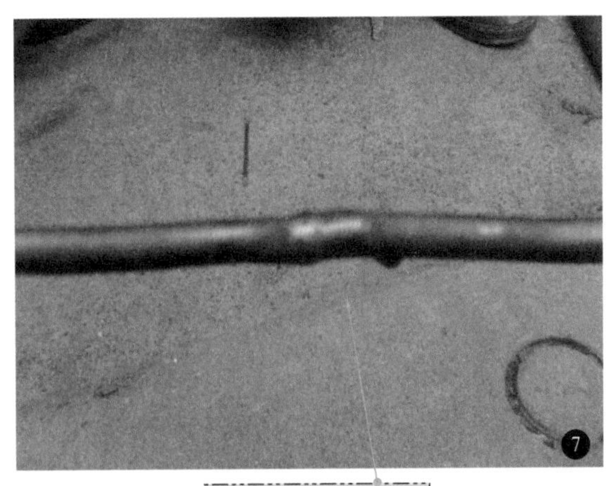

焊接后检查焊接质量

④ 不同管径的铜管焊接

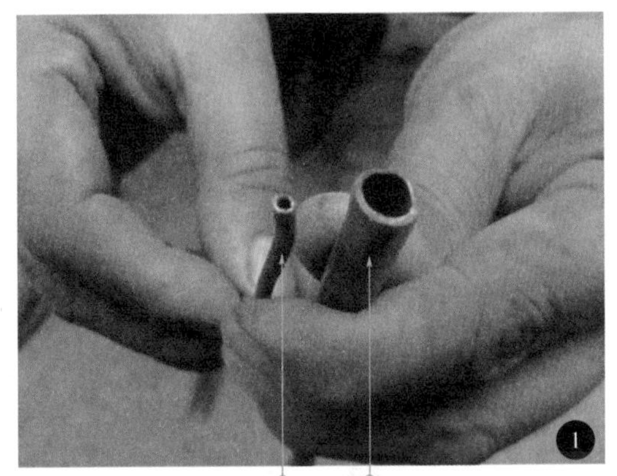

不同管径的铜管

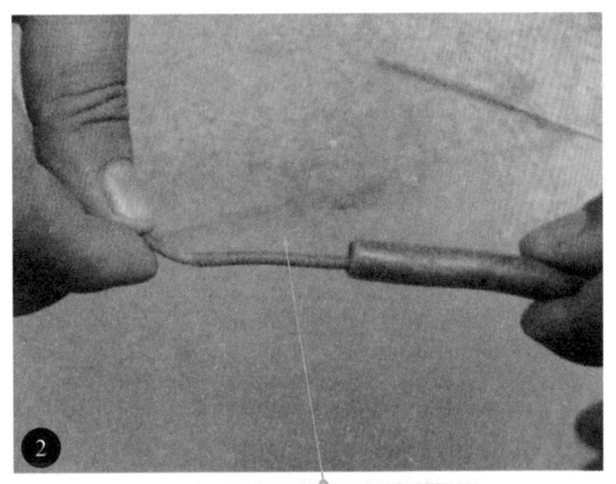

把细铜管插入粗铜管

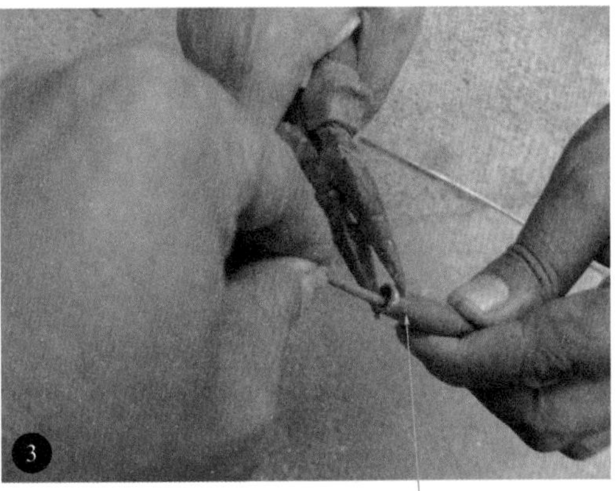

用尖嘴钳把粗铜管夹扁

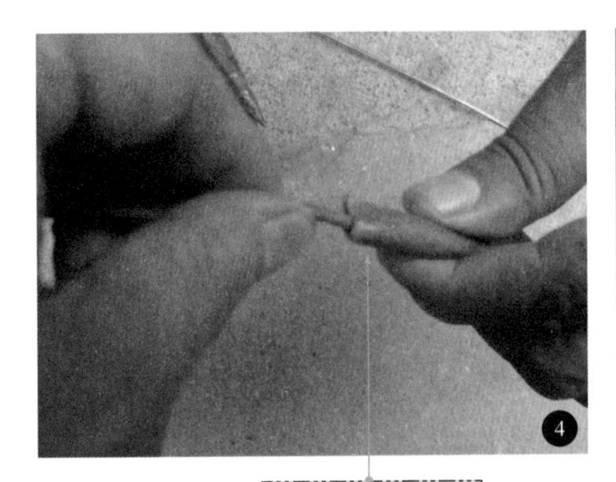

粗铜管夹扁后的情况

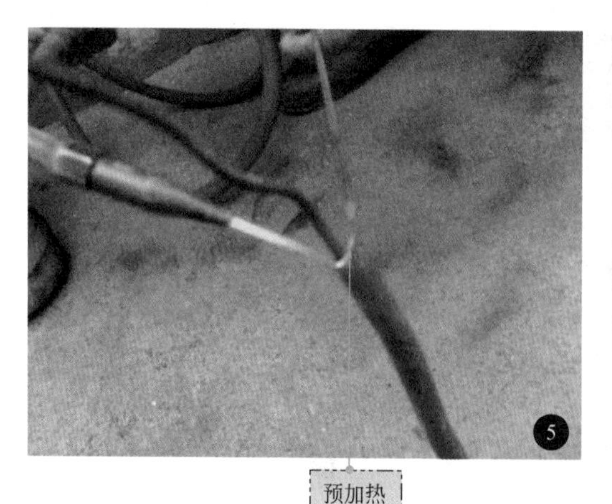

预加热

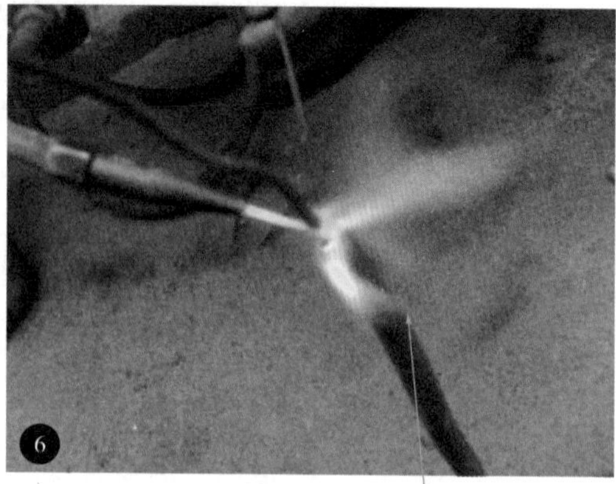

焊接

检查焊接质量

> 管径相差较多的铜管之间焊接时，应在两者之间加一段介于两管径之间的铜管作为“变径管”，如采用 8mm 的铜管与毛细管焊接时，通常接入几厘米长的直径为 4mm 或 6mm 铜管作为“变径管”

2.4.4 便携式氧 - 液化气焊

在电冰箱维修中，为了上门维修工具携带的方便，现在更多地使用了液化石油气，采用氧气 - 液化气焊机进行制冷系统管路的焊接，各种便携式气焊设备应运而生，下面主要介绍一款多功能型便携式氧气 - 液化气焊。

焊接操作程序	
❶	根据工件大小选择适当型号的焊炬
❷	将焊枪两根胶管分别接在对应的氧气瓶出气口和燃气瓶出气口上，切勿接错
❸	分别打开液化气开关、氧气瓶高压开关，调整氧气调节旋钮至 0.05 ～ 0.15 MPa
❹	先将焊炬燃气旋钮打开，点燃焊炬，再轻轻打开氧气旋钮，调整燃气和氧气直至火焰到最佳状态，即可焊接
❺	焊接完毕先关闭焊炬的氧气旋钮，再关闭燃气旋钮，最后关闭氧气瓶和燃气瓶的总开关

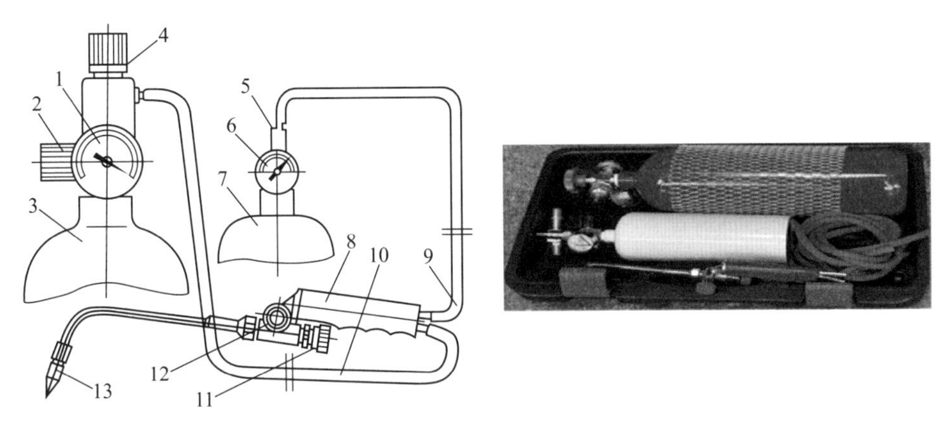

1—氧气瓶；2—高压开关；3—高压表；4—低压开关；5—回火防止器；6—燃气指示表；7—燃气贮气罐；8—焊炬；9—燃气胶管；10—氧气胶管；11—焊炬氧气开关；12—焊炬燃气开关；13—焊嘴

2.5 专用维修工具

2.5.1 真空泵

在给空调器充灌制冷剂之前，必须将系统中的空气排出，使系统成为真空，真空泵是抽真空的专用工具。常用的抽空设备有小型真空泵和压缩机改制型两种。

① 真空泵

真空泵一般都配有一条真空连接管、一只真空表和多种型号的接头附件。

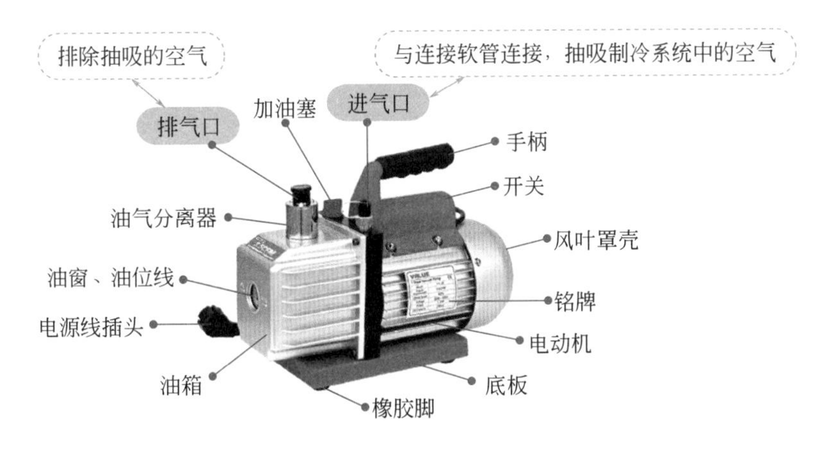

真空泵在使用时注意事项	
❶	启动真空泵前要仔细检查各连接处及焊口处是否完好；泵的排气口胶塞是否打开
❷	定期检查油位线。真空泵运转1min后，检查油窗中的油位线，油量应当保持在油位线上下限之间。油位太低将降低泵的性能，太高则会造成油雾喷出
❸	所用的连接管道宜短，密封可靠，不得有泄漏现象

续表

真空泵在使用时注意事项	
❹	进气口与大气相通运转不允许超过 3min
❺	停止抽真空时要首先关闭直通阀的开关，使制冷系统与真空泵分离
❻	泵使用结束后，及时拔下电源插头，拆除连接管道，盖紧进气帽、排气帽，防止脏物或漂浮颗粒进入泵内影响真空泵的内腔精度

② 压缩机改制型

压缩机改制型抽空设备是利用压缩机的吸气、排气功能实现抽空的。这种抽空设备具有成本低、体积小、携带方便等优点，但存在抽空速度慢和抽空性能较真空泵差的缺点等。

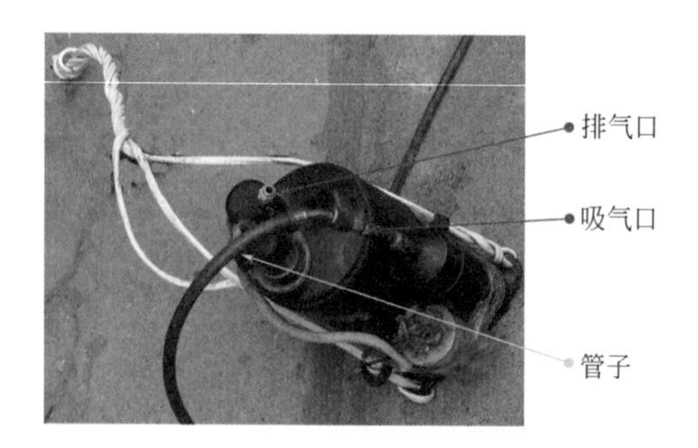

2.5.2 制冷剂充注工具

空调器在维修时，常常需要充注制冷剂。常用的充注工具有定量加液器和抽真空充注器。

① 定量加液器

定量加液器又称便携式充注器，可以方便准确地给空调器充注制冷剂。

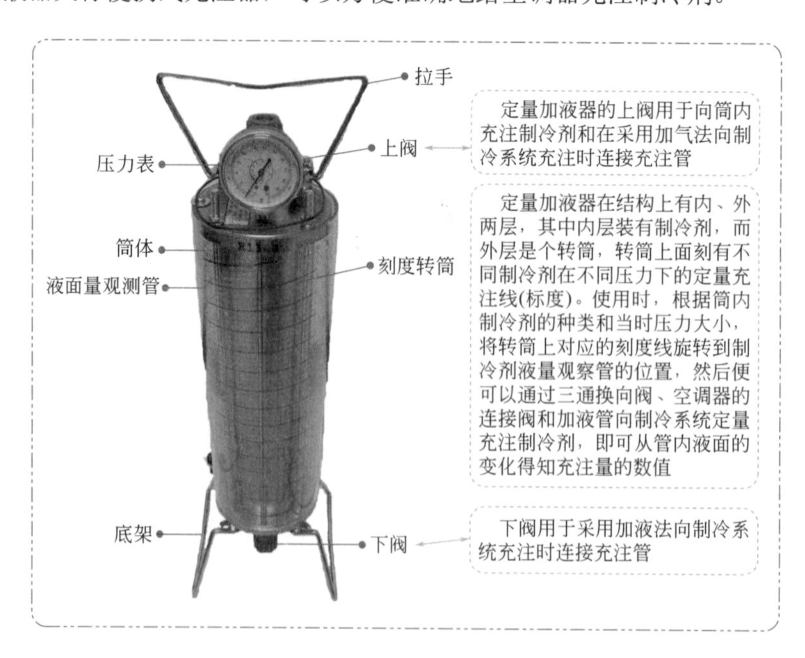

② 抽真空充注器

抽真空充注器是专用组合设备，它是将检漏、抽真空与充注制冷剂的工具组合安装在一起，主要有真空泵、定量加液器、真空表、高低压力表和组合阀等组成。

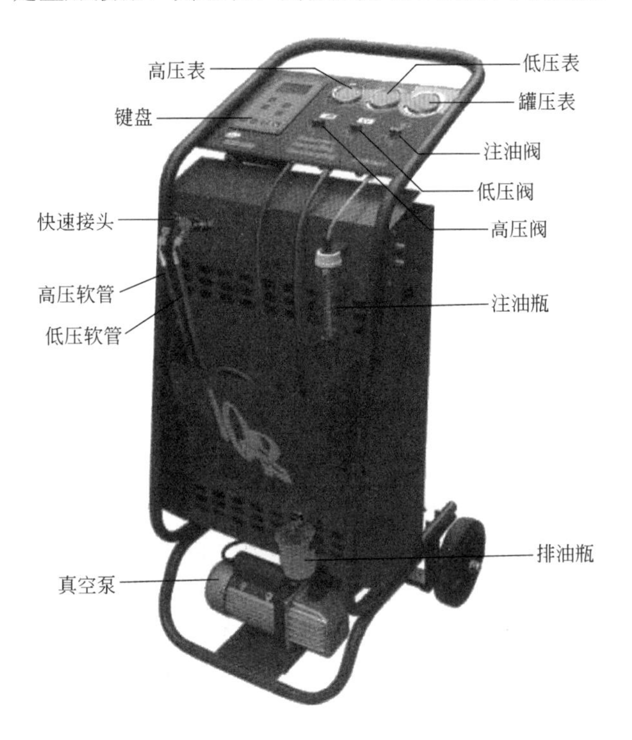

2.5.3 压力表与修理阀

① 压力表

制冷剂泄漏是空调器的常见故障，为对系统中制冷剂量是否充足进行检测，常用到真空压力表，真空压力表是电冰箱制冷系统中常用必不可少的测试仪表。

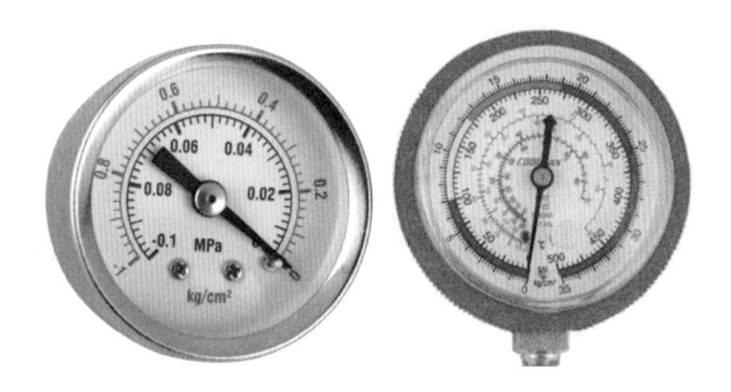

在维修中，压力的单位在国际单位制中是采用帕（Pa），在工程单位中采用千克力/厘米^2（kgf/cm^2），另外还有大气压（bar）、汞柱（mmHg），为方便换算，压力各单位的换算如下表。

单位	Pa	kgf/cm^2	bar	mmHg
Pa	1	1.02×10^{-5}	9.87×10^{-6}	7.5×10^{-3}
kgf/cm^2	9.8×10^{4}	1	9.68×10^{-1}	7.36×10^{-2}
bar	1.013×10^{5}	1.033	1	7.6×10^{2}
mmHg	1.333×10^{2}	1.36×10^{-3}	1.36×10^{-3}	1

② 修理阀

在空调器抽真空、充注制冷剂及测量系统压力时，都要用到修理阀。常用修理阀有三通修理阀和复式修理阀。

❶ 三通修理阀

三通修理阀的结构特点：

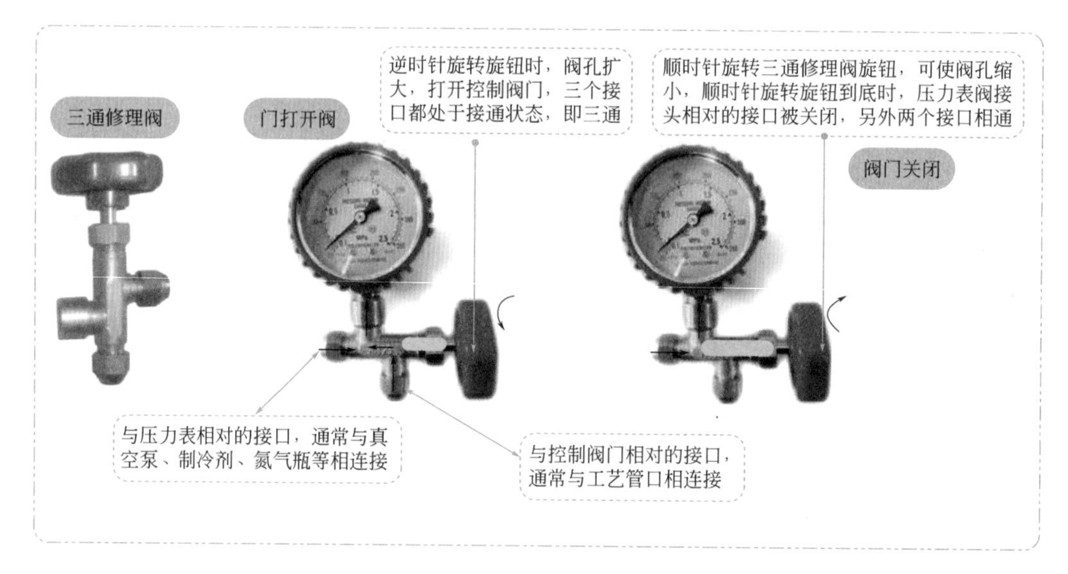

三通修理阀的应用：

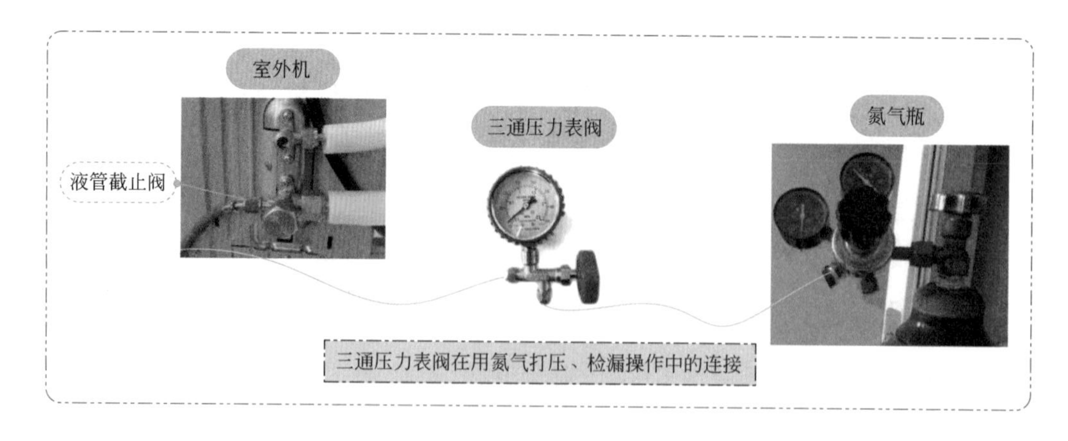

三通压力表阀在用氮气打压、检漏操作中的连接

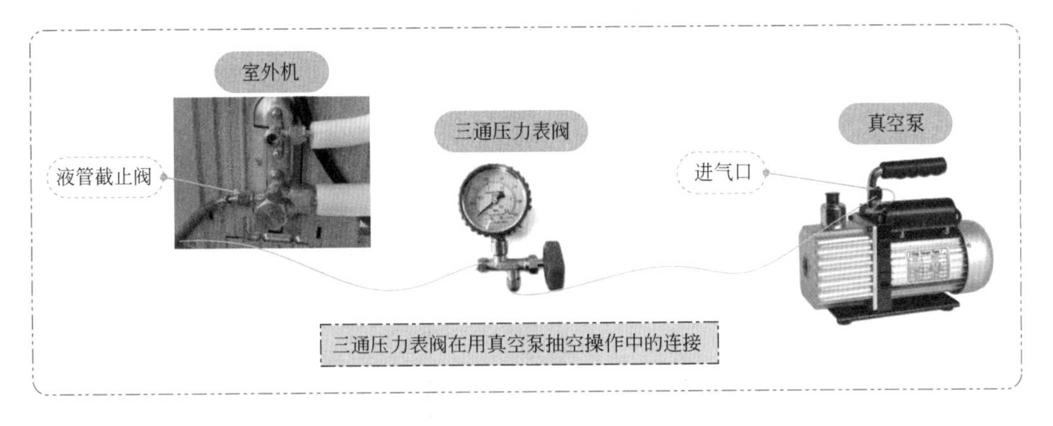

三通压力表阀在用真空泵抽空操作中的连接

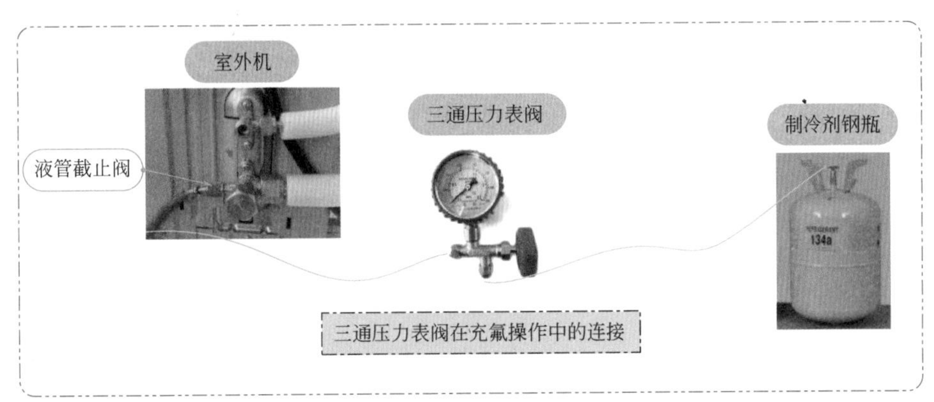

三通压力表阀在充氟操作中的连接

❷ 复式修理阀

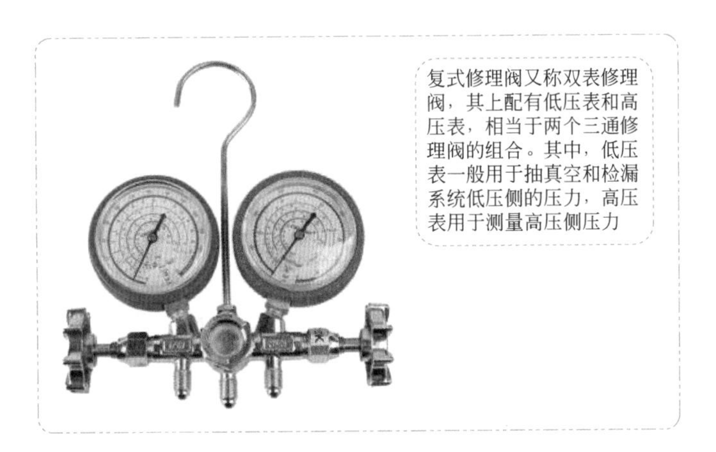

复式修理阀又称双表修理阀，其上配有低压表和高压表，相当于两个三通修理阀的组合。其中，低压表一般用于抽真空和检漏系统低压侧的压力，高压表用于测量高压侧压力

2.5.4 温度计

温度计主要用于对制冷系统进行温度测量。

2.5.5 制冷剂钢瓶

制冷剂钢瓶是用来存放制冷剂的，维修电冰箱用的制冷剂钢瓶一般选用 3 ～ 40kg 不等。

实战的维修和调试是一项专业技能，维修人员不但要有扎实的理论知识，而且还需具备丰富的实际操作经验，因此，要求维修人员在安全的前提下，熟练掌握规范的操作技能和各种维修手段。通过本篇的学习，读者可以对空调器的故障“对症下药”，快速地排除各种疑难故障，使具体的维修操作更加顺利。

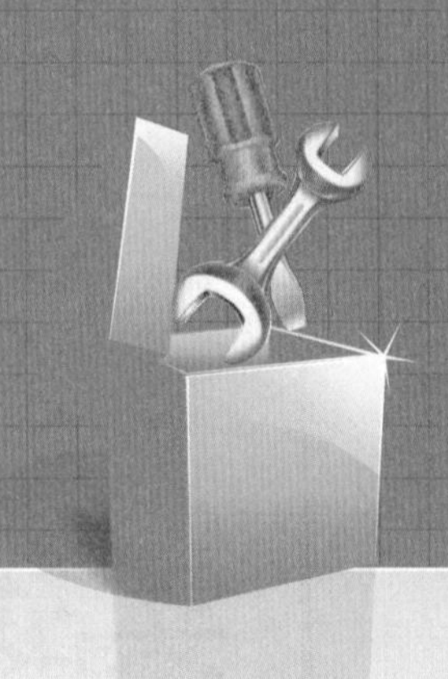

第3章

制冷/制热循环系统

3.1 空调器制冷/制热原理

制冷循环系统由压缩机、换热器（冷凝器、蒸发器）、干燥过滤器、毛细管及连接管道（铜管）等部件组成。为了方便介绍，压缩机部件放在电气控制系统介绍。

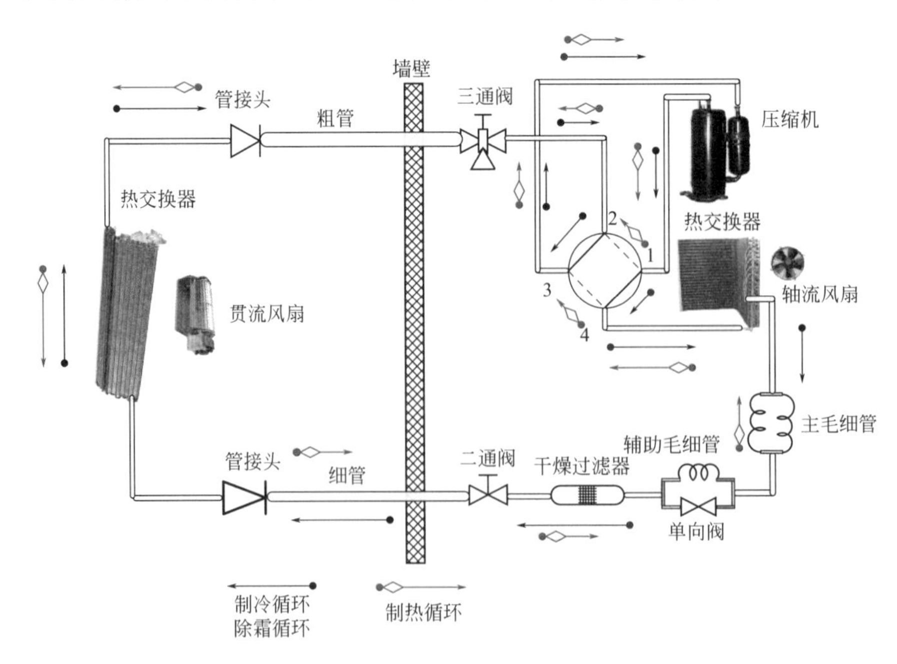

空调器制冷/制热原理	
制冷运行流程	制冷运行时，在电气系统的控制下，四通阀处于默认状态，即管口1和管口4相通、管口2和管口3相通，制冷剂的流向如图中的实线箭头所示。制冷运行时制冷剂流程：压缩机排气口→四通阀的管口1→四通阀的管口4→室外热交换器→毛细管（或电子膨胀阀）→单向阀→干燥过滤器→二通阀→细管→室内热交换器→粗管→三通阀→四通阀的管口2→四通阀的管口3→压缩机吸气口，完成一个单回路的制冷剂循环 当压缩机运行频率高时，对制冷剂的压缩能力强，排出的制冷剂温度和压力高，制冷剂在室内外热交换器之间的压力和温差大，与室内外空气的热交换能力强，空调器制冷强；反之相反
制热运行流程	制热运行时，电气系统对四通阀的线圈提供220V的市电，线圈产生磁力，吸动电磁阀阀芯，使管口1和管口2相通，管口3和管口4相通，制冷剂的流向如图中的虚线箭头所示。制热运行时制冷剂流程：压缩机排气口→四通阀的管口1→四通阀管口2→三通阀→粗管→室内热交换器→细管→二通阀→干燥过滤器→毛细管（或电子膨胀阀）→室外热交换器→四通阀管口4→四通阀管口3→压缩机吸气口，完成一个单回路逆向制冷剂循环通路 压缩机的频率、压力与制冷状态相同

3.2 热交换器

3.2.1 热交换器的结构特点

热交换器是让两种或两种以上温度不同的流体相互交换热量的设备。

空调系统中的冷凝器、蒸发器和表面式空气加热器等都是间壁式热交换器。在间壁式热交换器中，冷热两种流体同时在金属间壁的两侧流动，它们通过金属间壁传热来交换热量。

① 冷凝器

冷凝器又称为散热器，是空调器制冷系统中主要的热交换设备。为了让制冷剂能循环使用，需将从蒸发器流出的制冷剂冷凝还原为液态。冷凝器就是让气态制冷剂向环境介质放热冷凝液化的热交换器。它是将压缩机排出的高温、高压制冷剂蒸气，在冷凝器里经过热量的传递，向周围空气散热，使制冷剂蒸气冷却然后液化成液体

冷凝器的类型和结构形式较多，空调器中多采用风冷式冷凝器，一般采用翅片盘管式冷凝器，这种蒸发器结构紧凑传热系数较高

② 蒸发器

蒸发器的作用是使液态制冷剂蒸发，吸收室内空气中的热量，由液态转变为气态，降低室内温度，达到制冷的目的。由于蒸发器温度通常都很低，因此对应的蒸发压力也不高。相对于冷凝器，制冷剂在蒸发器中处于低温低压状态

空调器工作时，蒸发器表面空气温度降到露点以下，空气中的水分冷凝成水滴，从排水管流出，所以蒸发器除了制冷又具有“空气除湿”的功能

翅片盘管式蒸发器材质上分有铜管铝翅片式和铝管铝翅片式两种。这种蒸发器传热效率高、占用空间小等特点

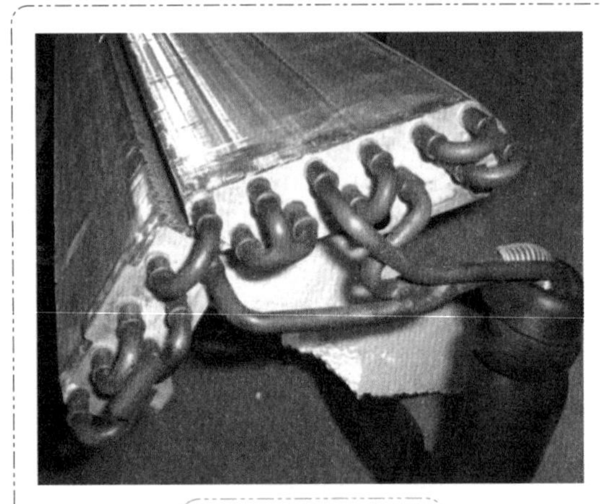

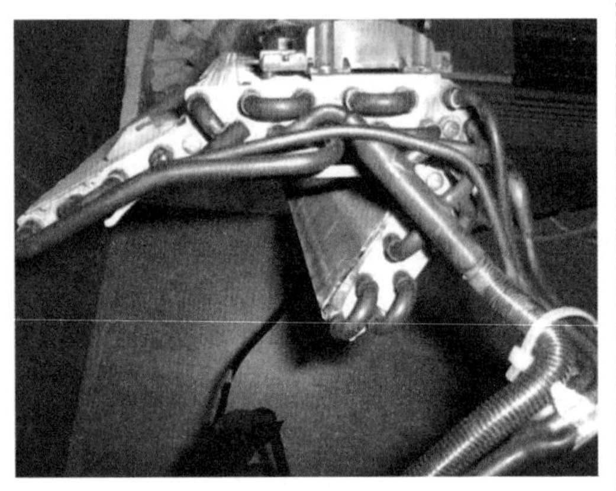

这是最常见的两折蒸发器

这是高档机中的三进三出蒸发器

3.2.2 蒸发器在空调器中的安装部位

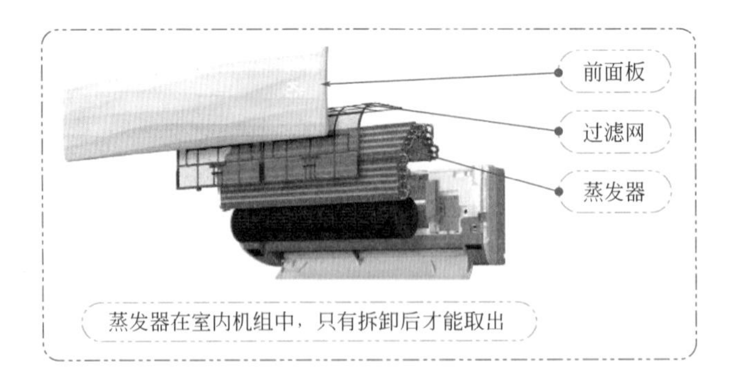

蒸发器在室内机组中，只有拆卸后才能取出

3.2.3 冷凝器在空调器中的安装部位

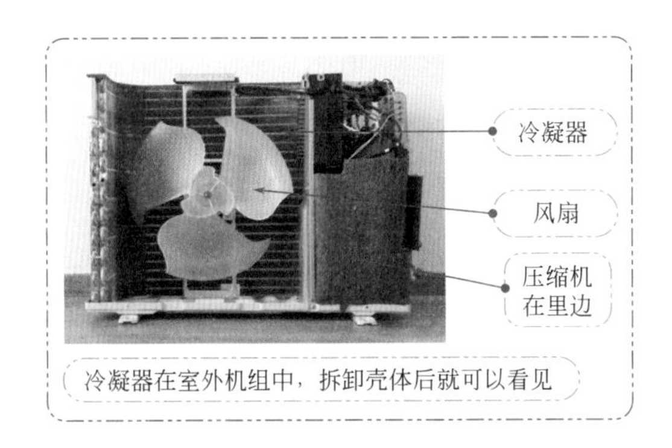

冷凝器在室外机组中，拆卸壳体后就可以看见

3.2.4 实战11——热交换器常见故障与维修

热交换器常见故障与维修	
故障现象	制冷差或不制冷
故障原因	分体空调器的蒸发器和冷凝器都为翅片盘管式，常见故障有出现漏点、堵塞、翅片严重变形等 空调机热交换器的肋片应紧紧地套在换热器的铜管上，并且排列整齐、间隙均匀。蒸发器及冷凝器盘管接头处焊接不良或搬运不当，会造成盘管出现漏点，使制冷剂漏光。当风扇扇叶晃动或在搬运、安装过程中碰到翅片，使其严重变形，将间隙堵塞。空气中含有较多的杂质，当空气强制通过蒸发器和冷凝器时，部分杂质就会黏附在翅片上，过多时便造成堵塞。当含有润滑油的制冷剂及系统中的杂质在流经蒸发器和冷凝器时，就会黏附在其管壁形成油垢，影响热交换效果。以上这些原因将会影响进出风量，降低换热器的换热效率，使空调机制冷量下降
检修技巧	翅片上有灰尘时，应用氮气或吸尘器将灰尘吸出。由于有电气控制系统，不要用水冲洗。翅片变形时，应用铁丝刷或与间隙相同厚度的硬物校正翅片。注意不要将盘管碰漏，以免造成更大的故障
	当清除管壁内的油垢时，可采用氮气吹或化学溶剂冲洗
	当盘管出现漏点时，应用气焊或胶黏剂补漏，保压无漏后，即可使用
气检测法	热交换器盘管有漏点时，可采用气检测法进行检漏 检测前在换热器中充入2.5kg的氮气，用毛笔蘸肥皂水检查所有接口、焊缝以及怀疑有泄漏的地方，一般泄漏点周围都会有油迹。如果出现气泡，说明该处有泄漏。放出气体，对泄漏点进行补焊。焊好后再进行一次检测，如没发现泄漏则需要经过24h保压检漏，压力无明显下降，说明换热器无泄漏
焊接要求	氧焊时应注意做好防护，因为翅片是用0.12～0.2mm的纯铝箔制成，不能抵挡氧焊火焰的高温，容易将其烧毁。如果是焊接翅片中间的漏点，建议使用瓦数较高的电烙铁。方法是：先将漏点的周围的翅片弄出一个大约4cm×4cm或更小的空间，将漏点铜管的周围用细砂纸打磨干净，然后再焊接。焊锡就使用常用的焊锡，尽可能不使用焊锡膏，因为焊锡膏有很强的腐蚀性
	无论拆卸或安装冷凝器、蒸发器时都应保持管道清洁，最好是在安装前用高压氮吹一吹

3.3 毛细管与膨胀阀

3.3.1 节流的作用

节流现象	一定压力的流体在管内流动过程中，若管子的某一部分的横截面积突然缩小，则流体会由于局部的作用而降压，这种现象称为节流
节流元件	节流元件是制冷循环系统中用于控制制冷剂流量的装置。冷凝器冷凝得到的液态制冷剂的温度和压力高于蒸发温度和蒸发压力，在进入蒸发器前必须使它降压降温，达到蒸发器的要求。为此设置节流器，让冷凝液先流经节流器节流，然后再进入蒸发器蒸发制冷 空调器型号规格不一样，则制冷剂流量大小也不相同，为此要采用不同的节流元件来检测制冷剂的不同流量
节流元件种类	家用空调器中的节流元件有毛细管和膨胀阀两种。膨胀阀又可分为热力膨胀阀和电子膨胀阀两种，商用空调器，因制冷量大，所以一般采用膨胀阀来节流

3.3.2 毛细管

毛细管特点	毛细管是一根直径很小，长度较长并带有一定硬度的紫铜管，其内径为 0.5 ～ 2.0mm，壁厚为 0.5mm 左右，长度是根据空调器匹配的需要而定，空调器选用的毛细管内径一般在 1 ～ 1.5mm 之间，长度在 600 ～ 2000mm 之间
毛细管根数	单冷或小型空调器只采用一根毛细管作为节流元件。有些分体式空调器为了适应大制冷量需要（尤其是冷暖两用热泵型空调器），配有两根或多根毛细管（或增加一只膨胀阀）
毛细管的内径和长度	毛细管的内径和长度视空调器的制冷量大小而定。毛细管与整个制冷系统是否匹配，直接影响着空调的制冷量或热泵制热量。若增大毛细管的管径或减小其长度，则阻力减小，制冷剂流量增加，蒸发温度提高；反之，则阻力增大，制冷剂流量将减少，蒸发温度降低

3.3.3 毛细管、膨胀阀在空调器中的安装部位

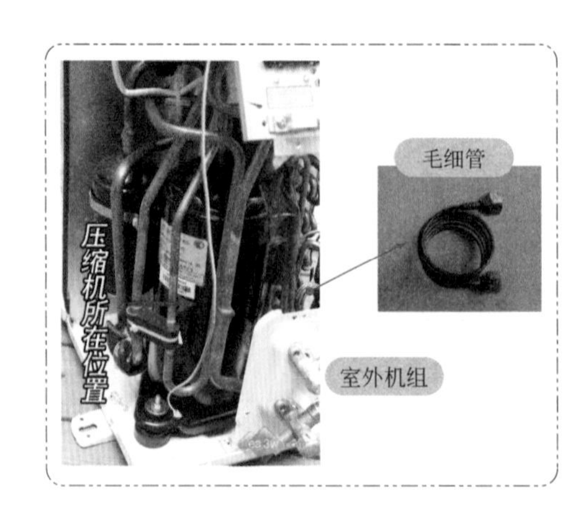

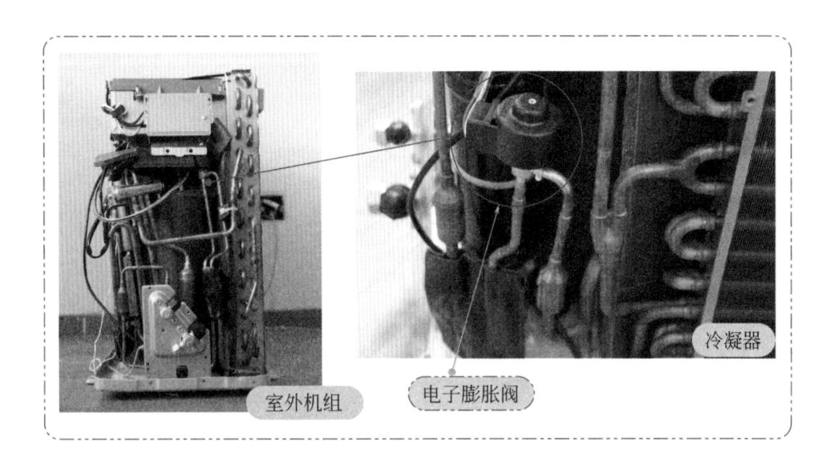

3.3.4 实战12——毛细管常见故障与维修

① 毛细管的常见故障及分析

毛细管的常见故障及分析	
毛细管常见故障	冰堵、脏堵、油堵、压扁、破裂等
冰堵	一般发生在毛细管出口处，主要是因为干燥过滤器中的分子筛失效，水分在毛细管出口处逐渐结冰而造成。冰堵时，制冷剂通路阻断，空调器不制冷。停机一段时间开机又可以制冷，时间不长又再次发生堵塞。对于冰堵的空调机应更换干燥过滤器和制冷剂
脏堵	可发生在毛细管的任何部位，产生原因是制冷系统内部不清洁、制冷剂和冷冻油杂质过多或干燥剂的粉末进入制冷系统等。在制冷运行时，毛细管最冷的部位即为脏堵处。如果是全堵，它与冰堵不同之处是空调机不管停机多长时间再启动也不制冷
打压注意	无论是制冷剂的泄漏还是别的故障引起更换制冷系统器件时，对系统和焊点都要进行打压、保压和检漏。氮气打压方法是比较理想的，因为氮气和制冷剂中都不含水分，不易燃烧，无腐蚀性，使用时对系统干燥效果较好，并且比较安全。如果用空气打压，由于空气中的水分含量较大，空气进入系统后，就会在管道内壁形成一层水露。制冷剂对水分的要求比较严格，而系统中的水分已大大超过了其允许量，当空调器工作时，水分就会在系统内结冰形成冰堵，影响正常工作

② 毛细管的选配与安装

由于制冷剂在毛细管中的状态和压力变化与毛细管内径大小、管壁粗糙度及管的长度密切相关，所以在维修更换毛细管时，必须按原毛细管的长度和内径选配。

空调器采用的毛细管内径根据型号一般为：1～1.3匹为1.4mm，1.5匹为1.4mm或1.5mm，2匹为1.6mm，2.5匹为1.8mm，3匹为1.8mm或2.0mm。长度：制冷运行状态下的毛细管长度一般在300～500mm，制热状态时一般为500～1000mm。

3.4 辅助设备

为使空调器制冷系统能够稳定、可靠地运行，并提高运行的经济性，还需配置一些辅助设备。辅助设备是保证空调器制冷系统安全、可靠、稳定工作的重要组成部件，如干燥过滤器、分液器、电磁四通阀、低压控制阀、压力开关、单向阀等。

3.4.1 干燥过滤器

干燥过滤器	
冰堵与脏堵	制冷系统在安装、运行中，不可避免地会含有极少量的水分和污物杂质。当蒸发温度较低时，水分会在低温部分的制冷剂管道中（特别是毛细管出口处）冻结造成“冰堵”；而污物杂质则容易在毛细管等细小制冷剂管道中造成“脏堵”故障。所以，制冷系统必须安装干燥过滤器
干燥过滤器作用	滤去制冷系统中的污垢和吸附制冷系统中残存的少量水分
安装位置	不同机型空调器的干燥过滤器安装位置可能不同，由于系统最容易堵塞的部位是毛细管，因此干燥过滤器通常安装在冷凝器与毛细管之间
🔔	❶ 干燥过滤器内的分子筛暴露在空气中 24h 即可接近其饱和吸水率，因此，分子筛应与空气隔绝。用分子筛做成的干燥过滤器，一般各端口都密封，有的还用真空袋包装，拆封后应在 20min 内焊接安装好 ❷ 不管是任何维修，只要一打开制冷系统，就需要重新更换干燥过滤器

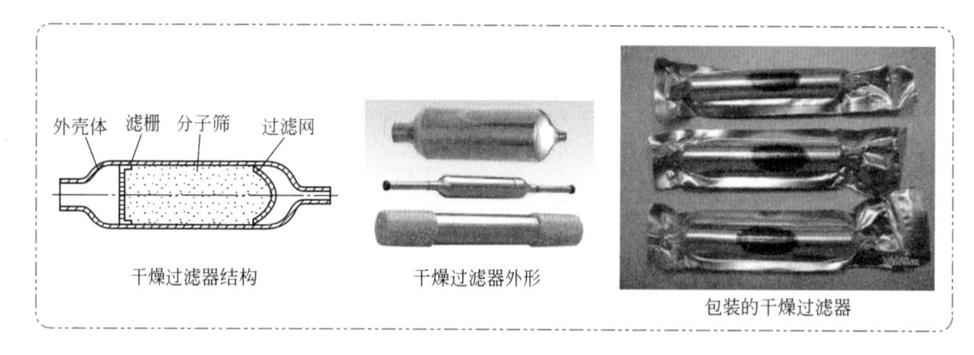

干燥过滤器结构　干燥过滤器外形　包装的干燥过滤器

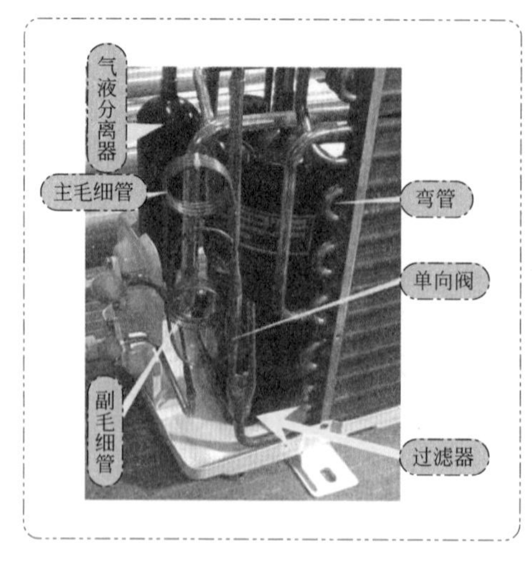

3.4.2 分液器

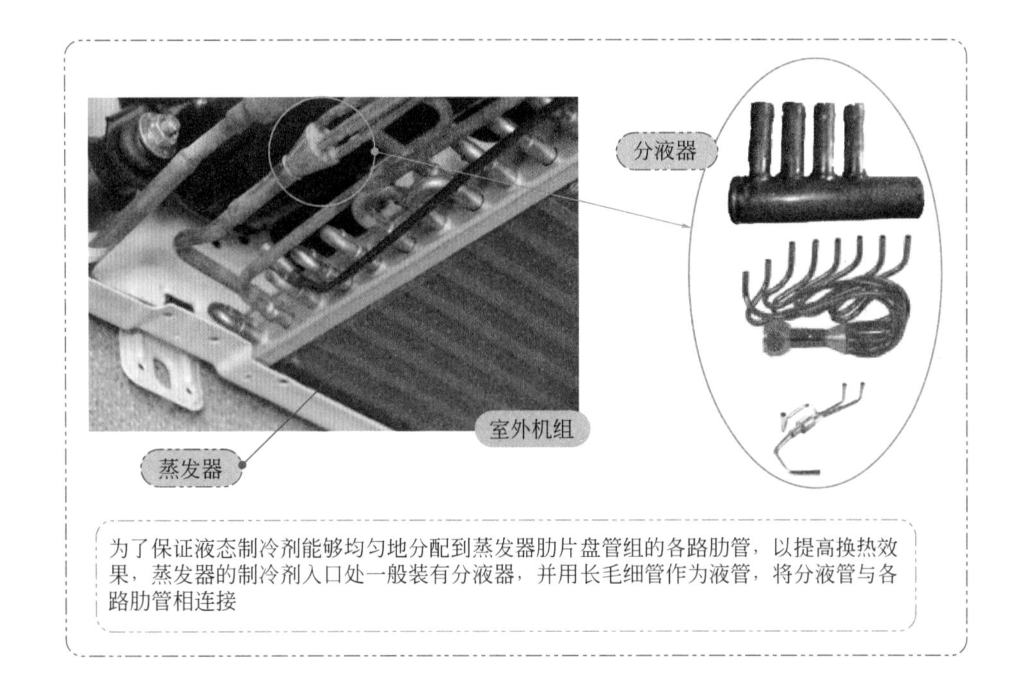

为了保证液态制冷剂能够均匀地分配到蒸发器肋片盘管组的各路肋管，以提高换热效果，蒸发器的制冷剂入口处一般装有分液器，并用长毛细管作为液管，将分液管与各路肋管相连接

3.4.3 实战13——电磁四通阀常见故障与维修

① 四通阀简介

电磁四通阀	
作用	电磁四通阀是热泵型空调器特有的关键器件，主要作用是通过改变制冷系统中制冷剂流动方向，根据工作目的是制冷还是制热，适时改变系统功能，实现制冷、制热或除霜的设定 两个热交换器，一个置于空调房间的室内侧，另一个置于空调房间的室外侧，通过电磁四通换向阀控制制冷剂的流向
热泵型空调器工作原理	通过四通阀用管道依次将这些设备连接起来，形成一个封闭性的整体系统。系统工作时，在夏季低压液态制冷剂进入室内侧热交换器，吸收室内空气的热量沸腾汽化，从而冷却了室内空气，实现制冷。在室内热交换器中汽化的制冷剂蒸气经压缩机压缩升压后，进入室外侧热交换器向室外大气排放热量为液态制冷剂，经毛细管节流降压降温，再流回室内侧热交换器吸热汽化制冷。在冬季时，制冷剂的流动方向正好与此相反

② 四通阀在热泵型空调器中的应用

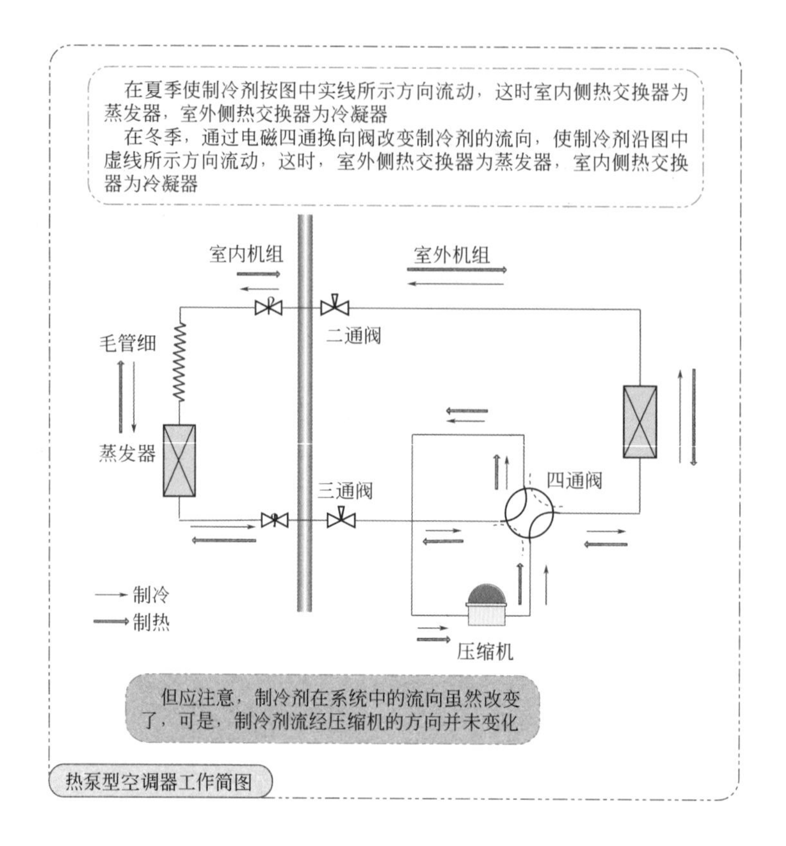

热泵型空调器工作简图

③ 电磁四通阀的结构及工作原理

❶ 电磁四通阀的结构

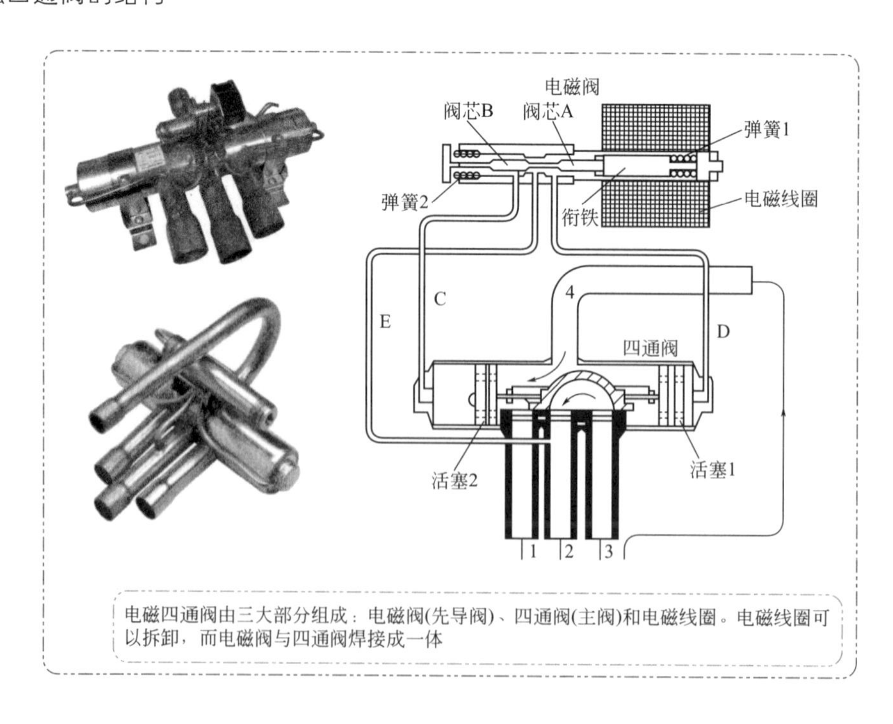

电磁四通阀由三大部分组成：电磁阀(先导阀)、四通阀(主阀)和电磁线圈。电磁线圈可以拆卸，而电磁阀与四通阀焊接成一体

❷ 电磁四通阀的工作原理

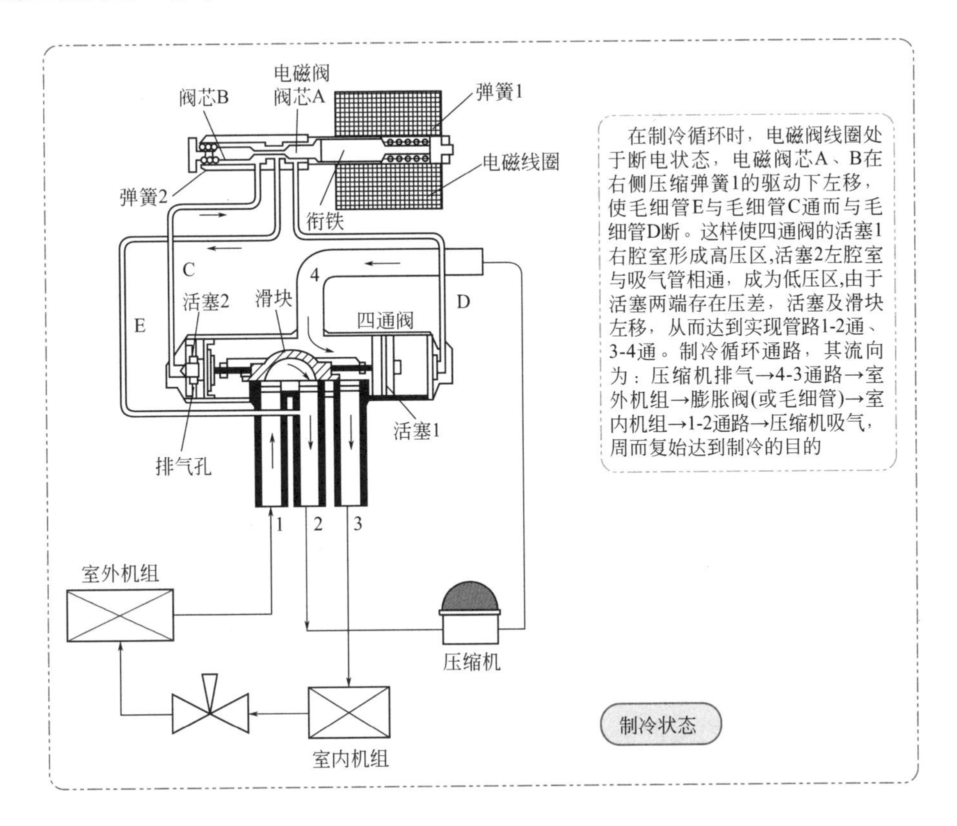

在制冷循环时，电磁阀线圈处于断电状态，电磁阀芯A、B在右侧压缩弹簧1的驱动下左移，使毛细管E与毛细管C通而与毛细管D断。这样使四通阀的活塞1右腔室形成高压区,活塞2左腔室与吸气管相通，成为低压区,由于活塞两端存在压差，活塞及滑块左移，从而达到实现管路1-2通、3-4通。制冷循环通路，其流向为：压缩机排气→4-3通路→室外机组→膨胀阀(或毛细管)→室内机组→1-2通路→压缩机吸气，周而复始达到制冷的目的

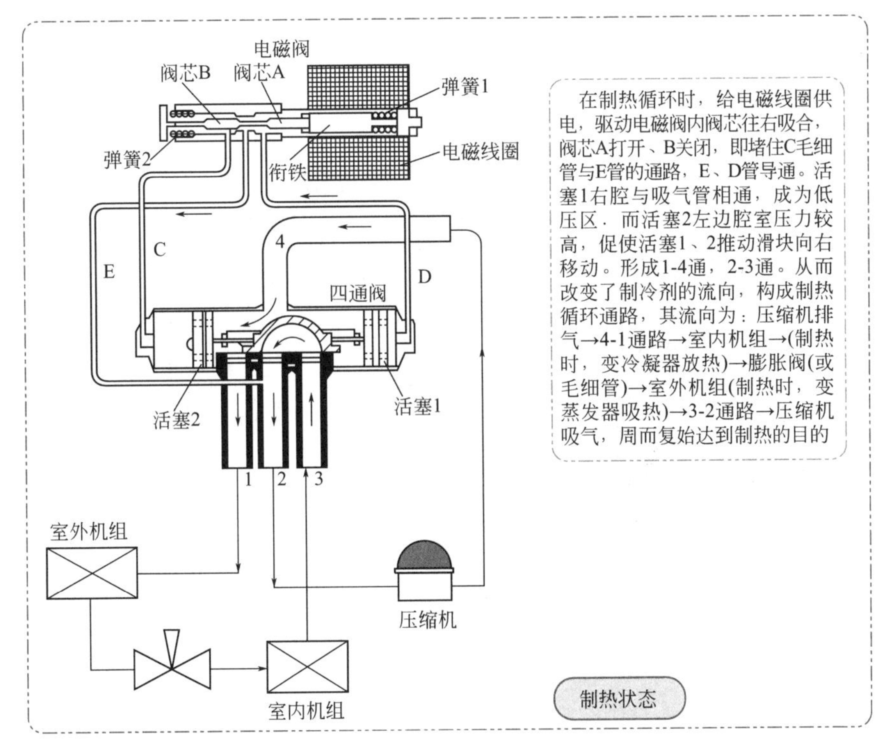

在制热循环时，给电磁线圈供电，驱动电磁阀内阀芯往右吸合，阀芯A打开、B关闭，即堵住C毛细管与E管的通路，E、D管导通。活塞1右腔与吸气管相通，成为低压区．而活塞2左边腔室压力较高，促使活塞1、2推动滑块向右移动。形成1-4通，2-3通。从而改变了制冷剂的流向，构成制热循环通路，其流向为：压缩机排气→4-1通路→室内机组→(制热时，变冷凝器放热)→膨胀阀(或毛细管)→室外机组(制热时，变蒸发器吸热)→3-2通路→压缩机吸气，周而复始达到制热的目的

④ 电磁四通阀的结构特点

由电磁四通阀的结构不难发现，当滑块处于中间位置状态时，1、2、3三条接管相互通气，产生中间流量，此时，压缩机高压管内的制冷剂可以直接流回低压管。设计中间流量的目的是当滑块处在中间位置时，能起到卸压的作用，使系统免受高压破坏

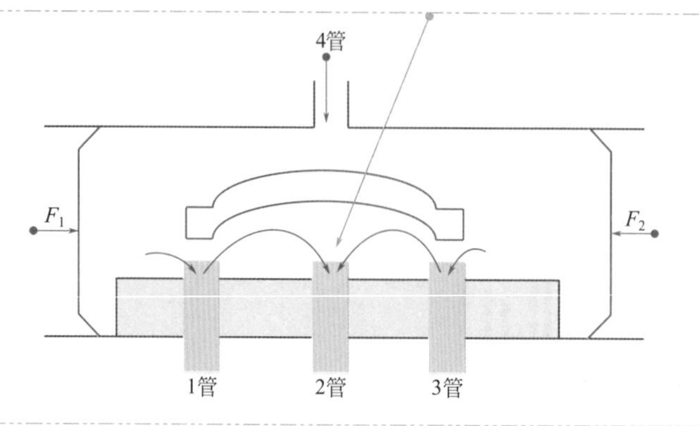

串气的形成：四通换向的基本条件是活塞两端的压力差(F_1-F_2)必须大于摩擦阻力f，否则，四通阀将不会换向。换向所需的最低动作压力差是靠系统流量来保证的

当左右活塞腔的压力差大于摩擦阻力f时，四通阀换向开始，当滑块运动到中间位置时，四通阀的1、2、3三条接管相互导通，压缩机排出的制冷剂从四通阀4接管直接经1、3接管流向2接管(压缩机回气口)，使压力差快速降低，形成瞬时串气状态(中间流量状态)

此时，若压缩机排出的制冷剂流量远大于四通阀的中间流量损失，高低压差不会有大的下降，四通阀有足够大的换向压力差使主滑块到位；如果压缩机排出的制冷剂流量不足时，因四通阀的中间流量损失会使高低压差有较大的下降，当高低压差小于四通阀换向所需的最低动作压力差时，主阀便停在中间位置，形成串气

⑤ 电磁四通阀在空调器中的安装部位

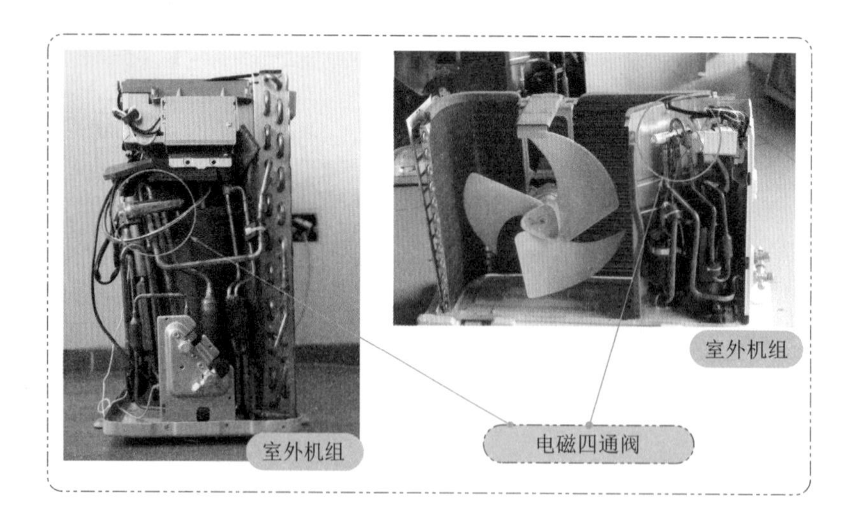

⑥ 电磁四通阀的故障现象、原因及排除方法

<table>
<tr><th colspan="2">电磁四通阀常见故障现象及快速判断</th></tr>
<tr><td>电磁四通阀常见故障</td><td>不能换向、换向不良、泄漏、串气等几种</td></tr>
<tr><td rowspan="2">快速判断电磁四通阀的正常与否</td><td>❶ 用手触摸换向阀六根管子的温度，与正常状态下管子温度比较。如果各管子手摸温度与正常温度相差过大时，则说明四通换向阀有故障</td></tr>
<tr><td>❷ 听声音。判断电磁阀（先导阀）有无动作：线圈通断电时有“嗒嗒”的阀芯撞击声，说明电磁阀动作正常。此时最好给电磁四通阀通电，以便听声音。如果线圈断电时，有一声较大的气流声，则说明换向阀正常；如果无气流声，则说明换向阀有机械故障</td></tr>
</table>

<table>
<tr><th colspan="10">电磁四通阀正常状态与常见故障判别及排除方法</th></tr>
<tr><th colspan="2">阀工作情况</th><th>接压缩机排气管（4管）</th><th>接压缩机吸气管（2管）</th><th>接蒸发器（1管）</th><th>接冷凝器（3管）</th><th>左侧毛细管（C管）</th><th>右侧毛细管（D管）</th><th>可能原因</th><th>排除方法</th></tr>
<tr><td rowspan="2">阀正常时</td><td>制冷正常</td><td>热</td><td>冷</td><td>冷</td><td>热</td><td>阀体温度</td><td>阀体温度</td><td></td><td></td></tr>
<tr><td>制热正常</td><td>热</td><td>冷</td><td>热</td><td>冷</td><td>阀体温度</td><td>阀体温度</td><td></td><td></td></tr>
<tr><td rowspan="6">阀故障时</td><td rowspan="4">阀不能从制冷转换到制热</td><td>热</td><td>冷</td><td>冷</td><td>热</td><td>阀体温度</td><td>热</td><td>电磁阀正常，阀体内脏</td><td>阀断电，提高排出压力，振送污物，如不成功，换阀</td></tr>
<tr><td rowspan="2">热</td><td rowspan="2">冷</td><td rowspan="2">冷</td><td rowspan="2">热</td><td rowspan="2">阀体温度</td><td rowspan="2">阀体温度</td><td>毛细管堵塞</td><td>提高排出压力，使阀至自由位置，排出堵塞的污物。如不成功，换阀</td></tr>
<tr><td>毛细管碰扁</td><td>换阀</td></tr>
<tr><td>暖</td><td>冷</td><td>冷</td><td>暖</td><td>阀体温度</td><td>暖</td><td>压缩机故障</td><td>维修或更换压缩机</td></tr>
<tr><td rowspan="2">开始移动但不能完全换向</td><td rowspan="2">热</td><td rowspan="2">暖</td><td rowspan="2">暖</td><td rowspan="2"></td><td rowspan="2">阀体温度</td><td rowspan="2">热</td><td>换向开始，压力差不够或流量不够</td><td>检测工作压力和负荷，提高排出压力。如仍不能换向，则换阀</td></tr>
<tr><td>阀体内滑块或活塞损坏</td><td>更换阀</td></tr>
</table>

续表

电磁四通阀正常状态与常见故障判别及排除方法									
阀工作情况		接压缩机排气管（4管）	接压缩机吸气管（2管）	接蒸发器（1管）	接冷凝器（3管）	左侧毛细管（C管）	右侧毛细管（D管）	可能原因	排除方法
阀故障时	制热时明显泄漏	热	热	热	热	阀体温度	热	阀体内滑块损坏	更换阀
								串气，滑块在中间位置停止，在压缩机内的排气量不足以保持换向	提高排出压力，敲动阀体。如不成功，则换阀
		热	冷	热	冷	比阀体暖	比阀体暖	电磁阀泄漏	让阀动作几次，然后检查，如果严重泄漏，则换阀
	阀不能从制热转换到制冷	热	冷	热	冷	阀体温度	阀体温度	压力差太高	停机，在压力均衡时换向，再查系统
		热	冷	热	冷		阀体温度	毛细管堵塞	提高排出压力，使阀至自由位置，排出堵塞的污物。如不成功，则换阀
		热	冷	热	冷	热	热	电磁阀故障	更换阀
		暖	冷	暖	冷	暖	阀体温度	压缩机故障	维修或更换压缩机

引起电磁四通阀不能换向或换向不良的因素较多，主要说明以下几点	
❶	由于外部受外力冲击的原因，导致电磁阀体损坏（阀体凹）及毛细管等有碰伤、破损、变形，造成流量不足，形成不了换向所需的压力差而不能使阀芯动作。这种情况外观检查就可判断
❷	由于外部原因，主阀体变形，活塞部被卡死而不能动作
❸	空调系统发生外泄漏，造成系统制冷剂循环量不足，导致四通阀两端不能形成足够的压力差。漏口处有油（冷冻油）渗出容易判断，或采用肥皂水检漏
❹	系统内的杂物（氧化皮等）进入四通阀内卡死活塞或主滑块而不能动作。可用木棒轻击四通阀阀体，如果换向恢复正常，判断正确
❺	线圈接触不良、断线、烧毁或电压不在允许的使用范围内，造成电磁阀的阀芯不能动作而不换向。可用一块永久磁铁在四通阀阀体端面或电磁阀上判断，如果此时能换向，判断正确
❻	天气很冷时，制冷剂蒸发量不够

续表

引起电磁四通阀不能换向或换向不良的因素较多，主要说明以下几点	
❼	电磁四通阀与系统匹配不佳，即所选四通阀中间流量大而系统能力小
❽	换向时间错误。一般系统设计为压缩机停机一定时间后四通阀才换向，此时高低压趋于平衡，换向到中间位置便停止，即四通阀换向不到位，主滑块停在中间位置，下次启动时，由于中间流量作用造成流量不足
❾	压缩机的制冷剂循环量不能满足四通阀换向的必要流量。启动压缩机并使四通阀换向，用手同时摸四通阀1、2、3三条接管，若三条接管均发热，证明四通阀换向未到位，处在中间窜气状态。也可以用一小块磁铁，当换向时小磁铁不随之移动，则也说明串气。向系统充入一定量的制冷剂，便可换向到位
❿	由于系统内部的液击造成四通阀活塞部破坏、滑块导向架断裂、端盖损坏变形而不能动作
⓫	钎焊配管时，主阀体的温度超过了120℃，内部零件发生热变形而不能动作

7 电磁四通阀不良的逻辑排查

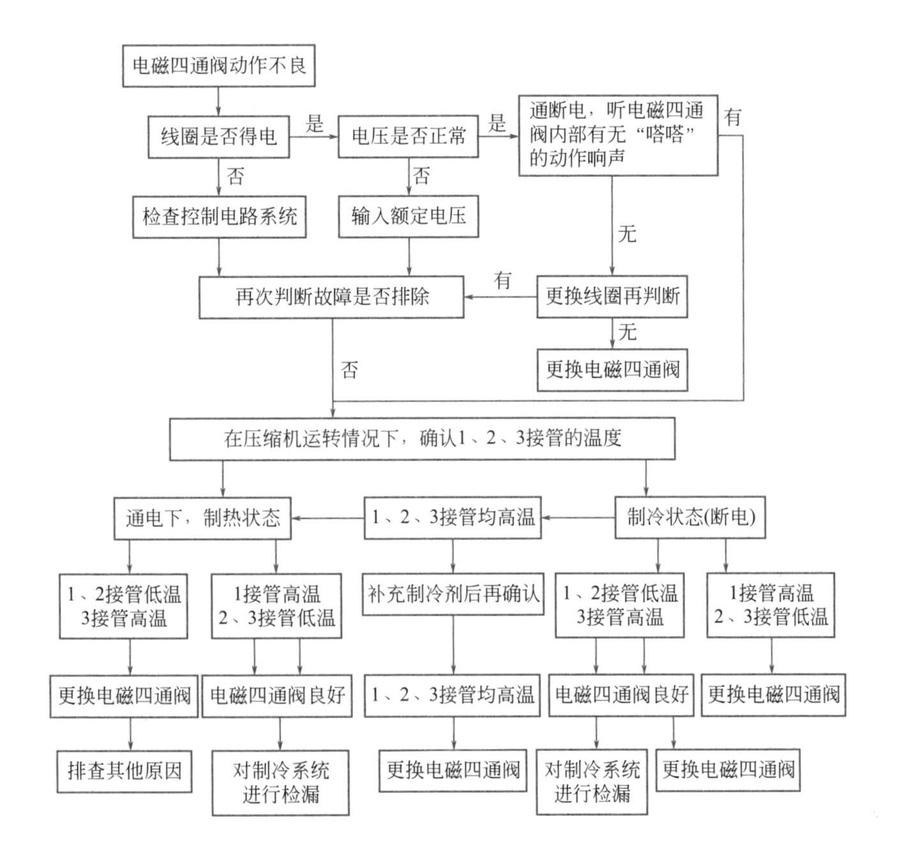

8 电磁四通阀维修注意事项

电磁四通阀维修注意事项	
❶	判定四通阀故障过程中，比较重要的一点是判清四通阀活塞碗的位置。如：制冷时阀杆应在右侧，制热时阀杆应靠近左侧，如果判定阀杆位置正好与正常工作过程时位置相反，则肯定为四通阀故障；如果阀杆处在中间位置则先不要更换四通阀，应先冲注适量冷媒后，对空调重新上电，判定四通阀是否可正常换向（此时往往是系统内冷媒泄露，导致换向压力不足引起。因此不赞成用敲击阀体的办法来使四通阀换向，就算是当时通过敲击四通阀可以正常换向，因系统冷媒没有得到补充，过一段时间，四通阀故障还会出现） 判定四通阀阀杆所处的位置方法非常简单：因阀杆材料为不锈铁，可取一小块磁铁放在四通阀外表面，通过磁铁吸合的位置来判断阀杆的位置
❷	在焊接前必须取下电磁阀的线圈，以免焊接过程不当而烧毁线圈
❸	在更换四通阀时，首先将制冷系统中的制冷剂放出，给制冷系统充注氮气或用湿棉纱将四通阀降温，焊下损坏的四通阀，防止烧毁主阀体
❹	更换新四通阀时，采取降温措施，将阀体放入水中（连接管道先从系统焊下），焊接管口留在水面上，注意不要让水分进入阀体，或用水浸湿棉纱后放在阀体上进行降温处理，防止阀体温度过高（不能超过120℃）使阀块变形
❺	焊接四通阀接口时，应避免烧焊时间过长
❻	四通阀更换完毕后，抽真空并适量填充制冷剂，检漏试机，检查制冷和制热运行情况
❼	电磁线圈若损坏，应更换同型号的电磁线圈，在更换时，应注意在没有将线圈套入中心磁芯前，不能做通电检查，否则易烧毁线圈

3.4.4 单向阀

单向阀又称止逆阀，其主要作用是只允许制冷剂沿单一方向流动。

1 单向阀外形及结构

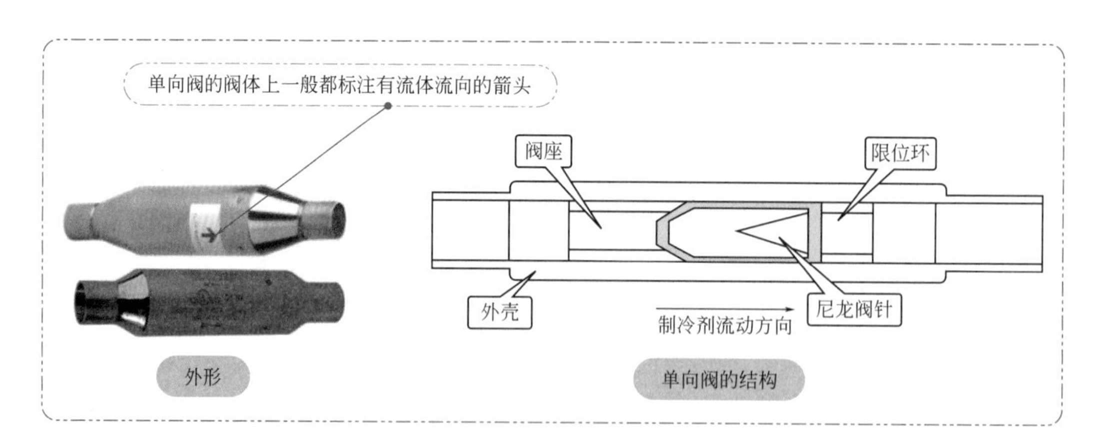

外形　　单向阀的结构

② 单向阀简介

单向阀简介	
主要作用	单向阀又称止逆阀、止回阀，其主要作用是只允许制冷剂沿单一方向流动
设置单向阀的目的	只有采用旋转式压缩机的制冷系统，才设置有单向阀。其目的是使压缩机停机时制冷系统内部高、低压能迅速达到平衡，以便于机器在短时间内再次快速启动，并防止停机后压缩机内的高温制冷剂倒流到蒸发器，引起蒸发器温度上升过快 热泵型空调器在制热与制冷时，由于其工况差别悬殊较大，为了使它在两种模式下都能安全而有效地可靠运行，常在制冷系统管道中增设单向阀
安装位置	单向阀一般设置在回气管上

③ 单向阀的工作原理

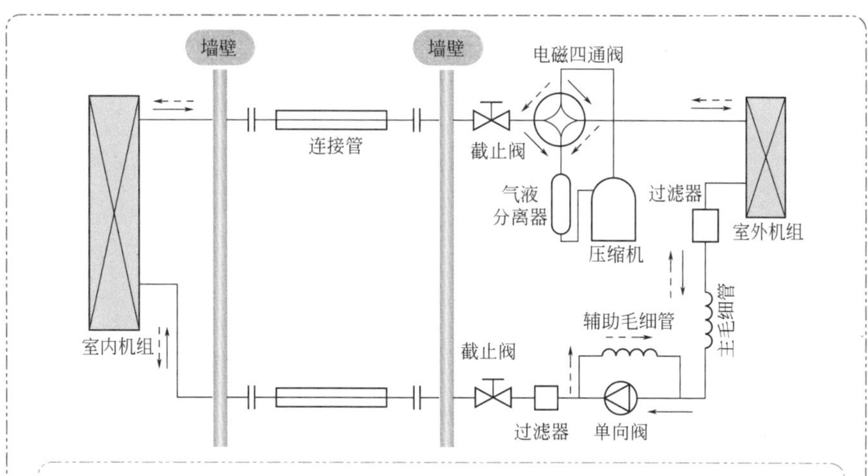

在制冷循环时，节流元件为主毛细管，而辅助毛细管被单向阀所短路；在制热循环时，与辅助毛细管并联的单向阀不导通，节流元件为主毛细管加辅助毛细管，增加了节流的阻力，即增大制冷系统的高、低压压力，降低室外热交换器的温度，以达到从外界获取更多的热源

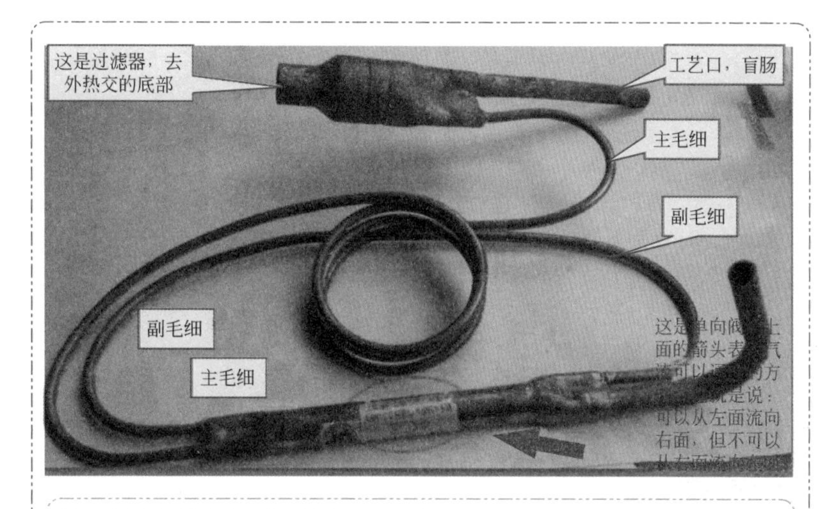

单向阀制冷的时候是直通的，副毛细管和它并联，但并不走气。假如单向阀堵了或卡死，也会造成热保护，如果把单向阀副毛细管去掉，只安装主毛细管，空调能正常工作，那就是单向阀出问题了

3.4.5 双向电磁阀

双向电磁阀允许制冷剂沿两个不同的方向流动，双向电磁阀的主要作用是控制压缩机负载的轻重，可以为压缩机减载运行或启动、单独除湿等提供制冷剂的旁通路径。

① 双向电磁阀外形、结构

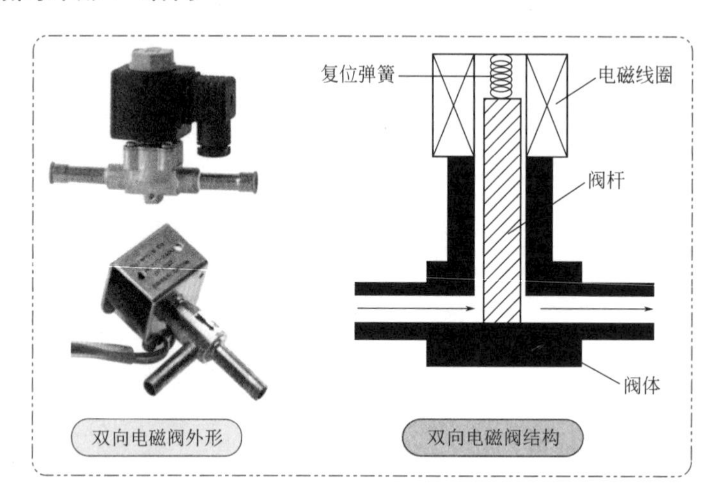

② 双向电磁阀的工作原理

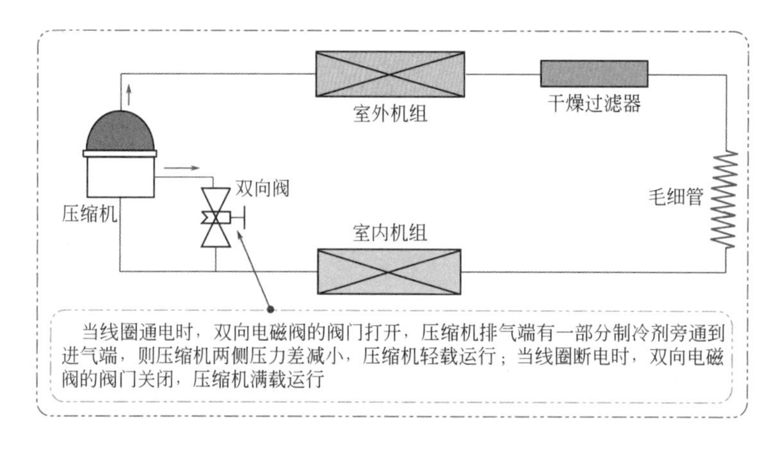

3.4.6 截止阀

① 截止阀在空调器中的安装部位

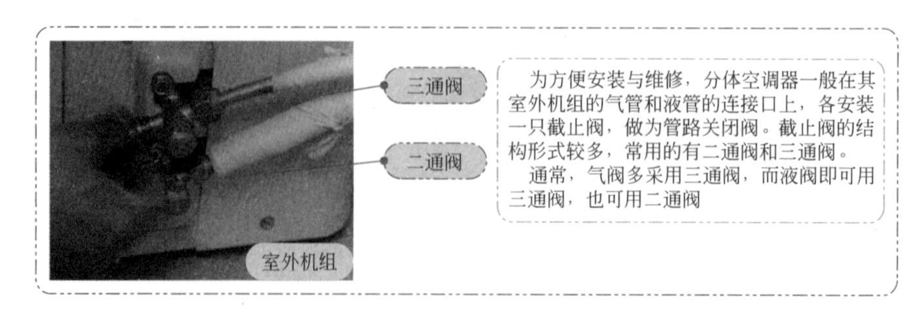

② 二通阀外形和结构

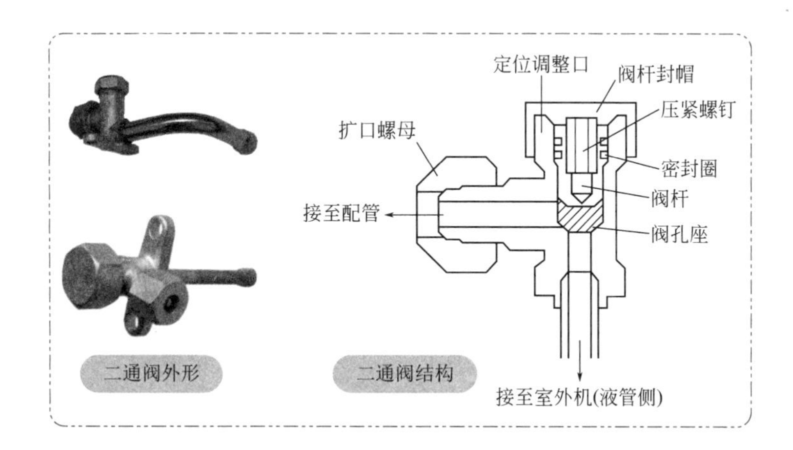

二通阀外形　二通阀结构

③ 三通阀外形和结构

三通截止阀常有维修口带气门芯和不带气门芯两种形式。

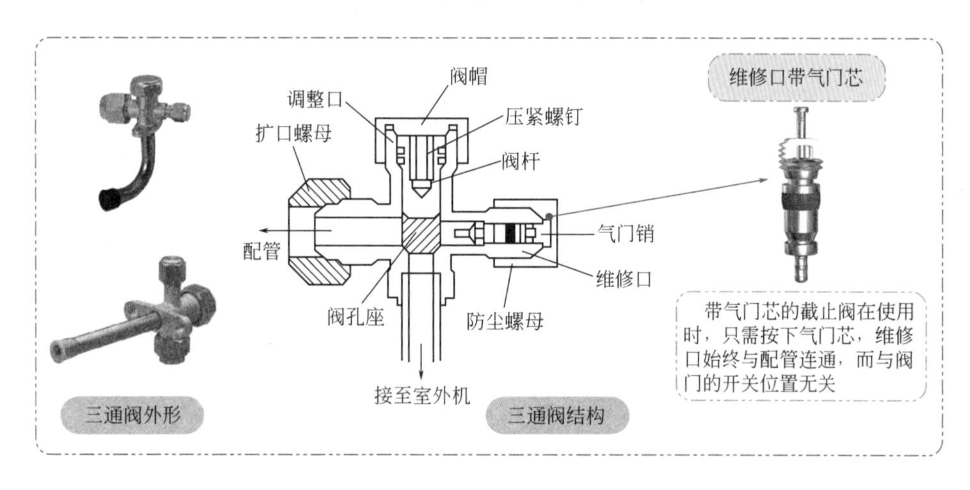

三通阀外形　三通阀结构

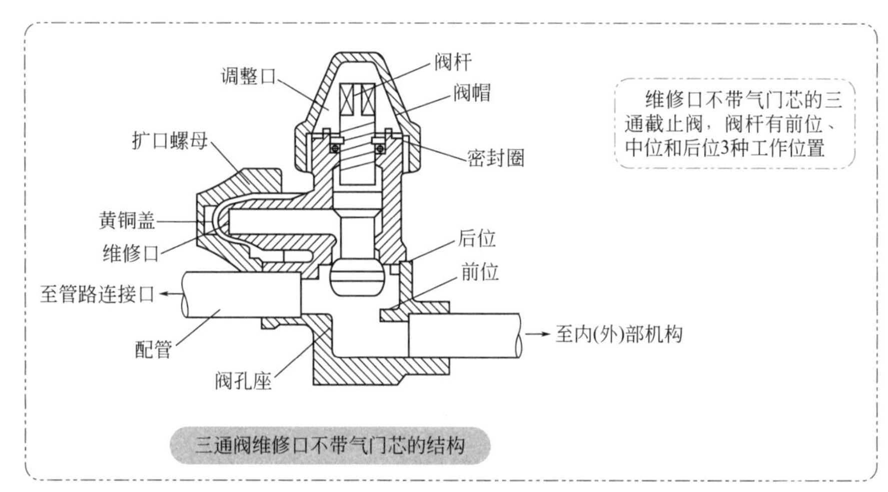

三通阀维修口不带气门芯的结构

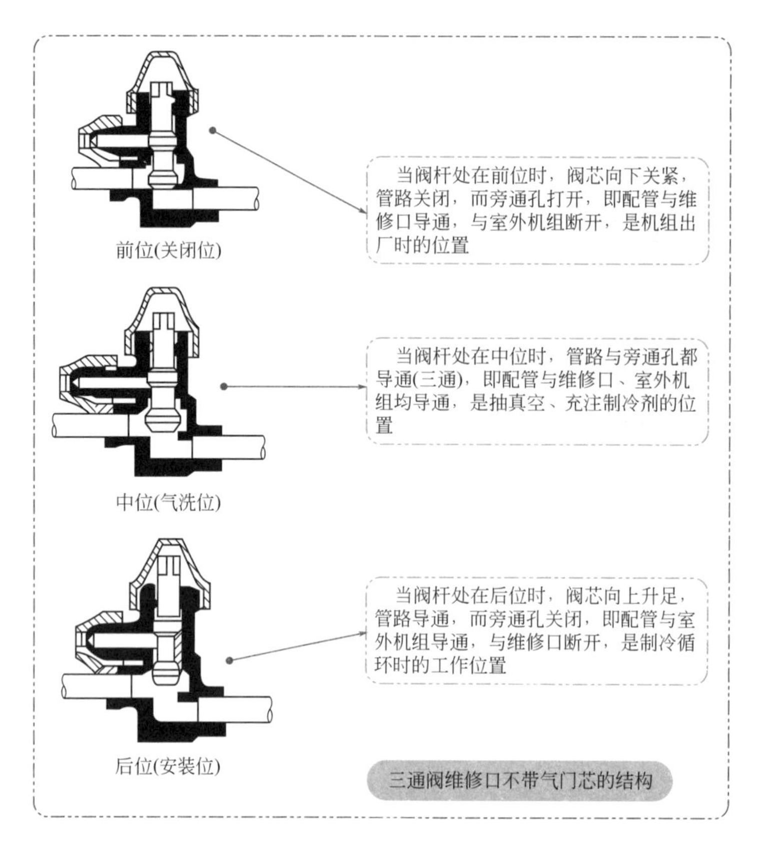

三通阀维修口不带气门芯的结构

④ 截止阀在作业时的位置

项目	二通阀（液态侧）	三通阀（气体侧）	
图示	连接螺母 六角扳手(4mm) 开 关 接至配管 接至室外机	阀盖 连接螺母 开 关 接至配管 栓脚 服务口 服务口盖 接至室外机	
作业	轴位置	轴位置	服务口
出厂	关闭（连同阀盖）	关闭（连同阀盖）	关闭（连同盖）
空气排出 （安装 / 重新安装）	开放（逆时针）	关闭（顺时针）	开放（按下锁）
运转	开放（连同阀盖）	开放（连同阀盖）	关闭（连同盖）
抽空（转换）	开放	开放	开放（连接表阀）
排空（维修）	开放	开放	开放（连接表阀）
充气（维修）	开放	开放	开放（连接表阀）
压力检测（维修）	开放	开放	开放（连接表阀）
放气（维修）	开放	开放	开放（连接表阀）

3.5 家用空调主要零部件的功能和检测指导

序号	元件名称	主要功能	检测工具	检测方法	备注
1	继电器	在电脑板上一般用RL表示，控制压缩机、电机、电加热等部件的开停，是否有运转信号，取决于该部件	万用表	❶ 首先检测其线圈（1、2）脚的阻值（线圈的阻值一般在150～180Ω）如阻值无穷大，则表示继电器线圈断路 ❷ 继电器表面的两个接点在正常的情况下是不导通的。如两接点在未通电的情况下导通，则表示继电器触点粘连，应更换 ❸ 继电器的工作电压为直流12V，如电脑板在接到运转信号后，继电器不吸合，则可检测继电器（1、2）脚是否有工作电压	
2	晶闸管、(可控硅)	晶闸管在电脑板上一般用SDR表示，用于室内电机和室外电机的运转及调速	万用表或目测	用万用表的$R\times10k$挡测1、2管脚正反向阻值为无穷大，3、4管脚正向阻值15kΩ，反向无穷大。也可以目测，表面是否有开裂现象，如有开裂应更换	
3	压敏电阻	在电脑板上一般用ZE表示，用于过电压保护	万用表或目测	用万用表的$R\times10k$挡测压敏电阻的阻值一般为无穷大。另外压敏电阻损坏后，可以目测观察是否爆裂，如爆裂或万用表检测导通应更换	一次性保护元件
4	保险管	保险管在电脑板上一般用FC或FU表示，用于过电压、过电流保护作用	目测	熔丝管损坏后，可以目测观察熔丝是否熔断，如是应更换	如电脑板上只有保险管损坏，而且保险管的内壁有明显的熏黑现象，不可盲目更换。需要先检查内外电机等部件是否损坏
5	整流桥	在电脑板上一般用DB表示，用于将变压器输出的低压交流电变成15V左右的直流电	万用表	检测整流桥的初级应有12V左右的交流电压输入，次级应有15V的直流电压输出，如无直流电压输出，则应更换该部件	也可以用万用表的电阻挡进行检测与判断整流桥的好坏
6	7805三端集成稳压器	在电脑板上一般用RG、IC表示，把经过整流电路的不稳定的输出电压变成稳定的输出电压	万用表	在通电的情况下可以检测引脚的1、2端输入约为15V的直流电压，2、3管脚输出稳定的5V直流电压，如无电压输出，则更换该部件	

续表

序号	元件名称	主要功能	检测工具	检测方法	备注
7	变压器	代表符号一般用T。用于将交流220V转变为低压交流电，经过整流、滤波，供给电脑板使用的+12V低压直流电源	万用表	❶ 在通电的情况下，可以检测变压器的次级是否有交流12V左右电压输出，如无电压输出，则更换该部件 ❷ 在无电的情况下，可以检测变压器的初级和次级的阻值，一般情况下初级阻值在几百欧姆，次级阻值为几欧姆左右	
8	电容器	代表符号C，储存电荷、滤波、移相	万用表	切断电源，取下连通电容器两端的接线，用导体连通电容器的两个接线端进行放电（特别是滤波电容，如电容器不放电，带电测量会损坏仪表）。电容放电后，用万用表$R\times1$k挡测量。当表笔刚于电容器两接线端连通时，表针应有较大的摆动，而后慢慢回到接近无穷大的位置。如表针摆动不大，说明电容量较小，如表针回不到接近无穷大的位置，说明电容漏电严重，应更换	注意：滤波电容有正负极之分，当维修人员更换电容时不要将正负极搞反，否则会造成电容击穿，造成事故
9	光电耦合器	一般代表符号TLP。利用光电输出脉冲处理信号，控制电源的开关	万用表	用万用表选择量程为$R\times1$k（或测1、2管脚的电阻值为1k，3、4管脚的电阻值为无穷大	
10	正温度系数热敏电阻	代表符号PTC。对整机的电源电压和工作电流起限压、补充和缓冲作用	万用表	用万用表选择量程为$R\times1$测，PTC的两端，阻值应为几十欧姆左右。随着温度的升高，阻值也会变大	
11	电感	代表符号L。起滤波、抗干扰作用	万用表	用万用表选择量程为$R\times1$，电感的两端，阻值应为几欧姆至几十欧姆之间	
12	二极管	代表符号一般为VD、D。其特性是正向导通，反向截止	万用表	用万用表选择量程为$R\times1$k，正负极阻值正向应为几百欧左右，反向为无穷大，如不是，则更换	二极管上的银色或白色色带（色点）一端为负极

续表

序号	元件名称	主要功能	检测工具	检测方法	备注
13	三极管	代表符号VT、T、V主要起开关和放大作用	万用表	用万用表选择量程为$R\times1k$，测三极管的基极和发射极两端正向电阻为几百欧姆左右，反向无穷大；基极和集电极两端正向电阻为几百欧姆左右，反向无穷大；发射极和集电极之间正反向阻值为无穷大，如不是，则更换	
14	压缩机	压缩机为空调制冷系统的核心部件，为整个系统提供循环的动力	万用表	将万用表欧姆挡放在$R\times1$，测量R、S、C三个接线柱之间的阻值，正常情况下R和S两个接线柱之间的阻值为R与C及S与C端子之间绕阻值的和；对于三相交流电源供电的空调如三菱重工、海尔三相供电压缩机及海尔分体变频空调三个端子的绕阻值相等（C公共端；R为运转；S为启动）	常见故障：绕阻短路、断路、绕阻碰壳体接地、卡缸、抱轴、吸排气阀关闭不严
15	电磁换向阀	电磁换向阀又叫四通阀，是热泵型空调进行制冷、制热工作状态转换的控制切换阀	万用表	用万用表欧姆挡$R\times1k$挡测量线圈两插头的阻值，正常情况下根据其型号的大小阻值在1300～2000Ω	常见故障：❶线圈断路：线圈断路后无法对阀芯产生吸附作用，导致四通阀无法换向进行制热或制冷。❷短路：当四通阀线圈短路严重时，开机制热或制冷时会造成短路电流大烧坏保险丝管，使整机不能工作
16	单向阀	单向阀又称止逆阀，是一种防止制冷剂反向流动的阀门，主要用于热泵空调器上，并与一段毛细管并联在系统中	压力表或目测	用压力表检测系统高压压力并与正常状况的数值进行比较	常见故障：❶关闭不严，制热时制冷剂通过关闭不严的单向阀，造成系统高压压力下降，制热效果差。❷堵，单向阀芯被堵后会出现结霜的现象，会造成制冷效果差。❸另外更换单向阀时应注意降温冷却阀体，防止阀体内尼龙阀芯变形，造成制热效果差

续表

序号	元件名称	主要功能	检测工具	检测方法	备注
17	电子膨胀阀	由线圈通过电流产生磁场并作用于阀针，驱动阀针旋转，当改变线圈的正、负电源电压和信号时，电子膨胀阀也随之开启、关闭或改变开启与关闭间隙的大小，从而达到控制系统中制冷剂的流量及制冷热量的大小。阀芯开启越小，制冷剂流量越小，其制冷热量越大	万用表	用万用表测量电子膨胀阀线圈两公共端与对应两绕组的阻值，正常情况时应为50Ω左右，当为无穷大时为开路，过小时为短路	常见故障：❶一托二机器A、B机电子膨胀阀线圈固定错或室外机A、B机端子控制线接反，无法开机。❷电子膨胀阀线圈短路或开路造成无法正常工作。❸阀针卡住，开度不变，造成机器升频后又下降，无法达到高频
18	同步电机	同步电机主要用于导风板导向使用。其工作电压为交流220V，电源由电脑板供给，当控制面板送出导风信号后，电脑板上继电器吸合，直接提供给同步电机电源，使其进入工作状态	万用表	用万用表交流250V挡检测连接插头处是否有220V电压输出，如有则表示电机损坏，应更换电机；如无，则表明电脑板故障，应更换电脑板	
19	步进电机	步进电机主要用于控制分体壁挂式空调的风栅，使风向能自动循环控制，气流分布均匀。它以脉冲方式工作，每接收到一个或几个脉冲，电机的转子就移动一个位置，移动的距离可以很小	万用表	❶用手拨动导风叶片，看是否转动灵活，若不灵活则该叶片变形或某部位被卡住。❷检查电机插头与控制板插座是否插好。❸将电机插头插到控制板上，分别测量电机工作电压及电源线与各相之间的电压。(额定电压为12V的电机相电压约为4.2V，额定电压为5V的电机相电压约为1.6V)，若电源电压或相电压有异常，说明控制电路损坏，应更换控制板。❹拔下电机插头，用万用表欧姆挡测量每相线圈的电阻值，(一般额定电压为12V的电机，每相电阻为200～400Ω；5V的电机，电阻为70～100Ω)，若某相电阻出现太大或太小，说明该电机线圈已损坏	

续表

序号	元件名称	主要功能	检测工具	检测方法	备注
20	内外风机电机	内外风扇电机采用电容感应式电机，电机有启动和运转两个绕组，并且启动绕组串联了一个容量较大的电容器。调速有两种控制方法，一种为晶闸管控制，多用于小分体空调；一种为继电器控制，多为柜式空调	万用表	由于各种型号电机绕组的阻值及测量端子不同，在此不再描述	
21	遥控器	遥控器是以红外遥控发射专用集成电路为核心组成。均使用两节7号电池	万用表	遥控器本身一般不会出现故障，多是从高处跌落导致液晶显示板破裂；另外当遥控器出现故障时多应检查电池电量是否充足，电池弹簧接触是否良好，晶振是否损坏等	
22	接收器	接收器在空调器中主要用于接收遥控器所发出的各种运转指令，再传给电脑板主芯片来控制整机的运行状态	万用表	检测方法：用万用表测量其2、3脚，当接收头收到信号时，两脚间的电压应低于5V，在无信号输入时，两脚间的电压应为5V	
23	过流（过热）保护器	这种保护器紧压在压缩机的外壳上（为早期使用的压缩机），并与压缩机电路串联，能感受到压缩机的外壳和电动机的电流，无论哪一个超过了规定值，都会使继电器的触点断开使压缩机停止运转。其发热元件为双金属片和电热丝。同时当继电器的电热丝冷却后，双金属片恢复原形，使触点闭合。另外还有一种内埋式热保护继电器，该元件埋在压缩机内部绕组中，直接感受压缩机绕组变化，原理同上，但主要用于家用空调和三菱重工海尔306、506、307、507等机型使用的压缩机	万用表	用万用表$R\times1$或$R\times10$挡测量热保护器两端的电阻值，正常时应该为零，否则已经损坏需要更换变频36、50机使用的是排气温度传感器，其外观与过热保护类似，所以维修人员在维修工程中应注意检测方法	

续表

序号	元件名称	主要功能	检测工具	检测方法	备注
24	温度传感器	温度传感器主要采用负温度系数热敏电阻，当温度变化时，热敏电阻阻值也发生变化，温度升高其阻值变小，温度降低其阻值增大	万用表	各类传感器的阻值在不同温度时各不相同，用万用表测量出传感器的阻值后与相应温度正常情况下的阻值进行比较即可。如室温传感器在25℃和30℃时的阻值分别为23kΩ和18kΩ；管温传感器在25℃和30℃时的阻值分别为10kΩ和8kΩ	
25	交流接触器	交流接触器是一种利用电磁吸力使电路接通和断开的一种自动控制器。其主要由铁芯、线圈、和触头组成。一般3匹以上的机器采用交流接触器控制压缩机的开停	万用表	❶检测线圈绕组的阻值，看是否断开或短路。❷用万用表欧姆挡检测交流接触器上下接点的通断情况，在未通电的情况下，上下触点的阻值应为无穷大，如有阻值，则表明内部触点粘连。❸按下交流接触器表面的强制按钮，用万用表测量上下触点的阻值，每组阻值正常情况下应该为零，若为无穷大或阻值变大，则表明内部触点表面可能有挂弧现象。如果出现以上三种现象中任意一种，均应该更换交流接触	另外对于单相3匹空调，当电压不稳或启动时压降较大都很容易损坏交流接触器，如有此类现象，维修时一定要先将电源故障排除后方可更换接触器，否则还是会造成以上故障
26	负离子发生器	负离子发生器主要是通过发射负离子并使其与空气中的细菌、颗粒、烟尘相结合，达到除菌、清洁空气的效果	万用表	❶用专用的负离子检测板放在发生器的前端，当检测到负离子发生器工作时，检测板上的灯就会闪烁，证明负离子发生器正常。❷用专用的测电笔，当负离子发生器工作时，测电笔中的氖管便会闪烁，说明负离子工作正常。❸负离子工作电压为电脑板供给的直流12V，经升压变压器升压后产生3500V左右的直流电，但是其电流值很小，只有几微安 判定方法：打开负离子功能，并且测量负离子发生器在电脑板上的插接处有12V电压输出，但是负离子发生器不工作，说明负离子发生器坏，需更换，另外当电脑板上没有给负离子发生器的12V输出，说明电脑板坏，需更换电脑板	

续表

序号	元件名称	主要功能	检测工具	检测方法	备注
27	功率模块	功率模块的作用是将输入模块的直流电压通过其三极管的开关作用转变成驱动压缩机的三相交流电源。变频压缩机运转频率的高低完全由功率模块所输出的工作电压的高低来控制，功率模块输出的电压越高，压缩机运转频率及输出功率越大。反之压缩机运转频率及输出功率越小	万用表	❶用万用表测量P、N两端的直流电压，正常情况下在310V左右，而且输出的交流电压（U、V、W）一般不高于200V，如果功率模块的输入端无310V直流电压，则表明该机的整流滤波电路有问题，而与功率模块无关；如果有310V直流输入，而没有低于210V的交流输出，或U、V、W三相间输出的电压不均等，则可以判断功率模块有故障 ❷在未连机的情况下用万用表的红表笔对P端，用黑表笔对U、V、W三端，其正向阻值应相同。如其中任何一项阻值与其他两项不等，则可判断功率模块损坏；用黑表笔对N端，红表笔分别对U、V、W三端，其每项阻值也应相等，如不等也可判断功率模块损坏	更换功率模块时，切不可将新的模块接近有磁体或带静电的物体，特别是信号端子的插口，否则极易引起模块内部击穿，导致无法使用
28	电抗器	主要用于变频空调器的电源直流电路中，结构类似变压器，由铁芯和绝缘漆包线组成，该部件固定在室外机底盘上。当交流电源220V电压经过变压器、整流桥、滤波器后，交流成分的电流通过具有电感的电路时，电感有阻碍交流电流流过的作用，将多余的能量储存在电感中，可提高电源的功率因数	万用表	用万用表欧姆挡$R\times1$测量其绕组，阻值约为1Ω	
29	毛细管	毛细管是制冷系统中的节流装置，空调器采用的毛细管一般为内径2mm、长度0.5～2m或2～4.5m的紫铜管	目测	如果毛细管出现脏堵、水堵、油堵后，从表面上看毛细管部位结霜不化，严重时制冷效果下降。当出现漏点时漏点会有油污	毛细管常见故障为堵、漏点。当毛细管堵时，会使制冷系统的高压压力偏高，低压压力偏低，制冷效果下降。当出现漏点时会使系统制冷剂不足，压力下降，制冷效果差

续表

序号	元件名称	主要功能	检测工具	检测方法	备注
30	蒸发器、冷凝器	蒸发器、冷凝器主要用于使制冷剂与室内外空调进行热量交换	目测、水检、卤素检测仪	蒸发器、冷凝器常见故障为系统中有异物或出现漏点，另外还有铝合金翅片积存附着了大量的灰尘或油垢。当两器出现漏点时漏点周围会出现油污	
31	二通阀	二通截止阀安装在室外机组配管中的液管侧，由定位调整口和两条相互垂直的管路组成。其中一条管路与室外机组的液管侧相连，另一条管路通过扩口螺母与室内机组的配管相连		检修或安装时先拧开带有铜垫圈的阀杆封帽，再用六角扳手拧动阀杆上的压紧螺丝，顺时针拧动时阀杆下移阀孔闭合，反之阀孔开启。检修完毕检查阀杆处不泄漏后拧紧阀杆封帽	
32	三通阀	三通截止阀安装在室外机组配管中的气管侧。三通截止阀除了二通截止阀的功能外，还多了一个维修口，为检修空调提供了方便。三通截止阀有两种，一种是维修口内有气门销的三通截止阀，由一条管路连接口、一个调整口和一个维修口组成，三个口都相互垂直。若阀杆下移至关闭位置时，配管与室外机组管路断开。而阀杆向上旋出至打开位置时，两条连接管路导通，与阀门的开关位置无关		用肥皂水对工艺口及阀芯和配管接口处进行检漏	
33	干燥过滤器	干燥过滤器用于吸收系统中的水分，阻挡系统中的杂质通过，防止制冷系统管路发生冰堵和脏堵。由于系统最容易堵塞的部位是毛细管，因此干燥过滤器通常安装在冷凝器与毛细管之间。干燥过滤器外壳采用紫铜管收口成型，内装金属细丝或多孔金属板，可以有效地过滤杂质	目测	观察干燥过滤器表面是否结霜	常见故障：主要为制冷系统压缩机的机械磨损产生的金属粉末以及管道内的一些焊渣和冷冻油内的污物对过滤器产生阻塞，使制冷剂循环受阻

续表

序号	元件名称	主要功能	检测工具	检测方法	备注
34	消声器	压缩机排出的制冷剂高压蒸汽流速很高，一般在10～25m/s之间，这样就会产生一定的噪音。因此压缩机的高压出气管上通常装有消声器。其作用是利用管径的突然变大将噪声反射回压缩机。消声器一般为垂直安装，以利于冷冻油的流动		对焊接口处是否有焊漏的检查	
35	高低压力开关	当冷凝器严重脏堵、风扇有故障、冷却风量不足、制冷剂过量、系统中存在空气时会产生过高的排气压力，降低空调器的工作效率和制冷效果，严重时会损坏压缩机，因此空调器一般在排气管上都装有高压开关，当排气压力过高时高压开关会自动切断空调器主要电路。相反，当出现压缩机吸气压力过低时也会造成空调器的工作不正常，对压缩机也极有害，因此在压缩机吸气管上通常装有低压开关。但此类开关都比较简单，其动作压力在制造时已经确定，不能进行调节		对焊接口处是否有焊漏的检查，正常情况下用万用表$R\times1$挡测量压力开关是否导通	
36	电加热器	在热泵型空调中，其加热元件有PTC式和电加热管式两种，小型空调常用PTC式，大中型空调则采用电加热管式加热器 常见故障：电热丝断、丝间短路或绝缘损坏等	万用表	检修时可用万用表测试其电阻值，若为无穷大则断路，若很小则为短路。电加热器的工作一般由单片机控制，发出加热指令。当感温包感受到环境温度较低时，开始工作。若发出指令后电热器虽工作但无热风吹出，可能是电热丝故障，也可能是线路板故障，应用万用表对线路板进行检查，看变压器是否有电源输出	

续表

序号	元件名称	主要功能	检测工具	检测方法	备注
37	气液分离器	气液分离器和压缩机为一体，主要用于将制冷系统制冷剂送回压缩机吸入口时储存系统内的部分制冷剂。防止压缩机液击或因制冷剂过多而稀释冷冻油，并将制冷剂气体、冷冻油充分地输送给压缩机	压力表	检测压缩机排气压力及回气压力并与正常情况下的数值进行比较	常见故障：主要为制冷系统压缩机的机械磨损产生的金属粉末以及管道内的一些焊渣和冷冻油内的污物对过滤器产生阻塞，造成压缩机回油回气变差，压缩机工作温度升高，高压压力偏高，易产生过热保护 排除方法：将系统制冷剂放完以后将气液分离器焊下，用四氯化碳、二氯乙烯进行清洗，堵塞严重时可进行更换

3.6 制冷系统维修的基本工艺

3.6.1 实战 14——制冷剂的排放与回收

① 制冷剂的排放

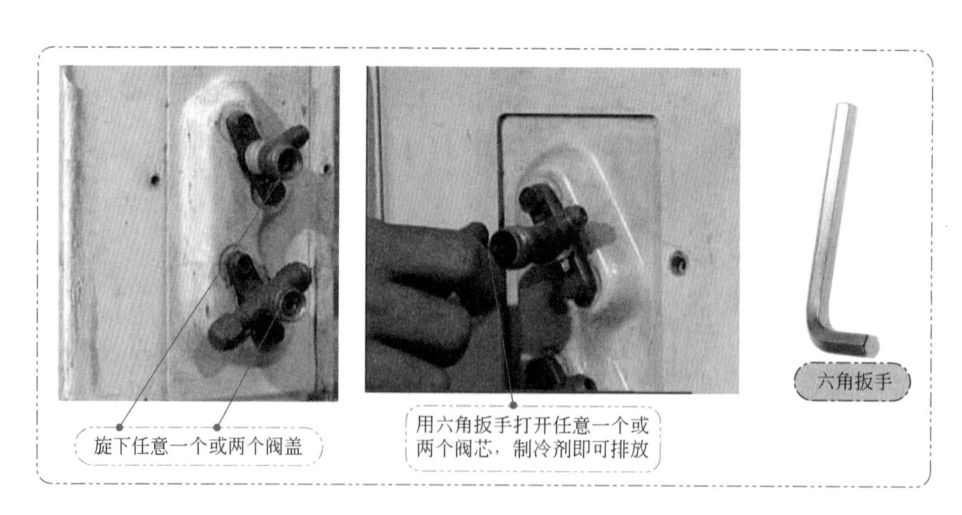

② 制冷剂的回收

当分体空调器移机时或判断出制冷系统有故障，需要打开管路进行维修。应首先将系统中存留的制冷剂都回收到室外机组里，而不能任意排放到空气中。那样既造成资源性浪费，增加维修成本，又会污染环境。因此，制冷剂的回收，也是维修人员所必须熟练掌握的一项基本工艺操作。这种工序，维修行业中俗称“收氟”。

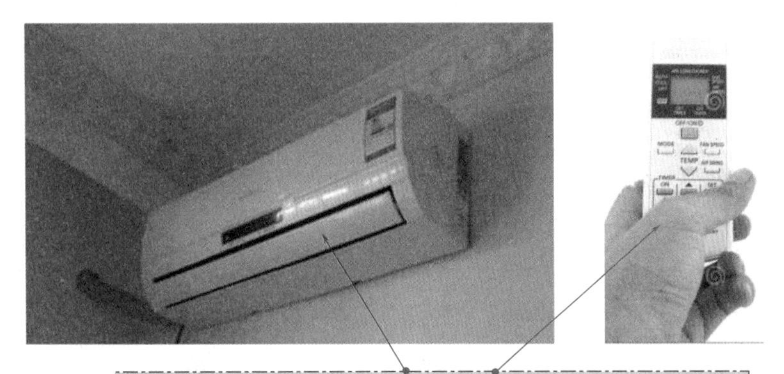

❶ 接通电源，用遥控器开机，设定制冷运行状态，待压缩机运转5min后

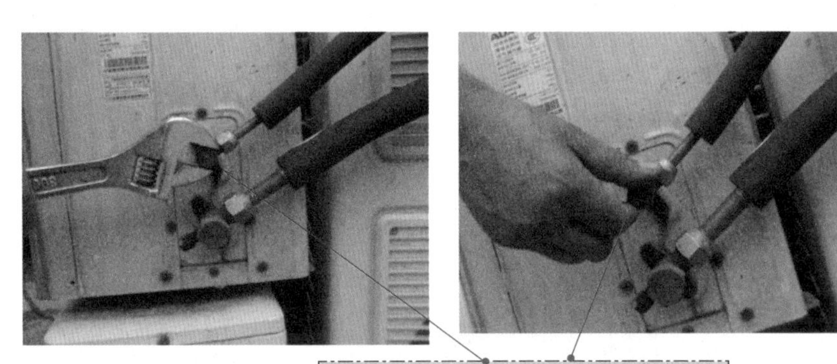

❷ 旋下液阀的阀盖，确认阀门处于开放位置

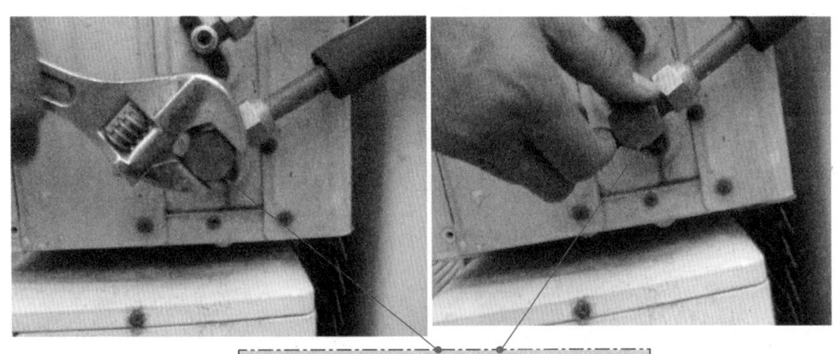

❸ 旋下气阀的阀盖，确认阀门处于开放位置

❹用六角扳手顺时针旋转，关闭室外机上的液管双向阀。这时系统中的制冷剂便通过液管，经室内蒸发器，再经气管从三通阀吸回到室内机组内

❺从关闭液阀开始计时，空调器运行40s后，迅速将气管截止阀调至关闭位置，并立即停止空调器运转

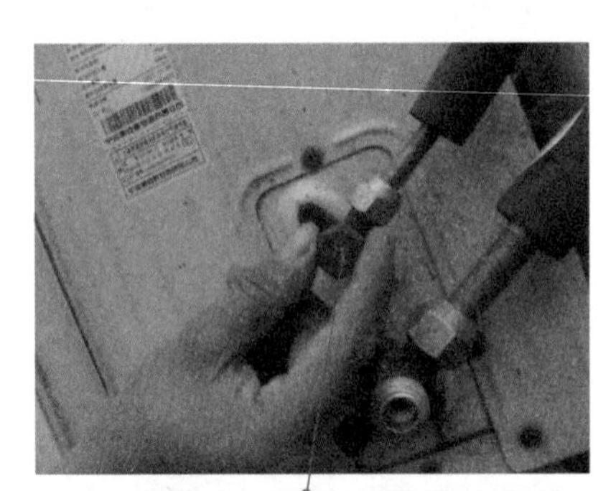

❻重新旋上液管阀盖，防止灰尘进入

❼重新旋上气管阀盖，防止灰尘进入

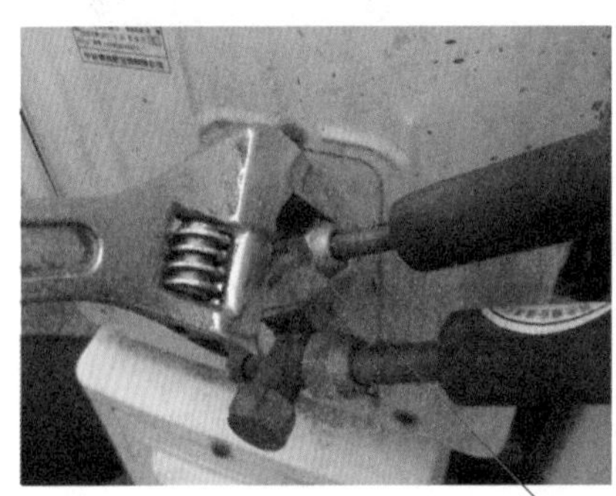

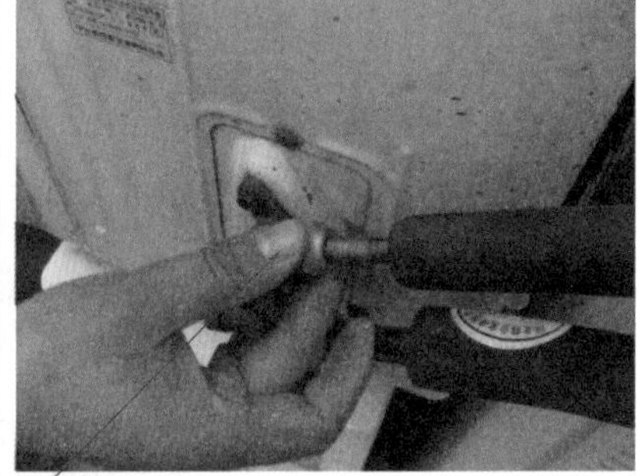

❽拆卸下液管螺母

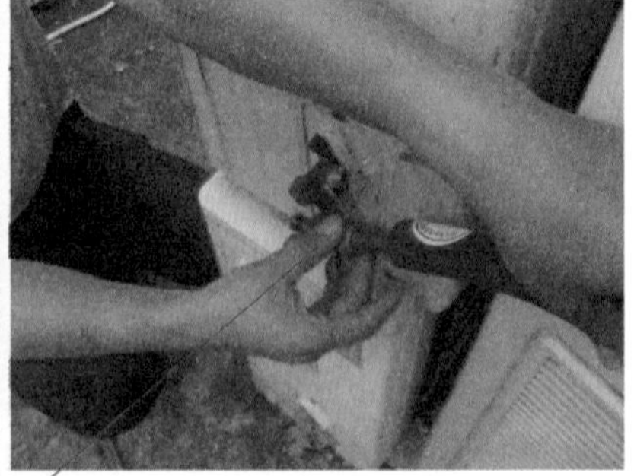

❾拆卸下气管螺母

❿ 盘管，两管口并齐，用塑料袋包裹，防止杂物进入

③ 控制制冷剂回收“时间”的几种方法

表压法	在低压气阀处连接维修阀表，当表压为 0MPa 时，表明制冷剂已基本回收干净，此方法适合初学者使用
电流表法	用钳式电流表测量电流。回收时测量空调器电源的输入相线电流，当电流值为其额定工作电流的近 1/2 时，表明制冷剂已基本回收干净
经验法	一般 5m 管路的回收时间为 48s，管路长则适当延长，同时，听压缩机的声音，如声音变得沉闷，且压缩机的吸气管手感不冷，排气管也不热，室外机风扇电机排出的风也不热，即表明制冷剂已基本回收干净

3.6.2 实战 15——打压、检漏与查堵

在空调器维修过程中，无论是制冷剂的泄漏还是其他故障原因需要更换制冷系统元器件时，对系统和焊点都要打压、检漏与查堵。

① 打压

有关“打压”的几个问题	
❶ 打压的目的	打压是查漏的前提，通过打压使系统内的压力高于大气压，然后通过观察压力表的读数来判断制冷系统是否泄漏
❷ 打压的几种气体	打压气体主要有氮气、制冷剂和空气。 氮气和制冷剂中都不含有水分，不易燃烧，无腐蚀性，使用时对系统干燥效果良好，且比较安全；空气中的水分含量较大，空气进入系统后，就会在管道内壁形成一层水露，影响空调器的正常工作（冰堵）。因此，一般不采用空气打压
❸ 打压的几种设备	真空泵、氮气瓶或改制压缩机
❹ 打压的几种常用方法	打总压、打高压、打低压、高压低压系统分段打压
❺ 压力值	整个系统或低压管路打压的压力一般为 1 ～ 1.5MPa；高压系统打压的压力一般为 2 ～ 2.5 MPa

❶ 氮气打压

氮气打压工艺
❶ 松开三通阀上的维修口（打开阀芯），连接带有真空压力表的修理阀，然后将阀门关闭
❷ 将氮气瓶的高压输气管与修理阀的进气口“虚接”（连接的螺母要松接，方便排空）
❸ 打开氮气瓶阀门，调整减压阀手柄，待听到氮气输气管与修理阀进气口虚接处有氮气排出的声音时，迅速拧紧虚接螺母，将氮气输气管内的空气排出
❹ 打开修理阀，使氮气充入系统内，然后调整减压阀，当压力达到 0.8 ～ 1MPa 时，关闭氮气瓶和修理阀阀门

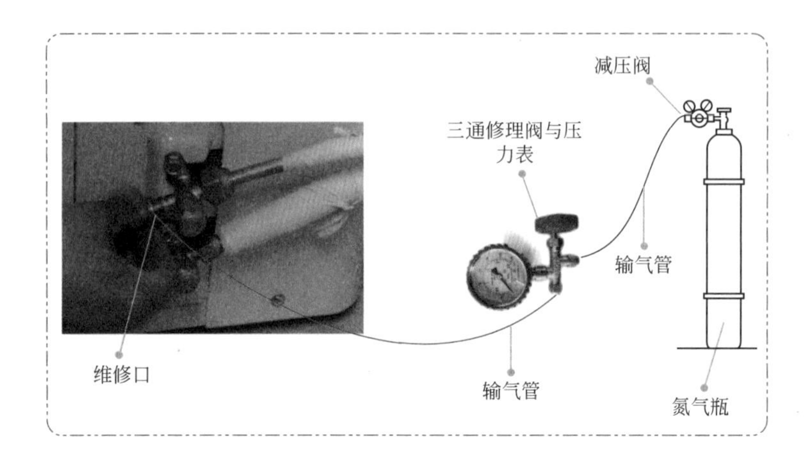

❷ 制冷剂打压

制冷剂打压检漏效果好，但成本高。打压操作方法同氮气打压。采用制冷剂打压时，充入压力一般为 0.2 ～ 0.4 MPa（2 ～ 4kgf/ cm^2）。

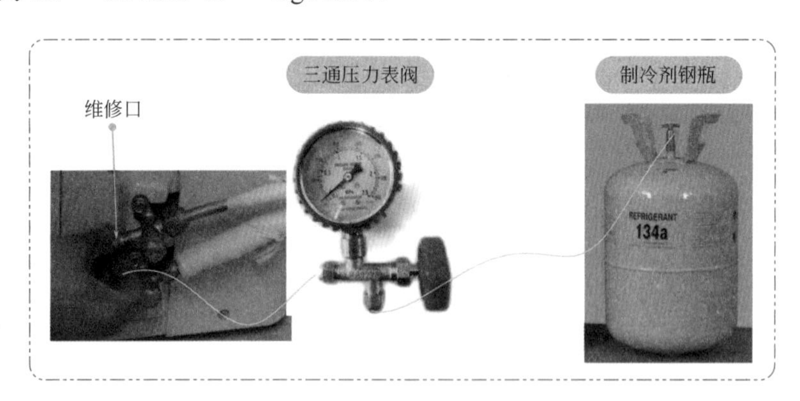

② 检漏

关于检漏的几个问题	
检漏的主要部位	压缩机的吸、排气管的焊接处；蒸发器、冷凝器的小弯头、进出管和各支管焊接部位：如干燥过滤器、电磁四通阀、分配器、储液罐等连接处

续表

关于检漏的几个问题	
确定漏点的方法	❶直观目测检漏 空调器的制冷剂多数与冷冻油有一定的互溶性，当制冷剂有泄漏时，冷冻油也会渗出或滴出。运用这一特性，用目测或手摸有无油污的方法，可以判断该处有无泄漏。当泄漏较少，用手指触摸不明显时，可戴上白手套或白纸接触可疑处，也能查到泄漏处 发现制冷系统某处有油迹时，此处可能为渗漏点。直观目测检漏简便易行，没有成本。但有很大缺陷，除非系统突然断裂的大漏点，并且系统泄漏的是液态有色介质，否则目测检漏无法定位，因为通常渗漏的地方非常细微，而且空调器本身有很多部位几乎看不到
	❷洗涤灵液、肥皂水检漏 家庭厨房用的洗涤灵液用水稍加稀释，就成为空调器管道检漏用的检漏液 肥皂水也可成为检漏液。把肥皂块切成薄片，浸泡在热水中，不断搅拌使其融化。肥皂水冷却后凝结成稠厚的浅黄色溶液即可使用 检漏时，用小毛刷或手指蘸上洗涤灵液或肥皂水，涂在要检查的系统各部位，并仔细观察。如果被检部位出现白色泡沫或有气泡不断增大，则说明该处有泄漏产生 洗涤灵液、肥皂水检漏的方法简单易行，一般维修人员都常采用此法进行检漏
	❸氮气水检漏 此法常用于压缩机（注意接线端子应有防水保护）、蒸发器、冷凝器等零部件的检漏。其方法是：对蒸发器应充入0.8MPa氮气，对冷凝器应充入1.9MPa氮气，浸入50℃左右的温水中，仔细观察有无气泡发生。使用温水的目的在于降低水的表面张力，因为水的温度越低，表面张力越大，微小的渗漏就不能检测出来。检漏场地应光线充足，水面平静。观察时间应不少于30s，工件最好浸入水面20cm以下 应注意检漏用的水分容易进入系统，导致系统内的材料受到腐蚀，同时高压气体也有可能对系统造成更大的损害，浸水检漏后的部件应烘干处理后方可进行补焊
	❹电子检漏 用探头对着有可能渗漏的地方移动，当检漏装置发出警报时，即表明此处有大量的泄漏
	❺充压检漏 制冷系统已修理焊接后，在充注制冷剂前，最好在近下班时，充入1.5MPa氮气，关闭三通检修阀（阀本身不能漏气）。待第二天上班，如表压没有下降，说明已修复的制冷系统不漏。如表压下降，则说明存在泄漏，再采用肥皂水等检漏法检漏
“慢撒气”泄漏的检查	❶慢撒气　所谓慢撒气就是指泄漏时特别缓慢，一般是指加好氟后，等第二年再用就又要加氟了
	❷内漏、外漏　行内所说的内漏、外漏泛指机壳内的泄漏叫内漏，而机壳外的泄漏叫外漏
	❸慢撒气泄漏的特点　这种泄漏是根本看不到油污的，检漏时可能几分钟才会有一个泡，等你去检查的时候，系统已经没有多少氟了。如果停机平衡压检查是非常难的事情，你不妨把模式打到制热的状态检查，因为这个时候系统没有多少氟（特别是冬天），管子是不会发烫的且相对压力高，更容易检查出漏点
	❹存在于三处七个地方　慢撒气基本就存在于三处七个地方：一个顶针阀、两个阀芯、四个接口。因此遇到这种微漏，首选考虑上面提到的三处七个地方
	❺慢撒气检查　顶针、阀芯处泄漏必须使用没有处理过、胶质透明、黏性好的原装洗洁精（也就是说洗洁精直接挤出来）涂抹在工艺口上，借助反光镜慢慢观察 四个接口漏，多是接口对偏，俗称“歪歪嘴”。其次是重新做喇叭口后的“双眼皮”，就是卷边，还有喇叭口做得不规范

续表

关于检漏的几个问题	
“慢撤气”泄漏的检查	❻ 顶针高度是否合适　每次在顶针阀处接口，必须先试顶针高度。也就是把加氟软管接口的顶针去顶三通阀上的顶针，如果顶起高度不合适就要先调整软管接口上的顶针高度，待高度合适后才能进行接口拧螺帽。阀针顶起的高度大概在 1 ～ 1.5mm，因为如果阀针顶高了，阀针容易顶歪或不容易回位，造成慢撤气；如果顶起来的高度太低的话又会造成不容易进氟
确定漏点后，如果是外部件泄漏应给予维修或更换，如内藏部件泄漏则按实际情况采用剪除、扒修或替换等方法修复	

漏氟、缺氟的现象与原因	
压缩机连续运转 30min 后，若制冷系统“缺氟”，会出现下述现象	
漏氟、缺氟的现象	原因
❶ 气管阀门发干，用手触摸没有明显的凉感	制冷剂不足导致蒸发器内的沸腾终结点提前，使该阀门的制冷剂过热度增大，阀门的温度升高，大于室外空气的露点温度
❷ 液管阀门结霜	其原因是“缺氟”导致液管内压力下降，沸点降低，使阀门温度低于冰点
❸ 打开室内机面板，取下过滤网，可发现只有部分蒸发器结露或结霜	由于制冷剂不足，仅仅使部分蒸发器发生了沸腾吸热，使制冷面积相应减少
❹ 室外机排风没有热感	制冷剂不足导致冷凝压力、冷凝温度都降低，排风温度也随之降低
❺ 排水软管排水断断续续或根本不排水	蒸发器制冷面积减少，结露面积也减少，凝结水量减少
❻ 室外机气、液阀门有油污，有油污就有泄漏	制冷剂与冷冻油有一定的互溶性，氟从漏点逸出后进人大气中，而油附着在漏点周围
❼ 测量空调器的工作电流小于额定电流	是制冷剂不足使压缩机工作负荷减少，电流变小
❽ 从室外机充氟口测量的压力低于 0.45MPa	是制冷剂不足导致了蒸气压力下降
❾ 阀门结霜	室外机任何一个阀门结霜都属不正常现象：只有液管阀门结霜说明“缺氟”严重；只有气管阀门结霜说明略微“缺氟”或环境温度过低；两个阀门都结霜说明系统有二次节流现象

③ 查堵

空调器制冷系统的堵塞有脏堵、油堵、冰堵等几种情况，一般出现在毛细管或干燥过滤器中。

毛细管常见的故障现象有：“脏堵”“油堵”“冰堵”等，干燥过滤器常见的故障现象有：“脏堵”“冰堵”等。

堵塞故障的共同表现是：用手摸冷凝器不热、蒸发器不凉；压缩机的运转电流比正常值小；用压力表接在旁通阀上，指示为负压；室外机的运转声音小，听不到蒸发器里的过液声

❶ 脏堵

脏堵特点
脏堵是管路被锈屑、脏物堵塞，一般发生在毛细管内或过滤器的过滤网处。故障特点是低压平衡很慢，需30min以上

脏堵的排除方法	
❶	放掉制冷系统的制冷剂
❷	将氮气充入制冷系统内，用氮气的压力冲出系统的脏物
❸	将制冷系统放入干燥箱中干燥
❹	用气焊设备焊好制冷系统（注意不要让过多的空气进去）
❺	让制冷系统的铜管自然冷却
❻	将焊好的制冷系统冲入氮气封好，保压24h
❼	观察压力表的示数是否下降，若下降，则表明制冷系统没有焊接良好，应补焊
❽	将制冷系统连接上真空泵，抽空约2h
❾	按空调器的铭牌标准充注制冷剂
❿	将空调器安装完后，运行5min，看系统是否运行良好。若良好，故障排除

❷ 冰堵

冰堵的特点
冰堵是制冷剂里的水分结冰，造成管路堵塞。它的故障特征是：刚开始工作时，系统制冷正常，经过一段时间，才出现堵塞故障现象。关机后，系统的制冷功能自动恢复，开机后又重复上述故障表现

冰堵故障的产生原因及排除方法	
产生原因	❶ 制冷剂不纯净 ❷ 空调器拆卸时，没有关闭室外机的截止阀，使制冷剂长时间暴露在潮湿环境中 ❸ 用户使用不当
排除方法	检修时，如果制冷剂内水分不多，冰堵不严重，可以将制冷剂放掉，重新抽空。用气焊火焰烘烤蒸发器、冷凝器，驱赶制冷系统内的水分，通过真空泵排出。水分排净后，停止抽空。换掉过滤器，然后从低压旁通阀加注氮气0.8MPa，用洗涤灵液在过滤器氯气焊口上检漏。确认管路不漏后，放出氮气，再对系统抽空、加氟，即可试机

❸ 油堵

油堵的特点
油堵的原因是润滑油进入制冷剂中，堵塞管道。故障常发生在毛细管内，若接好三通表，测量系统中的压力值一直维持在0MPa(不为负压)，则说明毛细管或过滤器处于“半堵”状态

油堵的排除方法
利用制冷剂的正反流向反复开机的办法把油吸回来，排除油堵；如果是在室温较高的夏季，可利用冰水给室温传感器降温法（将室温传感器放入水中）或是在传感器上并联一个 20kΩ 的电阻制热运行，经反复几次制冷与制热运行，把油抽回到压缩机当中，再开机制冷即可。若此故障还不能排除，则更换毛细管

3.6.3 实战 16—— 抽真空与排空

① 抽空

为什么要抽真空	空调器在系统维修后，比如更换了压缩机、管路的配件，制冷循环中残留的含有水分的空气，将导致冷凝压力升高、运转电流增大、制冷效率下降或发生冰堵与腐蚀，引起压缩机气缸拉毛、镀铜等故障，所以都必须在清洁和清洗后，把连接好的内外管路空气抽走，再按照定量加氟 抽真空可以把系统的空气和水蒸气抽到系统外，还可以防止空气和水蒸气影响正常的运行及防止空气和水蒸气、压缩机的冷冻油产生化学变化，减少脏堵的产生
什么情况下空调需要抽真空	❶ 制冷剂全部泄漏或维修过制冷系统的空调器 ❷ 连接管加长 2m 以上的一拖一、一拖多的空调器 ❸ 在安装时天气比较潮湿，下小雾雨，内机器和管路开口后放置的时间比较长（2～3 天）的一拖一的机器

② 抽真空的具体操作方法

❶ 液管侧为二通阀时的连接（单侧抽空）

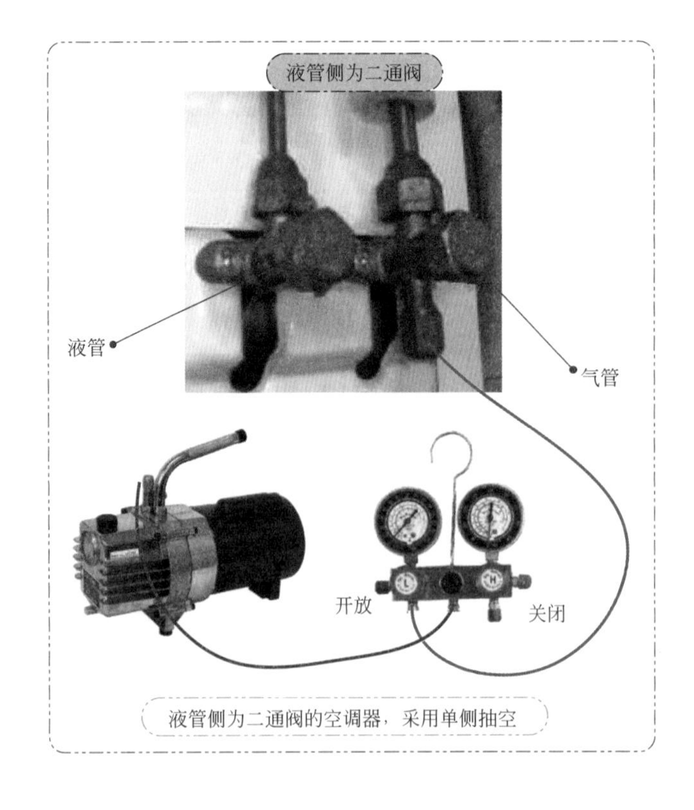

液管侧为二通阀的空调器，采用单侧抽空

❷ 液管侧为三通阀时的连接（双侧抽空）

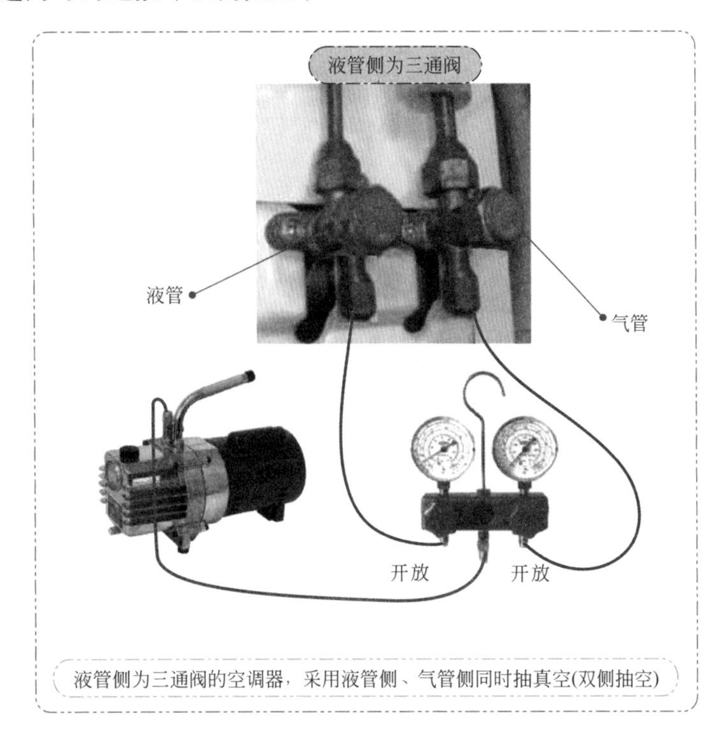

液管侧为三通阀的空调器，采用液管侧、气管侧同时抽真空(双侧抽空)

❸ 系统抽真空的方法和步骤

系统抽真空的方法和步骤	
❶	将室内机和室外机喇叭口的螺母分别与内外机用手先旋紧，再用扳手旋紧
❷	拧下液管和气管三通截止阀（或二通截止阀）的维修口盖和阀盖
❸	确认液管和气管三通截止阀均处于开放（后位）位置，否则将阀杆逆时针旋到底
❹	将复合阀与三通截止阀维修口连接在一起；将真空泵接至复合阀的中心管
❺	全部的接头旋紧，启动真空泵，这时的真空泵运行声音比较低沉、有力
❻	慢慢旋开低压力表阀旋钮，可听到真空泵运行声音的变化（比较响）。注意旋开低压力表阀旋钮不要一次全部旋开，这样会损坏真空泵的旋片；时间控制在2min内分段全部打开旋钮
❼	低压表指针可以看到从0开始下降，运行10～20min后，真空泵运行声音低沉。当表指针移到-76mmHg（-0.1MPa）时，用真空泵抽1h
❽	关闭复合修理阀高、低压阀。关闭真空泵运行
❾	记录好表指针的数值，静放10min，看表针有没有回落（向0的位置移动）；如果回落比较大，那么系统、加氟管头、压力表阀等可能有漏点，那么就需要检查和处理漏点，然后重新抽真空

(3) 排空

空调在安装时，由于内机和连接的管路内在打开堵帽后与空气接触，在与外机连接后防止管路的空气和外机系统的制冷剂混合，所以必须在连接好内外机器后，先将这些空气排空抽走。

排空的具体操作常有如下几种方法。

❶ 使用空调器本身的制冷剂排空气

① 从截止阀和三通阀上拆下盖帽，从三通阀上拆下辅助口盖帽

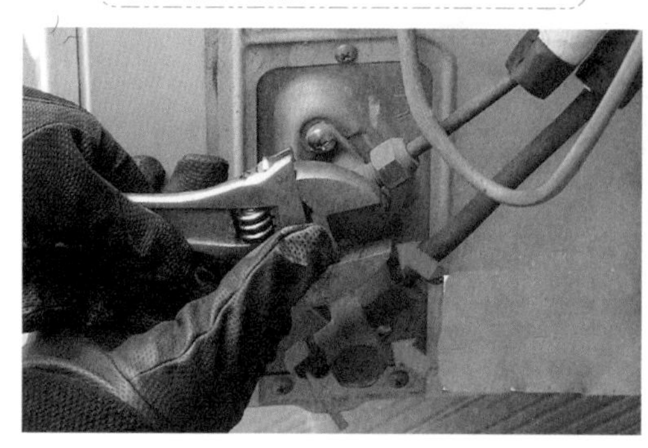

② 将液体侧的截止阀的阀芯沿逆时针方向转动约90°

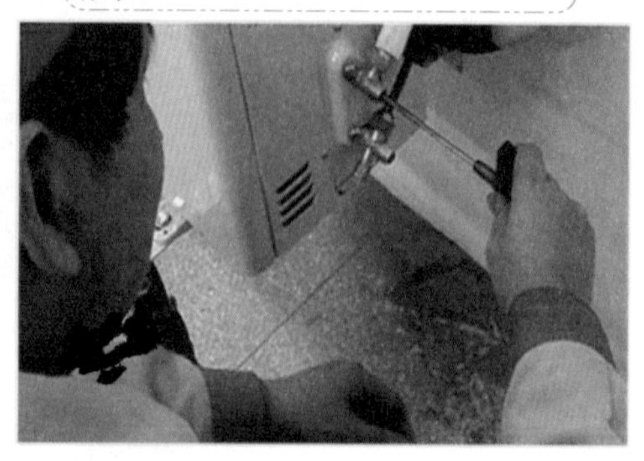

③ 用内六角扳手轻轻按住三通阀辅助口气门芯，等“嗞嗞”声音发出8~10s后，停止按压气门芯

④ 用内六角扳手将截止阀和三通阀的阀芯都置于打开位置。注意阀芯一定要退到位，到位后请不要用力

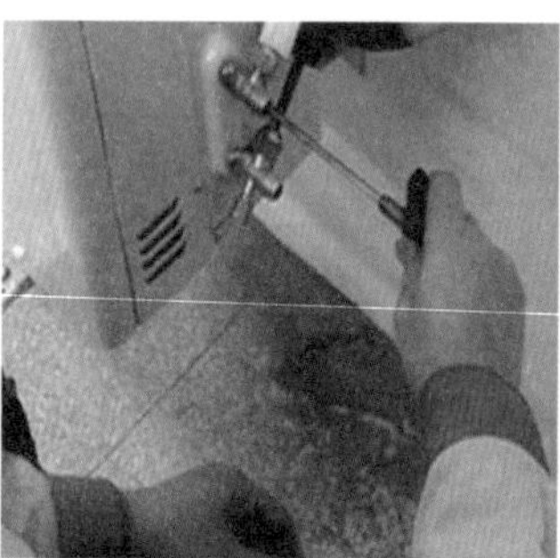

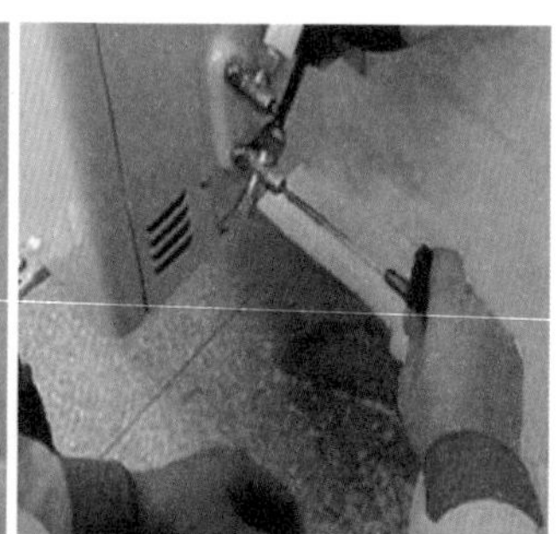

❷ 使用真空泵排空气

① 先将阀门充氟嘴螺母拧下

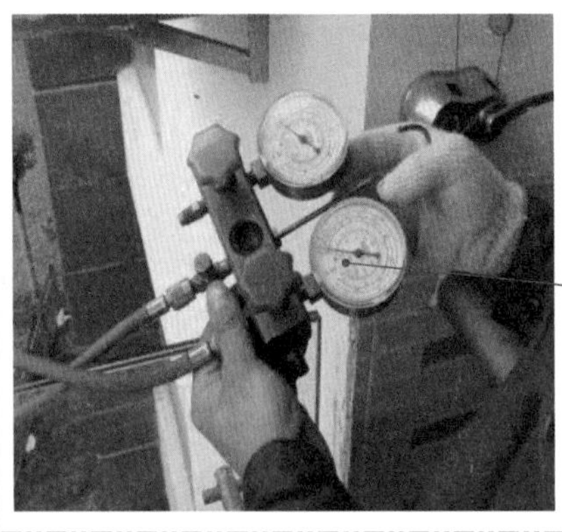
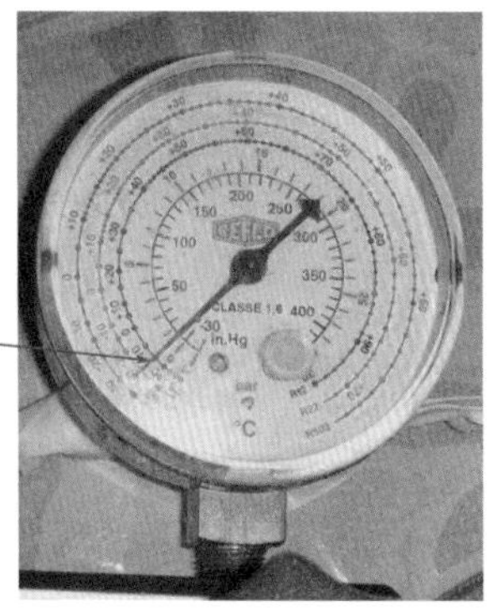

② 在气管(粗管)三通阀修理口接上压力表连接真空泵，先开泵后再打开压力表阀门

③ 抽真空开始后将压力抽到−0.1MPa后，再抽15~20min

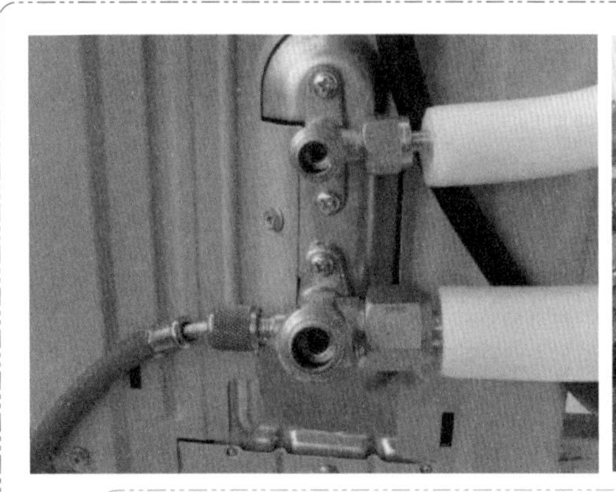

④ 停止抽真空后，将2个阀门后盖螺母拧下，用内六角扳手将阀芯按逆时针方向旋开到底，此时制冷系统的通路被打开

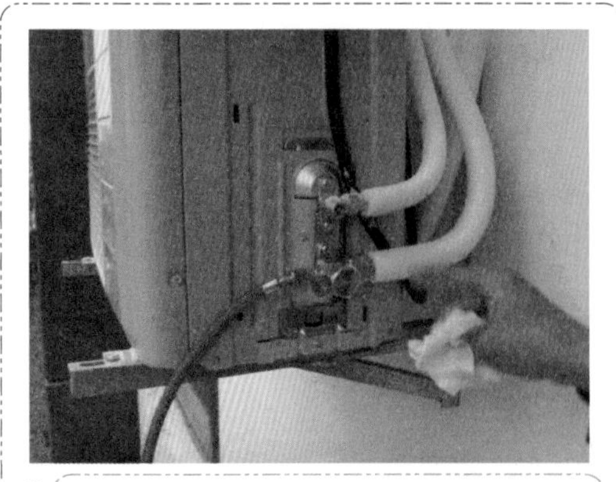
⑤ 用检漏枪或者肥皂水检测连接头等位置是否有漏点

⑥ 最后将连接软管从阀门上拆下来，将阀门的连接螺母与后盖螺母拧紧

❸ 外加制冷剂排空气

使用独立的制冷剂罐，将制冷剂罐充注软管与低压阀充氟嘴连接，略微松开室外机高压阀上接管螺母；松开制冷剂罐的阀门，充入制冷剂 2 ～ 3s，然后关死；当制冷剂从高压阀门接管螺母处流出 10 ～ 15s 后，拧紧接管螺母；从充氟嘴处拆下充注软管，用内六角扳手顶推充氟阀芯顶针，制冷剂放出；当再也听不到噪声时，放松顶针，拧紧充氟嘴螺母，打开室外机高压阀芯。

3.6.4　实战 17——加注制冷剂

① 准确加氟的前提条件

准确加氟的前提条件
❶ 维修的空调必须符合其使用条件及安装标准
❷ 维修的空调控制系统及执行元件必须正常；管路系统必须已经有效排除空气、水分、阻塞、泄漏点等隐患；过滤网、内外热交换器应清洁；通风良好
❸ 维修工具及材料必须合格
❹ 严格按加氟工艺操作

② 制冷剂从大钢瓶倒入小钢瓶

在维修空调器时，往往需将制冷剂从大钢瓶倒入小钢瓶中，下面介绍一种把制冷剂从大钢瓶分装到小钢瓶的方法。

制冷剂从大钢瓶倒入小钢瓶的方法与步骤
❶ 将大钢瓶（在太阳下晒一晒最好）倒置在倾斜 45° 的三脚架或其他支撑物上，且保持在合适的角度
❷ 将经过检漏、抽真空的小钢瓶放入有冰块（或冷水）的容器中冷却降温后，放在称重衡量器上称出小钢瓶的重量。然后用一根带管帽的橡胶软管将大钢瓶、干燥过滤器、小钢瓶连接起来，但大钢瓶的阀门暂不开启。如果小钢瓶有单向阀，则需要在加氟软管接口处加顶针，否则加不进去

续表

制冷剂从大钢瓶倒入小钢瓶的方法与步骤
❸ 将大钢瓶阀门和小钢瓶的接头松开，打开大钢瓶阀门，用制冷剂气体将软管中的空气排出，然后关闭大钢瓶的阀门，旋紧小钢瓶的软管接头
❹ 开启大、小钢瓶的阀门，充注制冷剂，这时可听到制冷剂从大钢瓶流入小钢瓶中的声响。待充到小钢瓶容积的 70% 时，关闭大小钢瓶的阀门，去掉软管。每升容积的充注量应小于 0.53kg，以防小钢瓶遇热压力升高造成爆炸

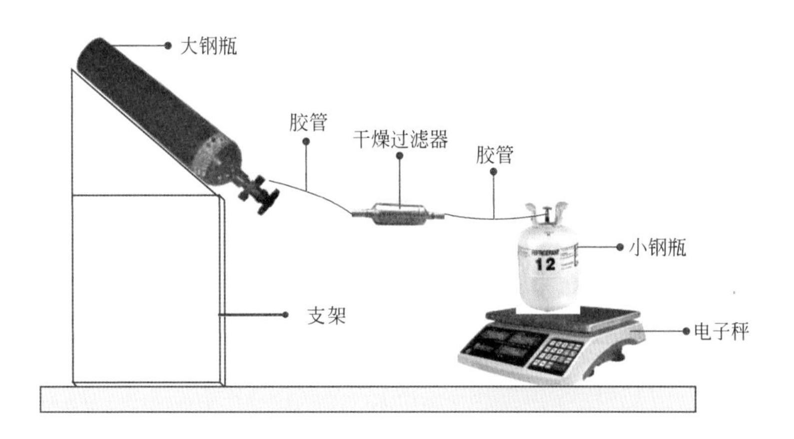

③ 充注制冷剂的管路连接

系统在抽真空后，还要重新充注制冷剂。由钢瓶往制冷系统中充注制冷剂时，可将钢瓶与修理阀相连接，也可用复合式压力表的中间接头充入。

对于液管侧为两通阀的空调器，充注制冷剂的方法和具体操作步骤	
❶ 连接管路	将真空泵上卸下的充气管接至制冷剂钢瓶（或定量加液器），并将钢瓶倒置，以便于制冷剂液体的充注
❷ 排空	打开制冷剂钢瓶的阀门，按下复合修理阀上的检查阀，排空连接管中的空气
❸ 冲注制冷剂	打开复合修理阀低压阀门，即可充注制冷剂。若不能充入定量的制冷剂，可在空调器制冷运转方式下分次少量充注制冷剂（每次一般不超过 150g），充注一次应等待 1min 左右再重复操作，直到达到规定量为止
❹ 检漏	从三通阀的修理口卸下充气管，旋上截止阀阀盖。用扳手旋紧维修口盖，最后对维修口盖进行检漏
注意事项	由于液态制冷剂是从气管侧充入的，因此一定不要在空调器运行时充入大量的液态制冷剂，否则会发生液击事件，造成压缩机损坏

气管侧、液管侧均为三通阀的空调器，充注制冷剂的具体操作步骤同液管侧为两通阀的充注方法相似，唯一不同之处是在充注之前，应关闭液管侧三通阀（调至前位，即与室外机组断开），打开气管侧三通阀（调至后位，即与室外机组接通、与维修口断开）。

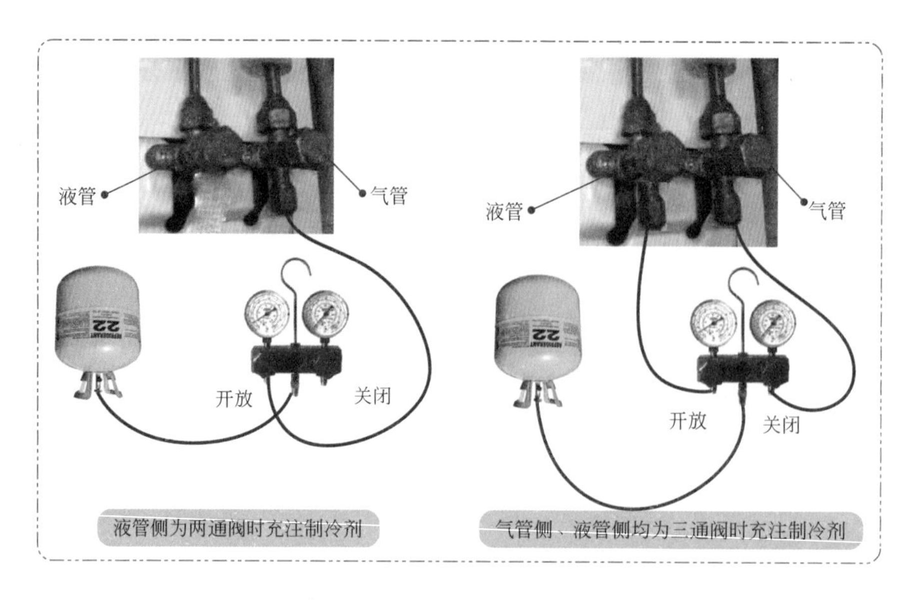

液管侧为两通阀时充注制冷剂

气管侧、液管侧均为三通阀时充注制冷剂

④ 制冷剂准确充注量的确定

对于全封闭式压缩机，充注制冷剂往往采用低压法，常有以下几种充注法。

❶ 定量充注法	
定量依据	对小型空调器，可按照铭牌上给定的制冷剂充灌量加充制冷剂
适用范围	定量充注法主要是采用定量充注器或抽空充注机向制冷装置定量加充制冷剂
定量充注器充注	利用定量充注器充注制冷剂时，只需在制冷装置抽好真空后关闭三通阀，停止真空泵，将与真空泵相接的耐压胶管的接头拆下，装在定量充注器的出液阀上；或者可拆下与三通阀相接的耐压胶管的接头，将连接定量充注器的耐压胶管接到出液阀的接头上。打开出液阀将胶管中的空气排出，然后拧紧胶管的接头，检查是否泄漏
台秤称重充注	充注制冷剂时，用台秤等较精确的计量工具称重，当氟瓶内氟的减少量等于空调铭牌上的标准加氟量时，关闭氟瓶阀门
抽空充注机充注	采用抽空充注机充注制冷剂时，只需在抽空结束后，关闭抽空充注机上的抽空截止阀，打开充液截止阀，即可向制冷系统充注制冷剂

❷ 测重充注法	
充注前的准备	在充注制冷剂时，事先准备一个电子秤或小台秤（精度单位为1g），将制冷剂钢瓶放入一个容器中，再在容器中注入40℃以下的温水（适用于低压充注制冷剂蒸气）
充注方法与步骤	将装有制冷剂的小钢瓶放在电子秤上，将耐压胶管一端接在三通阀上，另一端接在钢瓶的出液阀上；打开出液阀将耐压胶管中的空气排出，拧紧接头以防止泄漏。然后，称出小钢瓶的重量。打开三通阀通过压缩机工艺管向制冷系统充注制冷剂 在充注制冷剂的过程中，应注意观察电子秤的读数值变化，当钢瓶内制冷剂的减少量等于所需要的充注量时可停止充注。关闭三通阀和小钢瓶上的出液阀，充注工作便结束
小经验	也可直接称量钢瓶不用加温水。一般用于上门维修

❸ 测压力充注法	
充注依据	用测温计，测量蒸发器的进出口、压缩机的回气口等各点的温度，以判断制冷剂充注量
主要适用	该方法适用于维修场地是固定的或因种种原因而无法确定制冷剂合适量的空调器
充注方法与步骤	将空调置于制冷、高速风状态（冬天，制热需要加氟时，将空调设置于强制制冷状态或将室温传感器置于27℃左右的温水中，模拟夏天温度让空调处于制冷状态）下运转，在低压截止阀工艺口，边加氟边观察真空压力表的低压压力，当低压在0.49MPa（夏天）或0.25MPa（冬天），关闭氟瓶阀门。再考虑室外机空气温度高低、室内冷负荷大小等影响低压压力的因素，微调氟利昂的量和表压力，做到准确加氟
小经验	进行微调的原因是因为低压力与室内冷负荷成正比，即冷负荷越大，压力越高，反之越低；加氟工艺口及附近管道，因安装在室外，其压力及蒸发温度受外界气温影响很大，室内热交换器实际压力及蒸发温度夏天要偏高一些，冬天要偏低一些

❹ 测温度充注法	
充注依据	测压力充注法是通过观察充注制冷剂过程中真空压力表的读数，确定所充注制冷剂是否合适
充注方法与步骤	在蒸发器的进口（毛细管前150mm处）与出口两点之间的温差7～8℃，压缩机回气口的温度应高于蒸发器的出口处1～3℃。如果蒸发器进出口的温差大，表明制冷量充注不足，若吸气管结霜段过长或邻近压缩机处有结霜现象，则表明制冷剂充注过多
小经验	也可将空调设置在制冷或制热高速风状态下运转，加氟量准确时室内热交换器进、出风口处10cm的温差是：制冷时大于12℃，制热时大于16℃；制冷时，室内热交换器全部结露、蒸发声均匀低沉、室外截止阀处结露、夏季冷凝滴水连续不断、室内热交换器与毛细管的连接处无霜有露等；制热时，室内热交换器壁温大于40℃

❺ 测工作电流充注法	
充注依据	用测温计测量蒸发器的进出口、压缩机的回气口等各点的温度，以判断制冷剂充注量
充注方法与步骤	将空调设置于制冷或制热高速风状态（变频空调设置于试运转状态）下运转，在低压截止阀工艺口处，边加氟边观察钳形电流表变化，当接近空调铭牌标定的额定工作电流值时，关闭氟瓶阀门 让空调继续运转一段时间，当制冷状态下室温接近27℃或制热状态下室温接近20℃时，再考虑室外空气温度、电网电压高低等影响额定工作电流的因素，同时微调加氟的量使之达到额定工作电流值，做到准确加氟 空调加氟要进行微调的原因，是因为空调铭牌标定的额定工作电流值是空调厂家在以下工况条件测试的数据：制冷状态下，电源电压220V或380V时风扇高速风，室内空气温度27℃，室外空气温度35℃；制热状态下，电源电压220V或380V时风扇高速风，空调加氟室内空气温度20℃，空调加氟室外空气温度7℃

续表

❺测工作电流充注法	
小经验	空调加氟实践总结的微调数据是：制冷状态下，以室外空气温度35℃为标准，室外温度每升高或降低1℃，增加或减少额定工作电流值的1.4%；制热状态下，以室外空气温度7℃为标准，室外温度每升高或降低1℃，增加或减少额定工作电流值的1%；制冷或制热状态下，以额定电源电压220V或380V为标准，电源电压每升高或降低1V，减少或增加额定工作电流值：单相1匹0.025A，1.5匹0.025A×1.5，2匹0.025A×2，3匹0.025A×3；三相3匹0.025A×3/3，5匹0.025A×5/3，10匹0.025A×10/3
	外热交换器一旦脏了，你如果以蒸发器做参考，那就会热保了，换句话说就是“加氟前一定要检查室外机脏不脏”。如果室外机很脏，你按电流、压力法加氟，往往是压力、电流都好，可蒸发器就是结露不全，室内机风口吹出来的风不冷。因为这时系统里的氟并没有达到饱和度，可外热交换器由于不能很好地散热，造成压力虚高，而电流也随之增大。可你要是想使蒸发器把露结全了，压缩机又热保了

❻观察充注法	
充注方法与步骤	将空调设置在制冷或制热高速风状态下运转，加氟量准确时室内热交换器进、出风口10cm处的温差是：制冷时大于12℃，制热时大于16℃ 制冷时，室内热交换器全部结露、蒸发声均匀低沉、室外截止阀处结露、夏季冷凝滴水连续不断、室内热交换器与毛细管的连接处无霜有露等 制热时，室内热交换器壁温大于40℃

(5) 制冷剂加注量是否合适的判断

合适	外风机吹出来的风是热的；气液分离器通体温度都是一样的，都会有结露或结霜的现象，温度是低的或很低
没有加够	外风机吹出来的风是常温或温的；气液分离器仅下面结霜或结露，而上面是干的，常温
多了	外风机吹出来的风是烫的；气液分离器通体是凉的，压机吸入口有白毛霜
特别多	外风机吹出来的风也是不热的

3.6.5 实战18——更换冷冻油

当维修压缩机或由于油过脏需要更换时，都要加注冷冻油。

(1) 冷冻油的鉴别

冷冻油的鉴别	
闻油的气味	当割开压缩机工艺管时，若闻到焦油味，则冷冻油已老化
看油的颜色	从压缩机工艺管中蘸一点冷冻油滴在白色吸墨纸上，若油滴中央颜色变黑或有斑点，表明已变质。此时，可将变质的冷冻油倒出，再换上等量的同型号的新冷冻油

续表

冷冻油的鉴别	
瓶装鉴别法	将净化油装在已净化干燥的玻璃瓶内，如颜色呈透明、白色、浅黄色均可继续使用。若油中出现悬浮物、浑浊或颜色呈黄色、橙色、红色均不能使用

② 冷冻油的更换

加注冷冻油的方法一般有两种：自身吸油法和真空吸油法。

加注冷冻油的方法	
自身吸油法	往复式压缩机一般采用自身吸油法。将压缩机的吸气管接一皮管，另一端浸入润滑油中，封闭工艺管、开启压缩机，润滑油就会被吸入压缩机内。注油量的多少应根据压缩机的体积而定：注油过多压缩机运行时会排出部分润滑油，过少起不到润滑的效果
真空吸油法	在压缩机工艺管上连接真空泵，把吸气管浸在润滑油中，开启真空泵，润滑油就会被吸入压缩机内

3.7 试机

空调器制冷系统经过维修或充注制冷剂后，不要急于交付用户使用，应启动压缩机，观察试运行情况，以判断制冷系统是否能正常、可靠工作。经过一段时间的试机，再复查修复的部位，试关键部位的温度，测压力或工作电流，防止故障没有彻底排除。试机中，尤其要注意以下几个地方。

① 蒸发器结露情况。在夏季制冷模式工作时，蒸发器温度一般为5～7℃．正常通风情况下，蒸发器应全部结露（滴水），表明制冷剂充注量合适。若蒸发器结霜，则表明制冷剂量不足，应再补充制冷剂(氟)。

② 回气管结露情况。制冷剂充注合适时，旋转式压缩机旁的气液分离器应全部结露。若压缩机的半边壳体都结露，手摸上去感觉很凉，排气管和冷凝器反而不热，且降温缓慢，则表明制冷剂过量，应适当将多余的制冷剂排放掉。

③ 吸气、排气压力大小情况。测量压缩机吸、排气压力高低，能直接反映制冷系统运行是否正常。该压力大小不仅与环境温度有关，还与冷却方式有关。

经过试运行的空调器，各项性能指标达到正常时，就可交付用户使用。否则，就要对症处理，重新检查、维修。

第4章 电气控制系统

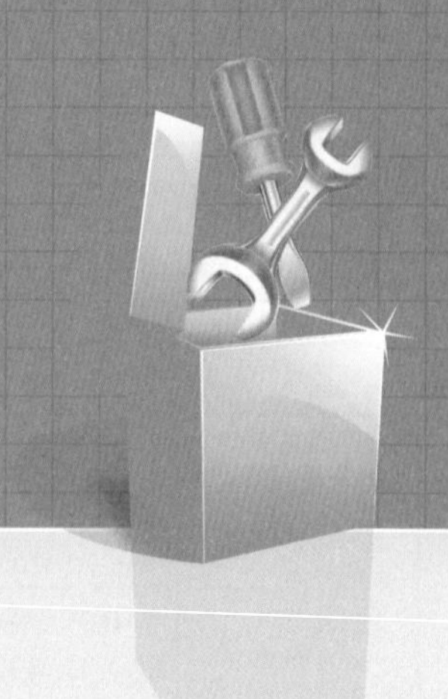

4.1 电气控制系统的组成与作用

4.1.1 电气控制系统的组成

分体空调器的电气控制系统一般由电源电路、单片机、温度检测传感电路、信号输入电路、驱动控制电路和显示电路等几部分组成。

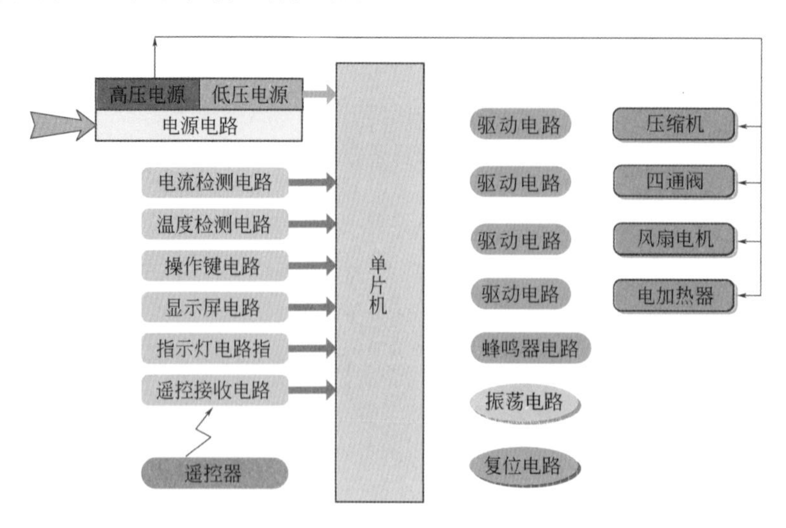

4.1.2 电气控制系统的作用

电气控制系统的作用	
电源电路	电源电路是整机的能源供给。电源电路通过抗干扰电路、保护电路输出220V交流电压（称为高压电源），供给压缩机、风扇电机等使用。后经整流、滤波、稳压电路转换为直流低压电源+5V、+12V等，+5V电源提供给大部分小信号电路，如单片机、显示电路等；+12V则提供给驱动电路、导风电机、电磁继电器等电路
单片机	单片机主要作用有：第一，接收操作按键、遥控发射等的操作信号，输出开关机和压缩机、风扇电机运行/停止信号，实现开关机和制冷/制热等功能；第二，接收温度传感器送来的检测信号，以便控制压缩机、风扇电机是否运行及运行时间；第三，接收来自保护电路的保护信号，使压缩机、风扇电机等停止工作，同时还通过显示屏或指示灯显示故障代码，提醒用户空调器进入相应的保护状态
按键操作电路与遥控	按键操作电路与遥控器就是用户通过操作面板上的按键或使用遥控器对空调器进行温度调整或时间的设定、风量调整或风向调整等操作控制
显示电路	显示电路由显示屏、蜂鸣器、指示灯等组成，来实现人机对话，显示空调器的工作状态
驱动电路	由于单片机输出的驱动信号电流较小，不能直接驱动负载电路，因此，要增加一个驱动放大电路
温度检测电路	温度检测电路是利用负温度系数传感器作为探头，对室内环境温度、室内热交换器表面的温度、室外环境温度、室外热交换器表面温度等进行检测，再通过取样电路把它转换为电压信号，送至单片机的检测输入端子，经单片机内部处理后，可实现以下功能：在空调器工作在制冷/制热状态时，为单片机提供室内/室外环境温度及室内、室外热交换器的温度信号，控制压缩机、风扇电机的运行时间；用于自动控制风扇电机的转速和风向；用于除霜时控制加热器的加热时间；空调器异常时为单片机提供保护信号
过流保护电路	过流保护电路的作用就是通过检测市电输入回路电流，实现对压缩机运转电流的检测。当压缩机运转正常时，该电路为单片机提供压缩机正常工作的检测信号，单片机控制空调器按照用户的设置进行工作；当压缩机电流过大时，检测信号被单片机识别后，输出停机信号使压缩机停止工作，避免电流过大给压缩机带来危害
蜂鸣器电路	通过蜂鸣器的发声，来告诉使用者空调器的工作状态

4.2 压缩机、启动和保护装置

4.2.1 压缩机结构特点

目前，家用空调器的压缩机一般为全封闭压缩机，它将动力源的电动机和压缩制冷剂的压缩机密闭封装在一个容器内。目前，维修压缩机一般较少，一旦出现压缩机损坏基本上都是整体更换的，因此，在这里我们不对其内部结构、构造及工作原理作过多的介绍，只对其电源接线方式及制冷管口的识别作重点介绍。

① 旋转转子式、旋转滑片式压缩机

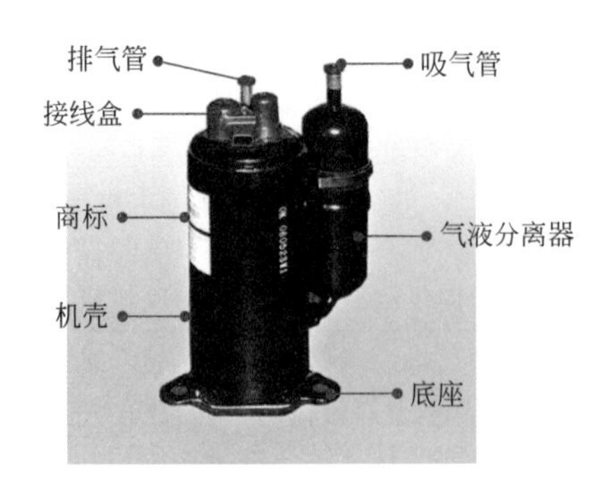

② 涡旋式压缩机

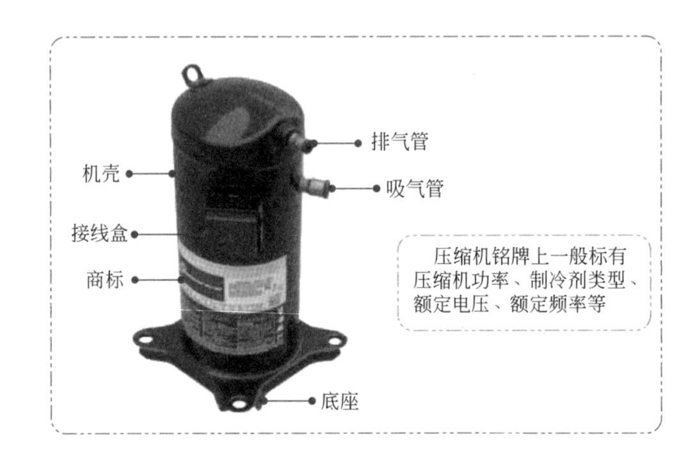

压缩机的主要参数
❶ 功率 压缩机功率的单位有马力（hp）、瓦（W）两种，1hp=745.7W。空调器中压缩机常采用的功率有1/6hp、1/5hp、1/4hp、1/3hp 等
❷ 电机绕组参数 运行绕组 CM（又称主绕组）漆包线线径大，电阻值较小；启动绕组 CS（又称副绕组）漆包线线径小，电阻值较大。一般旋转式压缩机的绕组阻值比往复式压缩机的绕组大。复式压缩机运行绕组的阻值一般为 5 ～ 23Ω，启动绕组的阻值一般为 20 ～ 51Ω
❸ 启动电流与运行电流 压缩机的启动电流一般较大，通常为 3 ～ 15A，大部分在 8A 左右；运行电流较小，一般为 0.8 ～ 1.4A，大部分在 1A 左右

在国内压缩机供应不足的情况下，我国每年还需适量进口。主要贸易国家有美国、意大利、日本、丹麦、巴西、韩国等。

4.2.2 压缩机在空调器中的安装部位

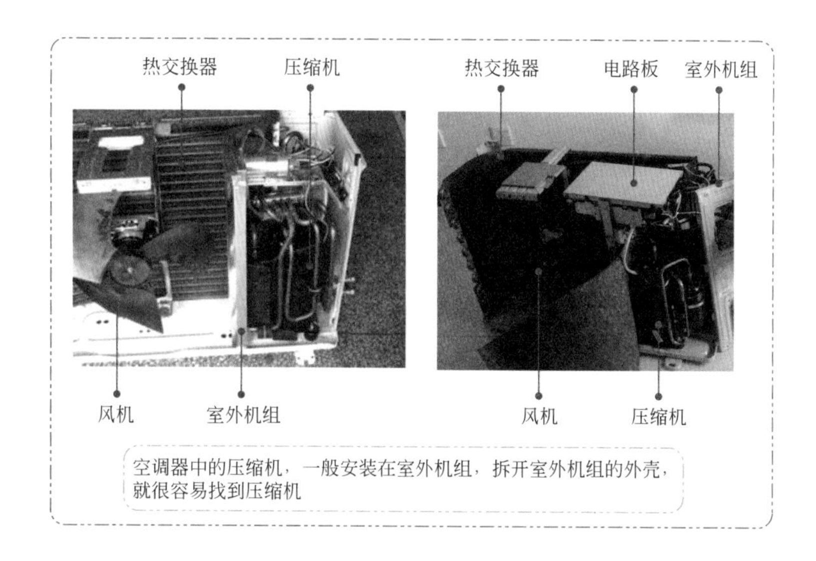

空调器中的压缩机，一般安装在室外机组，拆开室外机组的外壳，就很容易找到压缩机

4.2.3 实战 19——压缩机、启动器和保护装置的检测方法

① 压缩机的识别与检测

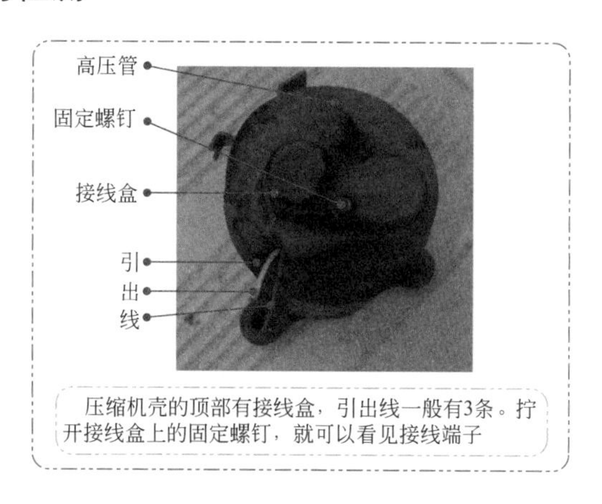

压缩机壳的顶部有接线盒，引出线一般有3条。拧开接线盒上的固定螺钉，就可以看见接线端子

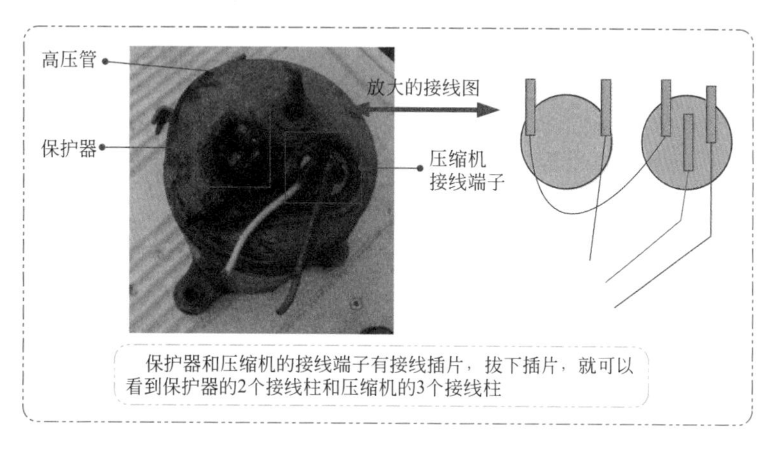

保护器和压缩机的接线端子有接线插片，拔下插片，就可以看到保护器的2个接线柱和压缩机的3个接线柱

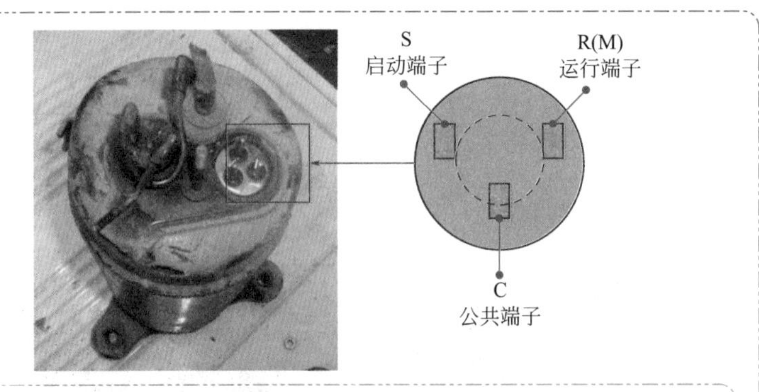

全封闭式压缩机机壳上的3只绕组接线柱，常用R(或M)、S、C表示，其中运行端用R(M)表示，启动端用S表示，公共端用C表示。R(M)–C为运行线圈，线径较大，内阻较小，电流较大；S-C为启动线圈，线径较小，内阻较大，电流较小

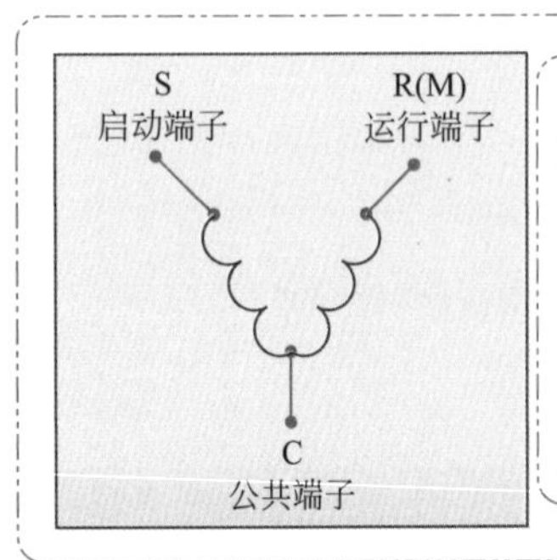

检测方法：当3只绕组接线柱没有标志或标志脱落时，可先识别判断其端子接线规律。一般情况下，R(M)S间的电阻大于SC间、R(m)C间的电阻，而R(M)S间电阻等于SC间电阻加R(M)C间的电阻。利用上述规律可以予以判别。需要说明的是三相压缩机的接线端子电阻值是相等的

将万用表置于R×1挡，调零后，进行测量(压缩机的插头接线须拆下)

测量绕组SC及R(M)C两点的电阻值。若所测绕组的电阻值小于正常值，就可判断此绕组短路；若所测绕组的电阻值为无穷大(∞)，即可判断此绕组断路

把一表笔与公用端(C)紧紧靠牢，另一支表笔搭紧压缩机工艺管上露出金属的部分，或将外壳板的漆皮去掉一小块，进行测量。若电阻值很小，就可判断绕组或内部接线碰壳接地。电动机的对地绝缘电阻，正常情况下应在2MΩ以上

<table>
<tr><th colspan="3">压缩机常见故障现象与排除</th></tr>
<tr><td rowspan="3">❶</td><td>故障现象</td><td>不运转且无哼声</td></tr>
<tr><td>故障分析</td><td>压缩机内部的电机绕组有开路现象</td></tr>
<tr><td>故障检修</td><td>用万用表电阻法检测接线柱间的电阻值来判断，若阻值为无穷大，说明绕组开路</td></tr>
<tr><td rowspan="3">❷</td><td>故障现象</td><td>不运转但有哼声</td></tr>
<tr><td>故障分析</td><td>该故障的主要原因有：启动器开路或失效、电机绕组有短路现象、机械系统出现“卡缸”或“抱轴”现象。压缩机发生该故障后，外壳温度短时间内就会很高，很快就会引起过载保护器动作</td></tr>
<tr><td>故障检修</td><td>启动器失效、机械系统出现卡缸、抱轴故障时，电机绕组阻值一般是正常的。怀疑启动器失效时可以用万用表测量判断其质量的好坏或用代替法进行确认
电机绕组的阻值，可以用万用表测量。若阻值低于正常值或 CS 间的阻值和 CR（m）间的阻值小于 R（m）S 间的阻值，说明压缩机的电机绕组有短路，同时测量压缩机工作电流会大于正常值
对于该故障，一般是更换压缩机</td></tr>
</table>

② 过载保护器的识别与检测

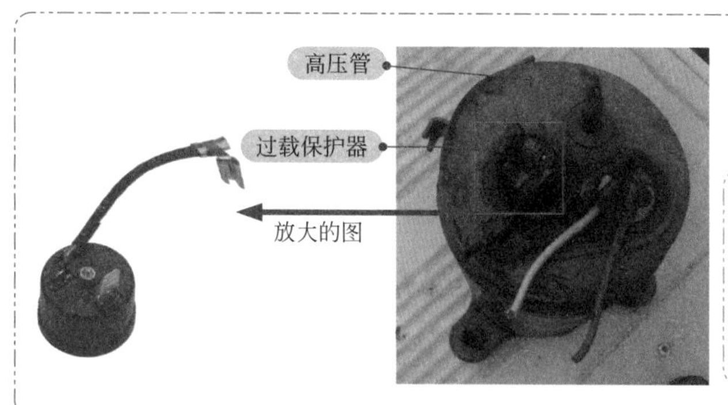

过载保护器的安装方式有两种：一种安装在压缩机的内部，是冷藏式；另一种安装在压缩机的顶部，是外置式

它的作用就是为了防止压缩机过热、过流损坏

外置式过载保护器通常采用的是蝶形过载保护器

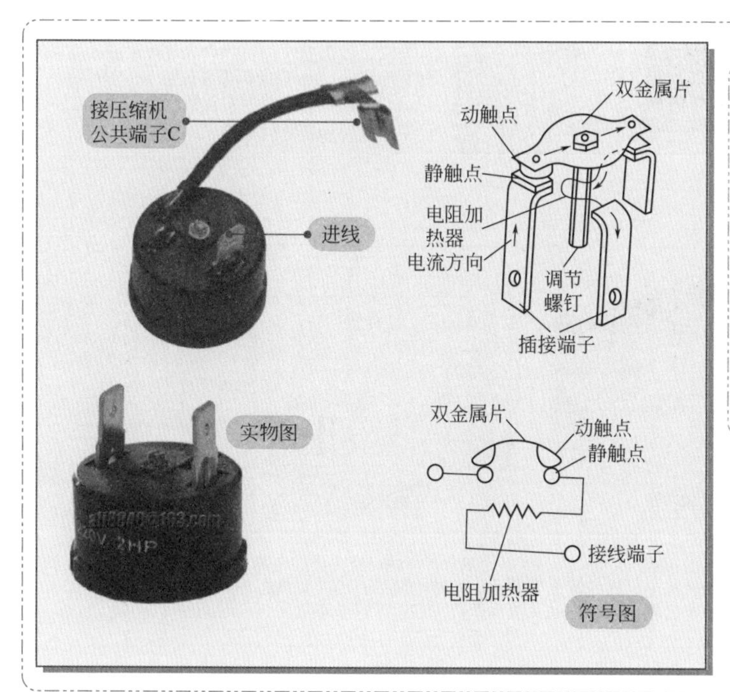

由于过载热保护器串联在压缩机的主线路中，当电路电流过大时，与之相连的电阻丝会发热，使相邻双金属片受热变形，向上弯曲断开电路，从而保护压缩机不被烧毁；同时因保护器紧压在压缩机外壳上，所以双金属片又能检测机壳温度，若压缩机出现工作不正常，导致机壳温度过高，双金属片也会受热弯曲断开电路，因此该保护器具有双重保护作用

过载保护器常见故障现象与排除		
❶	故障现象	触点不能吸合，使压缩机不能启动
	故障分析	一个是质量原因，另一个是由于过热引起疲劳损坏
	故障检修	在常温下，用万用表测量保护器的两引脚间电阻，正常阻值应为0；若阻值为∞，则说明开路 过载保护器损坏后，一般采取的是直接更换
❷	故障现象	触点粘连，失去对压缩机的保护功能
	故障分析	保护器已经烧焦损坏
	故障检修	保护器在受热后阻值仍很小，说明触点粘连。直接更换保护器

续表

过载保护器常见故障现象与排除		
❸	故障现象	触点接触不良，使压缩机有时能启动，有时不能启动
	故障分析	触点烧焦或烧有毛刺
	故障检修	若阻值不稳定，说明触点接触不良。但这种故障一般是不容易测量出来的。实战中，往往怀疑保护器接触不良，就用代替法来判断

③ 启动器的识别与检测

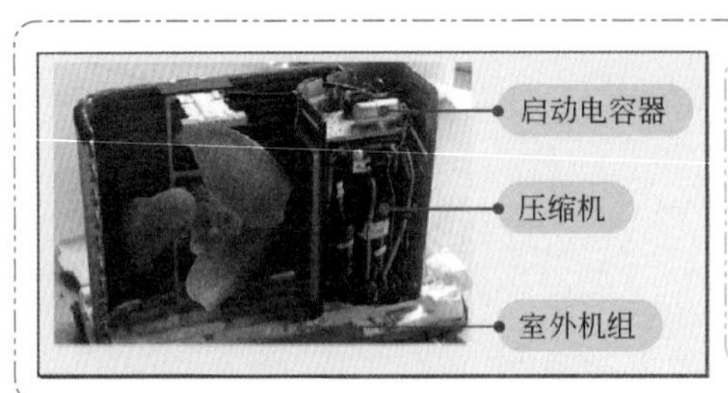

启动器用于在加电瞬间接通压缩机电机启动绕组回路，使启动绕组有电流流过、产生与运行绕组方向不同的磁场，合成为旋转磁场，使电机转子旋转

目前，空调器压缩机的启动方式主要有电容启动、电压(继电器)启动

启动电容一般安装在室外机组上

继电器启动在后边电路中再介绍

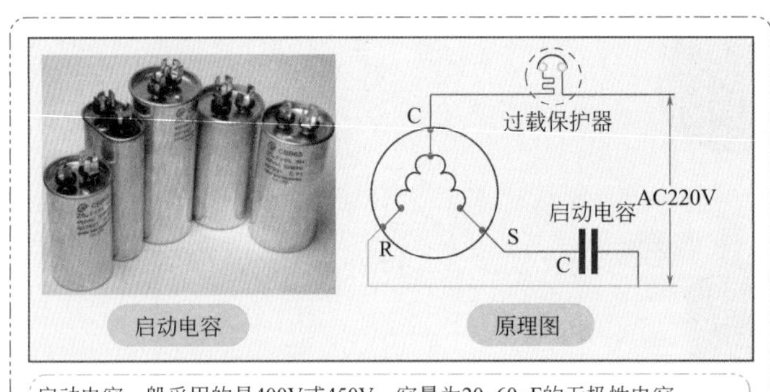

启动电容一般采用的是400V或450V，容量为20~60μF的无极性电容

电容分相启动式的电机接线图如图所示。这种电机的特点是副绕组启动后不脱离电源，电容器既参与启动又参与运行，在运行时长期处于工作状态

启动电容常见故障现象与排除		
❶	故障现象	压缩机不能启动，过载保护器动作
	故障分析	电容开路
	故障检修	用万用表检测电容器的容量，容量减小或无容量，更换同规格的电容。或直接用代替法判断
❷	故障现象	压缩机能启动，但运转不久就引起过载保护器动作，停止运转
	故障分析	电容短路
	故障检修	用万用表检测电容器的容量，若短路，更换同规格的电容。或直接用代替法判断

续表

启动电容常见故障现象与排除		
❸	故障现象	有时可以启动，有时不能启动
	故障分析	电容接触不良
	故障检修	用万用表检测电容器的容量。或直接用代替法判断
❹	电容器的检测	用表笔短路两个引脚 在测量电容器之前，应用表笔或导线短路电容器的 2 个引脚，进行放电，以保护测量仪表的安全。容量测量最好用数字万用表（带有测量电容容量的功能）

4.3 室内外机主板电路原理分析与故障维修

4.3.1 实战 20——线性电源电路工作原理与故障维修

空调器的电源电路一般有两种：线性电源电路和开关电源电路。

1 线性电源电路工作原理

❶ 线性电源电路方框图

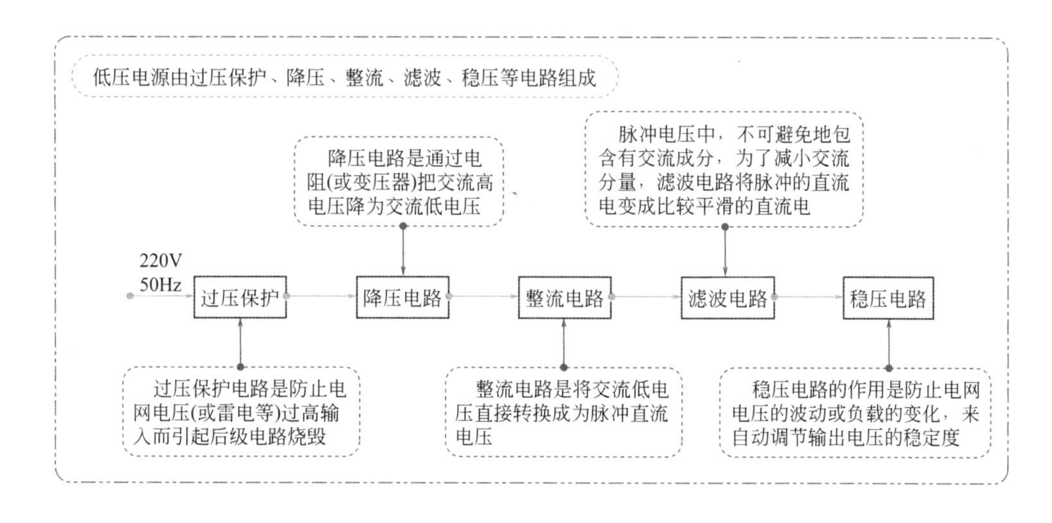

❷ 线性电源电路的工作原理

电源电路主要作用是给整机提供稳定的各种交直流电压，来保证各用电器或各单元电路的能源供给。

空调器的电源按照电流强弱和电压高低的不同，可以分为高压电源和低压电源两种。其中，高压电源是指市电交流 220V 或 380V，高压电源主要供给压缩机、风扇电机、风向电机和电磁阀等；低压电源是指市电交流 220V（或 380V）经过降压、整流、滤波和稳压或者开关电源进行低压变换以后输出的多路电源，低压电源主要供给单片机、驱动电路、检测传感电路、显示电路等小信号处理电路等。

以美的 KC-25Y1 型空调器为例，来分析电源电路的工作原理。

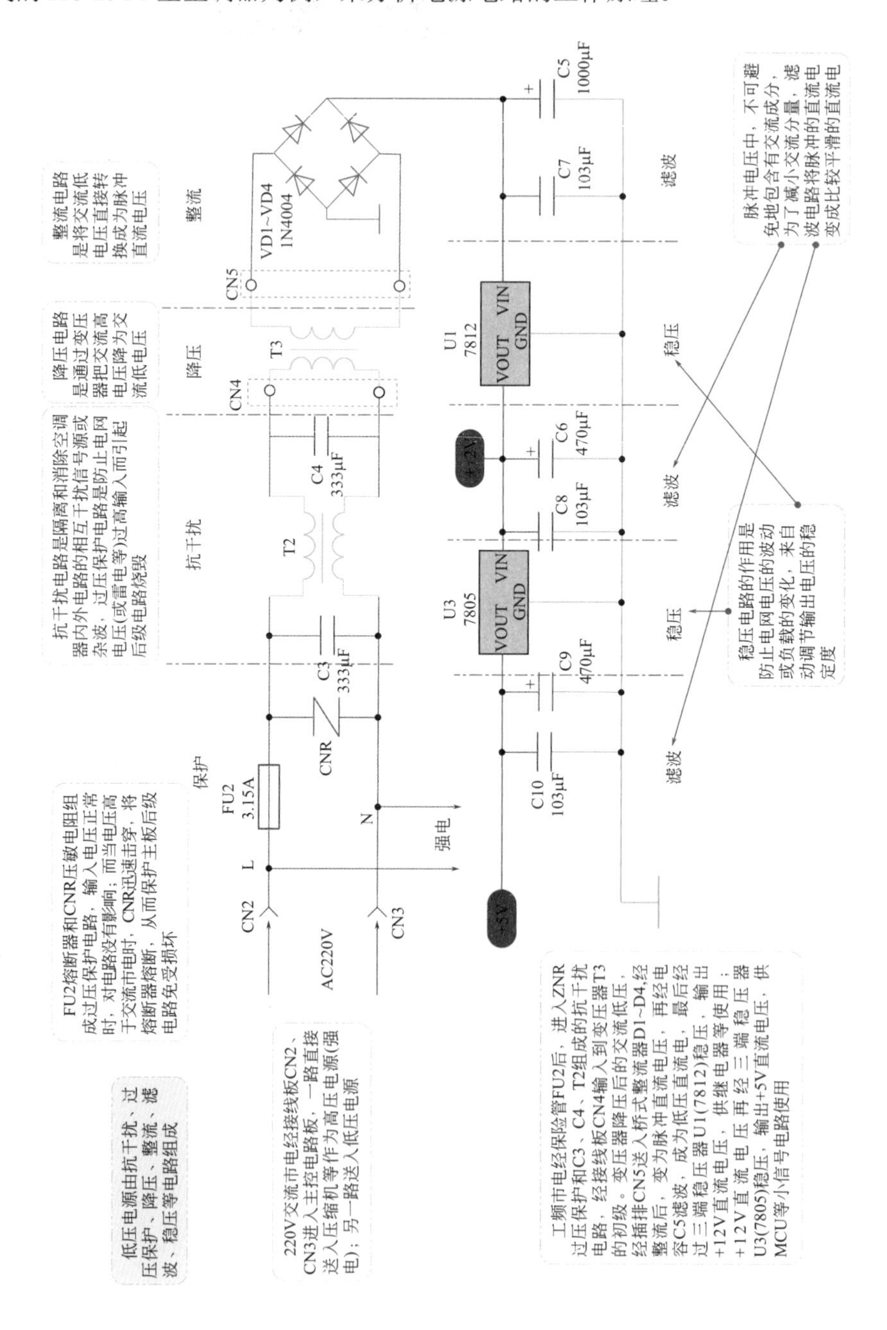

② 线性电源电路故障维修

主要元器件外形和关键点电压正常值如下图。

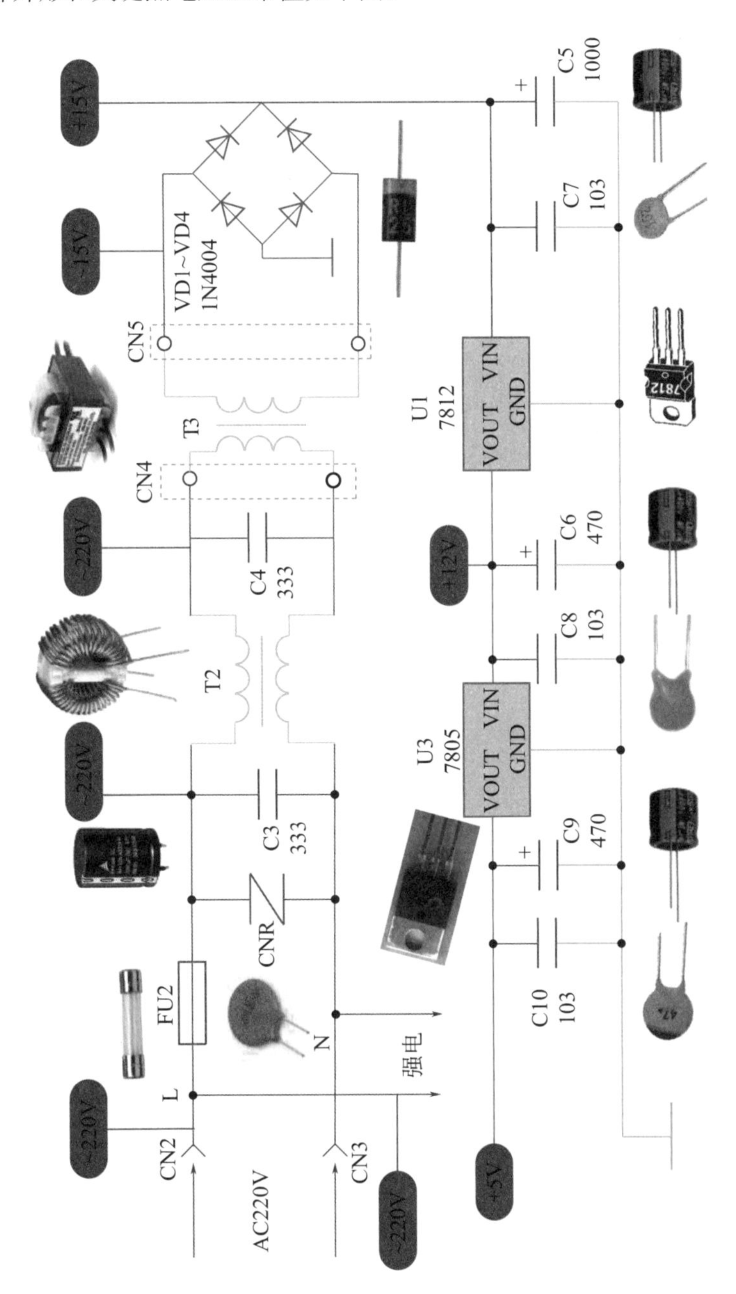

故障检修流程图如下所示。

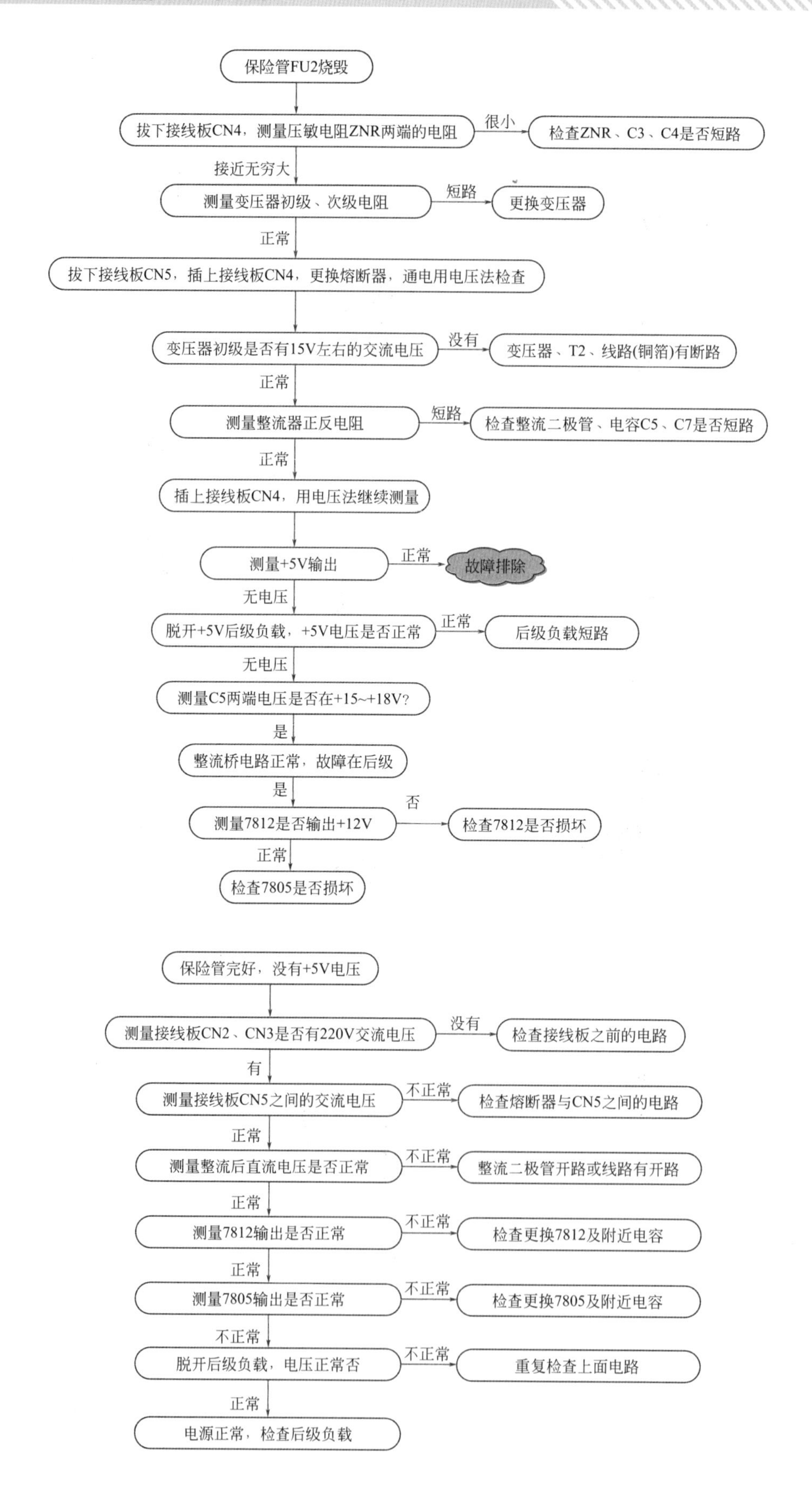
保险管FU2烧毁
拔下接线板CN4，测量压敏电阻ZNR两端的电阻
很小
检查ZNR、C3、C4是否短路
接近无穷大
测量变压器初级、次级电阻
短路
更换变压器
正常
拔下接线板CN5，插上接线板CN4，更换熔断器，通电用电压法检查
变压器初级是否有15V左右的交流电压
没有
变压器、T2、线路(铜箔)有断路
正常
测量整流器正反电阻
短路
检查整流二极管、电容C5、C7是否短路
正常
插上接线板CN4，用电压法继续测量
测量+5V输出
正常
故障排除
无电压
脱开+5V后级负载，+5V电压是否正常
正常
后级负载短路
无电压
测量C5两端电压是否在+15~+18V?
是
整流桥电路正常，故障在后级
是
测量7812是否输出+12V
否
检查7812是否损坏
正常
检查7805是否损坏
保险管完好，没有+5V电压
测量接线板CN2、CN3是否有220V交流电压
没有
检查接线板之前的电路
有
测量接线板CN5之间的交流电压
不正常
检查熔断器与CN5之间的电路
正常
测量整流后直流电压是否正常
不正常
整流二极管开路或线路有开路
正常
测量7812输出是否正常
不正常
检查更换7812及附近电容
正常
测量7805输出是否正常
不正常
检查更换7805及附近电容
不正常
脱开后级负载，电压正常否
不正常
重复检查上面电路
正常
电源正常，检查后级负载

4.3.2 实战21——开关电源电路工作原理与故障维修

下面以长虹 JUK7.820.039 电脑板电路为例。

① 开关电源电路工作原理

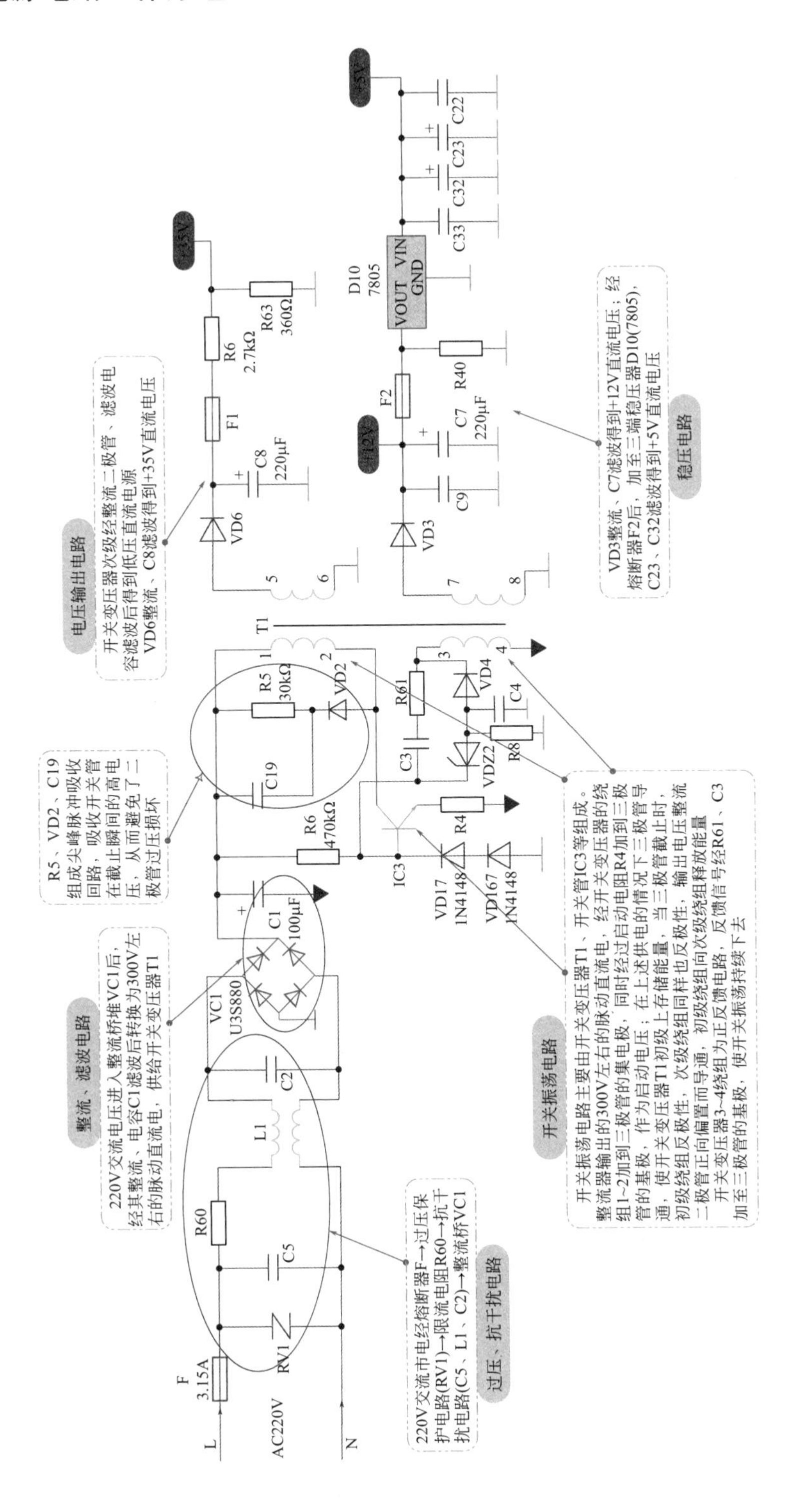

② 开关电源电路的故障维修

<table>
<tr><th colspan="4">长虹 JUK7.820.039 电脑板电源电路关键点数据</th></tr>
<tr><th>序号</th><th>检测关键点</th><th>正常数据</th><th>异常时排除</th></tr>
<tr><td>❶</td><td>电源插头两端</td><td>几十千欧至 200kΩ</td><td>检查熔丝 F、L1 是否开路，限流电阻 R60 是否变大或开路。若熔丝 F 烧毁时，要检查二极管、电容 C1 等是否击穿，如有击穿现象，还需要进一步查明原因</td></tr>
<tr><td>❷</td><td>+300V 电源（C1 两端）</td><td>+4.8 ～ +5.6V</td><td rowspan="4">各组电压均异常，检查 R60、VD15、VC1 是否变大，C1 是否漏电
指示 +300V 正常，断电后如 C1 两端电压大于 250V，检查 R6、R61 是否变大，VDZ2 是否击穿，C4 是否正常；如 C4 两端电压为 0V，检查之前电路的元件是否损坏
指示 +12V、+5V 电压异常，检查 VD3 是否变大，C7 是否失效
指示该电压异常，检查 C33、C32、C23、C22 是否漏电；如是，检查、更换 D10（7805）</td></tr>
<tr><td>❸</td><td>+35V 电源（C8 两端）</td><td>+30 ～ +37V</td></tr>
<tr><td>❹</td><td>+12V 电源（C7 两端）</td><td>+11 ～ +15V</td></tr>
<tr><td>❺</td><td>+5V 电源（C32 两端）</td><td>+4.8 ～ +5.6V</td></tr>
</table>

<table>
<tr><th colspan="4">长虹 JUK7.820.039 电脑板电源电路常见故障检修</th></tr>
<tr><th>故障现象</th><th>可能损坏的元件</th><th colspan="2">备注</th></tr>
<tr><td rowspan="2">全无，熔断器烧毁或通电即跳闸</td><td>压敏电阻 RV1、抗干扰电容 C5 击穿</td><td colspan="2">有裂纹、炸裂现象</td></tr>
<tr><td>整流桥 VC1、电容 C1、三极管 IC3 击穿</td><td colspan="2">如果三极管击穿，还要检查 VDZ2 是否击穿，检查 C1 容量是否下降，检查 C4、C19 是否正常，R4、R60 是否变大</td></tr>
<tr><td rowspan="6">全无，+5V 电压异常</td><td>限流电阻 R60 变大</td><td colspan="2">C1 两端电压小于 +200V 或为 0</td></tr>
<tr><td>启动电阻 R6 变大</td><td>IC3 的集电极电压大于 200V，基极电压小于 0.6V</td><td rowspan="2">+12V 等电压均为 0V，关机后，C1 两端电压仍大于 200V，检查前需先对 C1 放电</td></tr>
<tr><td>R61 变大，C3 失效</td><td>IC3 的集电极电压大于 200V，基极电压大于或等于 0.6V</td></tr>
<tr><td>VD3、VD6、C7 ～ C9 漏电</td><td colspan="2">+12V、+35V 电源也异常，甚至仅在通电瞬间有微小电压</td></tr>
<tr><td>VD3 变大，F2 开路，C7 失效或漏电</td><td colspan="2">+12V 电源也异常，但 +35V 电源正常</td></tr>
<tr><td>稳压器 7508 损坏，C23、C22、C33 漏电</td><td colspan="2">后三者断开 7805 的 3 脚，测量 3 脚空脚电压仍大于 4.9V</td></tr>
</table>

4.3.3 实战22——单片机工作原理与故障维修

① 单片机特点与工作原理

单片机（MCU）是空调器的指挥中心，其主要作用是形成和识别用户的操作命令，它既要接受人工发出的各种操作信号，又要接受各种传感器送来的传感信号，并对各类信号加以判断和进行处理，从而转换为相应的驱动控制信号，输出到控制驱动电路，MCU是控制系统的“大脑”。

MCU体积虽小，但它内部是一个庞大而复杂的智能化集成电路，作为空调器维修人员，大可不必知道其内部的工作过程，只需将它看成是一只“黑匣子”，了解它的工作条件、输入及输出信号，便可了解整体的控制原理。

下面以海尔KFR-23型空调器中的单片机MB89F202为例，解说它的工作原理。

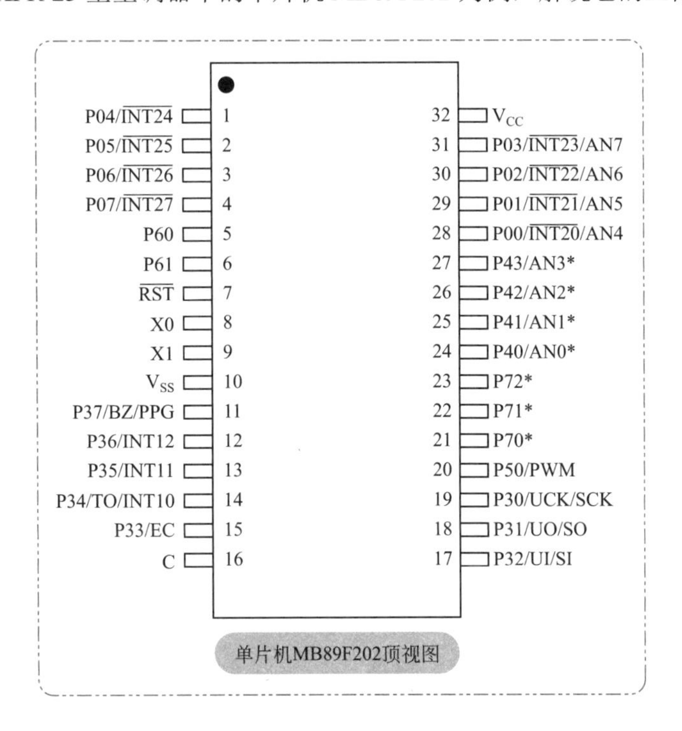

单片机MB89F202顶视图

单片机MB89F202引脚主要功能

引脚	主要功能	引脚	主要功能
1	电加热器供电控制信号输出	8	时钟振荡输出
2	接显示屏板	9	时钟振荡输入
3	I²C总线时钟信号输出（接存储器）	10	地
4	I²C总线数据信号输入/输出（接存储器）	11	室内风扇电机供电驱动信号输出
5	应急开关控制信号输入	12	室内风扇电机位置检测信号输入
6	检测开关控制信号输入	13	遥控信号输入
7	复位信号输入	14	市电过零检测信号输入

续表

单片机 MB89F202 引脚主要功能			
引脚	主要功能	引脚	主要功能
15	步进电机驱动信号 A 输出	24	显示屏电路时钟信号输出
16	压缩机延时启动控制	25	显示屏电路数据信号输出
17	步进电机驱动信号 D 输出	26	显示屏电路串行信号输出
18	步进电机驱动信号 C 输出	27	显示屏电路控制信号输出
19	步进电机驱动信号 B 输出	28	室外风扇电机供电控制信号输出
20	蜂鸣器驱动信号输出	29	市电检测信号输入
21	四通阀换向控制信号输出	30	室内机盘管（蒸发器）温度检测信号输入
22	换新风 / 负离子放大器供电控制信号输出	31	室内温度检测信号输入
23	压缩机供电控制信号输出	32	+5V 供电

② 单片机工作条件

单片机 3 个工作条件	
❶ 必须有合适的工作电压	电冰箱、电冰柜中一般采用+5V 工作电压，即 V_{DD} 电源正极和 V_{SS} 电源负极（地）两个引脚。个别的新机型，采用多个正极或多个负极
❷ 必须有复位（清零）电压	外电路应给微处理器提供一个复位信号，使微处理器中的程序计数器等电路清零复位，从而保证微处理器从初始程序开始工作 单片机的复位方式有低电平复位和高电平复位两种。采用低电平复位方式的复位端有 0 → 5V 左右的复位信号输入；采用高电平复位方式的复位端有一个 5 → 0V 的复位信号输入
❸ 必须有时钟振荡电路（信号）	微处理器的外部通常接晶体振荡器和内部电路组成时钟振荡电路，产生的振荡信号作为微处理器工作的脉冲

❶ 海尔 KFR–23 型空调器中单片机 MB89F202 工作条件

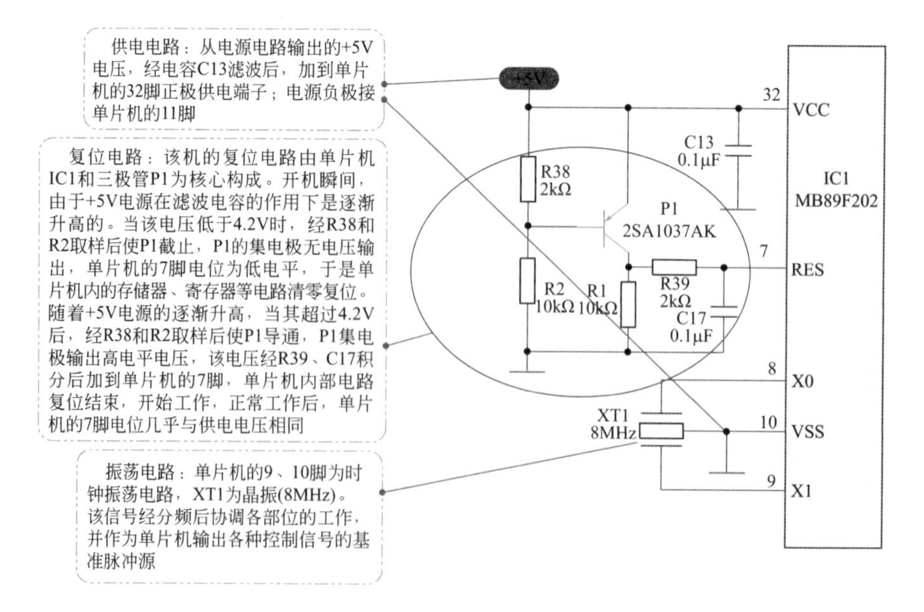

❷ 专用复位芯片的单片机工作条件

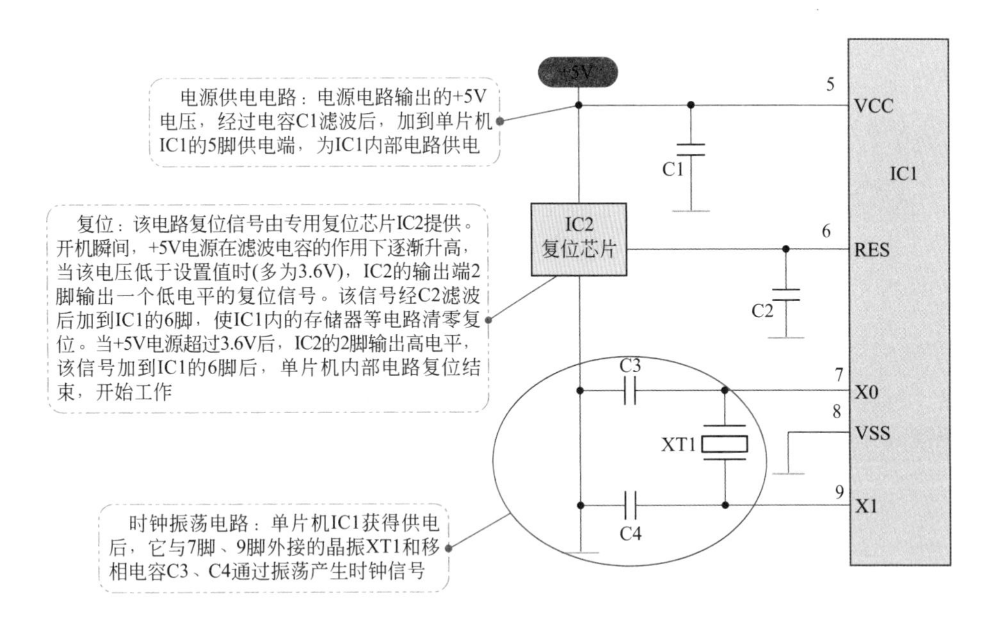

❸ 复位方式

单片机的两种复位方式	
单片机的复位方式有低电平和高电平两种	
低电平复位	采用低电平复位方式的单片机复位端有 0 → 5V 左右的复位信号输入
高电平复位	采用高电平复位方式的单片机复位端有 5 → 0V 左右的复位信号输入

(3) 单片机的故障维修

单片机常见故障现象与排除		
❶	故障现象	无 +5V 电压
	故障分析	在 +5V 供电电源正常的情况下，单片机而无 +5V 电压一般为印制电路板断裂或焊点接触不良等
	故障检修	可用电阻法或电压法排查
❷	故障现象	不振荡
	故障分析	单片机的时钟振荡脚电压用指针表测，分别为 0.4 ～ 1.2V、1.2 ～ 3V。由于各机型不同，此值差异性较大
	故障检修	在没有示波器的情况下，一般采用代换法较为理想。对晶振、移相电容进行判断
❸	故障现象	复位电路有故障时，通常是开机后指示灯显示异常、整机状态紊乱或整机无任何动作
	故障分析	单片机复位电压采用三端集成电路的机型，一般在 4.6V 以上，采用二极管的机型，一般在 2V 左右。但该电压正常，也不一定复位工作正常，因为复位还有一个时序的问题

续表

单片机常见故障现象与排除		
❸	故障检修	可采用人工复位来判断与维修。在对于采用低电平复位方式的复位电路，在确认复位端子电压为 +5V 时，用万用表的一只表笔，一端接地，另一端接复位脚（RESET），瞬间短路接触后，若单片机能工作，表明外围复位电路元件有问题。否则为单片机本身有问题 在对于采用高电平复位方式的复位电路，在确认复位端子电压为 0V 时，用万用表的一只表笔，一端接电源 +5V，另一端接复位脚（RESET），瞬间短路接触后，若单片机能工作，表明外围复位电路元件有问题。否则为单片机本身有问题
单片机的工作条件电压若正常，或断开工作条件的某脚电压才正常，且各种保护电路也正常，而电路不能工作，则基本上可以判断单片机芯片损坏。这时候一般采用将整个电路板换下来，因为单片机由厂家写入（烧录）了控制程序，市场上一般买不到		

4.3.4 实战 23——驱动控制电路工作原理与故障维修

① 驱动控制电路的作用

单片机虽然能够输出各种控制信号，但由于其本身输出的信号功率较小，不能直接驱动某些负载，因此，空调器必须设置驱动控制电路。

驱动控制电路是连接单片机和控制器件的中间部件，它的作用是将单片机送来的各种信号电压转换或放大为驱动电压，并推动继电器、电磁线圈、微电机进行相应的工作或动作。

② 几种常见驱动控制电路原理与维修

❶ 三极管驱动控制电路原理与维修

以长虹 KFR-25(35)GW/DC 机型为例，工作原理如下。

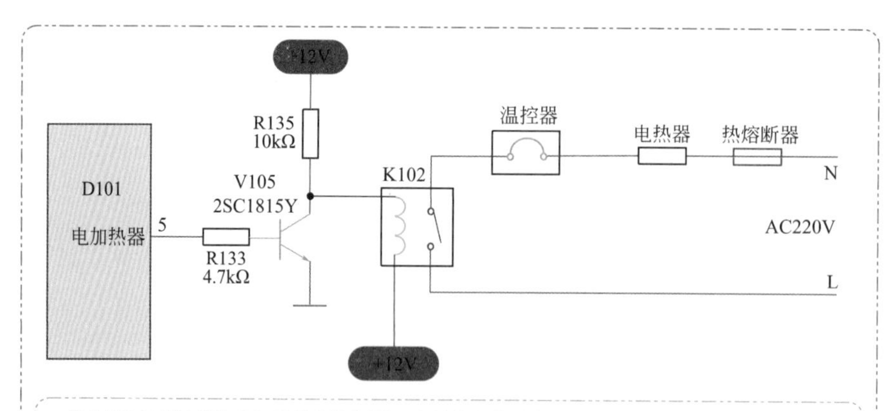

单片机D101的5脚为电加热器的控制端，当单片机输出低电平时，三极管V105截止，继电器K102线圈没有电流通过，继电器常开触点处于正常状态；当单片机输出高电平时，三极管V105导通，其集电极电位为0V，继电器K102线圈有电流通过，继电器常开触点处于闭合状态。继电器闭合后，电热器并联于市电电路中，得电而发热工作

故障现象	负载（电热器）不工作
故障分析	引起该故障的主要原因有：负载本身有问题、驱动三极管电路及继电器有故障、单片机有故障等
故障检修	❶ 用导线短接继电器 K102 的触点端引脚后，若加热器能发热，则说明加热器的整个回路正常，故障在其之前电路；否则，说明热熔断器、加热器、温控器或这部分导线有断路故障发生，或市电电源没有加到该电路
	❷ 开机状态下，用遥控器使其工作在“加热”模式，用万用表检测单片机的 5 脚是否为高电平 +5V。若不为高电平，可脱开该引脚（或脱开 R133 或 V105 基极），再次测量，这次若为高电平，则是引脚后级有短路情况发生；若这次电压依旧，用短路线短路 +5V 电压到 R133 引脚（接单片机端），若加热器可以工作，则为单片机损坏
	❸ 单片机的 5 脚为高电平，而加热器的回路也正常，则故障在驱动电路。先检测供电电压是否正常，再检测线圈是否有问题，最后确定三极管是否有问题

❷ 光耦晶闸管驱动控制电路原理与维修

光耦晶闸管驱动控制电路主要用于负载为高压且需要隔离的电路控制。以海尔 KFRd-51LW/E(F) 机型为例，工作原理如下。

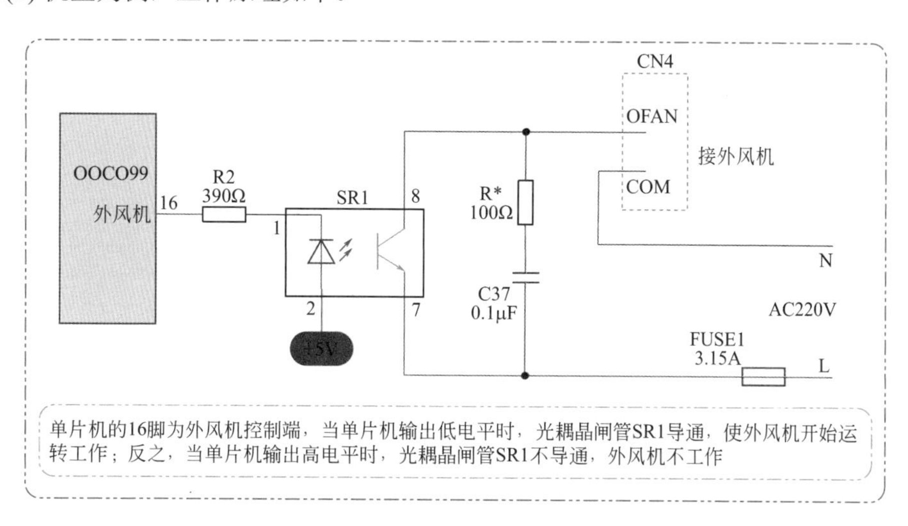

故障现象	负载（外风机）不工作
故障分析	引起该故障的主要原因有：负载本身有问题、光电耦合器有故障、单片机有故障等
故障检修	❶ 用导线短接光电耦合器 7、8 端引脚后，若风机能旋转，则说明风机供电的整个回路正常，故障在其之前电路；否则，说明风机、熔断器或这部分导线有断路故障发生，或市电电源没有加到该电路
	❷ 开机状态下，用万用表检测单片机的 16 脚是否为低电平 +5V。若不为低电平，可脱开该引脚（或脱开 R2），再次测量，这次若为低电平，则是引脚后级有问题；若这次电压依旧为高电平，用短路线短路电阻 R2（接单片机端）到地，若风机可以工作，则为单片机损坏
	❸ 单片机的 16 脚为低电平，而风机回路也正常，则故障在光电耦合器

❸ 集成电路反相器驱动控制电路原理与维修

空调器中使用的反相器型号较多，一般是“6 非门”或“7 非门”数字集成电路，这些“门”电路具有较强的驱动能力。反相器的最大特点是它的输入端与输出端电平高低总是相反的，常用的有 ULN2003、ULN2008、74LS04、IRZC19、KID65004、MC1413 等。

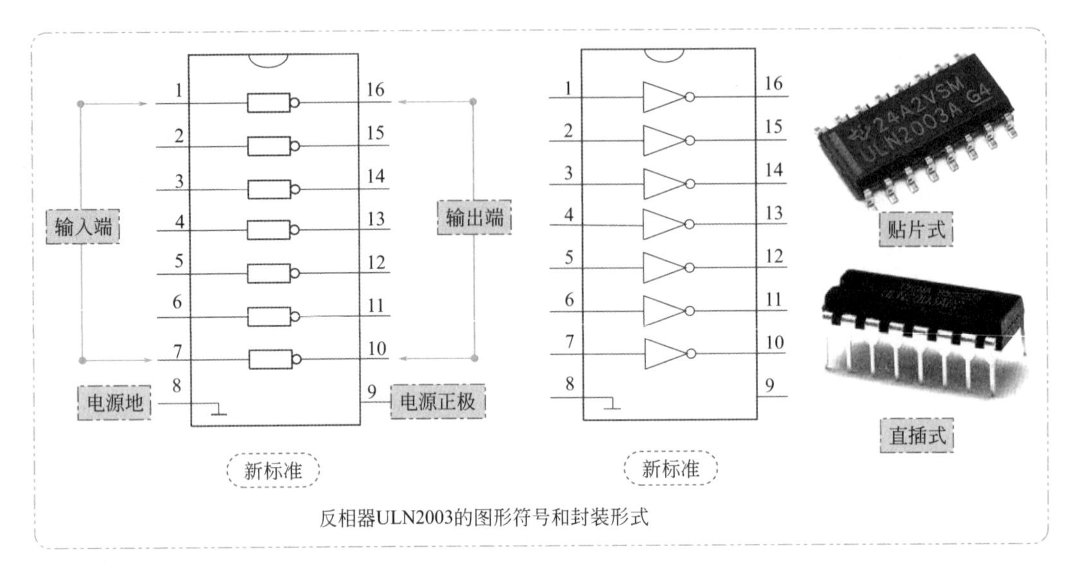

反相器ULN2003的图形符号和封装形式

志高 KFR-32D/A 空调器反相器驱动控制电路工作原理如下。

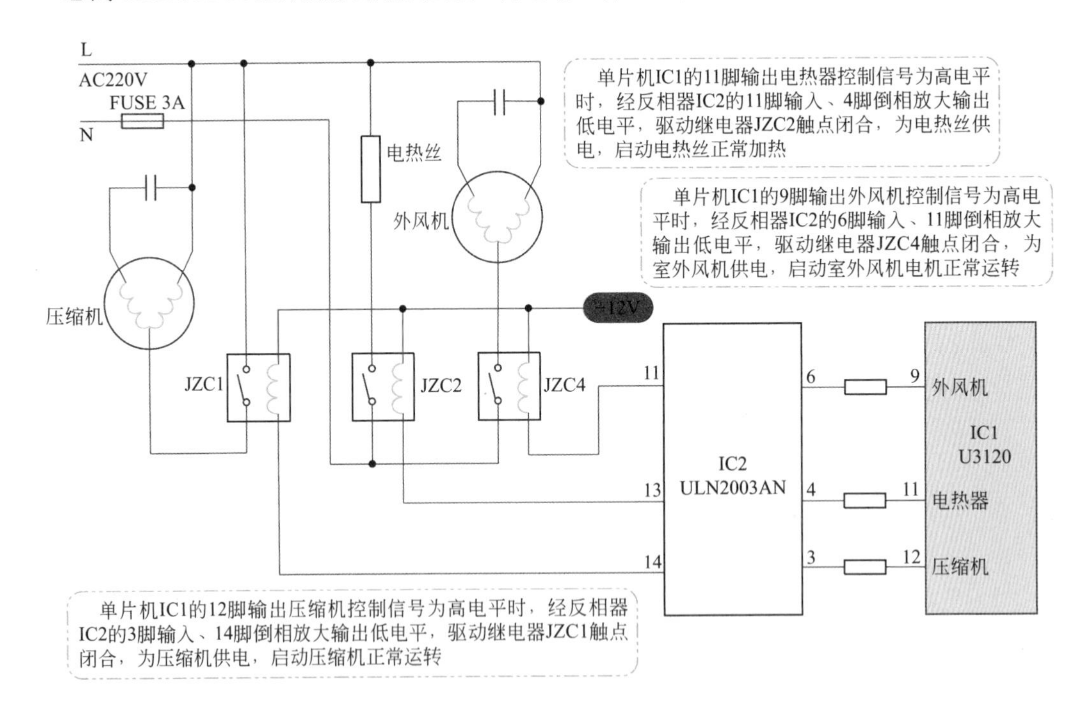

故障现象	负载（以压缩机为例）不工作
故障分析	引起该故障的主要原因有：压缩机本身及启动电容有问题、反相器有故障、单片机有故障等

续表

故障检修	❶ 在开机情况下，用导线短接继电器 JZC1 的触点端引脚后，若压缩机能运行，则压缩机的整个回路正常，故障在其之前电路；否则，说明压缩机、启动电容或这部分导线有断路故障发生，或市电电源没有加到该电路
	❷ 开机状态下，用万用表检测以下电压：单片机 IC1 的 12 脚高电平，反相器 IC2 的 3 脚高电平，反相器 IC2 的 14 脚低电平，继电器 JZC1 线圈的热端为 +12V。若上述电压有异常，就检查与异常电压有关的电路

4.3.5 实战 24——检测传感电路工作原理与故障维修

检测传感电路是信号最初感知电路，在采用单片机电路控制的空调器中，检测传感器是必备元件，其作用是将温度（或湿度）、电源过零、过流等信号转换为微弱的电信号，送到微处理器，并保证整机电路能够可靠、正常、稳定地工作。

(1) 温度传感器工作原理与故障维修

❶ 室内环温传感器安装位置

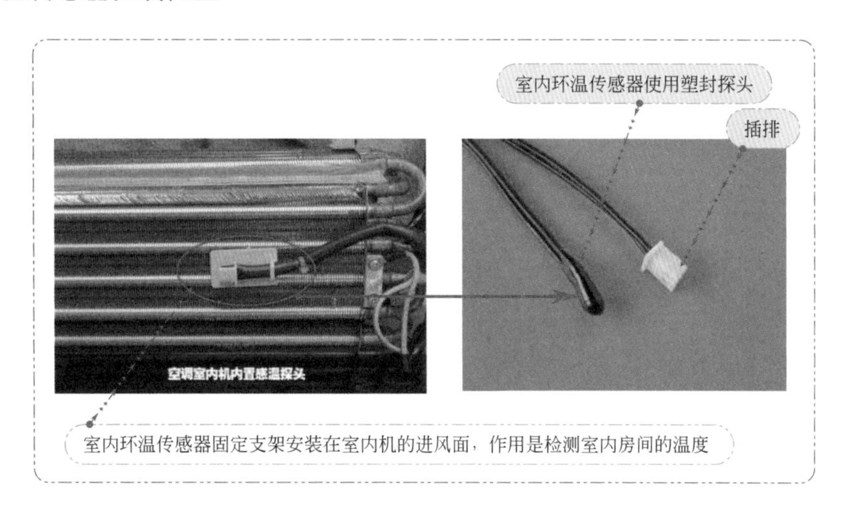

❷ 室内管温传感器安装位置

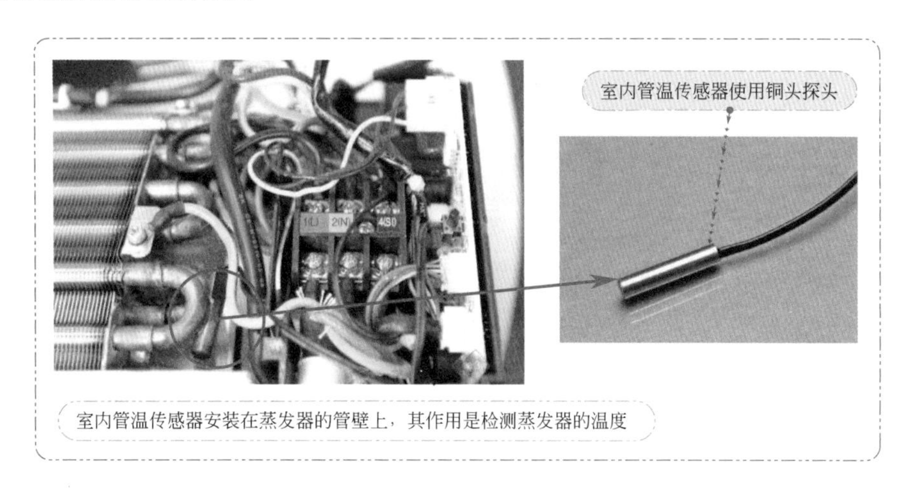

❸ 室外管温传感器安装位置

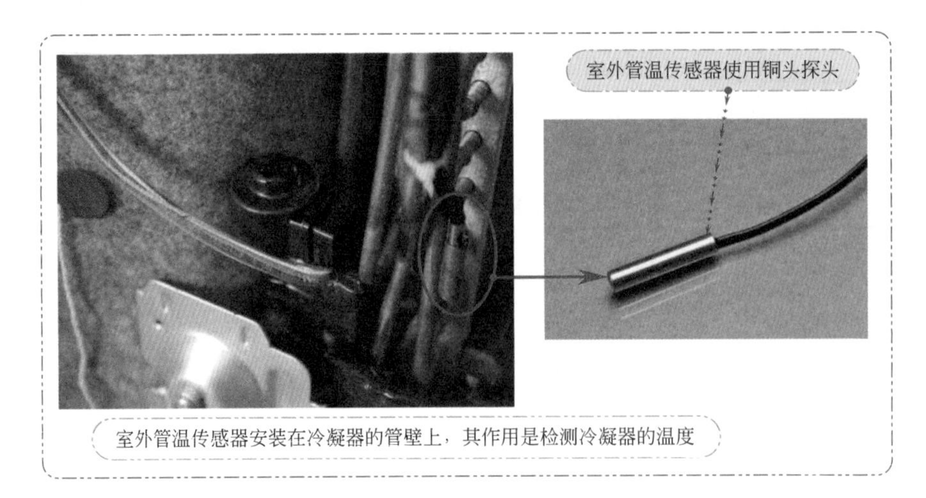

室外管温传感器安装在冷凝器的管壁上，其作用是检测冷凝器的温度

❹ 温度传感器的基本电路

温度传感器特点	由于空调器温度传感器采用的是负温度系数热敏电阻，即在温度升高时其阻值减小，温度降低时阻值增大，所以单片机的输入电压规律就是：温度升高时，单片机的输入电压升高；温度降低时，单片机的输入电压降低。这一变化的电压送到单片机内部电路进行分析处理，以判定当前的管温或室温，并通过内部程序和人工设定，来控制空调器的运行状态
外盘管传感器	外盘管传感器的作用（下图中没有画出）：制热化霜温度检测、制冷冷凝温度检测。制热化霜是热泵机一个重要的功能，第一次化霜为单片机定时（一般在 50min），以后化霜则由室外盘管传感器控制（一般为－11℃化霜，+9℃则制热）。制冷冷凝温度达 68℃停止压缩机，代替高压压力开关的作用
外环温传感器	外环温传感器的作用（下图中没有画出）：控制室外风机的转速、冬季预热压缩机等
室温传感器（RT1）	根据设定的工作状态，检测室内环境的温度而自动开停机。定频空调使室内温度温差变化范围为设定值 +1℃，即若制冷设定 25℃时，当温度降到 24℃压缩机停机，当温度回升到 26℃压缩机工作；若制热设定 25℃时，当温度升到 26℃压缩机停机，当温度回落到 24℃压缩机工作。值得说明的是温度的设定范围一般为 15 ～ 30℃，因此低于 15℃的环温下制冷不工作，高于 30℃的环温下制热不工作
内盘管传感器 (RT2)	内盘管制冷过冷（低于 +3℃）保护检测、缺制冷剂检测；制热防冷风吹出、过热保护检测。空调制冷 30min 自动检查室内盘管的温度，若降温达不到 20℃，则自动诊断为缺氟而保护。若因某些原因室内盘管温度降到 +3℃以下为防结霜也停机（过冷），制热时室内盘管温度低于 32℃内风机不吹风（防冷风），高于 52℃外风机停转，高于 58℃压缩机停转（过热）；有的空调制热自动控制内风机风速
🔔	由于各个品牌空调器所使用的传感器阻值不同，甚至同一品牌不同型号的空调器所使用的也不一样，因此，在维修更换时，一定要采用原型号的配件 温度传感器的封装形式常用两种，即铜管封装和环氧树脂封装 常用阻值有：5kΩ、10kΩ、15kΩ、20kΩ、50kΩ 等

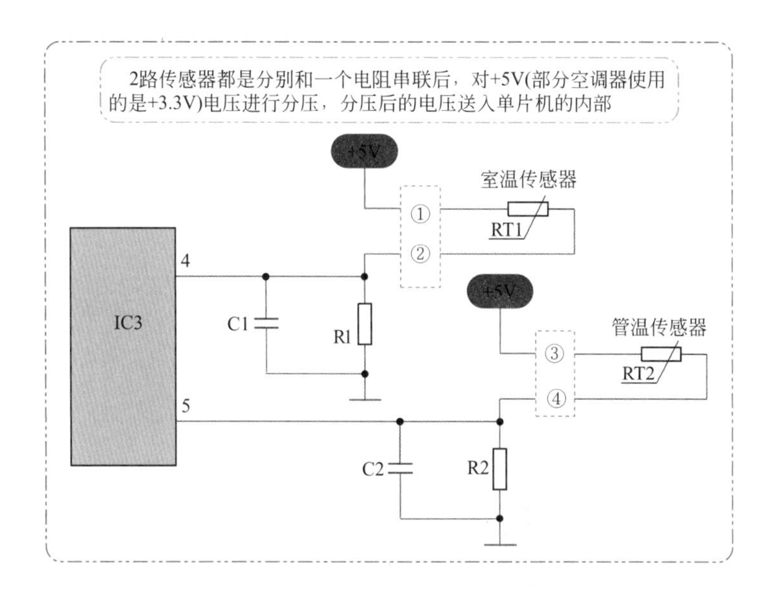

❺ 传感器电路常见故障

<table>
<tr><th>故障内容</th><th>常见原因</th><th>检修方法</th><th>排除措施</th></tr>
<tr><td>开机后空调器不启动，报警“环温传感器故障”</td><td>环温传感器开路或短路</td><td>用万用表欧姆挡检测是∞或接近0Ω</td><td rowspan="2">更换环温传感器</td></tr>
<tr><td>遥控开机空调器不启动，室外机不运行</td><td>环温传感器阻值变化</td><td>用万用表欧姆挡检测与标称值相差较大</td></tr>
<tr><td>开机后空调器不启动，报警“管温传感器故障”</td><td>管温传感器开路或短路</td><td>用万用表欧姆挡检测是∞或接近0Ω</td><td rowspan="7">更换管温传感器</td></tr>
<tr><td>制冷运行一段时间后报“制冷防结冰保护”</td><td rowspan="2">管温传感器阻值变大</td><td rowspan="2">用万用表欧姆挡检测比标称值大许多</td></tr>
<tr><td>制热开机室内风机始终不运行</td></tr>
<tr><td>制冷运行一段时间后报“缺氟保护”</td><td rowspan="4">管温传感器阻值变小</td><td rowspan="4">用万用表欧姆挡检测比标称值小许多</td></tr>
<tr><td>制冷逻辑室内风机运行，室外机不工作</td></tr>
<tr><td>制热运行一段时间后进入“制热防过载保护”</td></tr>
<tr><td>不能进入除霜过程</td></tr>
</table>

❻ 传感器（热敏电阻）好坏的判断　热敏电阻的检测一般分为两个步骤：一是常温下电阻值，二是特性电阻值。

第一步：测量常温电阻值

将万用表置于合适的欧姆挡(根据标称电阻值确定挡位)，用两表笔分别接触热敏电阻的两引脚测出实际阻值，并与标称阻值相比较，如果二者相差过大，则说明所测热敏电阻性能不良或已损坏

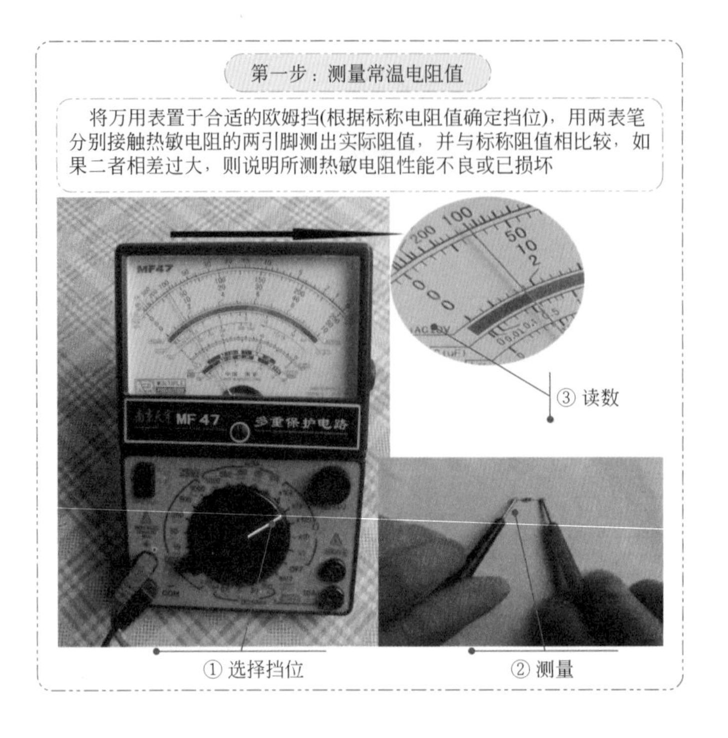

第二步：测量温变时(升温或降温)的电阻值

在常温测试正常的基础上，即可进行升温或降温检测。用手捏住热敏电阻测电阻值，观察万用表示数，此时会看到显示的数据随温度的升高而变化(减小)，表明电阻值在逐渐变化。当阻值改变到一定数值时，显示数据会逐渐稳定。测量时若环境温度接近体温，可用电烙铁靠近或紧贴热敏电阻进行加热

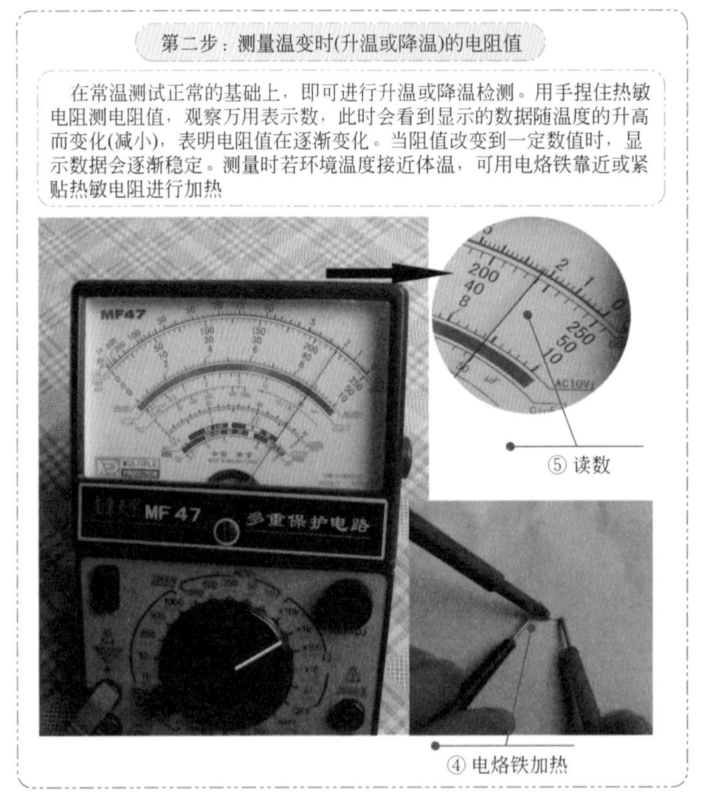

② 电源过零检测电路

❶ 电源过零检测电路作用　对于采用晶闸管控制的驱动电路，需要有电网电压过零检测

电路，过零检测信号送给单片机作为控制参考基准，使单片机在控制双向晶闸管或光耦晶闸管导通时处于交流电的零点附近，以免导通时电流过大而烧坏。

② 电源过零检测电路原理　下面以海尔 KFR-23/26/33/35G 型空调器为例。

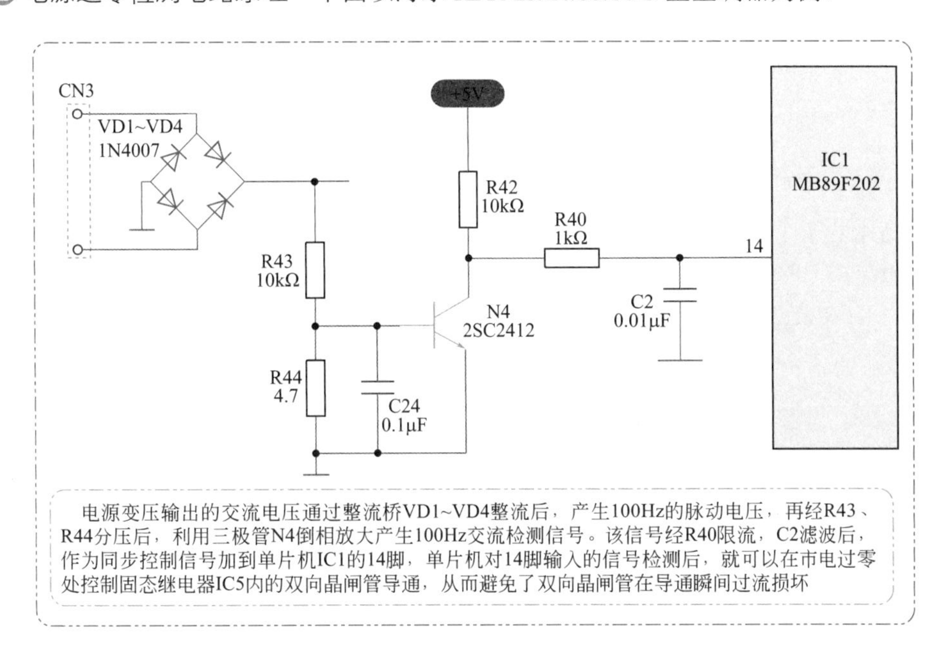

③ 过流检测电路

过流检测电路主要是保护压缩机的，防止其过负荷工作而烧毁，一般由电流互感器、整流滤波器和检测电阻等组成。

长虹 KFR-25(35)GW/DC2(3) 空调器的过流检测电路原理如下。

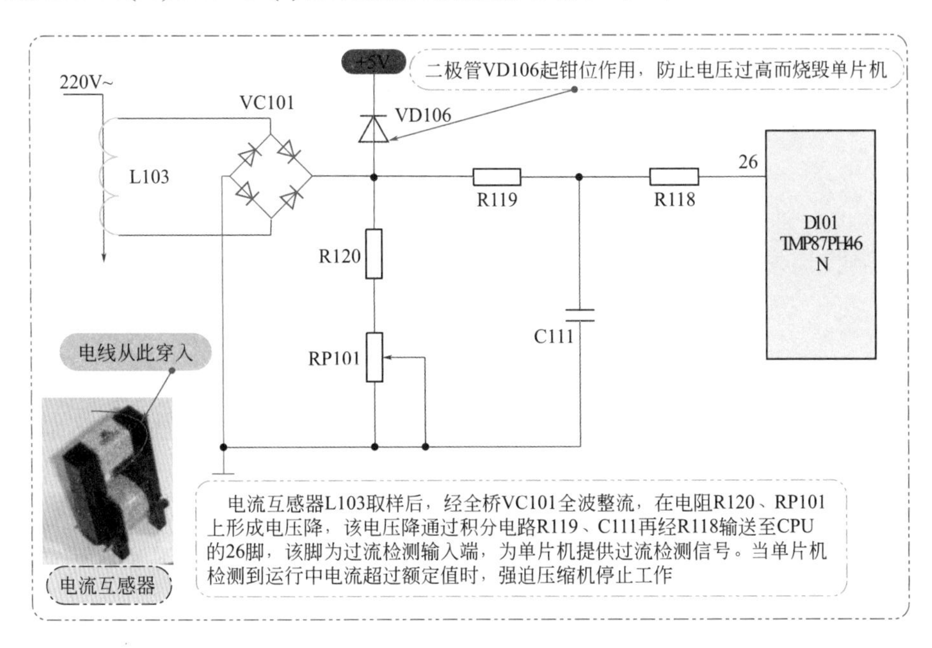

4.3.6 实战 25——信号输入电路工作原理与故障维修

空调器中的信号输入方式常采用按键和遥控两种输入电路，信号输入电路是空调器与操作人员之间进行交流的界面。空调器整机系统的指挥工作，是依靠单片机来完成的，单片机应用系统常用简单的键盘（按钮）和遥控来完成输入操作，命令及指令都可以通过它输入到系统中，实现简单的人机通信。

① 按键输入电路

按键是由若干个按钮组成的开关矩阵，每个按键都是一对常开触头。在键盘上有按键按下时，对闭合按键的识别由单片机内部的电路进行识读。

以格力 KFR-25/35GW 空调器为例。

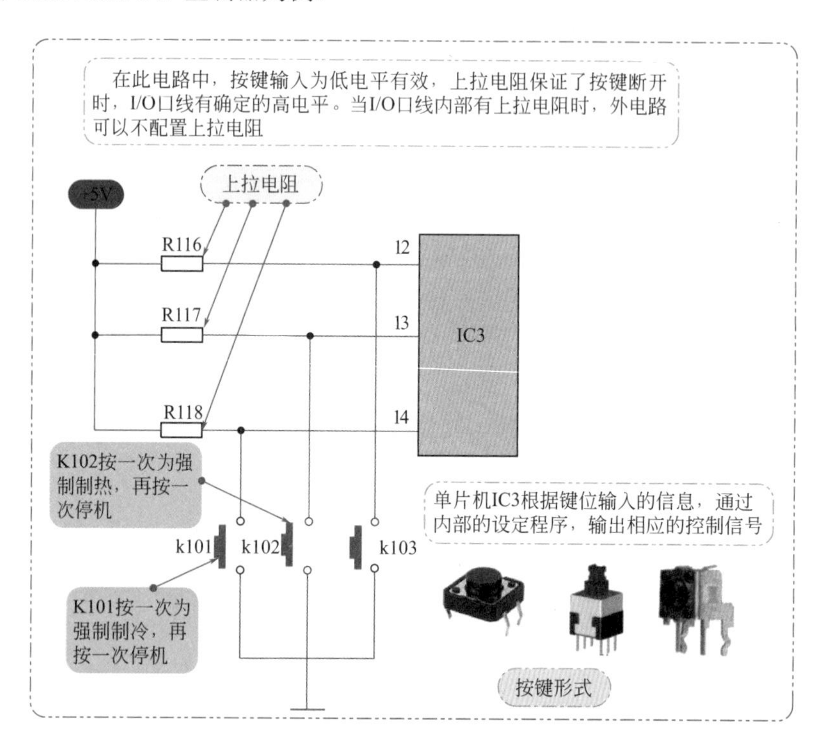

② 遥控接收与发射电路

❶ 遥控接收电路

遥控接收电路又称红外遥控接收器，俗称接收头，它装在室内机的前面板上，其作用是接收红外遥控信号发射器发送的红外遥控信号，将其解调出功能指令操作码，送微处理器识别与处理，然后根据系统设计时的预先定义，识别出所接收信号的确定含义，输出控制信号，由执行部件完成对整机功能的各种调节和控制。

长虹 KFR-25GW 空调器红外遥控接收器电路如下。

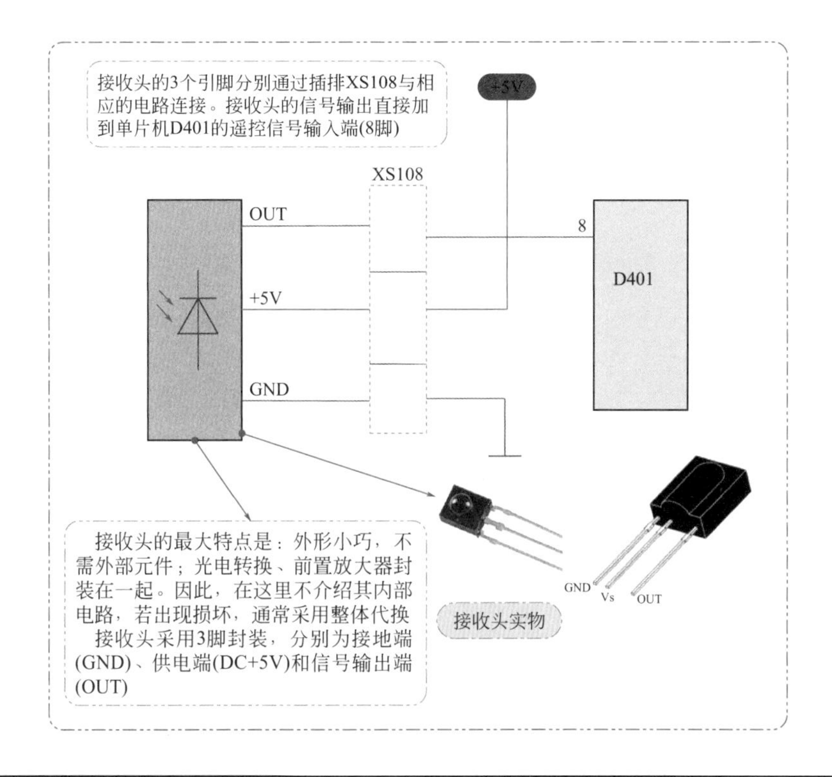

遥控接收器的维修
❶ 先检查这部分电路元件是否有脱焊或接触不良现象，若有，可采取补焊
❷ 测量供电电压是否正常，正常值为 +5V。若无电压，检查供电电源。若电压有些偏低，可脱焊开接收头的 2 脚（供电端子），脱开后供电电压正常，则说明接收头内部有短路现象，可更换之
❸ 在有示波器的条件下，可以检查接收头输出端的波形（在遥控接收的条件下进行）
❹ 用代换法直接判断其好坏

❷ 遥控发射电路

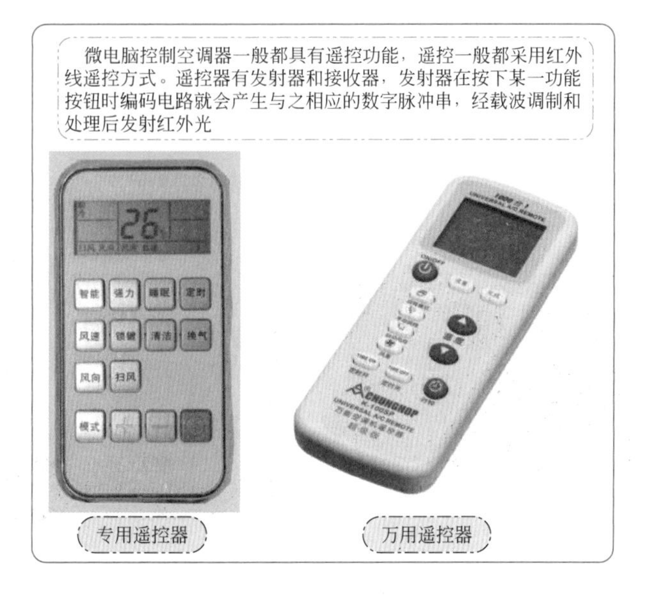

以松下空调器的遥控器电路为例。

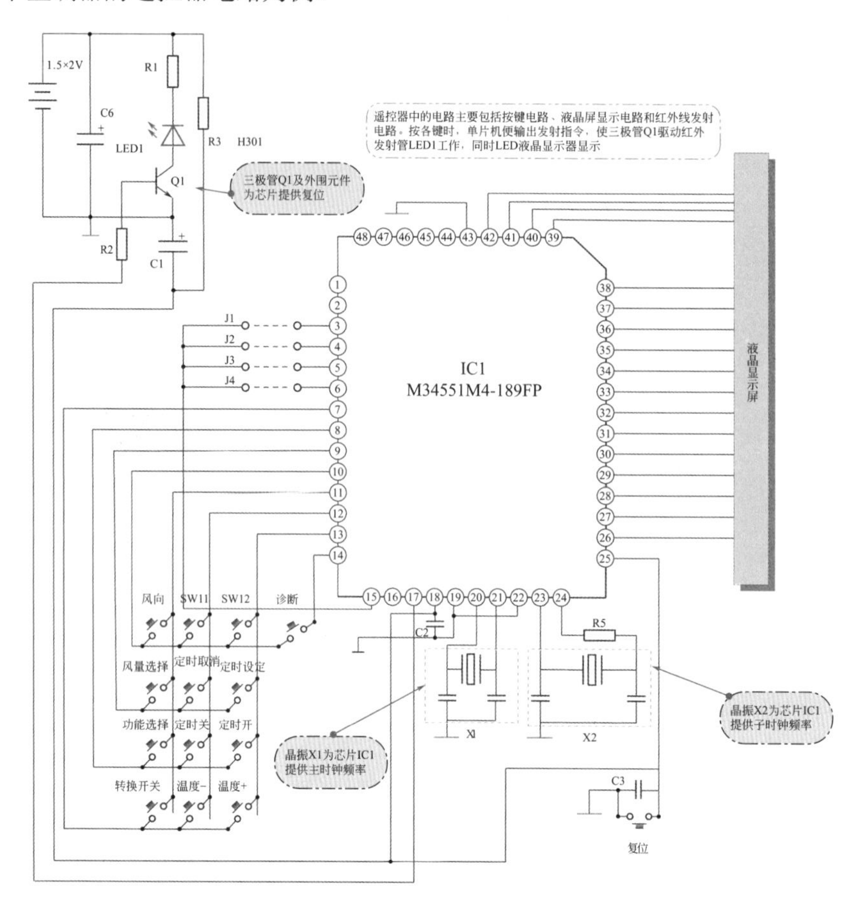

遥控器的维修	
遥控器好坏的判断	收音机监听法、手机拍照法
遥控器的维修	❶ 首先要检查电池电量是否充足，弹簧、簧片是否锈蚀或断裂，更换对应配件 ❷ 再检查这部分电路元件是否有脱焊或接触不良现象，若有，可采取补焊 ❸ 这部分电路的易损元件是晶振，可采用代换法一试
代换	现在有许多“万能遥控器”，代换后可根据说明书进行调试

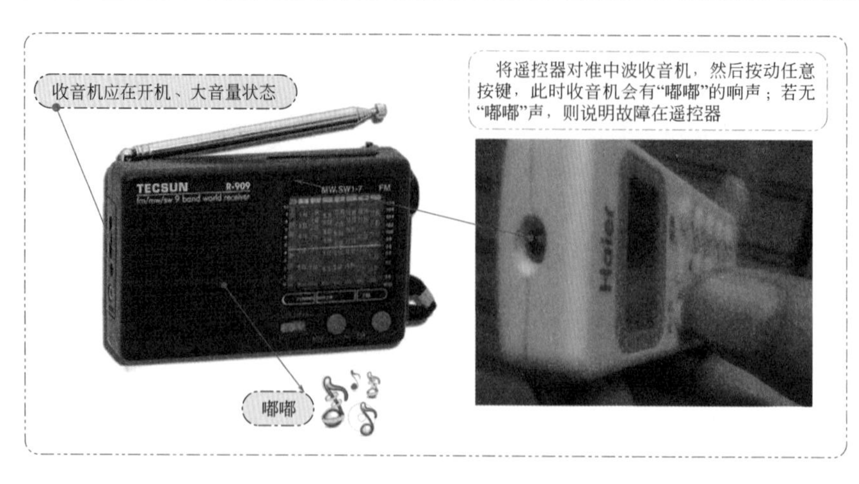

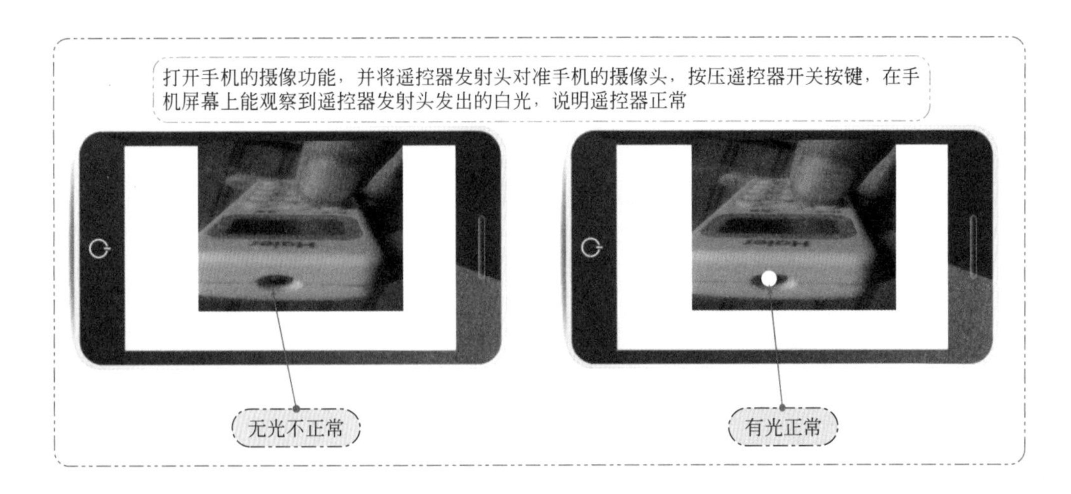

4.3.7 显示器电路工作原理

显示系统是室内机控制电路的一部分，主要作用是实现人机操作及对话，用来显示电源、故障代码、自诊断指示和温度、湿度等工作状态信号。其工作原理是将微处理器的输出信号，通过驱动放大电路放大后，驱动液晶显示屏或指示灯显示状态数据和符号。

目前市场上空调器的显示器常有如下几种：LED显示、LED数码显示、液晶显示和VFD显示等。

① LED显示

❶ 直接驱动式　三菱MSH-J12NV空调器直接驱动式LED显示电路如下。

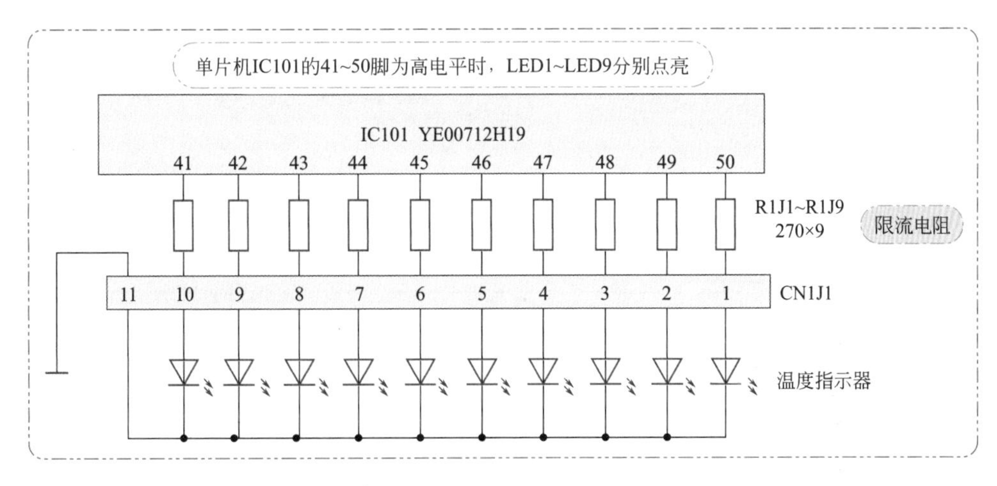

❷ 一级放大驱动式　长虹KFR-71LW型柜式空调器指示灯电路如下。

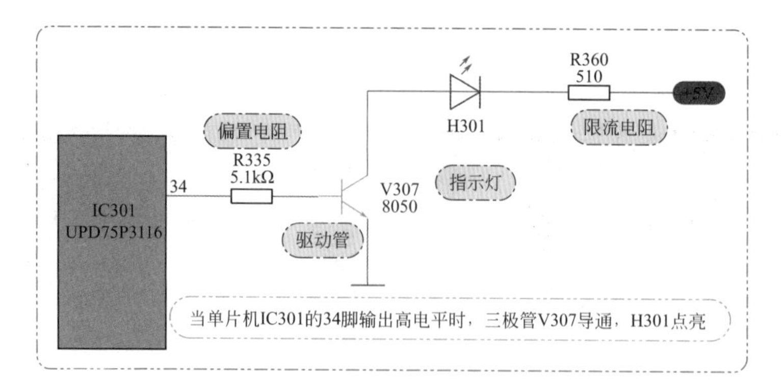

② LED 数码显示

❶ LED 数码管　在一些中高档机型中，往往需要显示数字量值，常采用七（八）段发光二极管构成的 LED 数码显示器。

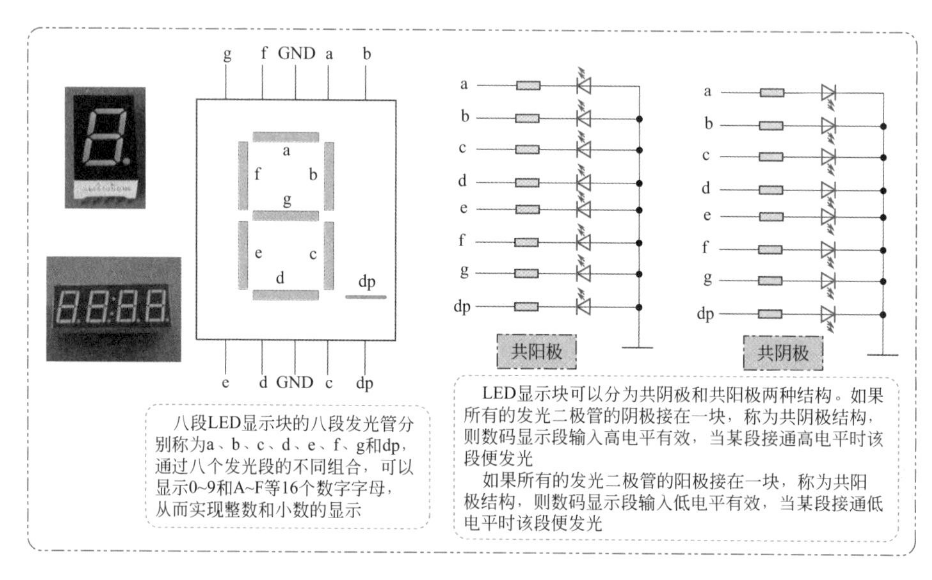

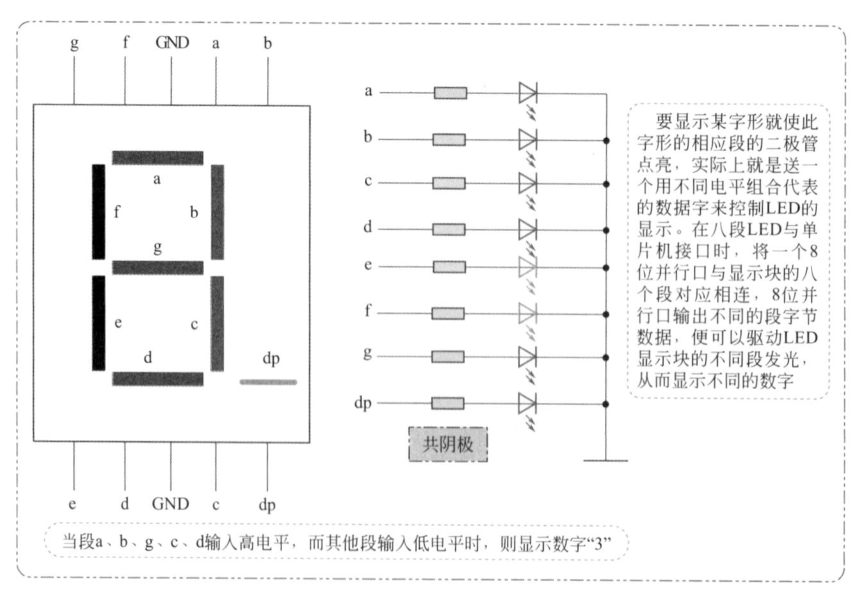

❷ 译码器 通常将控制发光二极管发光的8位字节数据编码（数字电路）称为LED显示的段选码，单片机输出的是段选码，因此，要通过译码器来进行译码处理，常采用SN74HC164N移位寄存器来完成此项任务。

SN74HC164N芯片各脚作用及外形			
引脚	主要作用	引脚	主要作用
1	串行输入A	8	时钟振荡输入端
2	串行输入B	9	复位清零输入端
3	输出Q0	10	输出Q4
4	输出Q1	11	输出Q5
5	输出Q2	12	输出Q6
6	输出Q3	13	输出Q7
7	地	14	正电源

志高KFR-32型空调器的两位数码显示电路如下。

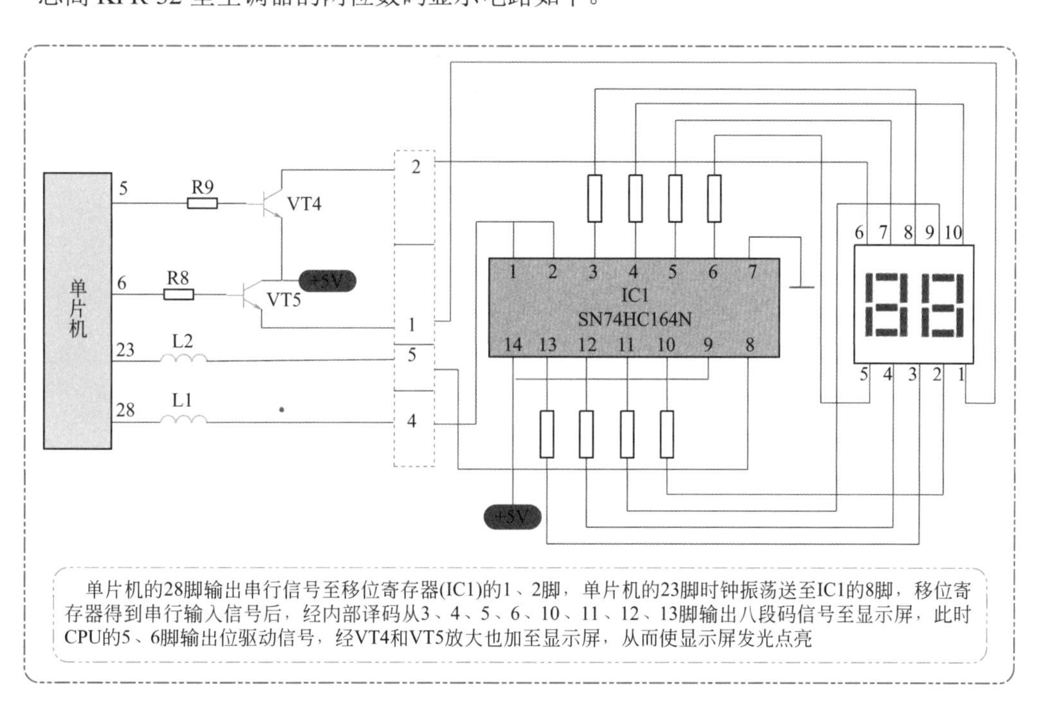

单片机的28脚输出串行信号至移位寄存器(IC1)的1、2脚，单片机的23脚时钟振荡送至IC1的8脚，移位寄存器得到串行输入信号后，经内部译码从3、4、5、6、10、11、12、13脚输出八段码信号至显示屏，此时CPU的5、6脚输出位驱动信号，经VT4和VT5放大也加至显示屏，从而使显示屏发光点亮

③ 液晶显示

以格力 KFR-75LW/AKF 柜式空调器为例，其液晶显示电路如下。

液晶显示器	引脚	IC1
S11	9	S23
S10	10	S22
S9	11	S21
S8	12	S20
S7	13	S19
S6	14	S18
S5	15	S17
S4	16	S16
S3	17	S15
S2	18	S14
S1	19	S13
S0	20	S12
CM0	21	COM0
CM1	22	COM1
CM2	23	COM2
CM3	24	COM3

第5章

空气循环通风系统

5.1 室内空气循环通风系统

室内空气循环通风系统的主要作用就是通过风扇电机的运转，产生风源，再通过风道和风栅控制风向和风速，使空气按一定的风向和速度流动。为了防止空气中的灰尘和微生物反复循环，在风道上还设置滤尘网等装置。室内空气循环系统主要由进风格栅、进风滤网、贯流风机、出风导向片等组成。

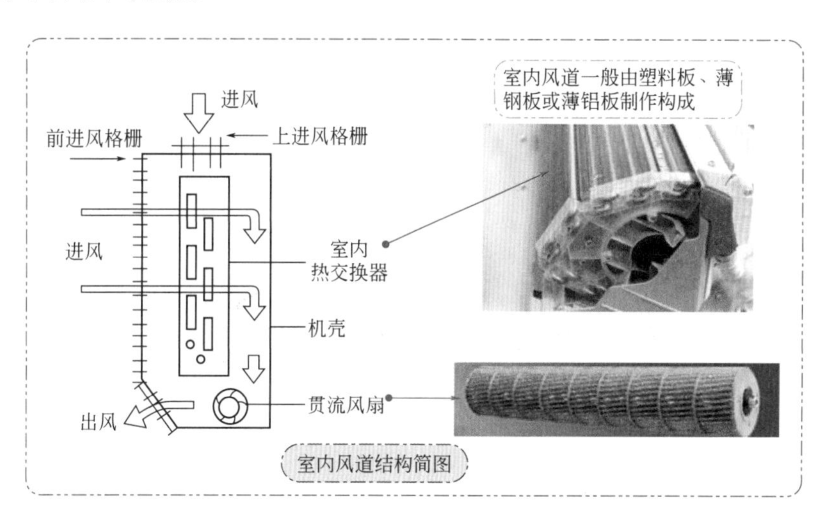

室内风道结构简图

① 进风滤网

进风滤网

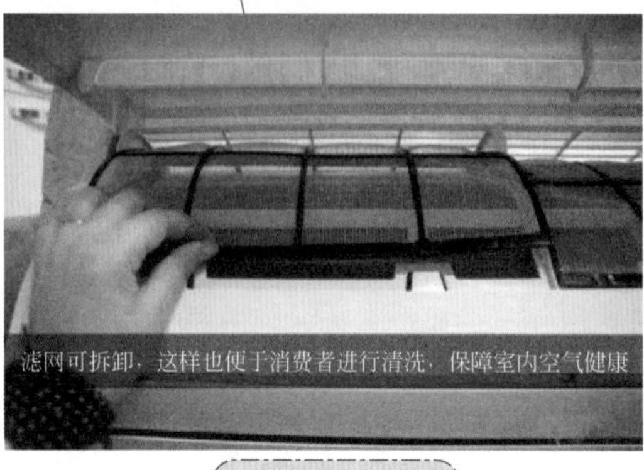

进风滤网安装在进风格栅的下面，是由各种纤维材料制成细密的滤尘网

进风滤网安装位置

室内空气首先通过空气进风滤网，可滤除空气中的尘埃，再进入热交换器进行热交换。为便于清扫，进风滤网多为插装式，清洗时只需抽出即可

② 贯流风扇

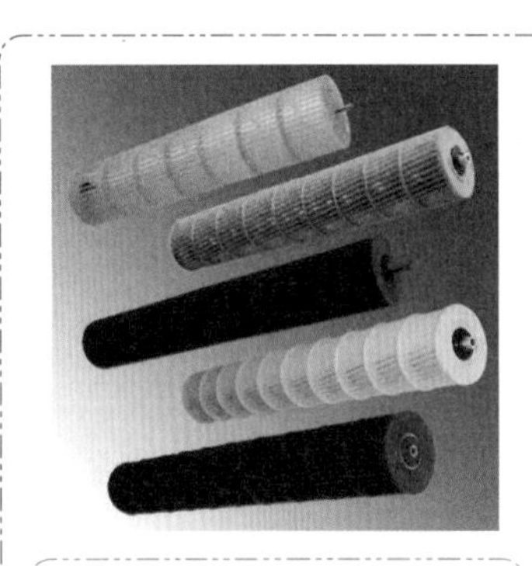

贯流风扇由细长的离心叶片组成，具有径向尺寸小、送风量大、运行噪声低等优点，由ABS塑料或镀锌薄钢板组成

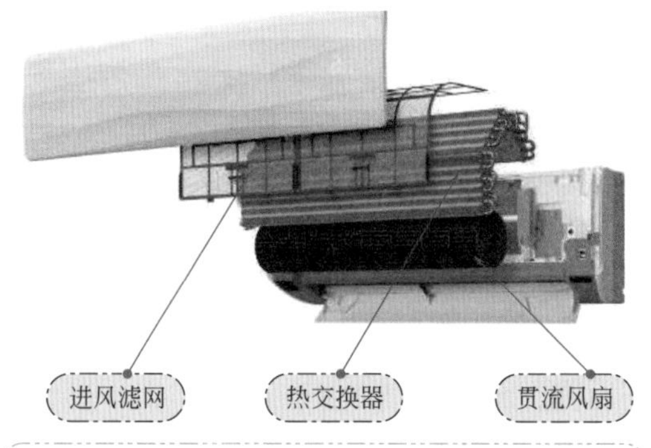

贯流风扇装于机壳内送风栅的后部，即机壳内下部，它把吸入的室内回风经室内热交换器处理(夏季冷却去湿，冬季加热升温)后吹入房间内

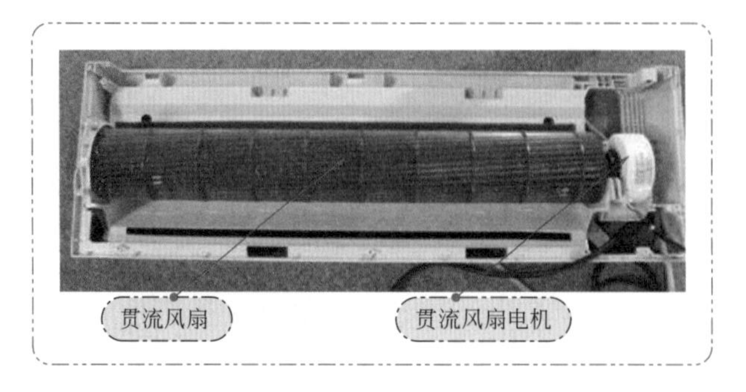

③ 出风格栅

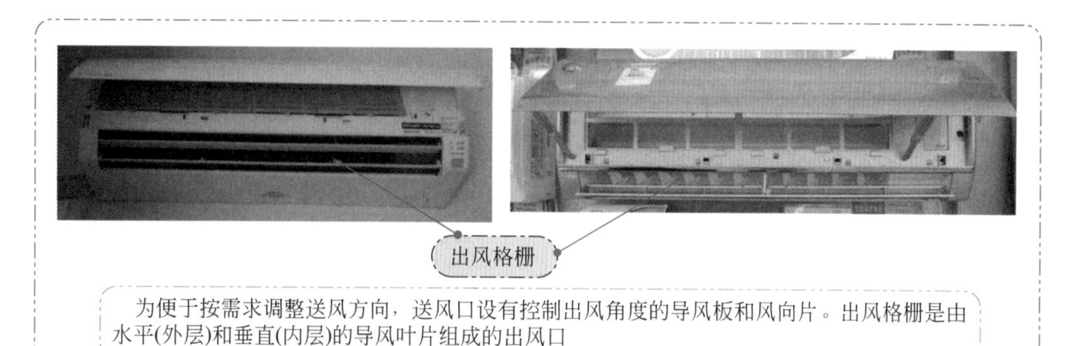

为便于按需求调整送风方向，送风口设有控制出风角度的导风板和风向片。出风格栅是由水平(外层)和垂直(内层)的导风叶片组成的出风口

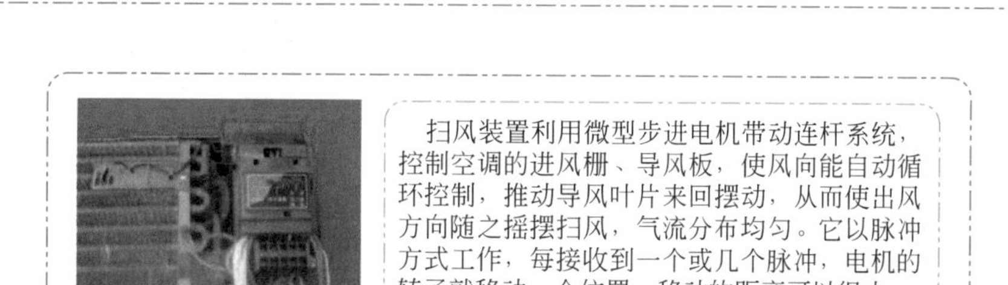

扫风装置利用微型步进电机带动连杆系统，控制空调的进风栅、导风板，使风向能自动循环控制，推动导风叶片来回摆动，从而使出风方向随之摇摆扫风，气流分布均匀。它以脉冲方式工作，每接收到一个或几个脉冲，电机的转子就移动一个位置，移动的距离可以很小

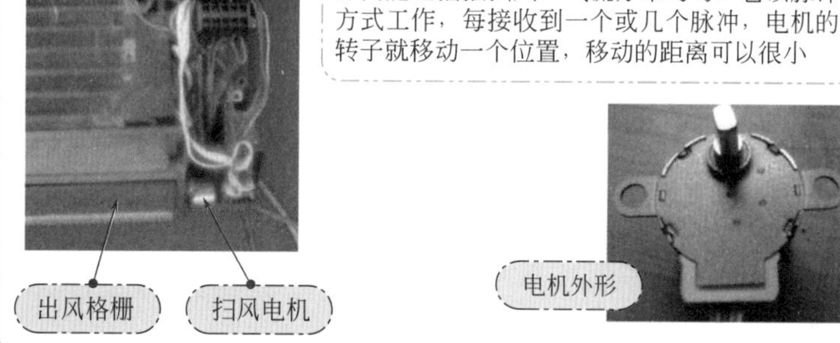

导风叶片摆动情况

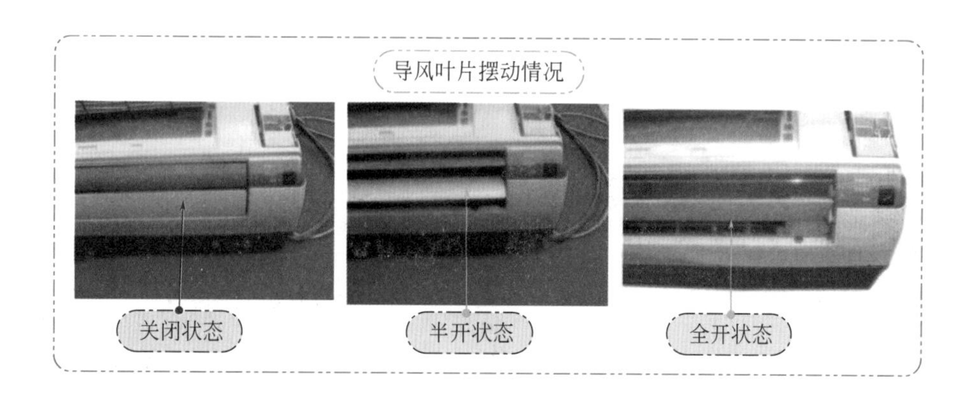

5.2 室外空气循环通风系统

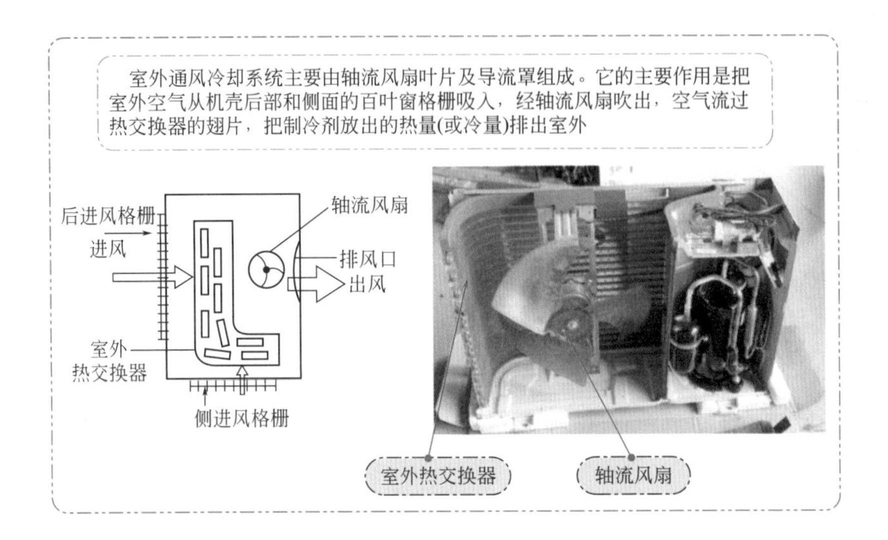

5.3 电机

5.3.1 扫风电机

① 扫风电机外形结构

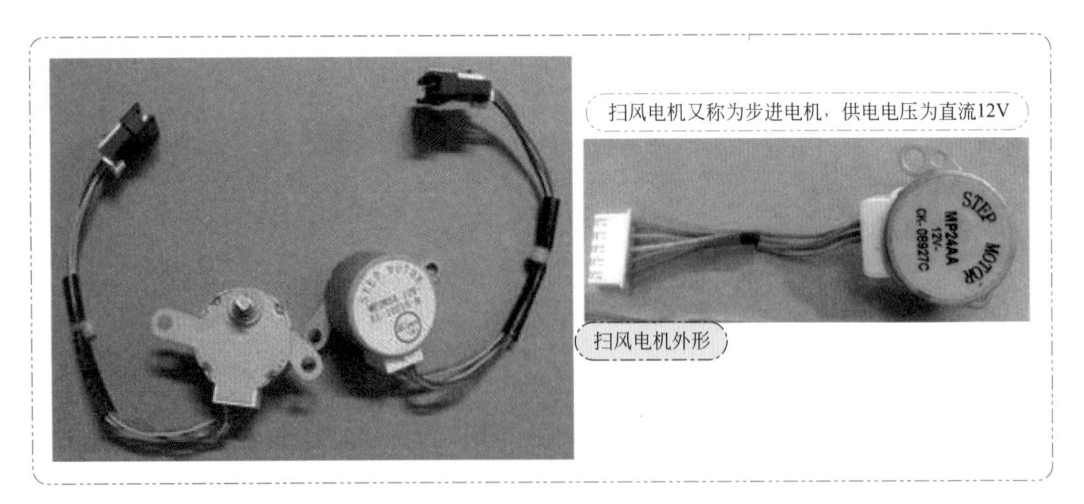

② 扫风电机线圈接线图

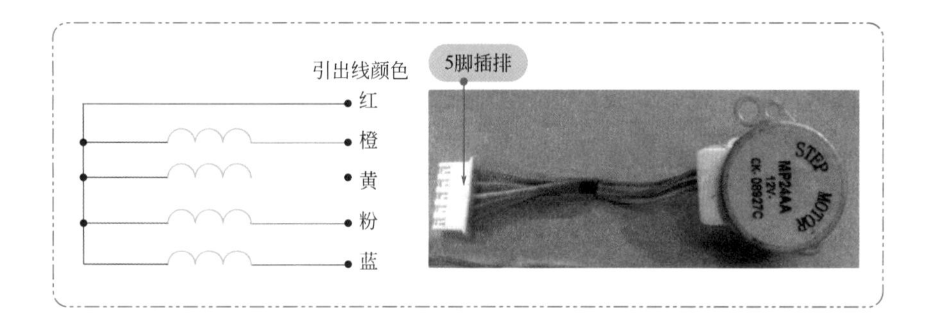

③ 扫风电机驱动电路

以海尔 KFR-23GW 为例，扫风电机驱动电路原理如下。

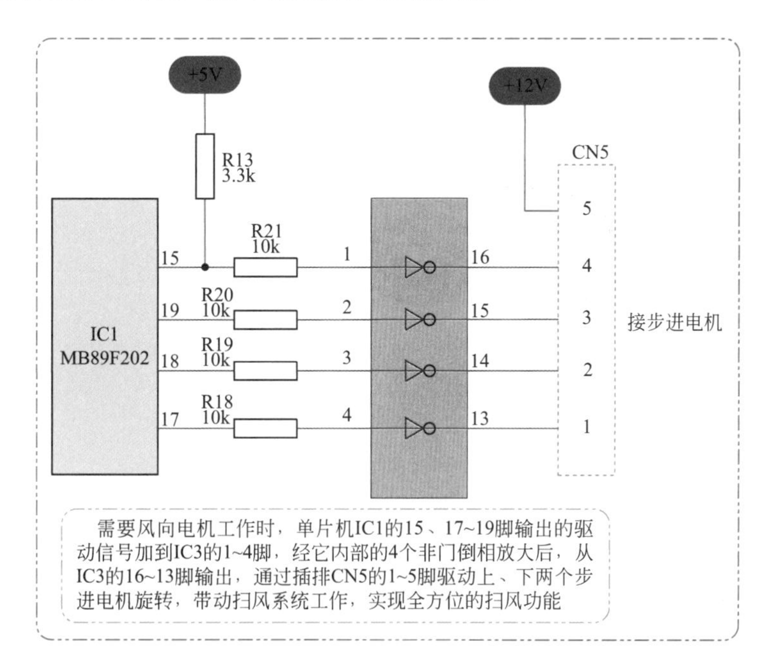

④ 关于扫风电机的几个问题

关于扫风电机的几个问题	
❶	扫风电机因为有齿轮箱，因此用手拧应该是有很大的阻尼，如果手拧很轻松那就是齿轮盘出问题了
❷	扫风电机极少有使用 +5V 的，若板子供电是 +12V 的，只要把插座铜箔到 +12V 的线割断，然后用一根飞线和 +5V 连通就行了
❸	步进电机大部分供电是 +12V 的脉冲，但如果用万用表去测量，实际检测到的电压是 +6V 是正常的

5.3.2 贯流电机

贯流电机常有三种形式：早期采用的是多抽头绕组的电机，现在一般采用的是 PG 电机和直流电机。

① 多抽头绕组电机

通过量抽头电机的电压来确认高低风是不行的，需要量电流。因为线包之间相互都是导通的，每一个插头都有电，除非把插头拔下来，才能够量出来是哪一个线头有电。

其实不用那么麻烦，用钳形表量一下哪一根线有电流就知道是什么风速了，插座上有标示，一般 H 表示的是高风，M 表示的是中风，L 表示的是低风。另外还有一个线头也会有电流——公共端。

测量电流还能大致确认电机是否正常：因为大幅度的超流意味着匝间短路发热已着火。

❶ 多抽头绕组电机外形及特点

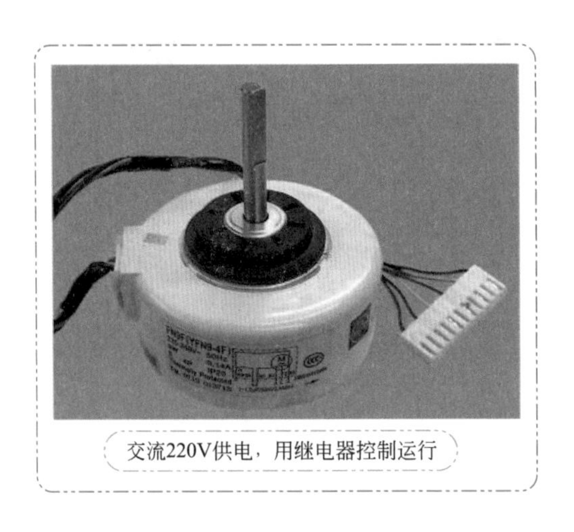

交流220V供电，用继电器控制运行

❷ 多抽头绕组电机的接线方式

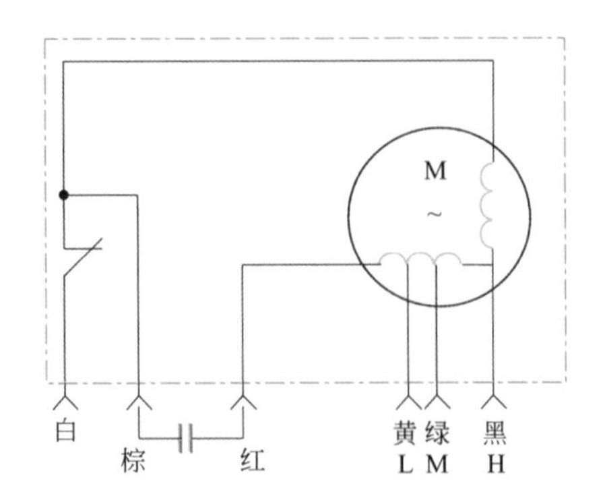

❸ 多抽头绕组电机的驱动原理　以长虹 KFR-36GW 机型为例，多抽头绕组电机的驱动原理如下。

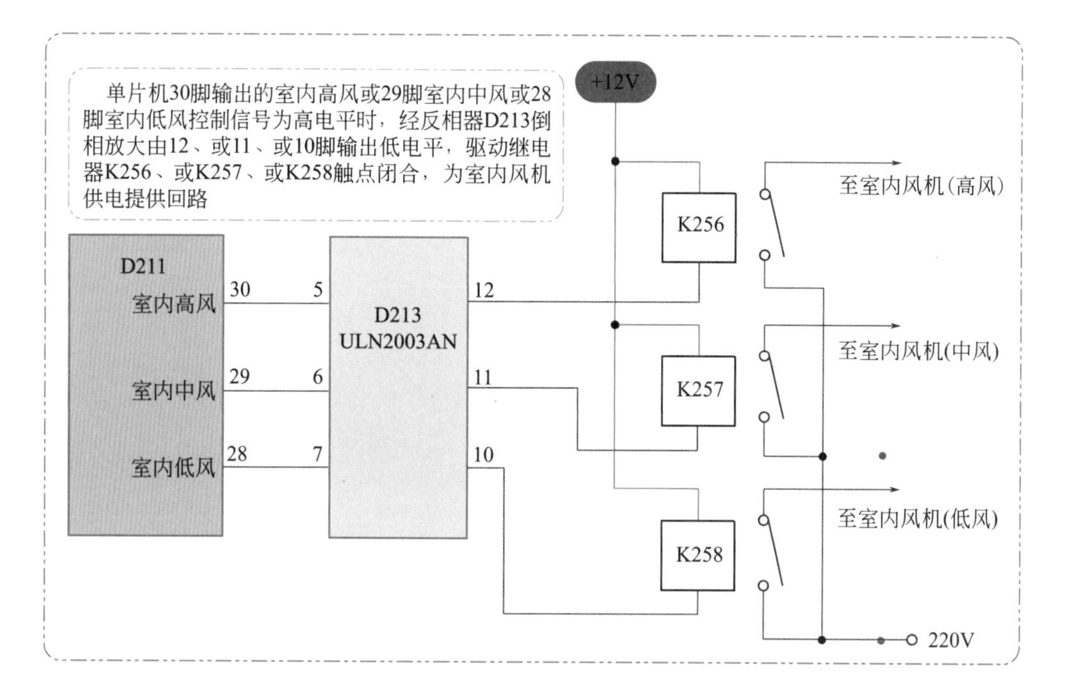

② PG 电机

❶ PG 电机外形及特点

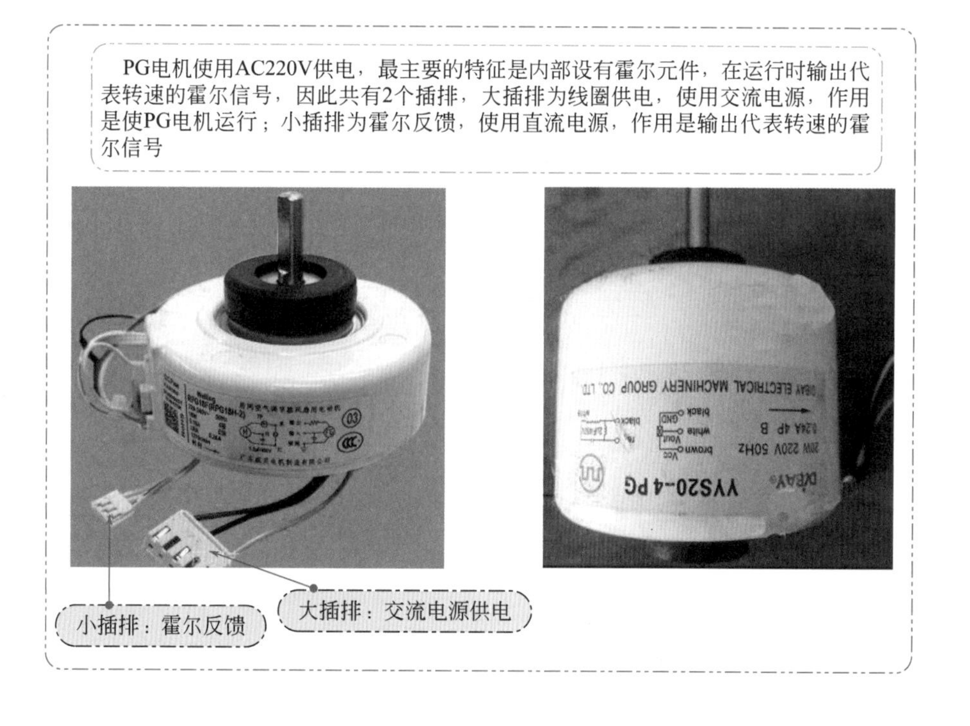

❷ PG 电机的接线方式

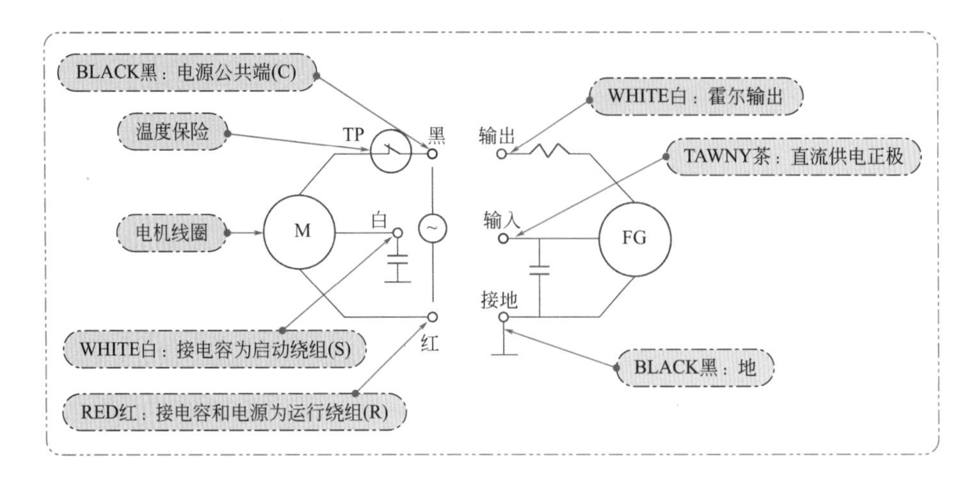

❸ PG 电机驱动原理

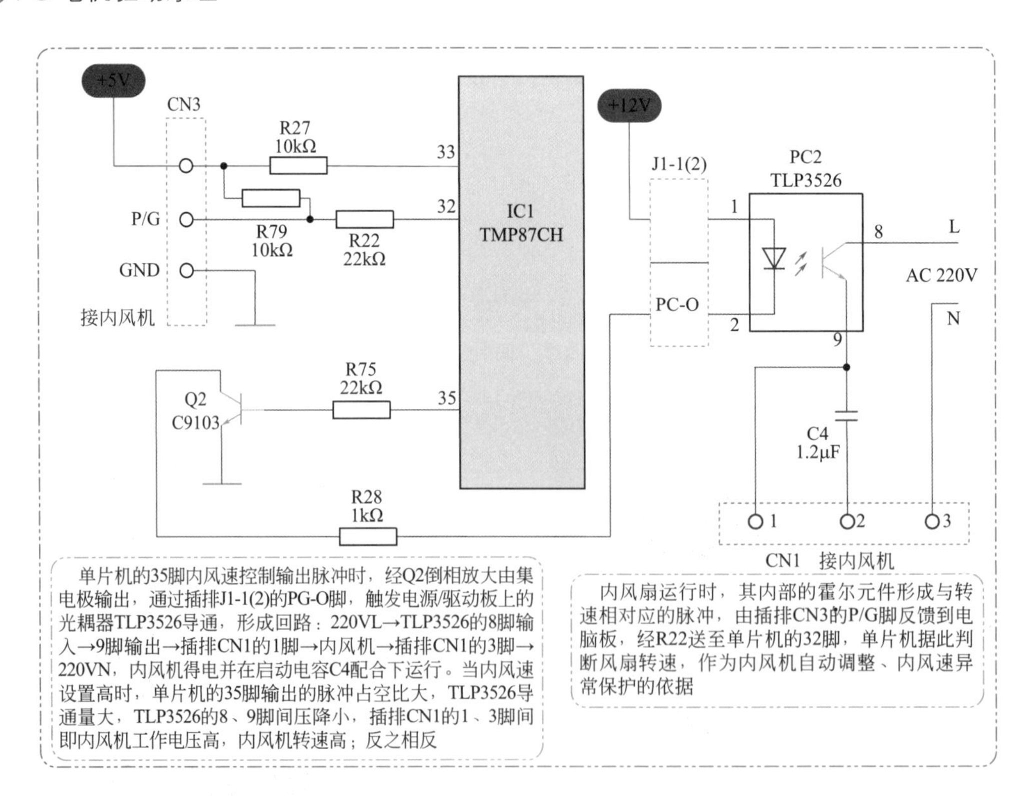

(3) PG 电机维修与更换

交流电压法判断	PG 电机允许短时间检查时直接施加220V的电压，这往往是判断PG电机好坏的依据。检测时看它能不能转，是否能自主启动（以检验电容和副边绕组是不是有问题），电流有没有超标（PG 电机一般正常的电流只有 0.1A 或 0.2A 如果电流差的大了就怀疑有匝间短路），机器关闭后 PG 电机会不会还在转（PG 电机驱动模块有的损坏后变成了半导体，即使把空调关闭了，风机依旧还会转，只不过是转得慢）

续表

手拨动贯流风扇，电压法	PG电机在转动时，内部霍尔电路板的霍尔元件会输出代表转速的信号，在检修时可利用这一特性，在空调器处于待机状态（即通电不开机），将手从出风口伸入，并慢慢拨动贯流风扇，相当于用手慢慢旋转PG电机轴 在上述操作过程中，万用表的黑表笔接地，红表笔接反馈引脚，电压应为5V～0V～5V～0V的跳变。如果该电压不跳变，则霍尔元件损坏，需要更换PG电机
故障灯闪	PG电机转得慢，如果把霍尔小插头拔掉，这时候电机发飙1min后停，故障灯闪并报故障。说明不是电机板子霍尔出故障，而是温度探头或温度采样电路出问题了，或制冷剂不合适单片机采取自保护
风速慢	另外也可以把模式转到送风下看看风机是否受控。风速低原因比较多，例如阻尼大、电容变质、匝间短路等
啾啾的叫声	含油轴承锂离子润滑脂变质后，电机运转后会发出一种类似小鸟“啾啾”的叫声，更换“算盘珠子”即可

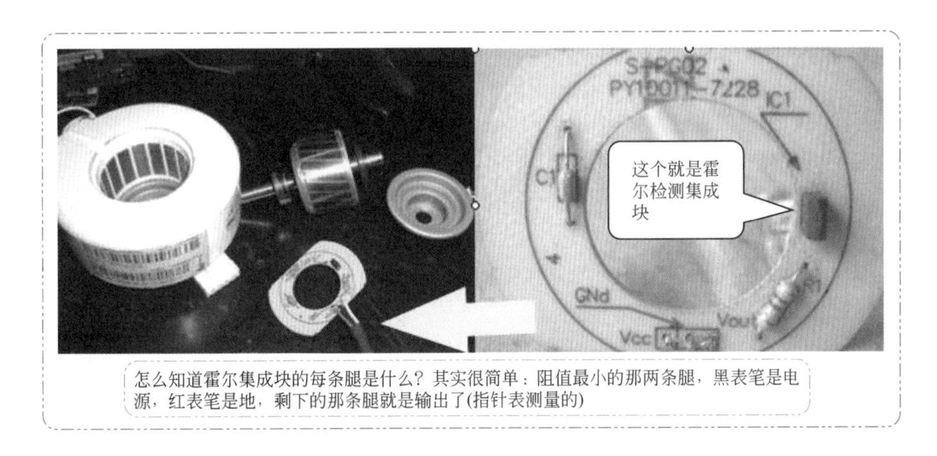

怎么知道霍尔集成块的每条腿是什么？其实很简单：阻值最小的那两条腿，黑表笔是电源，红表笔是地，剩下的那条腿就是输出了(指针表测量的)

5.3.3 室外电机

① 室外风机的位置

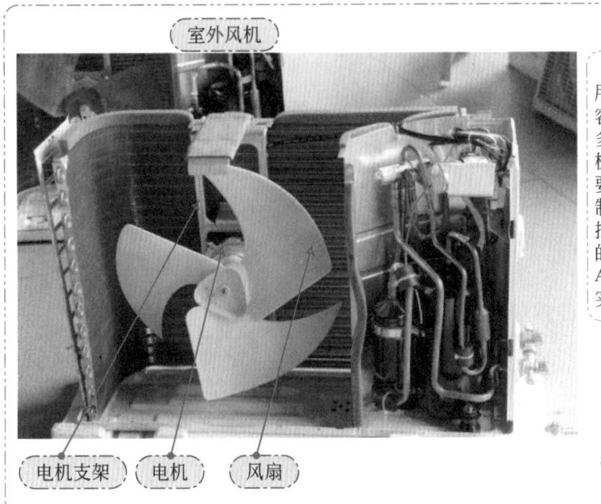

轴流风扇由风扇电机带动，风扇电机用支架固定在底座上，它是一种单相电容运转电机，其输入功率在850~1200W，多为六极，且转速为可调。有些风扇电机采用两挡，即高速挡和低速挡，当需要快速降温时，开高速挡，以得到大的制冷量；当室温达到要求时可以开低速挡，以减少循环风量，从而降低空调器的运行噪声。轴流风扇的扇叶一般都由ABC等工程塑料制成，并且经过动平衡实验以减少振动和噪声

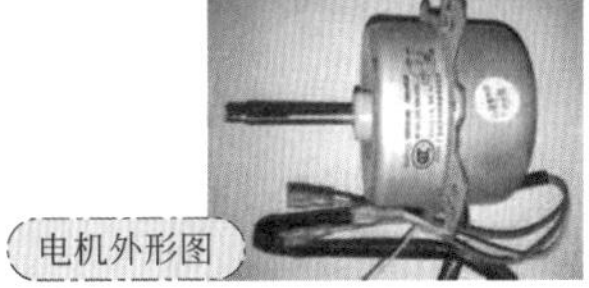

电机外形图

② 室外电机接线方式

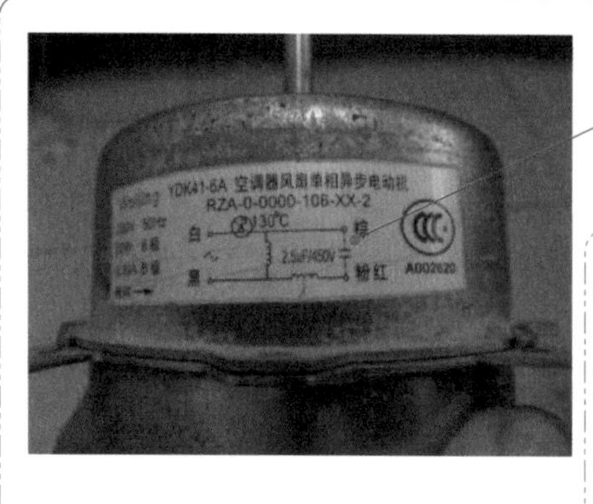

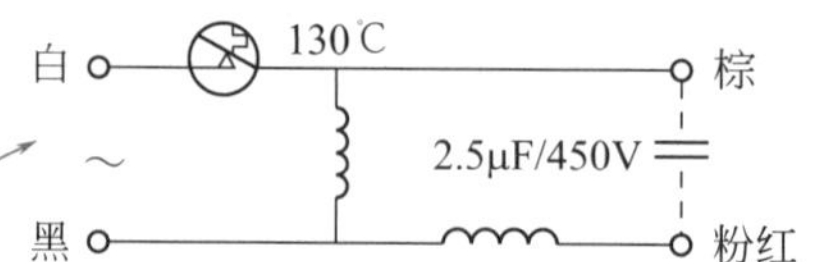

室外电机内部有2个绕组：启动绕组和运行绕组，2个绕组在空间上相差90°。在启动绕组上串联了一个容量较大的电容，当运行绕组和启动绕组通过单相交流电时，由于电容器作用使启动绕组中的电流在时间上比运行的电流超前90°。在时间和空间上形成两个相同的脉冲磁场，使定子与转子之间的气隙中产生了一个旋转磁场，在旋转磁场的作用下，电机转子中产生感应电流，电流与旋转磁场互相作用产生电磁转矩，使电机旋转起来

5.4 实战26——电机及附属器件的维修与代换

① 扫风电机的检测

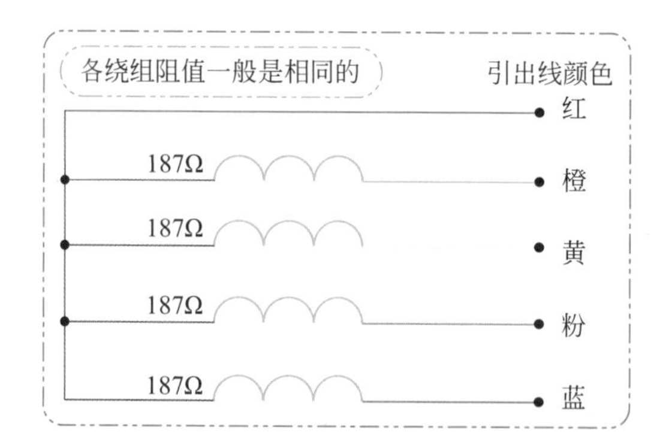

扫风电机的检测
❶ 电机各绕组的阻值一般是相同的。当某一绕组阻值为∞，则该绕组开路；当某一绕组阻值明显小于其他绕组，则该绕组有短路现象
❷ 扫风电机接入电源电路后，+12V 电压下降许多；拔下电机插排后，电源电压有恢复正常，表明电机绕组局部有短路现象发生。一般需要更换新电机

②室外电机的检测

常见故障现象	故障分析	排除方法
通电后风叶不转	通电后风叶不转，主要是机械或驱动电路部分有故障，但同一种故障现象也可能是不同的原因、不同的元器件引起的，为了尽快、迅速地找到故障部位进行修理，可采用如右所示的故障检修程序，逐步缩小故障范围	❶ 在未通电的情况下，用手拨动扇叶，观察转动是否灵活，目的是区分是机械还是电路部分故障。若无法转动或转动不灵活，一般是机械故障。机械性故障一般有：轴承缺油、机械磨损严重残缺、杂物堵塞卡死等，仔细检查后，进行维修、调整或更换，直至转动灵活为止 ❷ 在未通电的情况下，用手拨动扇叶转动灵活，则是电路部分有故障。通电可听电机是否有“嗡嗡”声。若无“嗡嗡”声，则表明驱动电路有故障存在，应对驱动电路进行检查 ❸ 通电后，若有“嗡嗡”声而不转动，则故障原因一般在电动机定子绕组或副绕组外部电路上。可用万用表检测电动机定子绕组、电容器的好坏或用替换法确定
电动机温升过高	绕组短路；扇叶变形，增加了电扇负荷；定子与转子间隙内有杂物卡阻；轴与轴之间或轴承润滑干涸；绕组极性接错	更换电动机；校正维修或更换新的风叶；检查并清除杂物；加注适当润滑油；检查并纠正接错的绕组。另外，长时间地通电不停机，也是形成温升过高的原因
运转时抖动、噪声大或异常	风叶变形或不平衡、风叶套筒与轴公差过大、电机轴头微有弯曲、轴承缺油或磨损严重等	可校正、更换风叶；轴承加油或更换轴承；更换电动机；检查维修机械性松动部件等

第6章

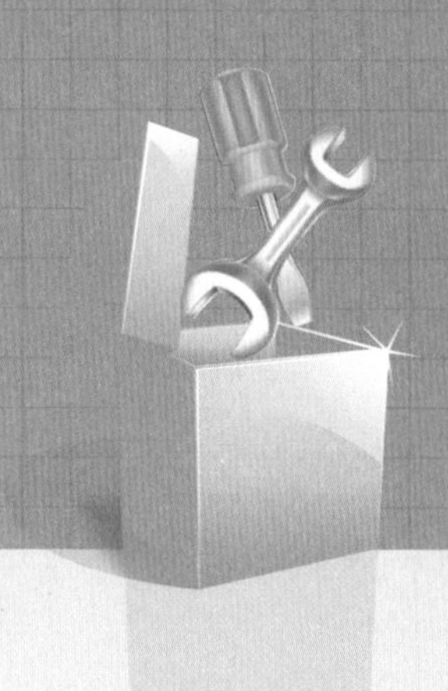

空调器拆卸八大块

6.1 分体壁挂式空调器整机立体透视效果图

6.1.1 室内机立体透视效果图

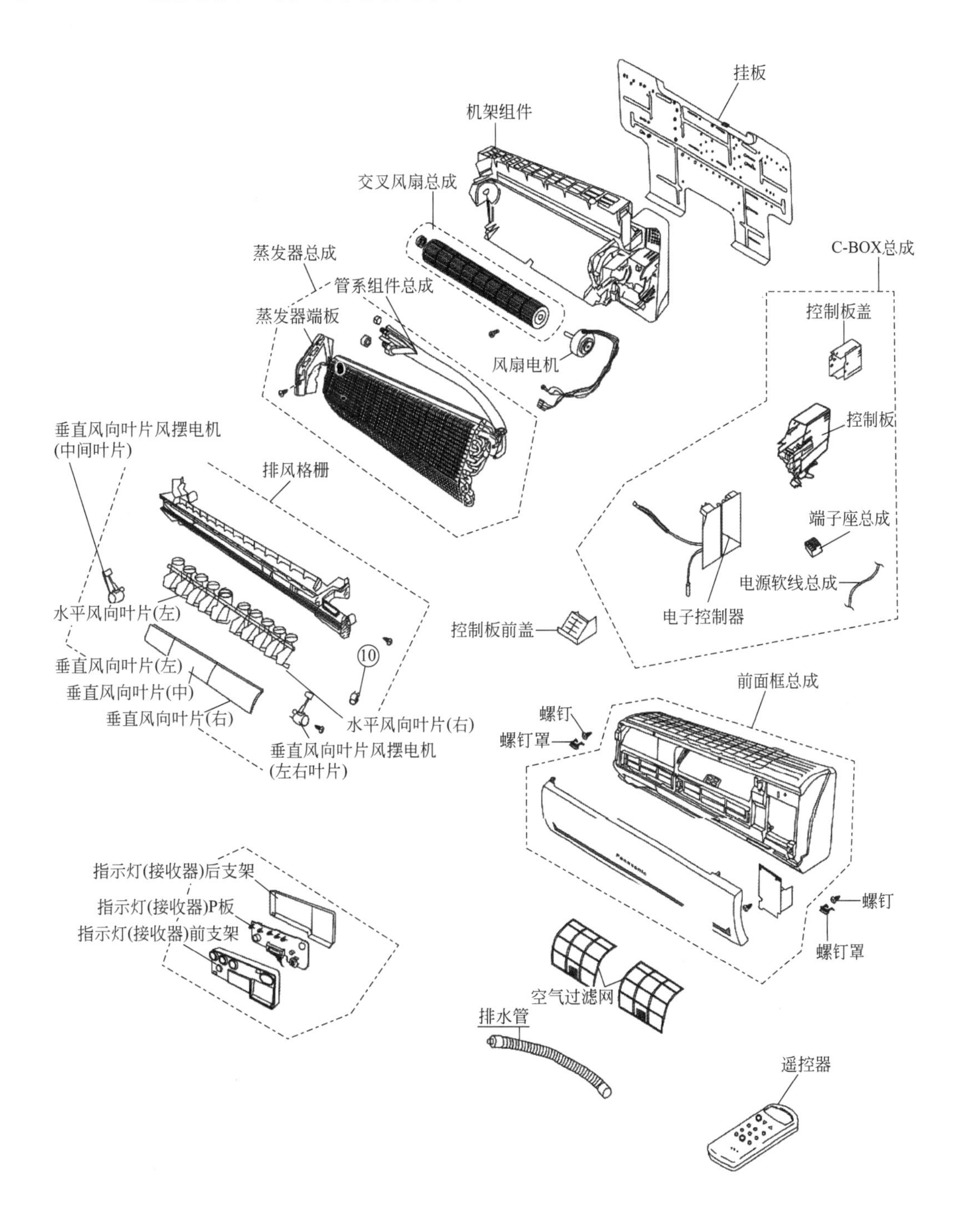

6.1.2 室外机立体透视效果图

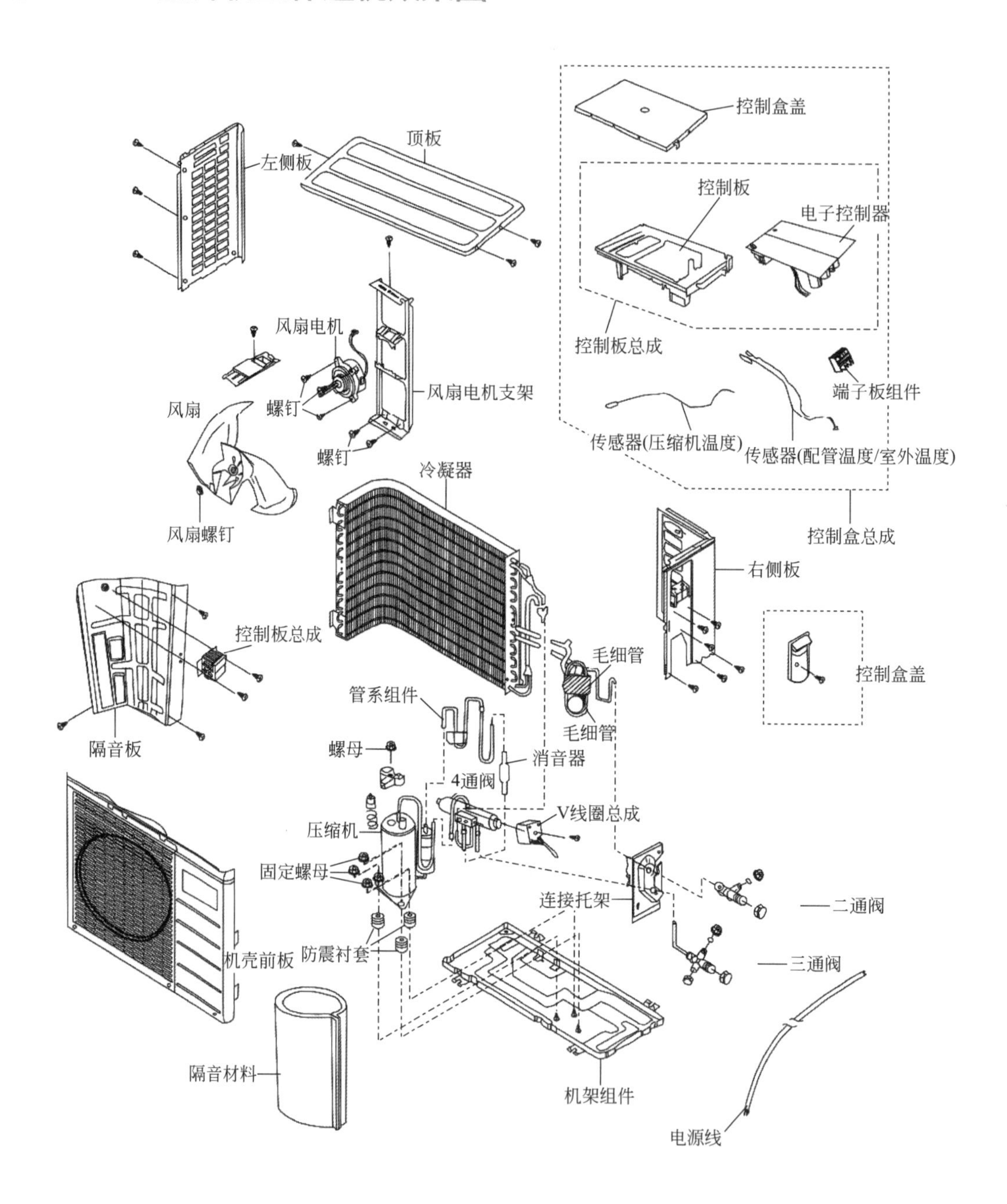

6.2 整机拆解

下面以分体热泵型空调器为例，介绍其拆解方法。

6.2.1 实战27——室内机拆解

① 室内机体

室内机体一般做成薄长方体，外壳前面上部是室内回风的百叶式进风栅及插入式过滤网，下部是百叶送风栅；室内热交换器组装于机壳内回风进风栅的后部，即机壳内上部；贯流风机装于机壳内送风栅的后部，即机壳内下部，它把吸入的室内回风经室内热交换器处理（夏季冷却去湿，冬季加热升温）后吹入房间内。此外，为便于按需求调整送风方向，送风口设有控制出风角度的导风板和风向片。

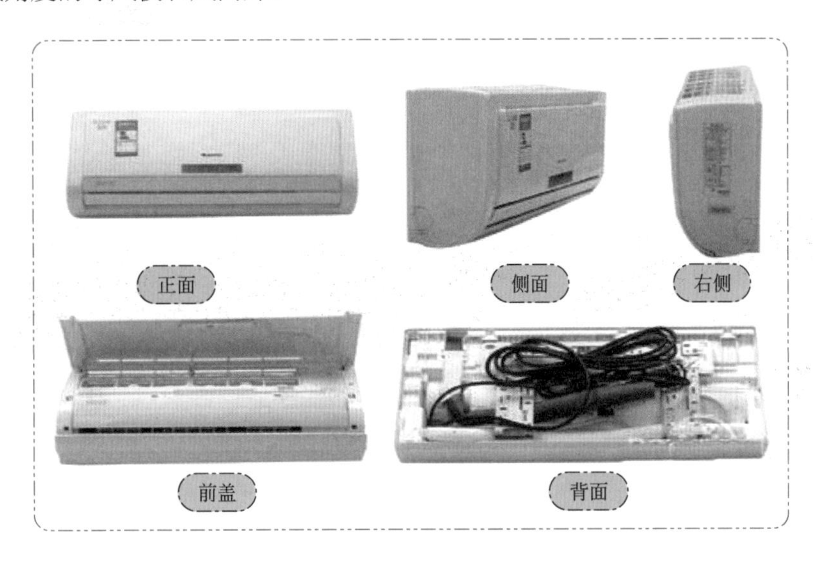

② 拆卸过滤网并清洗

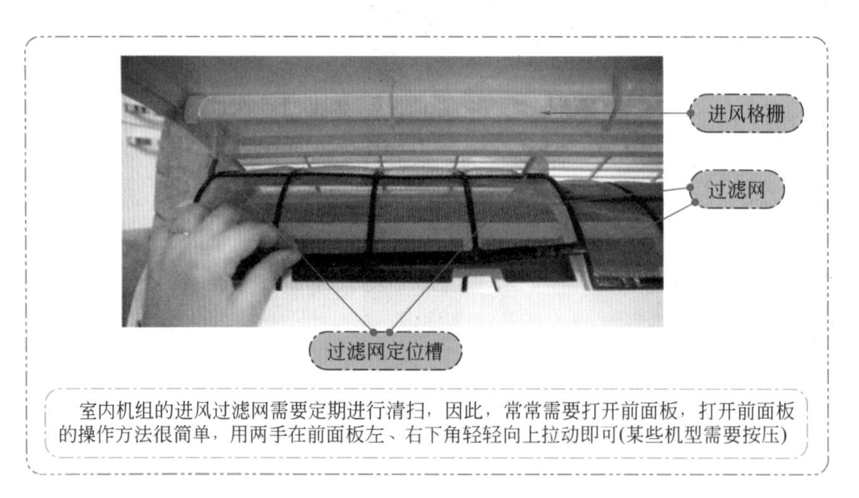

室内机组的进风过滤网需要定期进行清扫，因此，常常需要打开前面板，打开前面板的操作方法很简单，用两手在前面板左、右下角轻轻向上拉动即可(某些机型需要按压)

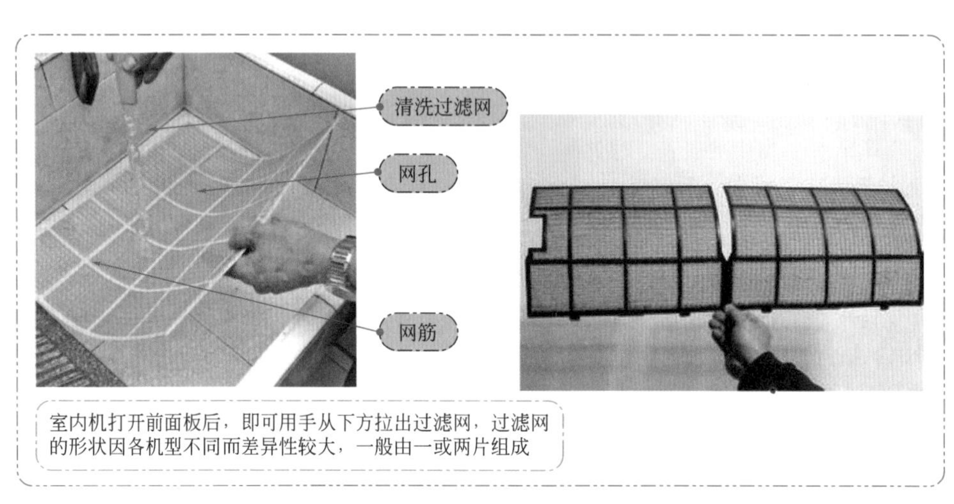

室内机打开前面板后，即可用手从下方拉出过滤网，过滤网的形状因各机型不同而差异性较大，一般由一或两片组成

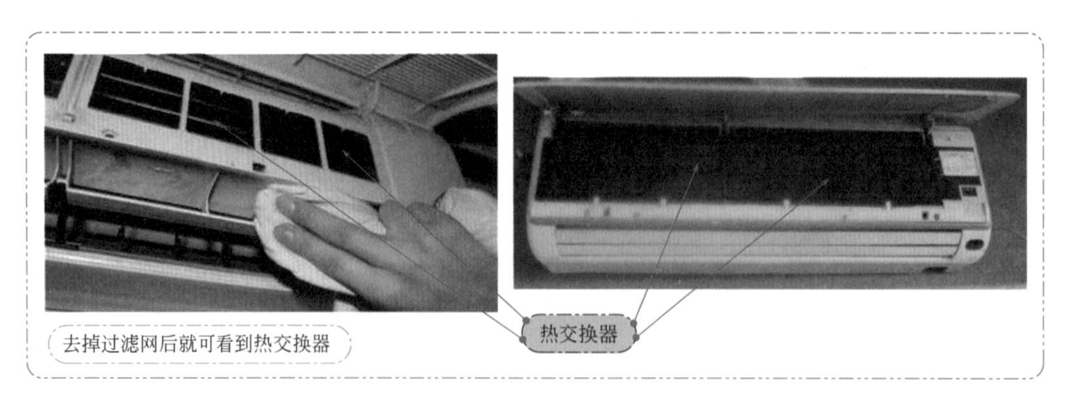

去掉过滤网后就可看到热交换器

③ 拆卸前面板

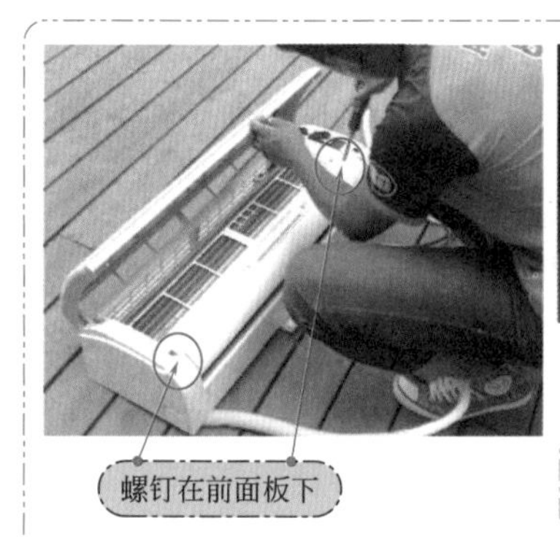

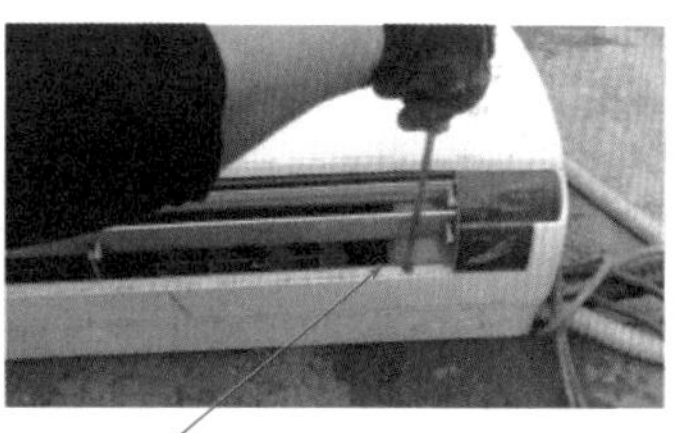

螺钉在导风板下

螺钉在前面板下

在维修室内机组时需要拆解机壳，机壳一般由前后两部分组成，前机壳的拆卸一般需要从后面旋下固定螺钉，有些机型是从前脸中部旋下固定螺钉

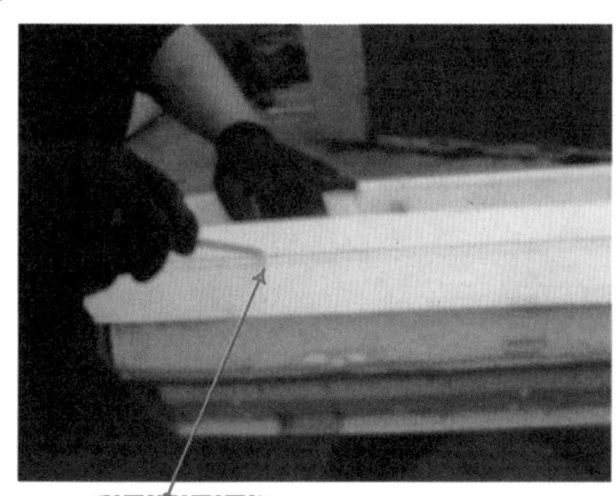

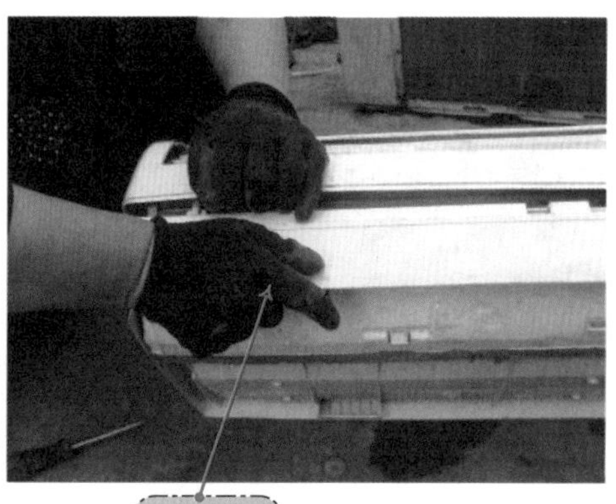

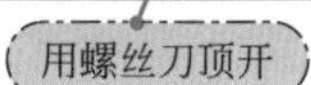

用螺丝刀顶开

用手掰开

拧下所有螺钉后，再用螺丝刀将面板体后部卡入底壳的扣钩朝里顶开，取出面板体组件

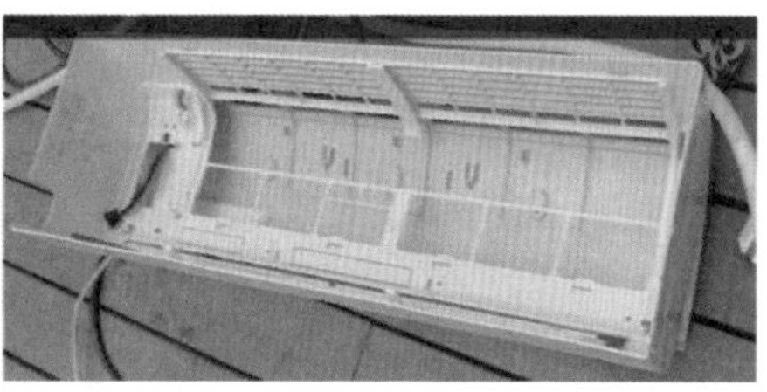

前机壳一般采用工程塑料制成，在表面采用喷金属漆工艺，喷涂防护漆，以提升抗刮磨能力。外壳表面光洁度良好，色泽鲜艳，手感光滑，没有异味，阻燃、抗菌、防霉、抗紫外线等

这是从外壳上取下的导风扇页

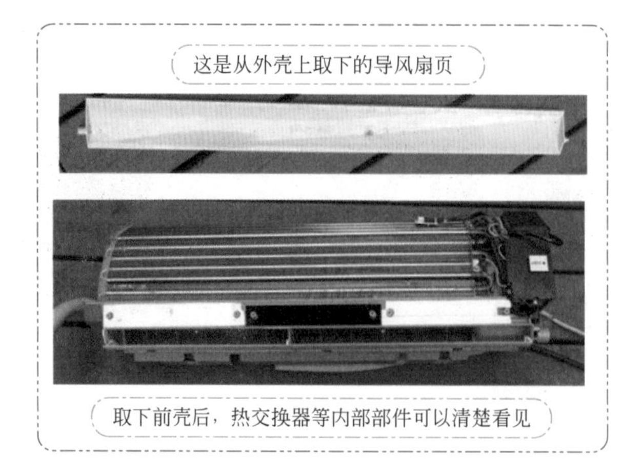

取下前壳后，热交换器等内部部件可以清楚看见

④ 电器盒、电路板的拆解

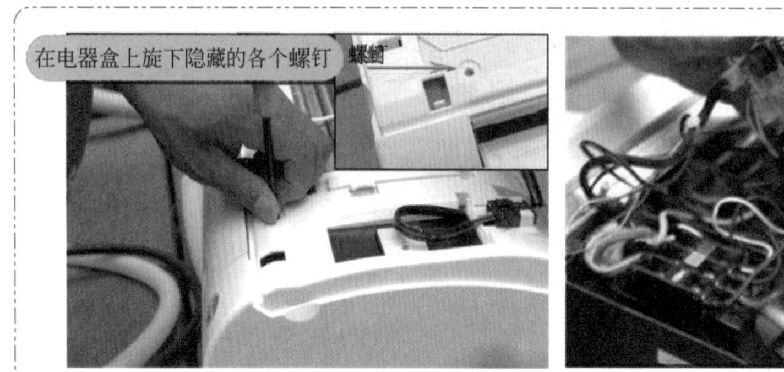

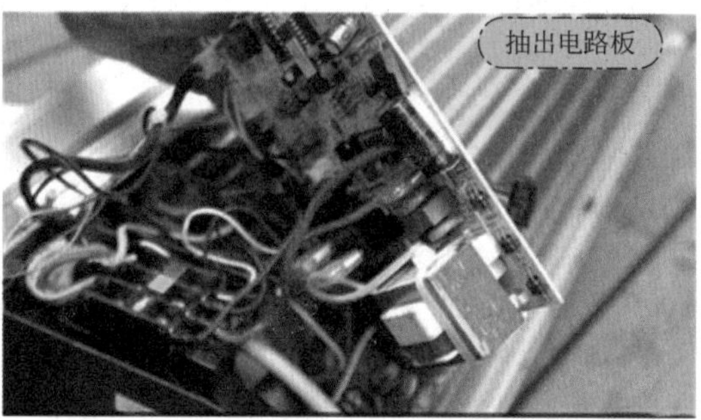

先卸下电器盒盖，用螺丝刀拧出固定电器盒的螺钉，拔掉电器盒上的对插连接器，就可以取下电路板

⑤ 室内热交换器的拆解

拆下热交换器左、右两边各个螺钉，用手按住热交换器左下端压下，向后推移，将热交换器边板卡扣从槽里脱出，小心取出热交换器，并注意保护好连接管

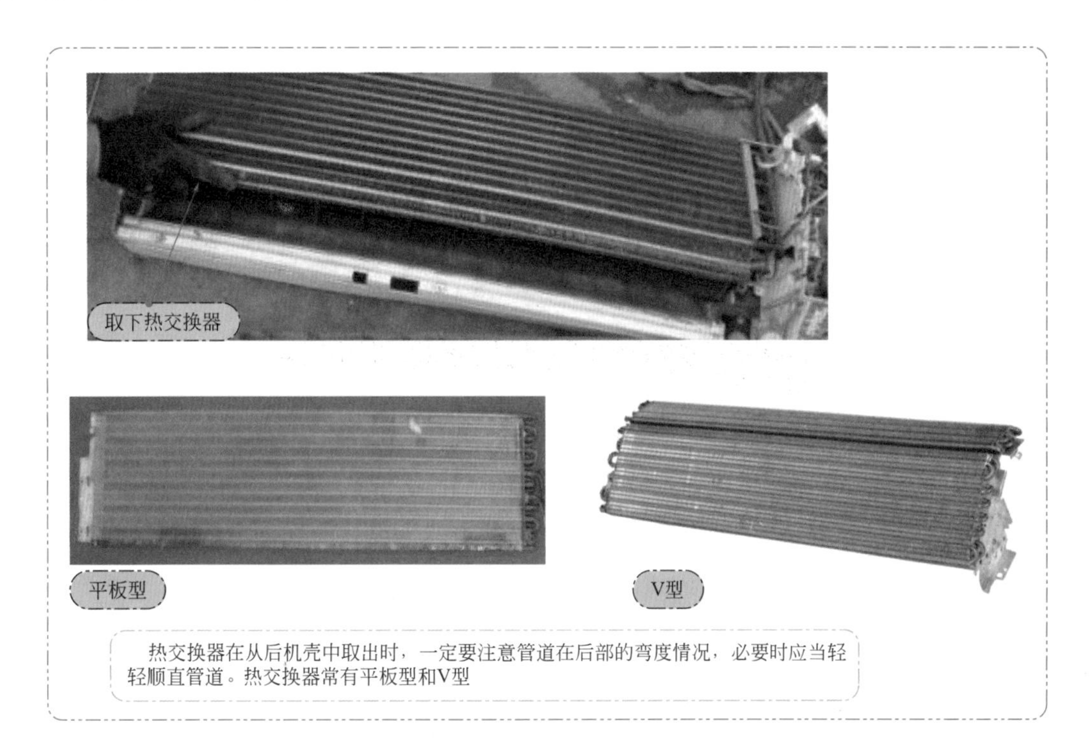

热交换器在从后机壳中取出时，一定要注意管道在后部的弯度情况，必要时应当轻轻顺直管道。热交换器常有平板型和V型

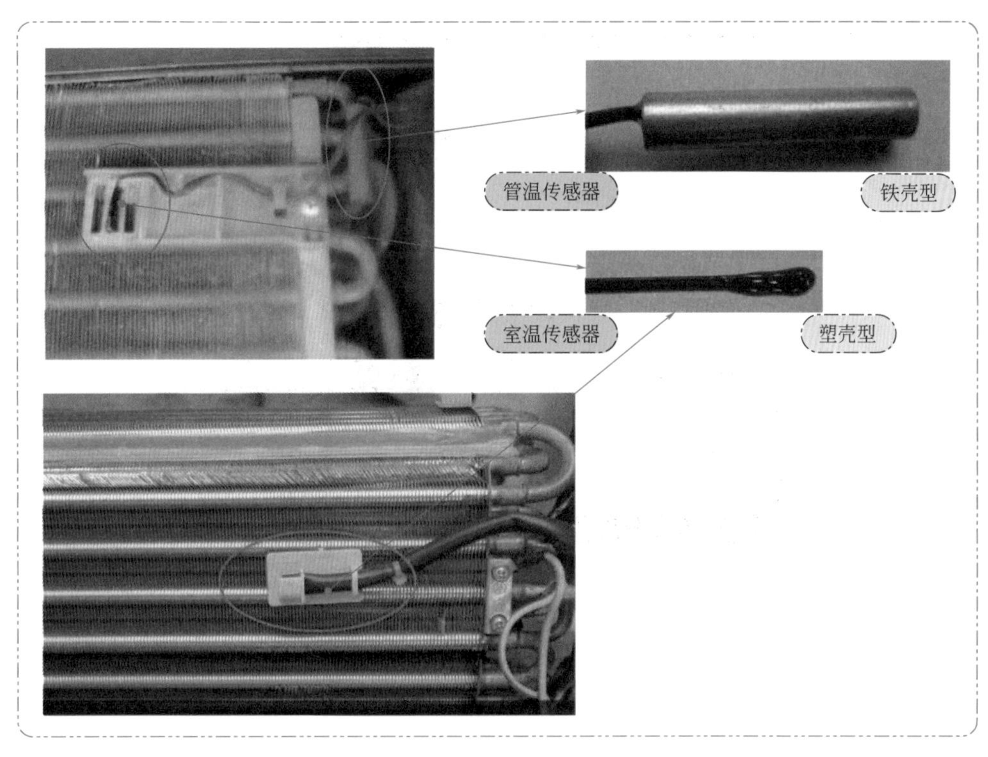

⑥ 电加热器

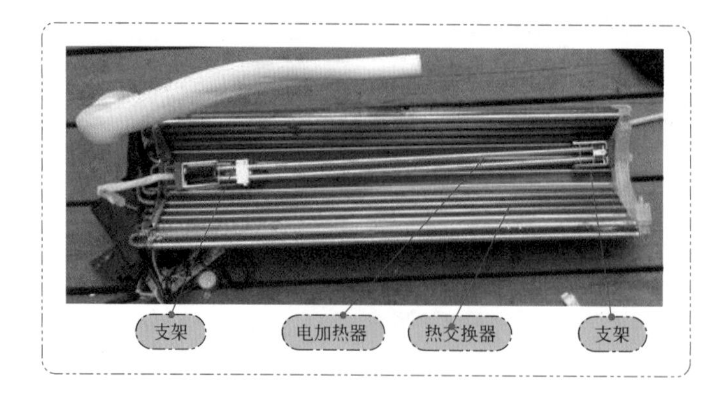

⑦ 拆卸贯流风机组件

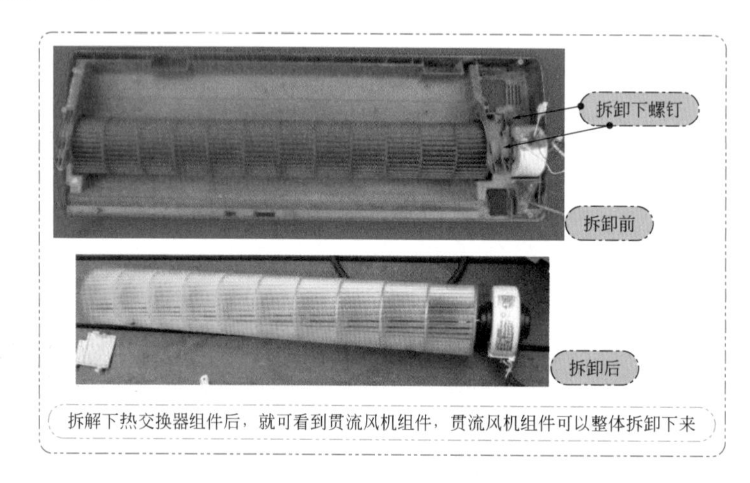

拆解下热交换器组件后，就可看到贯流风机组件，贯流风机组件可以整体拆卸下来

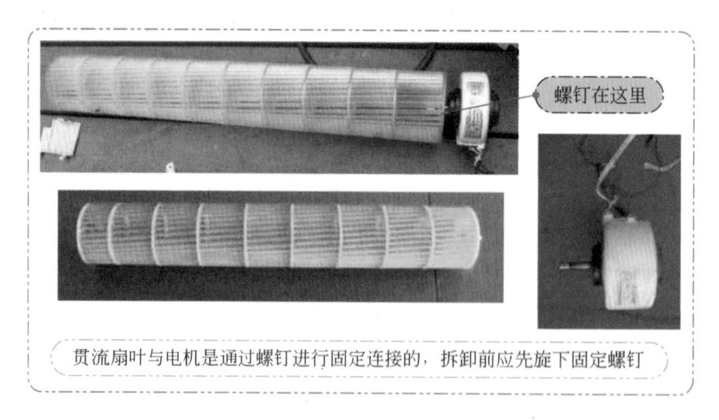

贯流扇叶与电机是通过螺钉进行固定连接的，拆卸前应先旋下固定螺钉

⑧ 拆卸接水盘

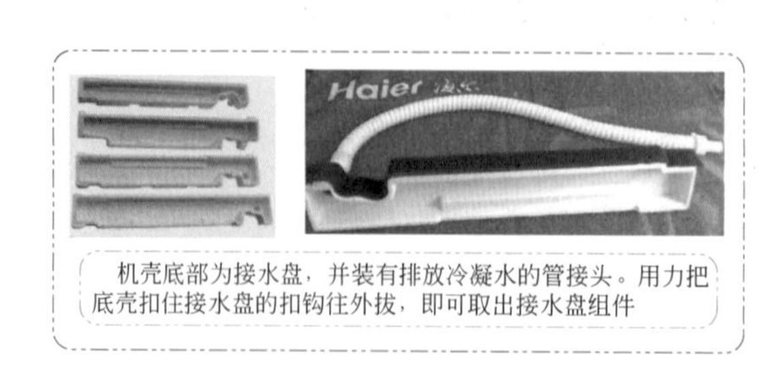

机壳底部为接水盘，并装有排放冷凝水的管接头。用力把底壳扣住接水盘的扣钩往外拔，即可取出接水盘组件

⑨ 拆卸导风组件

导风组件主要有导风叶片、导风电机和摇摆机构等。

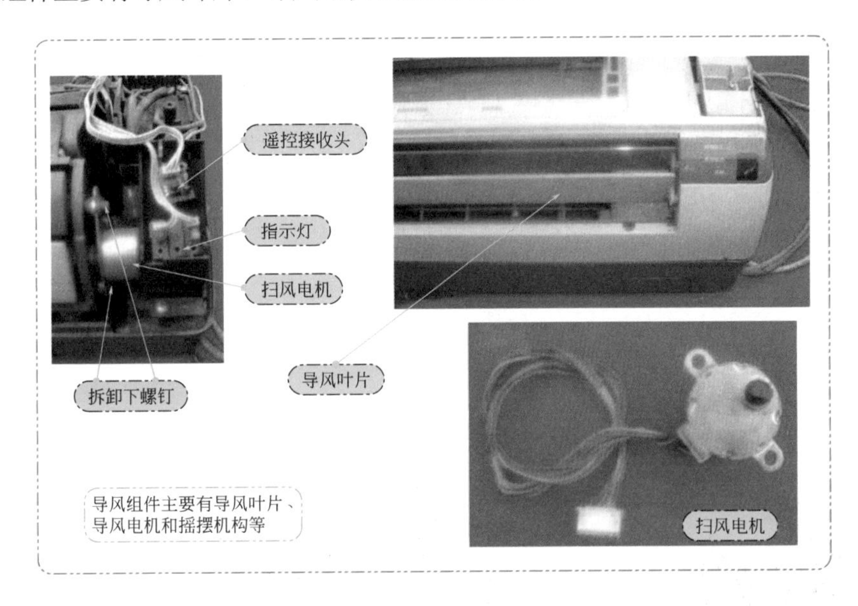

6.2.2 实战28——室外机拆解

① 室外机特征

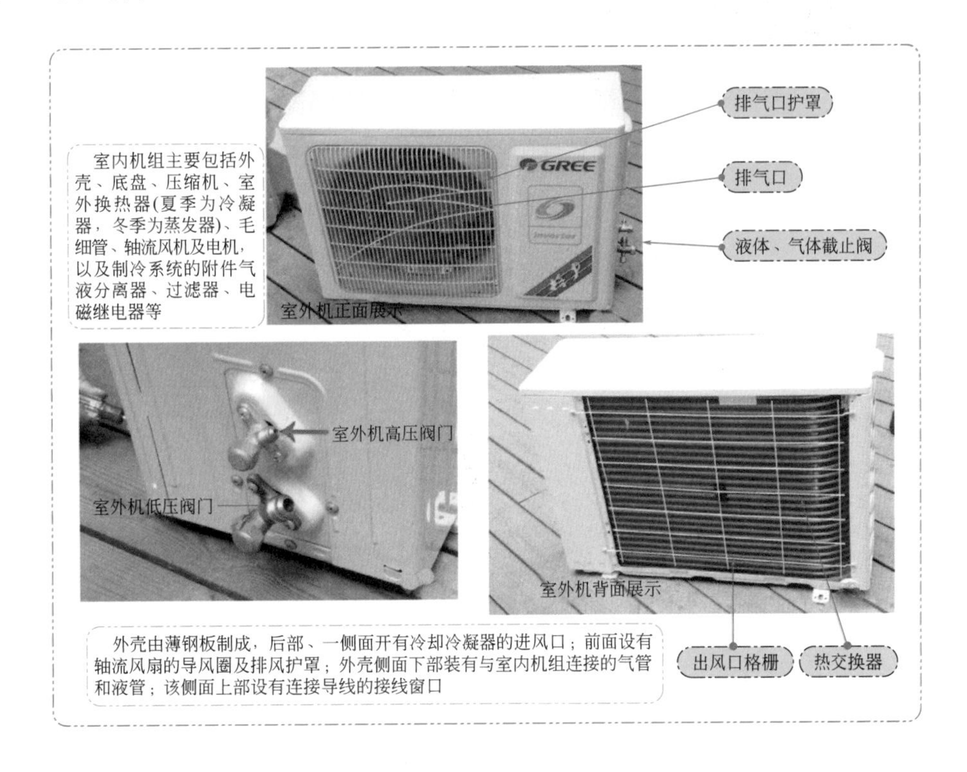

② 拆卸盖板、前面板

盖板、前面板一般用螺钉和后机壳面板固定在一起，旋下固定螺钉后，即可拆卸下盖板和前面板

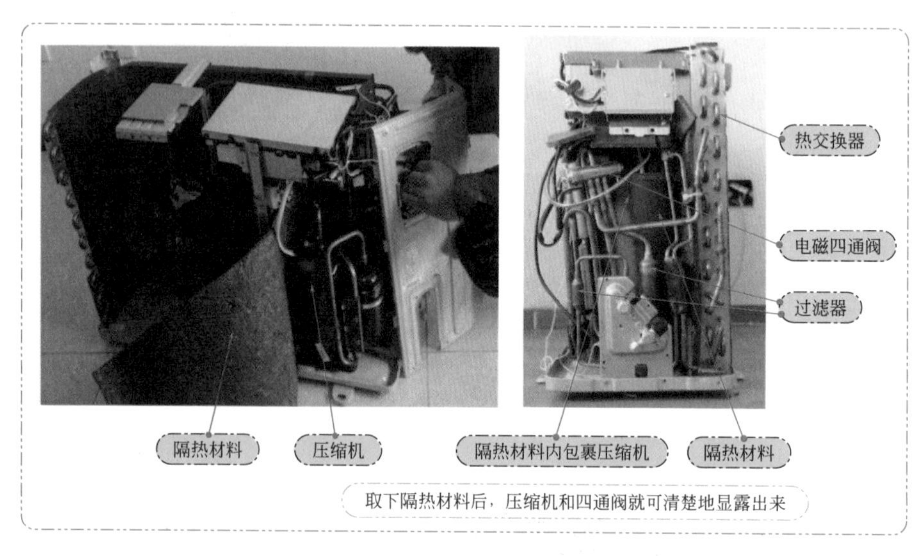

取下隔热材料后，压缩机和四通阀就可清楚地显露出来

压缩机、热交换器等制冷系统部件及轴流风机都装在底盘上，并用固定于底盘上的隔板在外壳内一端形成一个放置压缩机及电气小室等

③ 拆卸压缩机

压缩机一般用三个螺栓固定在机座的底部，用板手松开3个底脚固定螺钉，即可拆下压缩机(在拆卸压缩机之前，一般是先焊下上面连接的管子)

④ 拆卸轴流电机、扇叶

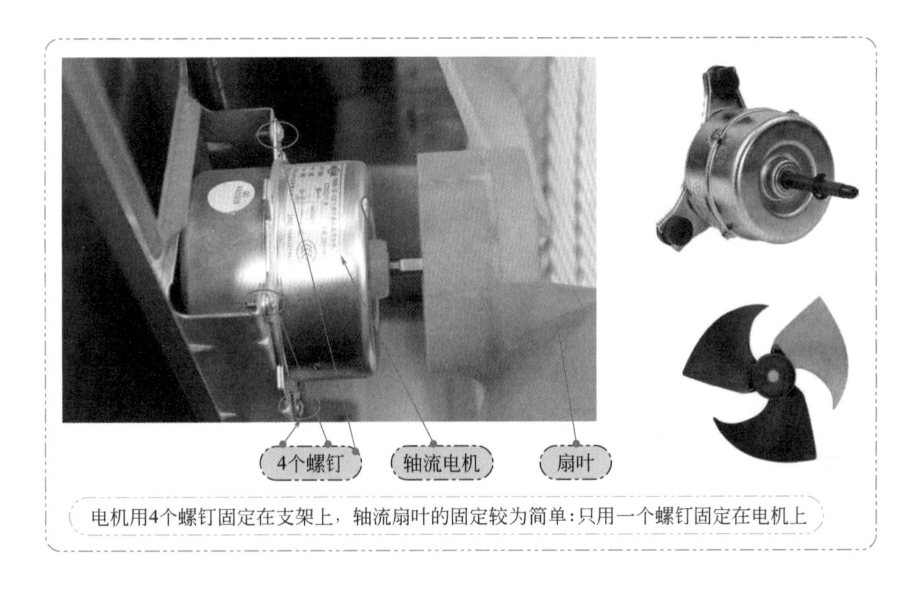

电机用4个螺钉固定在支架上，轴流扇叶的固定较为简单:只用一个螺钉固定在电机上

第7章

空调器的新安装与移机

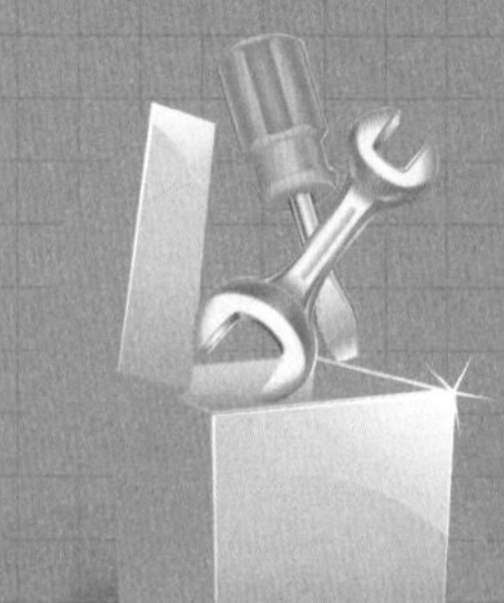

7.1 分体空调器的新安装

7.1.1 安装工具

“工欲善其事，必先利其器”，具备得心应手的工具不仅是安装空调器质量的保证，而且可大大缩短安装时间，并且可降低安装成本。

① 螺丝刀

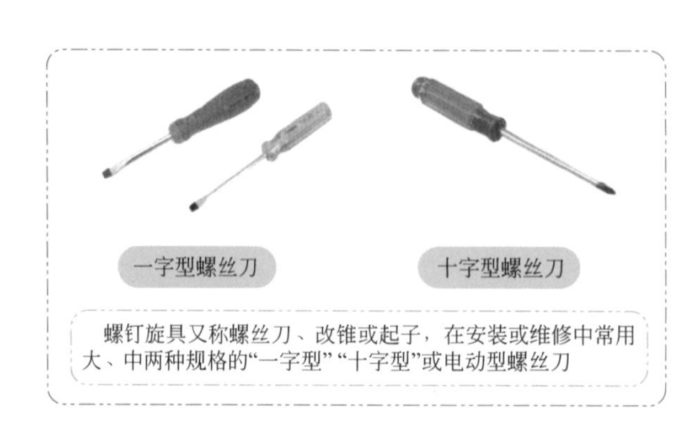

螺钉旋具又称螺丝刀、改锥或起子，在安装或维修中常用大、中两种规格的“一字型”“十字型”或电动型螺丝刀

② 扳手工具

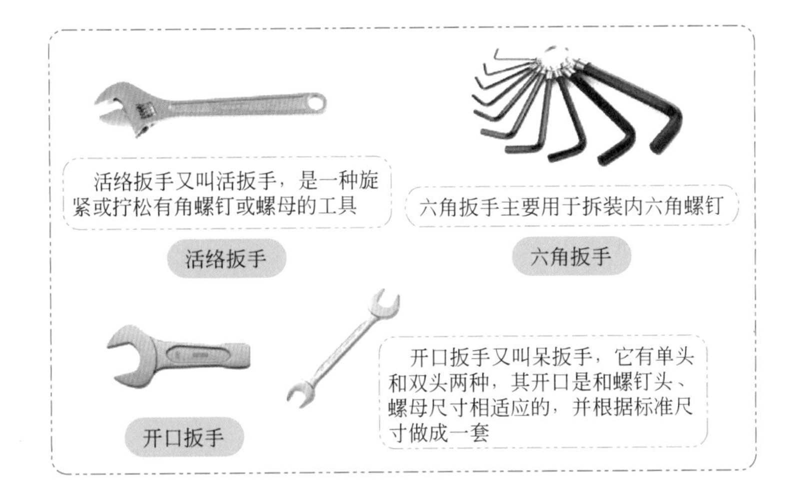
活络扳手又叫活扳手，是一种旋紧或拧松有角螺钉或螺母的工具
活络扳手
六角扳手主要用于拆装内六角螺钉
六角扳手
开口扳手
开口扳手又叫呆扳手，它有单头和双头两种，其开口是和螺钉头、螺母尺寸相适应的，并根据标准尺寸做成一套

③ 钳类工具

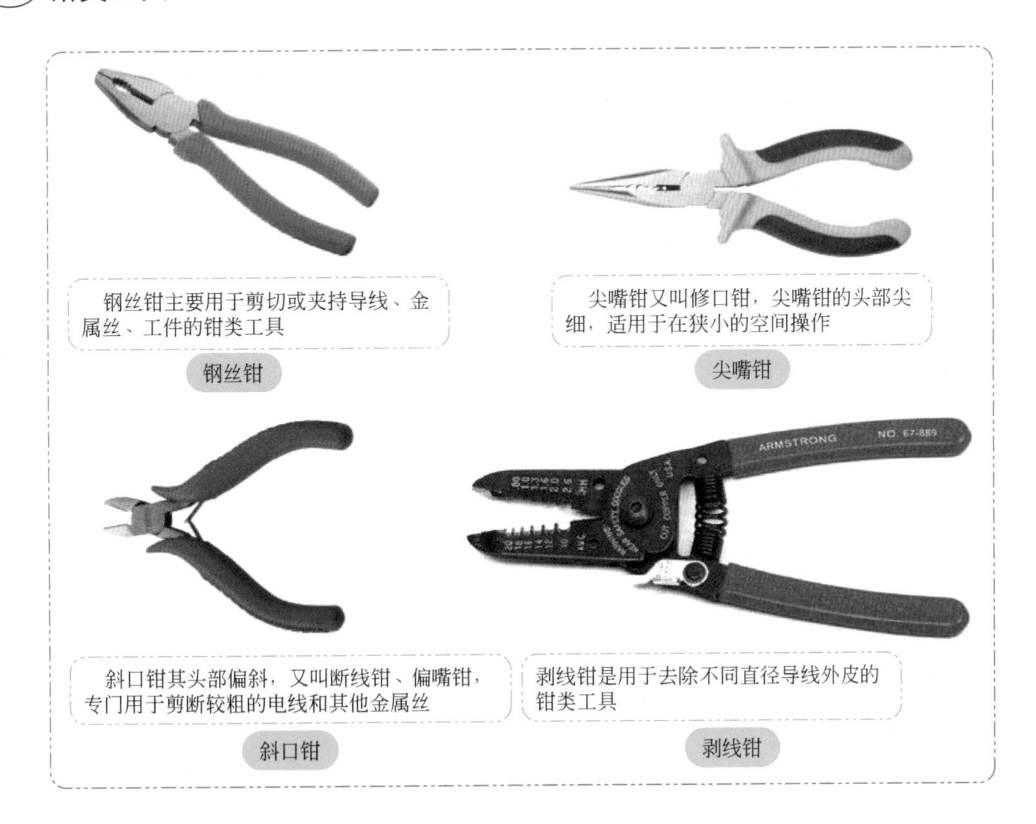
钢丝钳主要用于剪切或夹持导线、金属丝、工件的钳类工具
钢丝钳
尖嘴钳又叫修口钳，尖嘴钳的头部尖细，适用于在狭小的空间操作
尖嘴钳
ARMSTRONG
NO. 67-889
斜口钳其头部偏斜，又叫断线钳、偏嘴钳，专门用于剪断较粗的电线和其他金属丝
斜口钳
剥线钳是用于去除不同直径导线外皮的钳类工具
剥线钳

④ 钢尺、水平尺

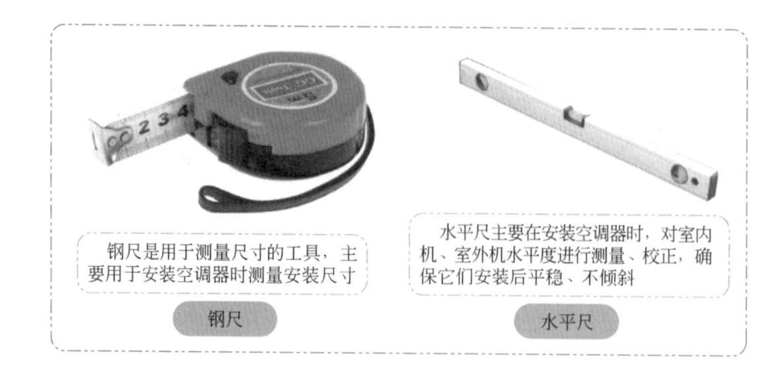

钢尺是用于测量尺寸的工具，主要用于安装空调器时测量安装尺寸

钢尺

水平尺主要在安装空调器时，对室内机、室外机水平度进行测量、校正，确保它们安装后平稳、不倾斜

水平尺

⑤ 冲击电钻

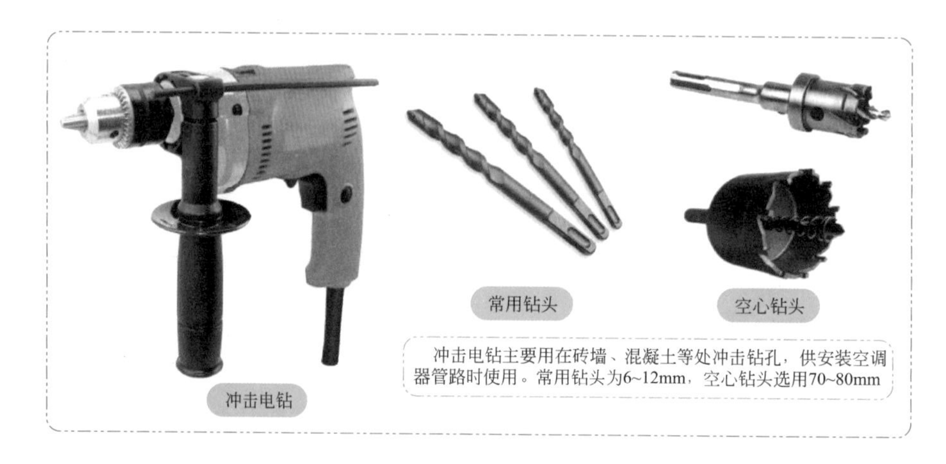

冲击电钻

常用钻头

空心钻头

冲击电钻主要用在砖墙、混凝土等处冲击钻孔，供安装空调器管路时使用。常用钻头为6~12mm，空心钻头选用70~80mm

⑥ 安全带

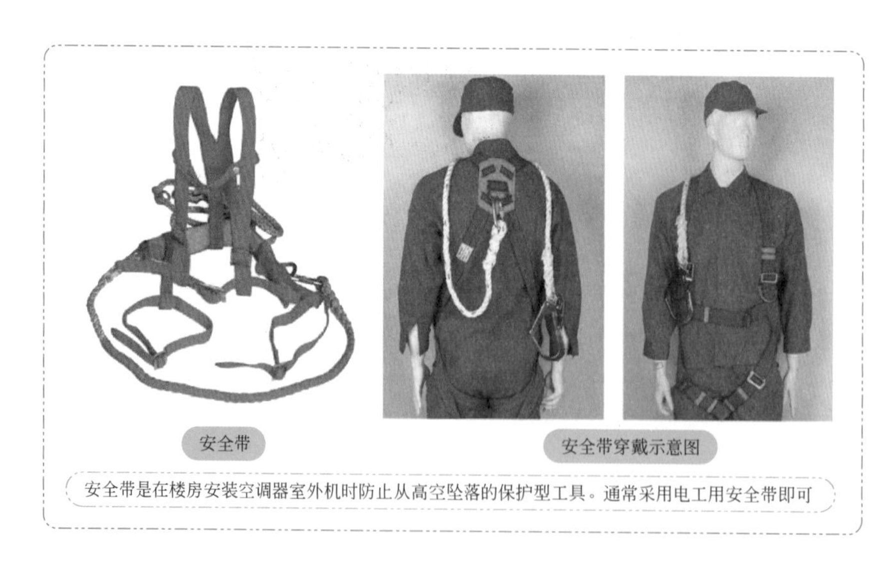

安全带

安全带穿戴示意图

安全带是在楼房安装空调器室外机时防止从高空坠落的保护型工具。通常采用电工用安全带即可

7.1.2　安装分体空调器的流程

由于分体空调器是由室内、室外两个机组所组成，因此，在初次使用或维修后，需要进行机组整体安装方可使用，即需要现场做接管、排空、开启阀门等一些专业性工作。

7.1.3　实战 29——现场安装

1 检查供电线路是否符合要求

❶	按国家布线规则进行安装
❷	对于要安装空调器的房间，要先确认用户电源情况：电源的容量、插座分布及容量、电度表、保险丝等是否符合要求，并且要检查电源线的铺设是否合理，以免影响空调器的使用，甚至发生故障
❸	电源一定要使用额定电压及空调器专用电路，电源线径应足够大
❹	熔断器的熔断电流应为额定电流的 1.5 倍，并且电源线应使用铜芯线缆
❺	接地可靠，应接在建筑物的专用接地装置上

线缆横截面尺寸与电流的关系			
横截面 /mm²	额定电流 /A	横截面 /mm²	额定电流 /A
1	≤ 3	2.5	＞ 10，≤ 16
1.5	＞ 3，≤ 6	3.5	＞ 16，≤ 22
1.8	＞ 6，≤ 8	4	＞ 22，≤ 28
2	＞ 8，≤ 10		

2 选择安装位置

空调器安装位置的选择	
室内机组	清理进、出口障碍物，确保气流能吹遍整个房间
	选择容易排出凝结水、容易连接室外机的地方
	远离热源、蒸汽和易燃气体
	选择可以承受室内机重量且不增加运转噪声及振动的地方
	确保室内机与地面高度超过 2m
	确保室内机安装符合安装尺寸图要求

续表

空调器安装位置的选择	
室外机组	应选择通风良好、灰尘较少、周围无燃烧气体、无热源的场所
	安装场所不能饲养动物和种植花木，因为排出的冷气、热气对它们均有影响
	排除空气和噪声不影响邻居的场所
	机组的安装基础坚实，应能承受住室外机的重量，且应该无振动，不引起噪声的增大
	确保室外机安装符合安装尺寸图要求

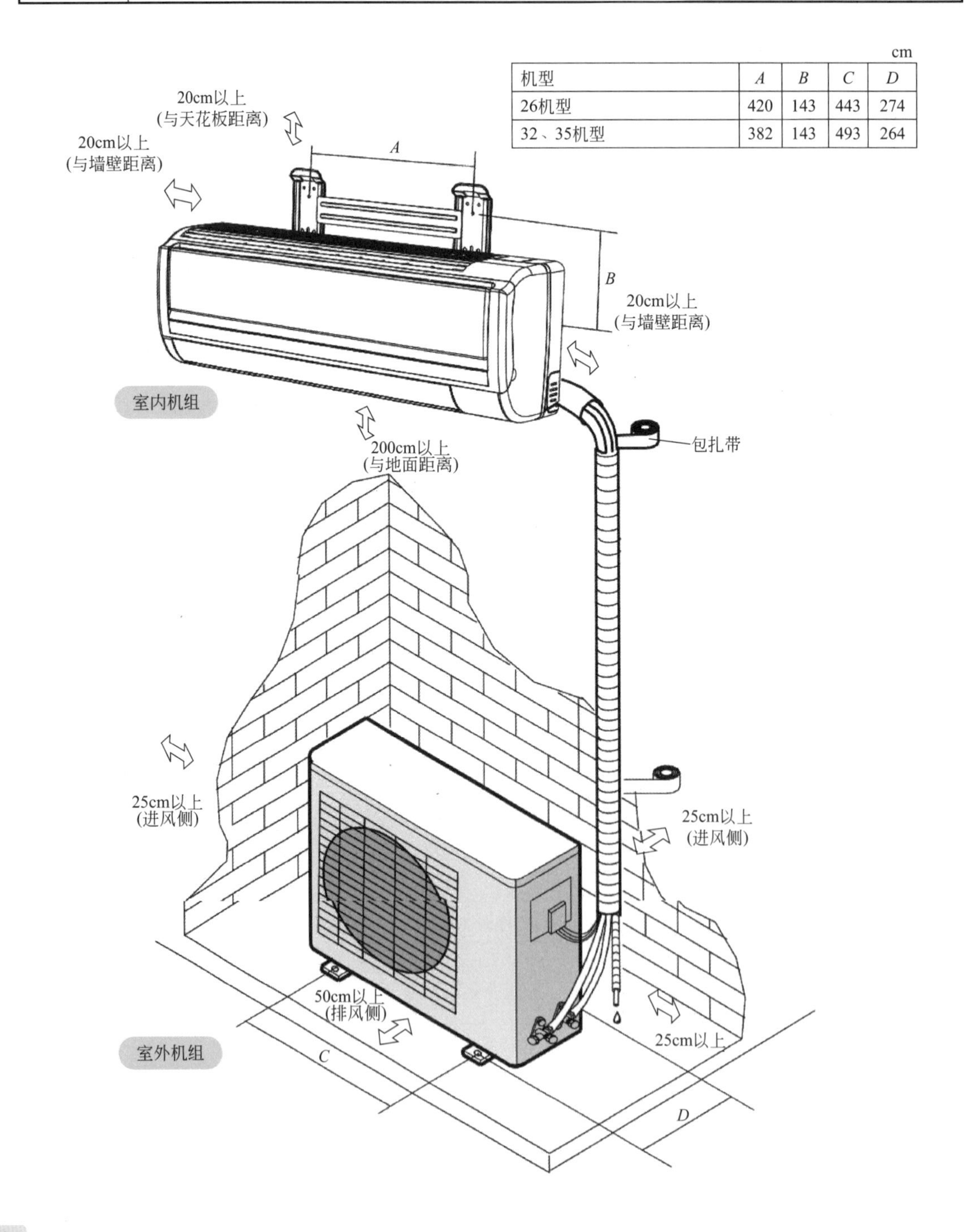

cm

机型	*A*	*B*	*C*	*D*
26机型	420	143	443	274
32、35机型	382	143	493	264

③ 室内机组的安装

❶ 固定挂墙板

❷ 墙壁穿孔

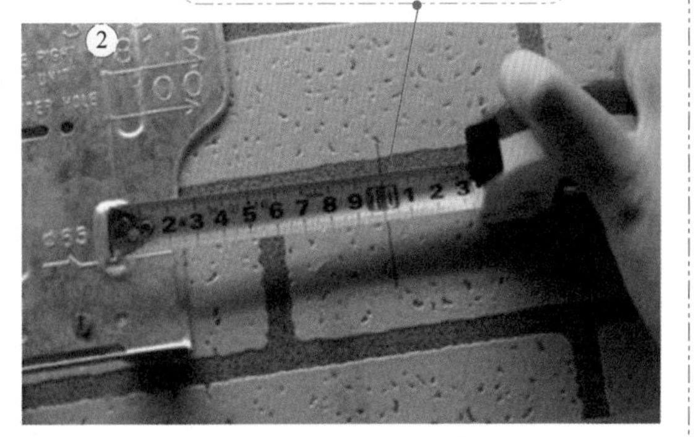

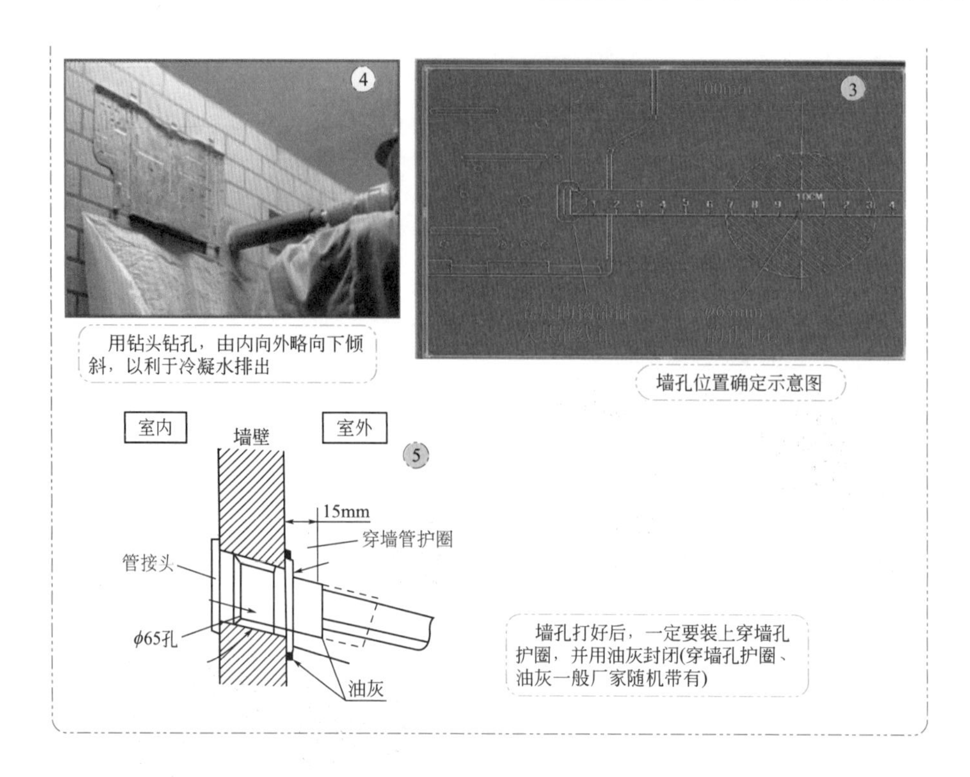
④
③
100mm
10CM
ϕ65mm
用钻头钻孔，由内向外略向下倾斜，以利于冷凝水排出
墙孔位置确定示意图
室内
墙壁
室外
⑤
15mm
穿墙管护圈
管接头
ϕ65孔
油灰
墙孔打好后，一定要装上穿墙孔护圈，并用油灰封闭(穿墙孔护圈、油灰一般厂家随机带有)

④ 室外机组的安装

① 先组装好支架
② 使用水平仪和卷尺，在墙壁上找出固定孔位置
④ 将室外机组放置安装架上，紧固四个机脚
③ 固定的膨胀螺栓不少于4个；安装架必须水平；左右的孔距必须与空调底座孔距一致

室外机组的安装要求	
❶	室外机组是空调器的主要运转部件，振动和噪声较大，为使刮强风等情况也不致于倒塌，故不论是安装在混凝土物体上或是角钢支架上都一定要牢固，机体底座与支架连接处要加装橡胶减震垫
❷	安装处外倾斜角不应大于5°
❸	在混凝土基础上，用M10的地脚螺栓固定
❹	在海边或高空有强风的地方，为保证风扇正常运行，空调器要靠墙壁安装，并使用挡板
❺	如悬挂式安装，其安装面应为实心砖、混凝土或与其强度等效的，具有足够承载能力的结构，否则应采取加固、支撑、减震措施

⑤ 连接管路

室内外机组安装好后，接下来就可以进行管路的连接，使之成为一个完整的制冷系统。室内外机组的多种连接管路和导线，在维修行业中，俗称为“配管”。

❶ 配管的绑扎

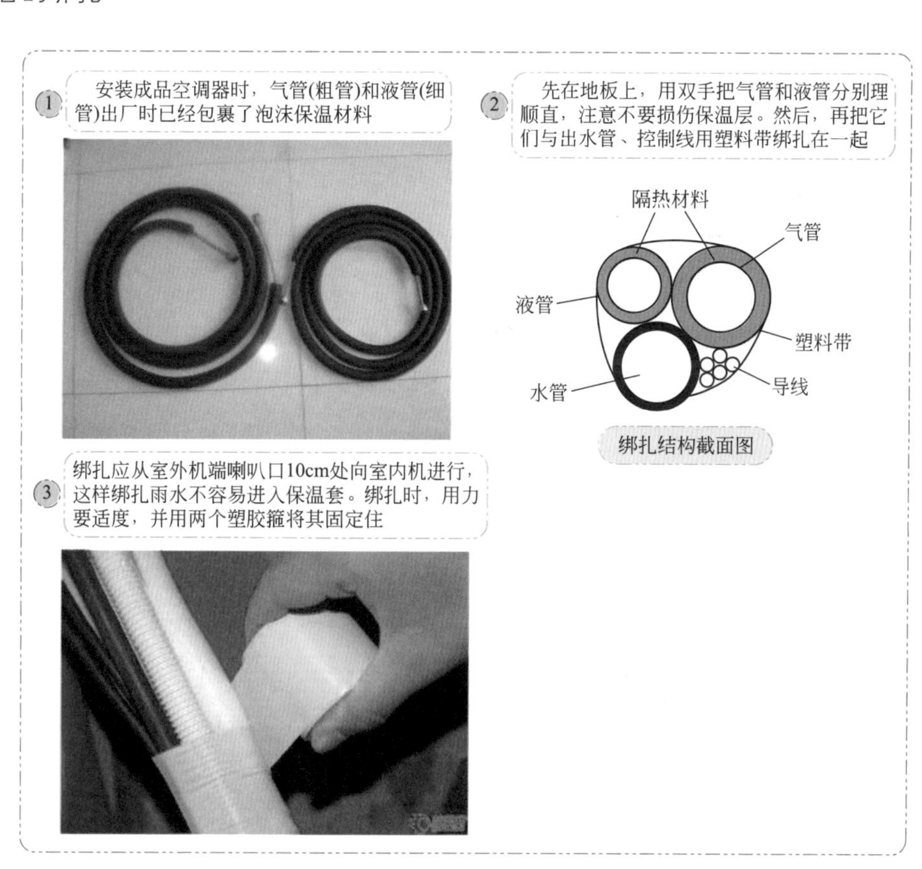

绑扎结构截面图

❷ 配管与室内机组连接

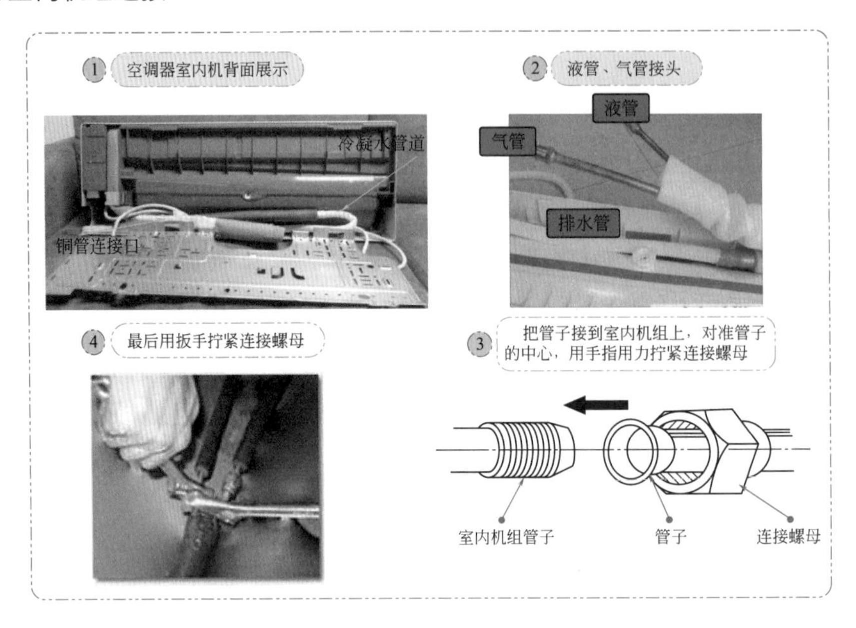

❸ 室内机挂到墙板上

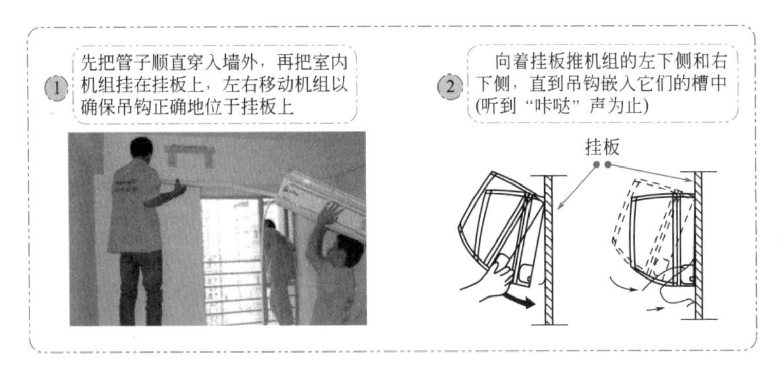

❹ 检查排水

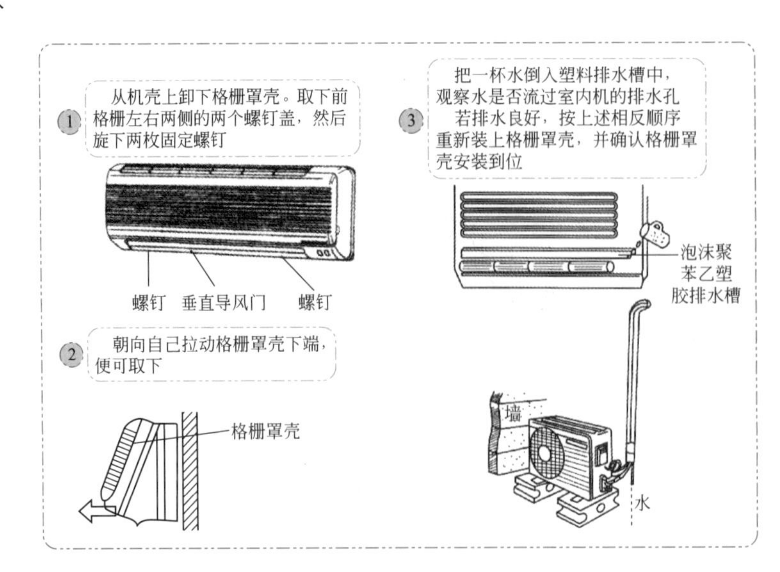

⑤ 配管与室外机组连接

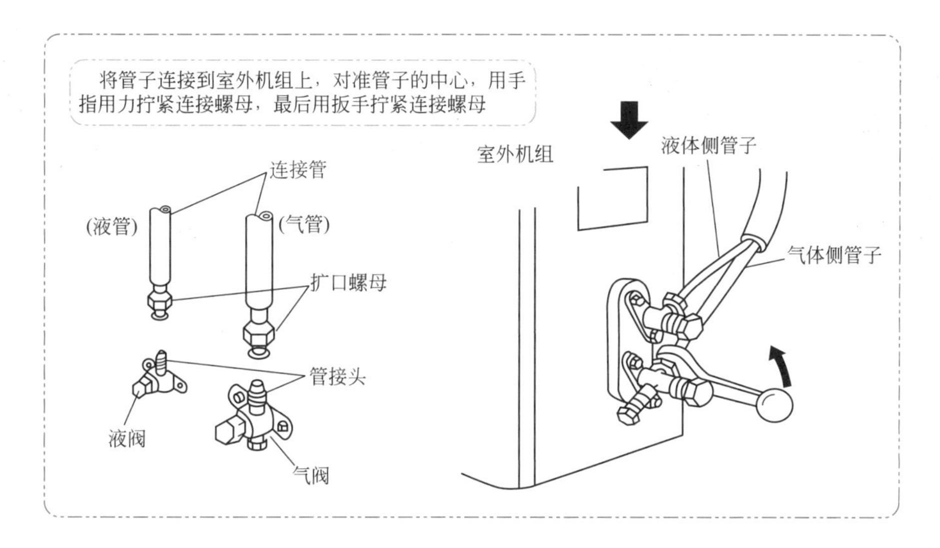

⑥ 排空气

① 从截止阀和三通阀上拆下盖帽，从三通阀上拆下辅助口盖帽

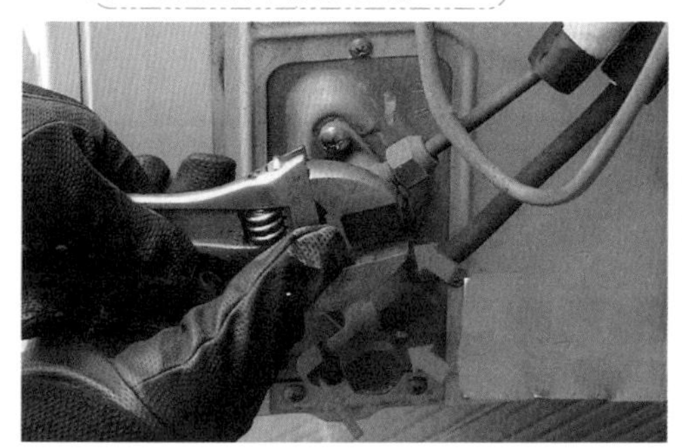

② 将液体侧的截止阀的阀芯沿逆时针方向转动约90°

③ 用内六角扳手轻轻按住三通阀辅助口气门芯，等"嗞嗞"声音发出8~10s后，停止按压气门芯

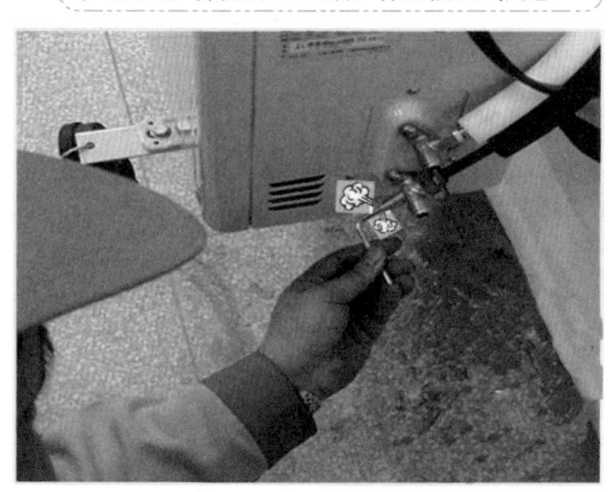

④ 用内六角扳手将截止阀和三通阀的阀芯都置于打开位置。注意阀芯一定要退到位，到位后请不要用力

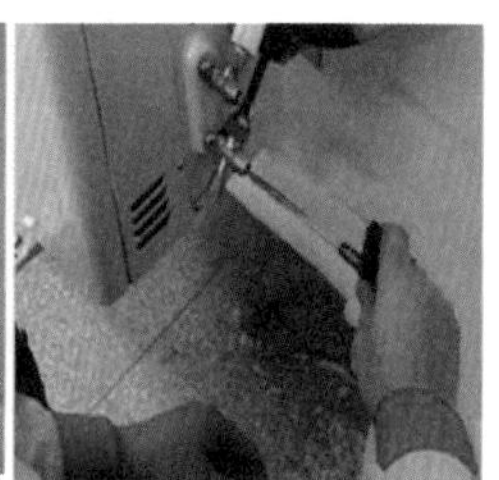

⑤ 检查管子及各接口部位是否有制冷剂泄漏现象

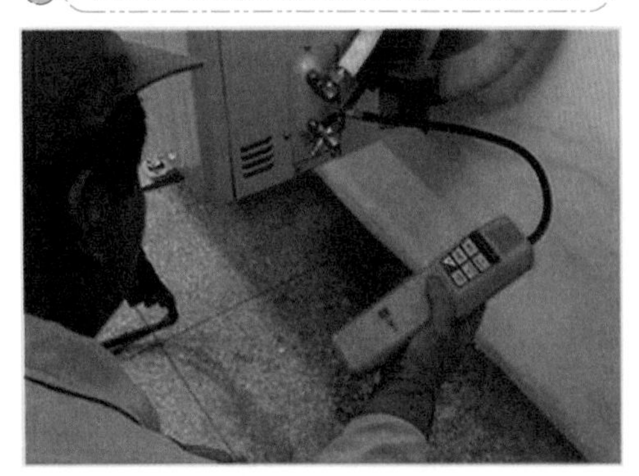

⑥ 安装辅助口盖帽、截止阀和三通阀盖帽

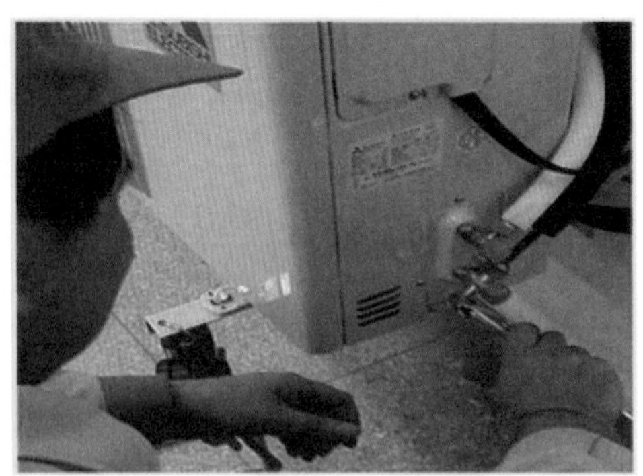

⑦ 连接电缆

❶ 连接室内侧配线

① 打开百叶面板，卸下电气盖的固定螺钉(一枚)，拆下电气盖

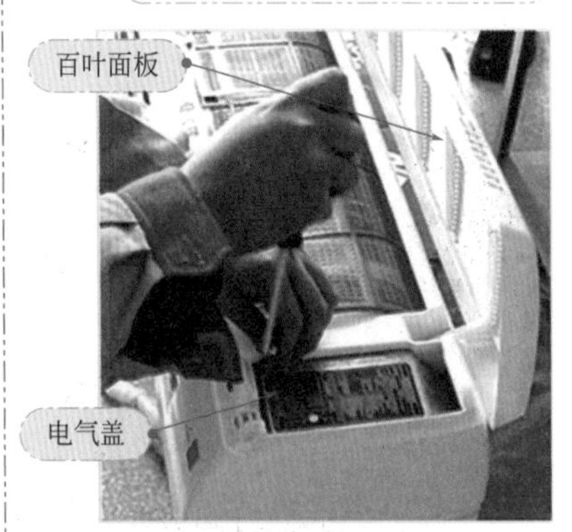

② 卸下电线固定夹的固定螺钉(一枚)，拆下电线固定夹

③ 将室内外连接线从室内机组的背面穿入，按顺序将导线接入端子台

④ 必须按照端子台上的标记接线，连接错误可能会引起触电、火灾

一定要正确、可靠地连接接地线(黄绿双色线)

确认配线的导线部分塞入端子台，不得暴露在外

接线端子螺钉拧紧后，轻轻拉动电线，确保导线已压紧

配线卡入槽内后，安装电线固定夹(确实钩住电线固定夹左侧的卡爪)电气盖装入原位合上百叶面板

❷ 连接室外侧配线

① 取下室外机组维修板的固定螺钉(2个)，拆掉维修板

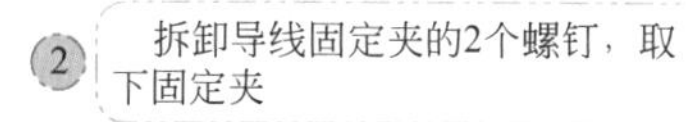

② 拆卸导线固定夹的2个螺钉，取下固定夹

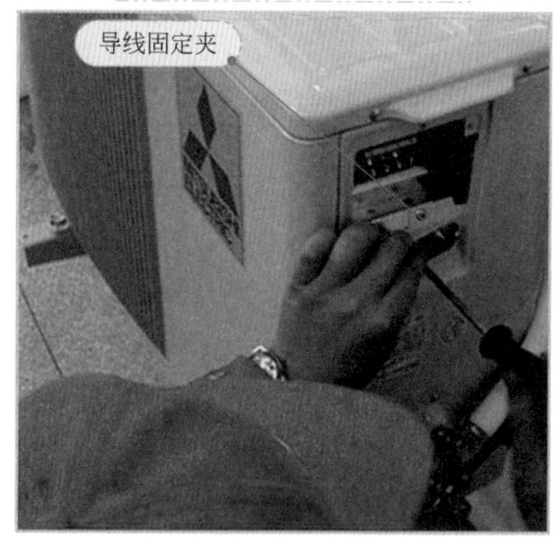

③ 将来自室内机组的配线,正确地连接到端子台上

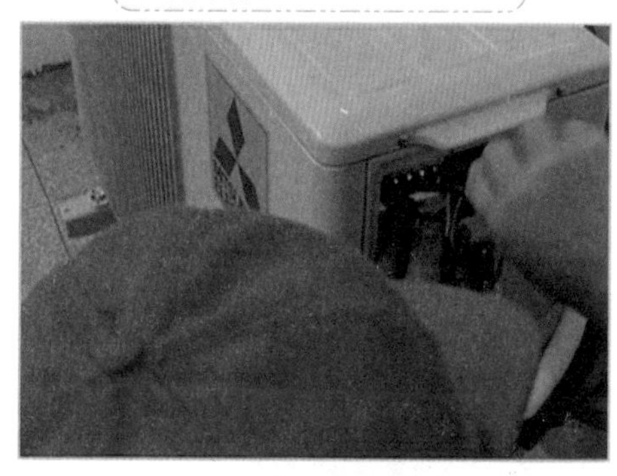

④ 确认配线连接牢固后，用拆下的固定夹将配线固定牢固

⑤ 固定维修板

⑧ 固定管路

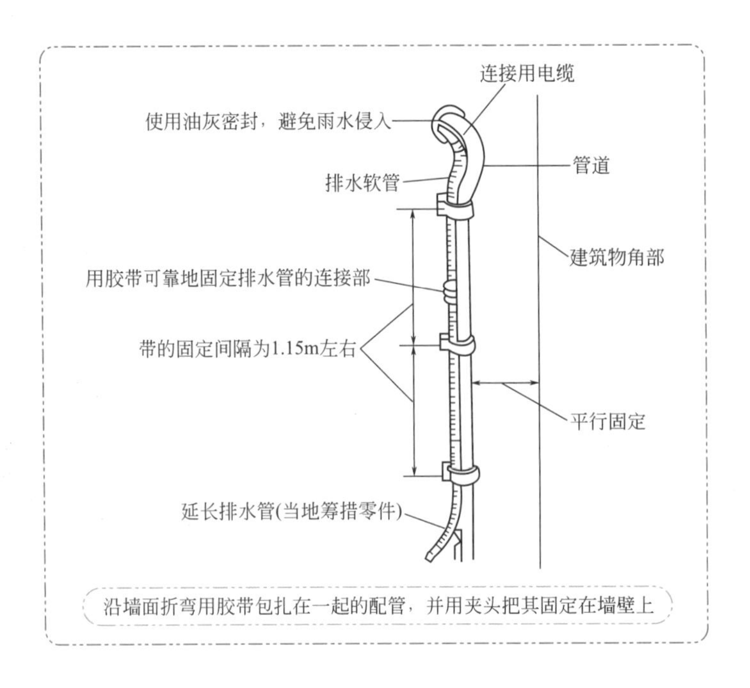

沿墙面折弯用胶带包扎在一起的配管，并用夹头把其固定在墙壁上

⑨ 试运行

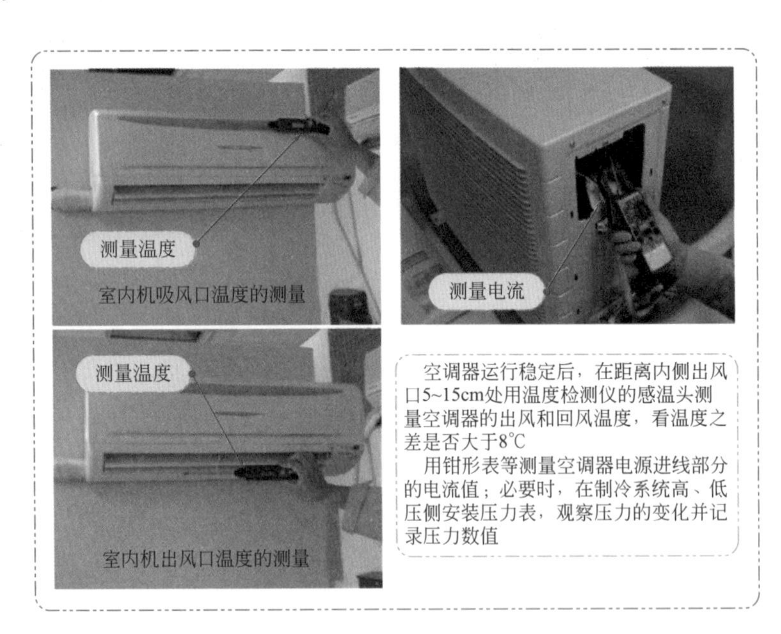

空调器运行稳定后，在距离内侧出风口5~15cm处用温度检测仪的感温头测量空调器的出风和回风温度，看温度之差是否大于8℃

用钳形表等测量空调器电源进线部分的电流值；必要时，在制冷系统高、低压侧安装压力表，观察压力的变化并记录压力数值

7.2 分体空调器的移机

用户遇到房屋搬迁、装修、改建时，空调器必须移机挪位。分体式空调器必须将室内机

及管路内的制冷剂回收，才能将机组拆开，重新安装到新地点，有时还要补充制冷剂和检漏等。只有正确操作移机，认真做好制冷管道和控制电路的拆装，才能使移机后的空调器正常工作。

7.2.1　移机前的准备

一字、十字螺丝刀各一把；8in、10in活扳手各一把；内六角扳手一套，用于关闭室外机上液阀和气阀；安全带一套，作为防护工具；4m长尼龙绳一根（用于高层住户系室外机之用）。

7.2.2　实战30——拆机步骤及方法

① 制冷剂回收（收氟）

参看3.6节内容。

② 拆卸室内机组

收氟后，首先在切断电源的情况下，拆除室内外机组间的控制电缆。若接线端子板有标记，请留心记忆；若端子板没有标记，最好要做一明显的标记，以免安装时把线接错，造成意外性故障。

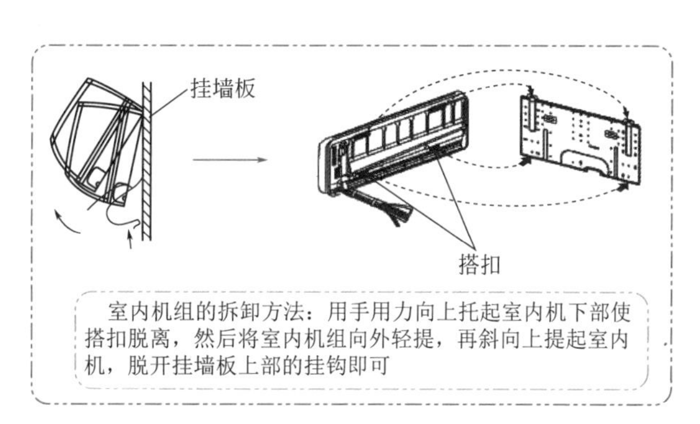

室内机组的拆卸方法：用手用力向上托起室内机下部使搭扣脱离，然后将室内机组向外轻提，再斜向上提起室内机，脱开挂墙板上部的挂钩即可

连接配管的拆卸是一项细致的工作，拆卸室内配管接头时，一定要用两把扳手，其中一把扳手固定于接头的螺口上，另一把旋松固定螺母。拆下的配管接头，应及时用封帽和塑料纸进行密封，以防潮气和灰尘进入管路内。待室外机组拆卸下来，再拆卸配管，配管从墙孔中抽出时一定要小心，应顺势进行，不要强拉硬拽。

室内机拆卸下后，再拆卸挂板。挂板若是用水泥钉锤入墙中固定的，可用冲子撬开一侧，并在冲子底下垫硬物，用锤子敲冲子能让水泥钉松动，这样拆挂板较容易。

③ 拆室外机

室外机组若在地面安装，一人即可拆卸操作。否则，拆卸室外机组需2人以上操作。先用尼龙绳一端系好室外机中部，另一端系在阳台或室内的牢固处。先从室外机上拆下控制线，再拆卸室外机。室外机固定螺钉不好拆卸时，最好的办法是用扳手拧支架螺钉，连支架一起拆下。两人配合好连架子一起抬到窗台上或室内，然后再卸固定室外机支架的四个螺钉。

室外机卸下后，把配管一端平置，从另一端抽出管路。铜管从穿墙洞中抽出时要小心，严禁折压硬拉。最后把铜管按原来弯盘绕 1m 直径的圈。

拆下的空调器若搬迁距离较远或暂时不安装，则需把内外机组用原包装或其他防护包装好。

④ 移机应注意的问题

❶ 拆机前，首先应确定空调的工作状况，一是为回收制冷剂创造条件，二是可以避免产生不必要的麻烦和纠纷。如有故障应事先跟用户说明，以避免空调器安装结束后，分辨不清责任，给结账带来麻烦
❷ 操作中，截止阀阀门必须完全打开或完全关闭，不要处于半开或半闭状态
❸ 收氟时，若看到低压液管结霜，说明截止阀阀门漏气，应加以处理。低压供液管结霜不一定就缺氟
❹ 采用涡旋式压缩机的空调器移机时需要注意的事项 涡旋式压缩机在移机收氟时容易损坏，原因在于收氟时间太长，压缩机长时间在真空状态下运行，压缩比大，压缩机温度急升，造成烧毁。因此，收氟时间不超过 3min；或观察低压表的变化，当低压表指在 0.03 ～ 0.05MPa 时，再抽 20 ～ 30s 即可；或在回收过程中异常声音后不超过 20s 即关机。移机重装后，试机运行时，需检查低压，以查明是否需要加氟，低压视气候、温度不同控制在 0.45 ～ 0.53MPa

第8章

科龙KFR-35（42）GW/F22空调器电路分析与故障维修

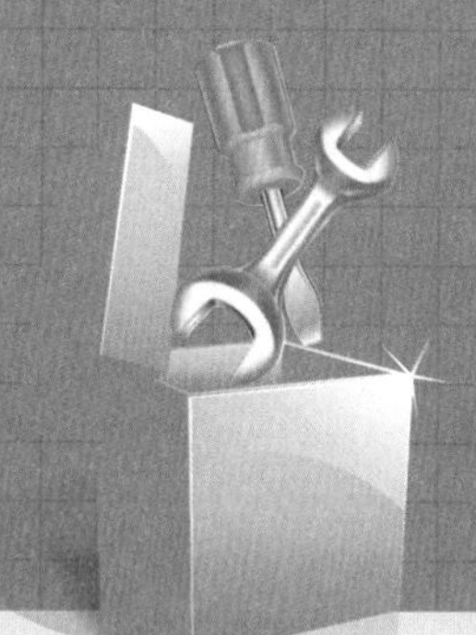

8.1 电源电路原理

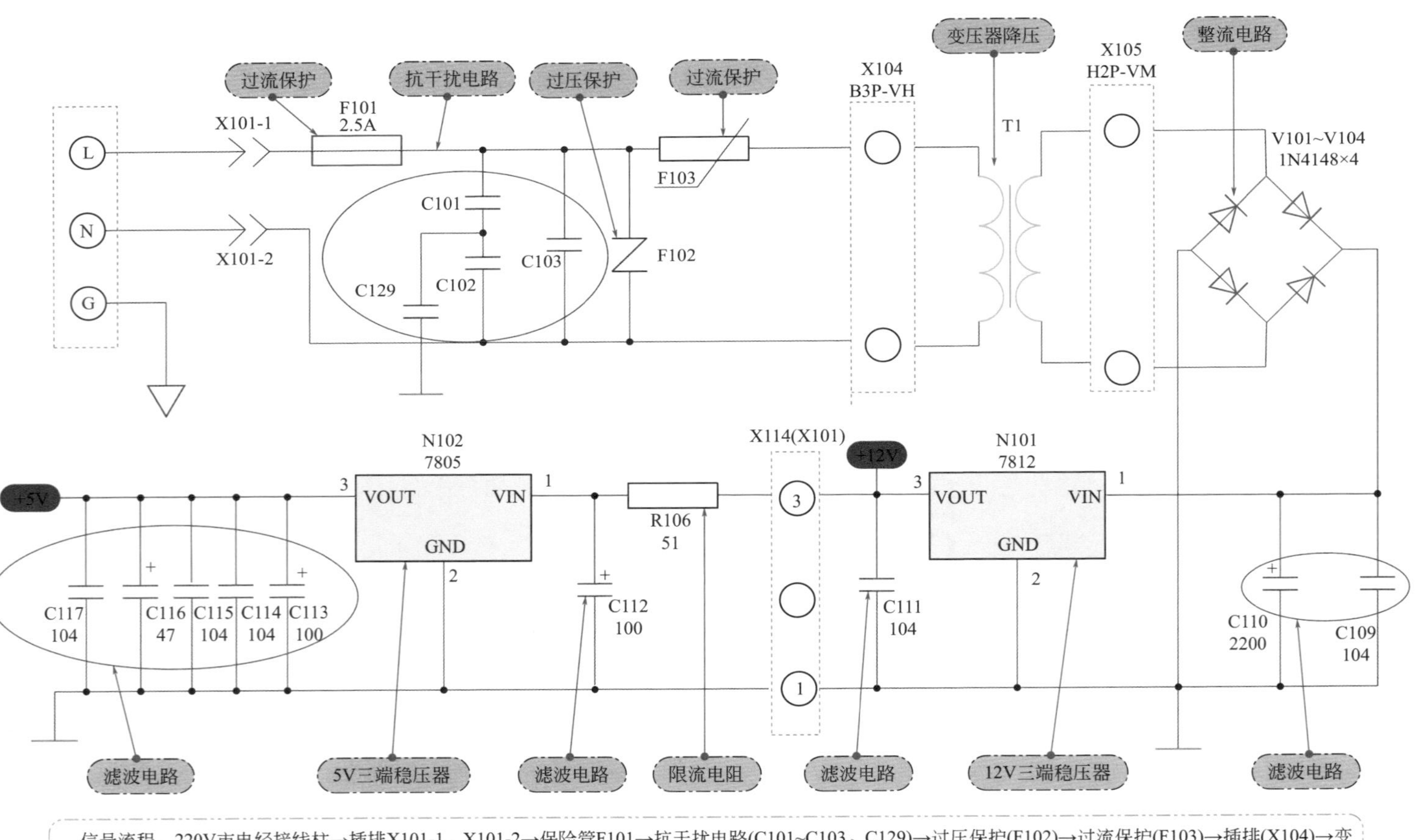

信号流程：220V市电经接线柱→插排X101-1、X101-2→保险管F101→抗干扰电路(C101~C103、C129)→过压保护(F102)→过流保护(F103)→插排(X104)→变压器降压T1→插排(X105)→桥式整流(V101~V104)→滤波(C109、C110)→三端稳压器(N101/7812)→滤波(C111)得到+12V电压+12V电压→插排(X114/X101)→限流电阻R106→滤波(C112)→三端稳压器(N102/7805)→滤波(C113~C117)得到+5V电压

8.2 单片机及工作条件电路

8.2.1 单片机引脚功能及数据

TMP87C446N 引脚功能及数据		
引脚	符号	功能及数据
1	P77	电加热控制输出（L：停；H：加热；），本机空
2	P76	换新风 / 风向电机控制输出（H：转），本机空
3	P75	外风扇控制输出（0V：停；＞ 4V：运行）
4	P74	四通阀控制输出（0V：制冷；＞ 4V：制热）
5	P73	压缩机控制输出（0V：停；＞ 4V：运行）
6	P72	蜂鸣器控制输出，按键时电压跳变
7	P71	内风速检测 / 弱风控制输出（本机前者）
8	P70	遥控信号输入，平时＞ 4V
9	P07	运行灯控制输出 / 日型 a 笔画控制输出。（本机前者）
10	P06	电加热灯控制输出 / 日型 f 笔画控制输出。（本机空）
11	P05	压缩机灯控制输出 / 日型 g 笔画控制输出。（本机前者）
12	P04	定时或功率灯控制输出 / 日型 b 笔画控制输出。（本机前者）
13	P06	功率 2 灯控制输出 / 日型 d 笔画控制输出。（本机空）
14	P02	功率 3 灯控制输出 / 显示屏 “:” 控制输出。（本机空）
15	P01	功率 4 灯控制输出 / 日型 e 笔画控制输出。（本机空）
16	P00	功率 5 灯控制输出 / 日型 c 笔画控制输出。（本机空）
17	TEST	测试，出厂时接地
18	RESET	复位信号输入，低电压复位，2.5V 左右工作
19	XIN	时钟振荡输入
20	XOUT	时钟振荡输出
21	VSS	地
22	VAREE	+5V 基准
23	P60	室温检测信号输入，5 ～ 35℃时电压为 3.61 ～ 2V
24	P61	室内盘管温度检测信号输入，70 ～ -10℃时电压为 0.7 ～ 4.3V
25	P62	室外盘管温度检测信号输入，-11 ～ 70℃时电压为 4.3 ～ 0.7V
26	P63	电流或压力检测，本机接地
27	P64	3min 延时启动检测，通电开机高电压需延时 3min
28	P65	机型选择（L：单冷机；H：冷暖机。本机为 H）

续表

TMP87C446N 引脚功能及数据		
引脚	符号	功能及数据
29	P66	窗机 / 分体机选择（L：窗机，H: 分体。本机为 H）
30	P67	联机和单机选择 / 时钟信号输出（L：联机，H: 单机。本机为 H）
31	P10	对存储器输出片选信号
32	P11	风向电机控制输出 A/ 键盘 / 指示灯控制输出。本机是前者
33	P12	风向电机控制输出 B/ 键盘和显示屏位控制输出。本机是前者
34	P13	风向电机控制输出 C/ 键盘和显示屏位控制输出。本机是前者
35	P14	内风扇控制输出 / 内风扇中风控制输出。本机是前者
36	P15	风向电机控制输出 D/ 键盘 / 指示灯组控制输出。本机是前者
37	P16	内风机控制选择（L：晶闸管; H：继电器）/ 显示屏位驱动。本机为晶闸管
38	P17	单键（L）和多键（H）选择 / 显示屏位驱动。本机为单键方式
39	P20	AC 过零脉冲检测 / 强风控制输出。本机为前者
40	P21	外接键盘
41	P22	硬件选择 / 键盘
42	VDD	+5V 电源

8.2.2 单片机工作条件电路

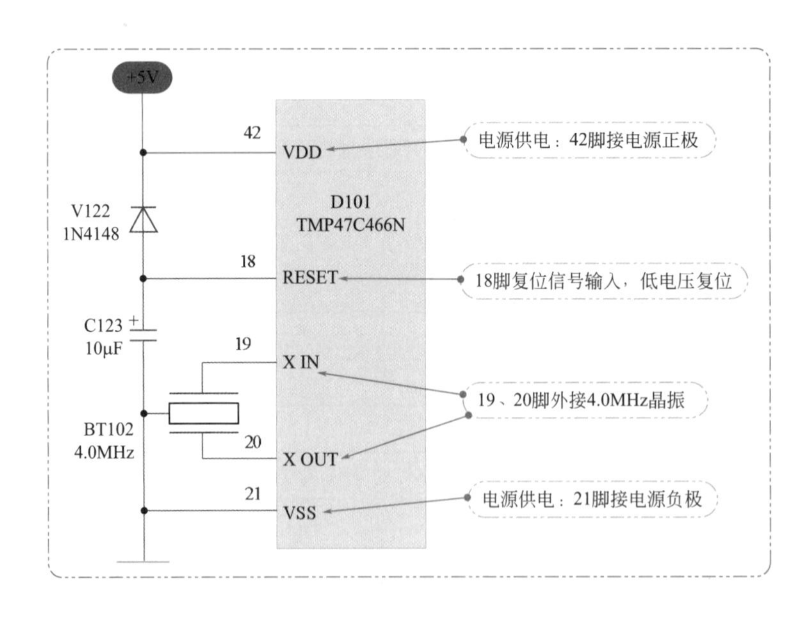

8.2.3 存储器电路

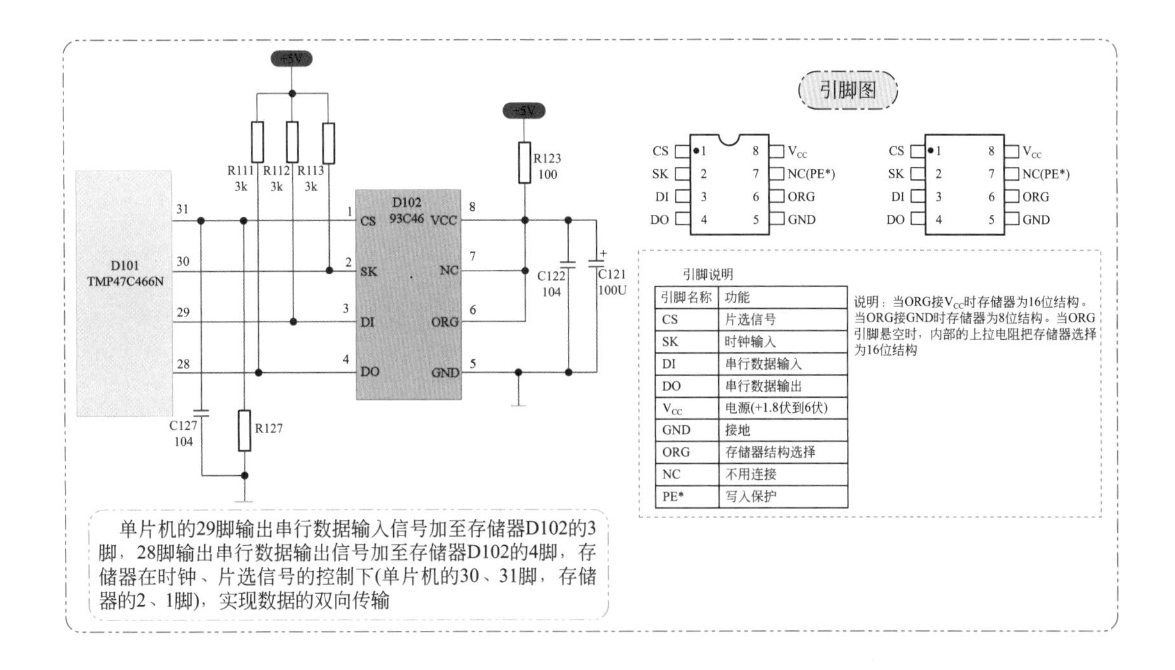

引脚名称	功能
CS	片选信号
SK	时钟输入
DI	串行数据输入
DO	串行数据输出
V_{CC}	电源(+1.8伏到6伏)
GND	接地
ORG	存储器结构选择
NC	不用连接
PE*	写入保护

8.3 控制电路原理

8.3.1 压缩机控制电路

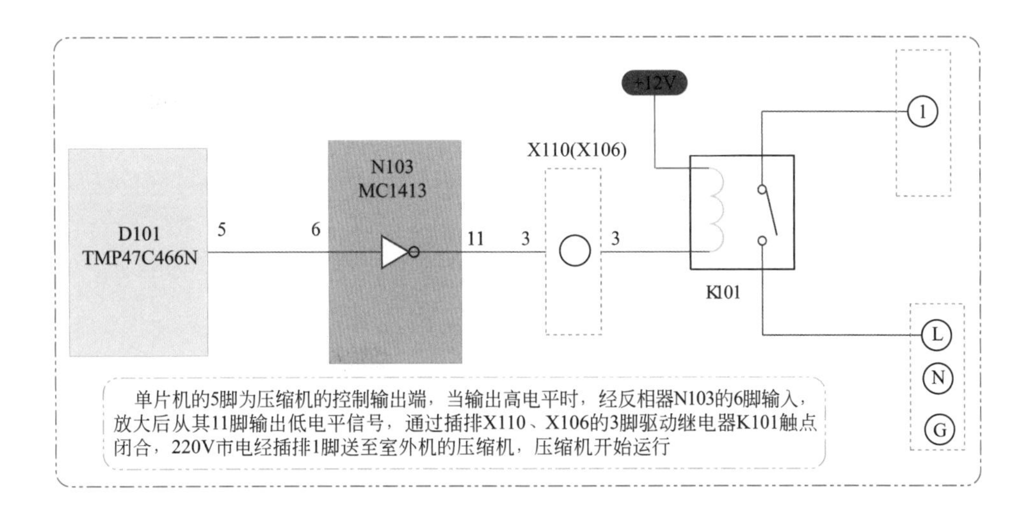

8.3.2 外风机和四通阀控制电路

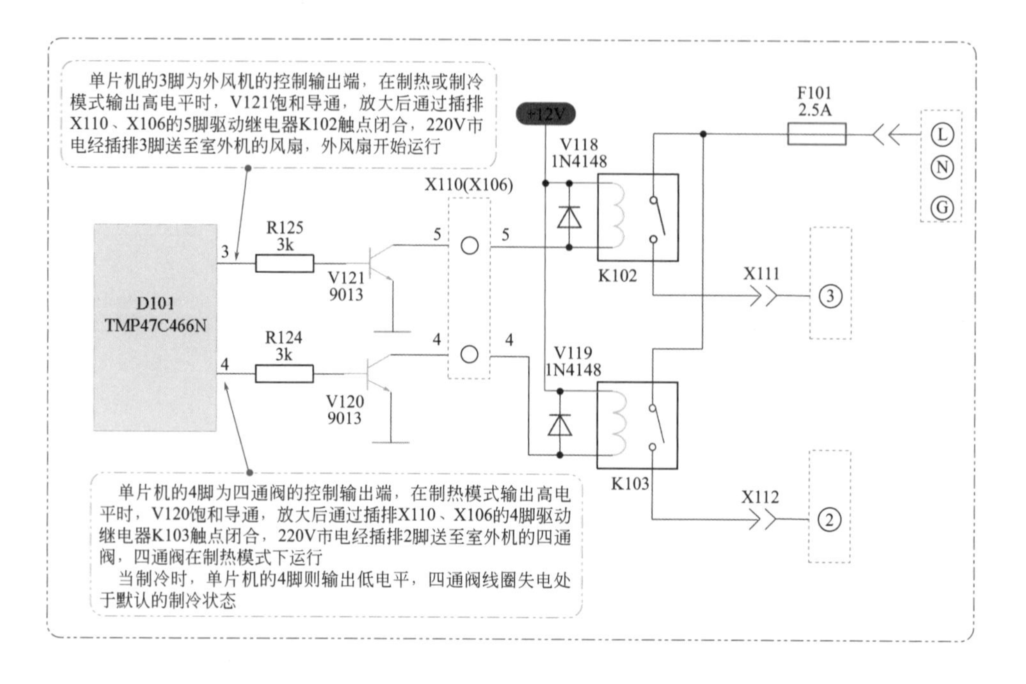

8.3.3 内风机控制电路

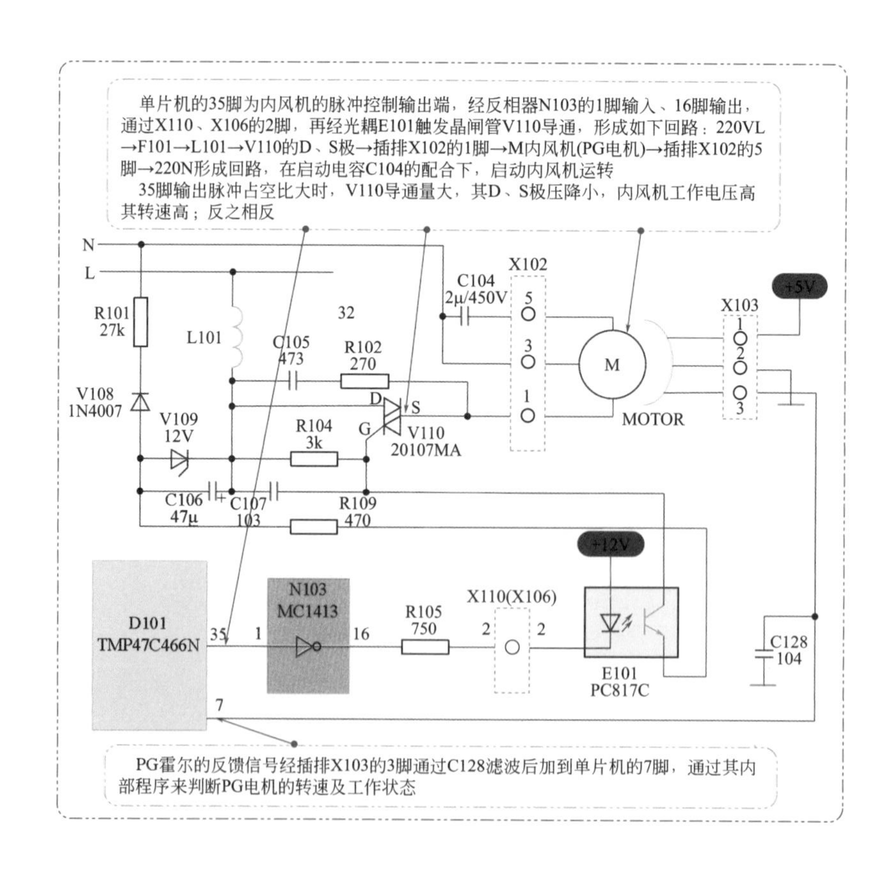

8.3.4 扫风电机控制电路

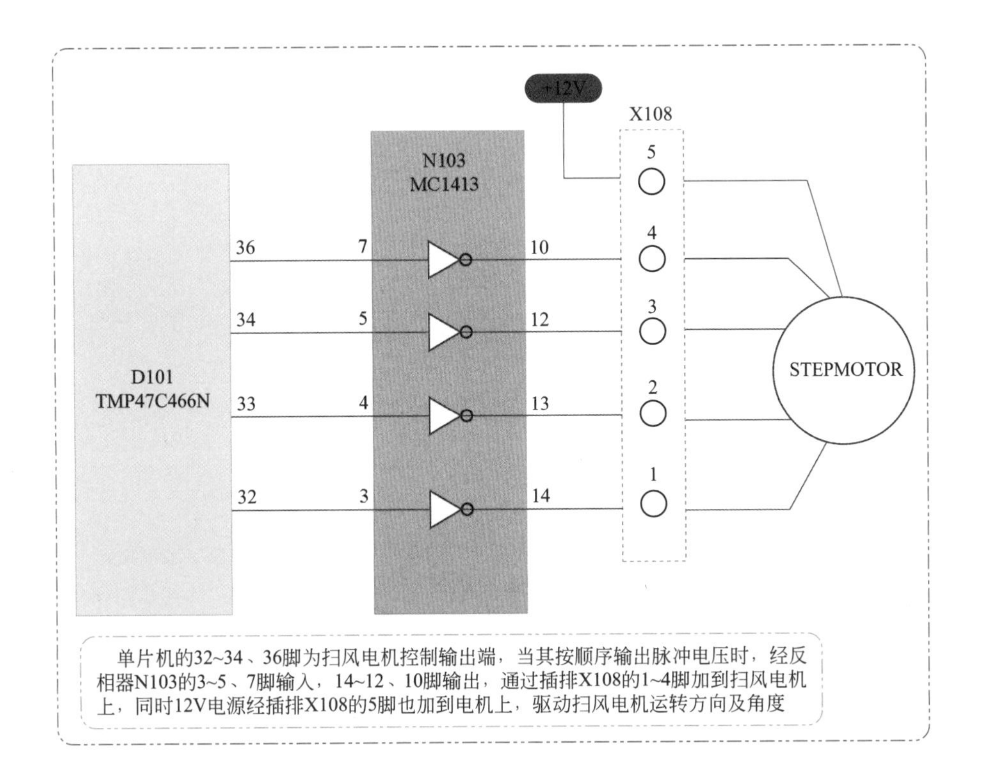

8.3.5 传感器检测电路

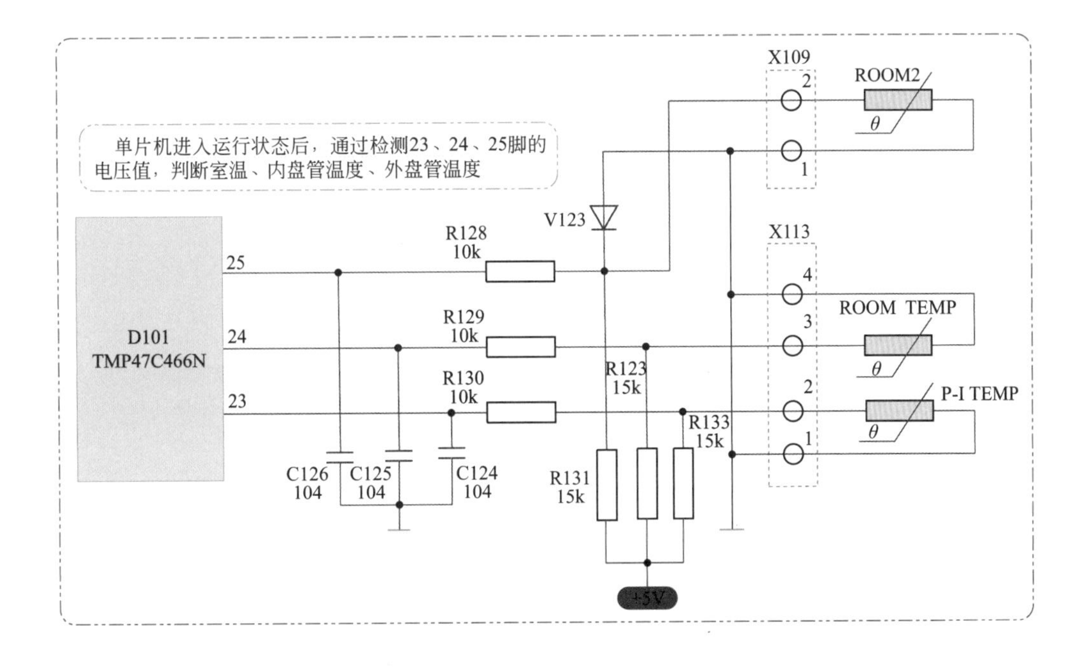

8.3.6 蜂鸣器报警电路

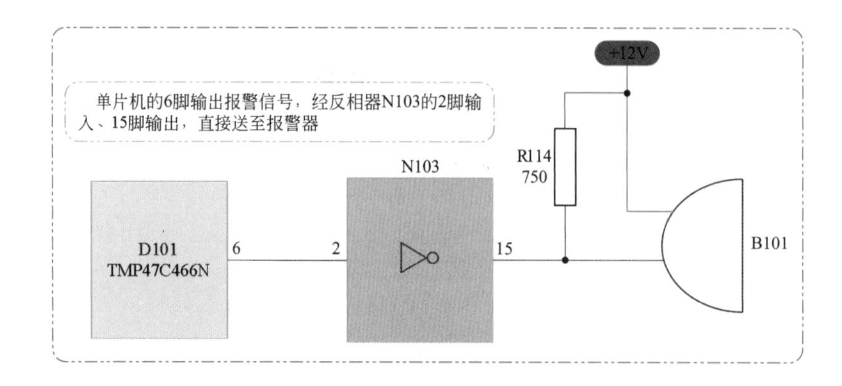

8.3.7 遥控接收机指示灯电路

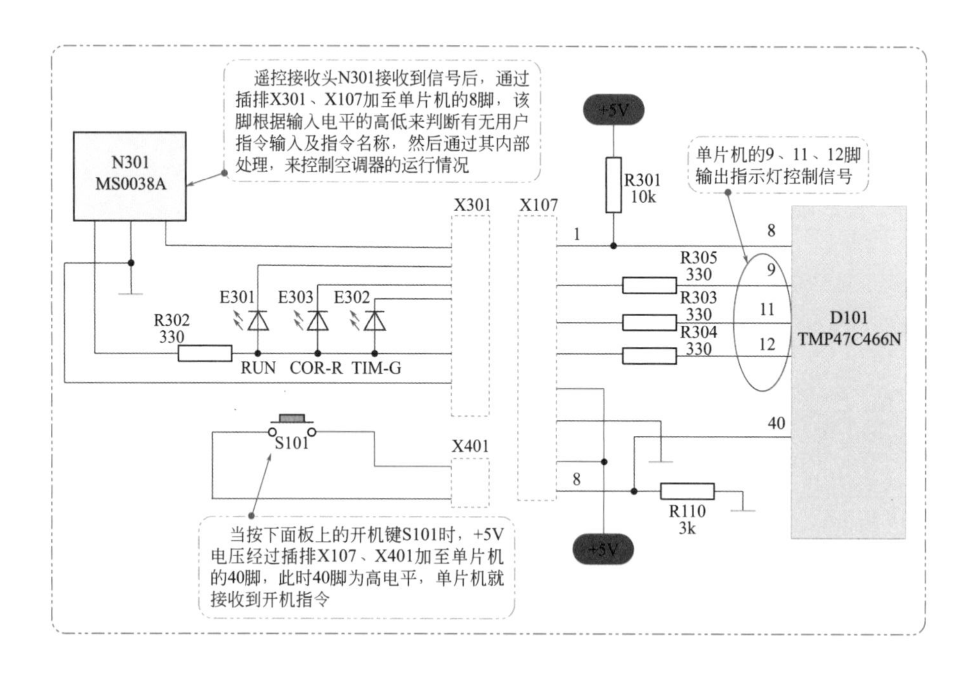

8.4 常见故障检修

故障现象	可能异常的元件	备注
全无，保险管烧毁或通电就掉闸	压敏电阻F102、电容C101～C103击穿	有炸裂、黑炭点现象
	变压器T1烧毁后而使绕组断路	一般初级绕组阻值在几百欧，次级在几十欧

续表

故障现象	可能异常的元件	备注
全无，+5V 电压异常	变压器初级绕组开路、插排接触不良	前者，初级绕组端有 220V 电压，次级绕组没有电压输出
	V101 ～ V104 击穿或损坏，C109、C110 漏电	+12V 电压也异常，且 7812 的 1 脚电压 < +13V
	稳压器 7812 损坏，C111、C112、反相器 N103 的供电引脚 9 脚有短路发生	+12V 电压也异常，但 7812 的 1 脚电压 > +14V
	R106 变大，三端稳压器 7805 损坏，C113 ～ C117 漏电	+12V 电压正常。R106 损坏，7805 的 1 脚电压 < 8V
全无，+5V 电压正常	晶体 BT102 损坏，C123 失效，存储器 D102 损坏	如单片机的 42 脚≥4.8V、18 脚为 2.5V、19/20 脚电压为 0.4V ～ 2.6V，依次更换 C123、B101、D102
	C123、V122 漏电	单片机的 18 脚复位电压异常，应为 2.5V 左右
开机 1min 保护停机	V105 ～ V107 损坏，R107 ～ R109 变大	单片机的 39 脚电压为 0V 或 +5V，35 脚内风机控制电压为 0V（内风机不转）
	V109、C106 漏电，V108、R101、L101 变大	PC817C 的 3 脚无 -12V 电压，单片机的 35 脚电压≥ 0.1V（内风机不转）
	插排 X110 不良、V110、PC817C、反相器 N103 损坏	PC817C 的 3 脚有 -12V，单片机的 35 脚电压≥ 0.1V（内风机不转）
不制冷，制热正常	继电器 K103 触点有粘连现象，V120 的发射 - 集电结击穿	单片机的 4 脚电压为 0V 制冷值，但 K103 触点闭合，四通阀有 220V 供电
不制热，制冷正常	R111 阻值变大	单片机的 28 脚电压低，使 4 脚（四通阀控制）电压为 0V 关闭值
	X110 不良，K103、R124、V120 损坏	K103 触点不能接通，但单片机的 4 脚电压 > 4V（四通阀开启值）
仅显示正常	稳压器 7812 不良、V1 ～ V4 变大，C110 失效	+12V 电源电压低，继电器、反相器等工作电压不足
报警	某一传感器不良，插排接触不良	温度在 10 ～ 40 ℃时阻值应为 30.6 ～ 7.8kΩ，且同温度下阻值相同
	+5V 电源电压低	电源本身有问题或后级负载有短路
	C124 ～ C126、V123 击穿，R128 ～ R133 变大	单片机的 23 ～ 25 脚接近于 0V 或 +5V
面板应急开关失控	开关本身损坏、插排 X104 不良	检查插排，更换开关
遥控失控或范围小	接收窗脏，接收器不良	更换遥控器或遥控接收头

续表

故障现象	可能异常的元件	备注
3min延时错误	C118失效，V111损坏，R115和R116变大	断电10min后，通电开机仍延时3min启动压缩机
	C118漏电、击穿	断电后，立即通电开机，压缩机就启动或延时＜2min
内风扇转两次停机	X103插排不良，C128漏电	拨动扇叶X103的3脚电压无跳变或很小，后者使X103的3脚电压接近于0V
自动停机，蜂鸣器连响三声	内盘管传感器、R132变值、C125漏电	单片机的24脚电压≤0.8V，判断T（内盘管）≥63℃，执行过热保护
自动停机或室外机不转	室温传感器及插排不良，R130、R133变大	单片机的23脚电压异常而误判室温不正常，同温时应与24脚电压相同
	内盘管传感器及插排不良，R132、R129变大	单片机的24脚电压＜3.9V，判断T（内盘）＜-1℃，执行过冷保护
仅压缩机不转	插排X110不良，K101、反相器N103损坏	单片机的5脚电压＞4V，但K101触点断开，压缩机无市电供电
继电器乱响	+5V电压低，复位、振荡器损坏	单片机的3～5脚电压乱跳，参看全无类故障
	N103、V120、V121、X110不良	单片机的3～5脚电压稳定
蜂鸣器不响	蜂鸣器本身损坏、N103异常	后者，按键蜂鸣器两端电压无跳变，但单片机的6脚电压跳变
内风机转速慢	C104变质，V110、N103损坏，R105变大	后三者使内风机工作电压低

8.5 电脑板测试

科龙KFR-35(42)GW/F22空调器电脑板测试

步骤	测试部位	正常数据	异常措施
❶	电源插头两端	几百至几千欧姆	检查保险管F101、变压器T1、热敏电阻F103是否开路，插排是否接触不良
❷	各传感器两端电压	1.6～3.3V，加热电压下降	检查温度传感器阻值是否异常，插排是否接触不良
❸	风速插排X103的3脚电压	拨动内扇叶电压变化	测量1脚+5V电压，检查C128是否漏电，如是，更换电机
拔掉电脑板所有插头，插排X105单独接交流14V变压器，三个温度传感器用15kΩ固定电阻代换			

续表

<table>
<tr><th>步骤</th><th>测试部位</th><th colspan="2">正常数据</th><th>异常措施</th></tr>
<tr><td>④</td><td>+5V 电源（7805 的 3 脚或 C113 两端）</td><td colspan="2">+5V 左右</td><td rowspan="3">均异常，检查 C109、C110、V101 ～ V104 是否漏电或失效；仅 +17V 电压正常，检查 C111、C112、N103 的 9 脚是否漏电，如果漏电，则更换 7812；仅 +5V 电压异常，检查插排 X114 是否接触不良，R106 是否变大，C113 ～ C117 是否漏电，如是，更换 7805</td></tr>
<tr><td>⑤</td><td>+12V 电源（7812 的 3 脚或 C111 两端）</td><td colspan="2">+12V 左右</td></tr>
<tr><td>⑥</td><td>+17V 电源（7812 的 1 脚或 C110 两端）</td><td colspan="2">+14 ～ 23V</td></tr>
<tr><td>⑦</td><td>单片机的 23 ～ 25 脚电压</td><td colspan="2">相同，2.5V 左右</td><td>C124 ～ C126、V123 是否漏电，R128 ～ R133 阻值是否变大</td></tr>
<tr><td>⑧</td><td>N103 的 11、15、16 脚电压</td><td colspan="2">+12V 左右</td><td>检查这几个引脚是否有漏电现象，X110 是否接触不良，K101、B101、PC817 是否有问题</td></tr>
<tr><td>⑨</td><td>V120、V121 的集电极电压</td><td colspan="2">+12V 左右</td><td>检查 ce 结是否击穿，X110 是否接触不良，继电器 K102、K103 线圈是否开路</td></tr>
<tr><td>⑩</td><td>单片机的 39 脚（过零检测）电压</td><td colspan="2">非 0V、非 +5V</td><td>检查 X101 是否接触不良，V105/V106/V107 是否损坏，R107 ～ R109 是否变大</td></tr>
<tr><td>⑪</td><td>C106 两端电压</td><td colspan="2">+12V 左右</td><td>检查 L101 是否开路，R101 是否变大，V108 是否损坏，V109 和 C106 是否漏电等</td></tr>
<tr><td colspan="5">室温传感器插排 X113 的 1、2 脚改接为 10kΩ 的电阻（相当于室温在 35℃左右），3min 后开机</td></tr>
<tr><td>⑫</td><td>瞬间短路 X107 的 7、8 脚</td><td colspan="2">制冷运行，继电器响</td><td>如单片机的 40 脚电压在按键时为 0V；检查单片机工作条件（如 42 脚电压≥ 4.8V，18 脚电压为 2.5V，19/20 脚电压为 0.4 ～ 2.8V），更换晶振 BT102、复位电容 C123</td></tr>
<tr><td>⑬</td><td>单片机的 5 脚压缩机、3 脚外风机、35 脚内风扇电压</td><td>≥ 4V、≥ 4V、≥ 0.01V</td><td rowspan="4">开机 1min 内</td><td>均为 0V，检查单片机工作条件电路；仅 5、3 脚电压为 0V，检查 3min 延时器件 R115、R116、V114、C118 是否损坏</td></tr>
<tr><td>⑭</td><td>K101、K102 线圈电压</td><td>两端间＞ 8V</td><td>前者，更换 N103；后者，检查 V121 是否损坏、V118 是否漏电</td></tr>
<tr><td>⑮</td><td>K101、K102 触点间</td><td>接通</td><td>更换该继电器</td></tr>
<tr><td>⑯</td><td>晶闸管 V110 的 D、S 极间</td><td>＜ 500kΩ</td><td>检查 R109、R105 是否变大，V110、N103、PC817C 是否损坏</td></tr>
<tr><td colspan="5">断电后，室温传感器改用 25kΩ 固定电阻（相当于室温在 15℃左右），5min 后开机</td></tr>
<tr><td>⑰</td><td>单片机的 4 脚（四通阀控制）电压</td><td>＞ 4V</td><td rowspan="3">开机 1min 内</td><td>28 脚单冷 / 冷暖设置应为高电压，否则检查 R111 阻值是否变大</td></tr>
<tr><td>⑱</td><td>继电器 K103 线圈两端电压</td><td>＞ 8V</td><td>V120 是否损坏，R124 是否变大</td></tr>
<tr><td>⑲</td><td>继电器 K103 触点间</td><td>接通</td><td>更换这个继电器</td></tr>
<tr><td>⑳</td><td>恢复电脑板安装</td><td colspan="2">空调器应正常工作</td><td>根据故障现象进行检查</td></tr>
</table>

第9章

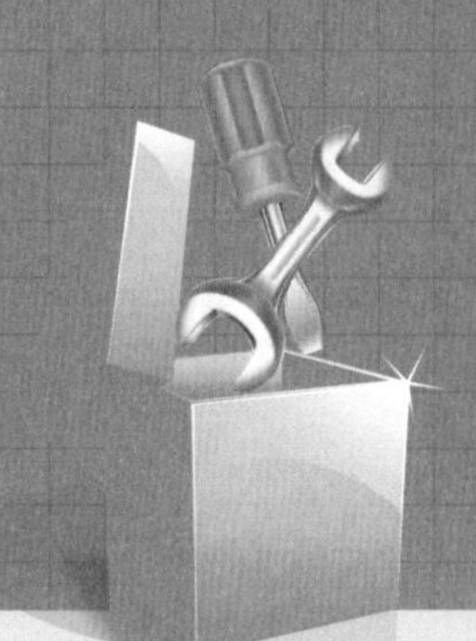

志高 KFR-30D/A 空调器电路分析与故障维修

9.1 电源电路

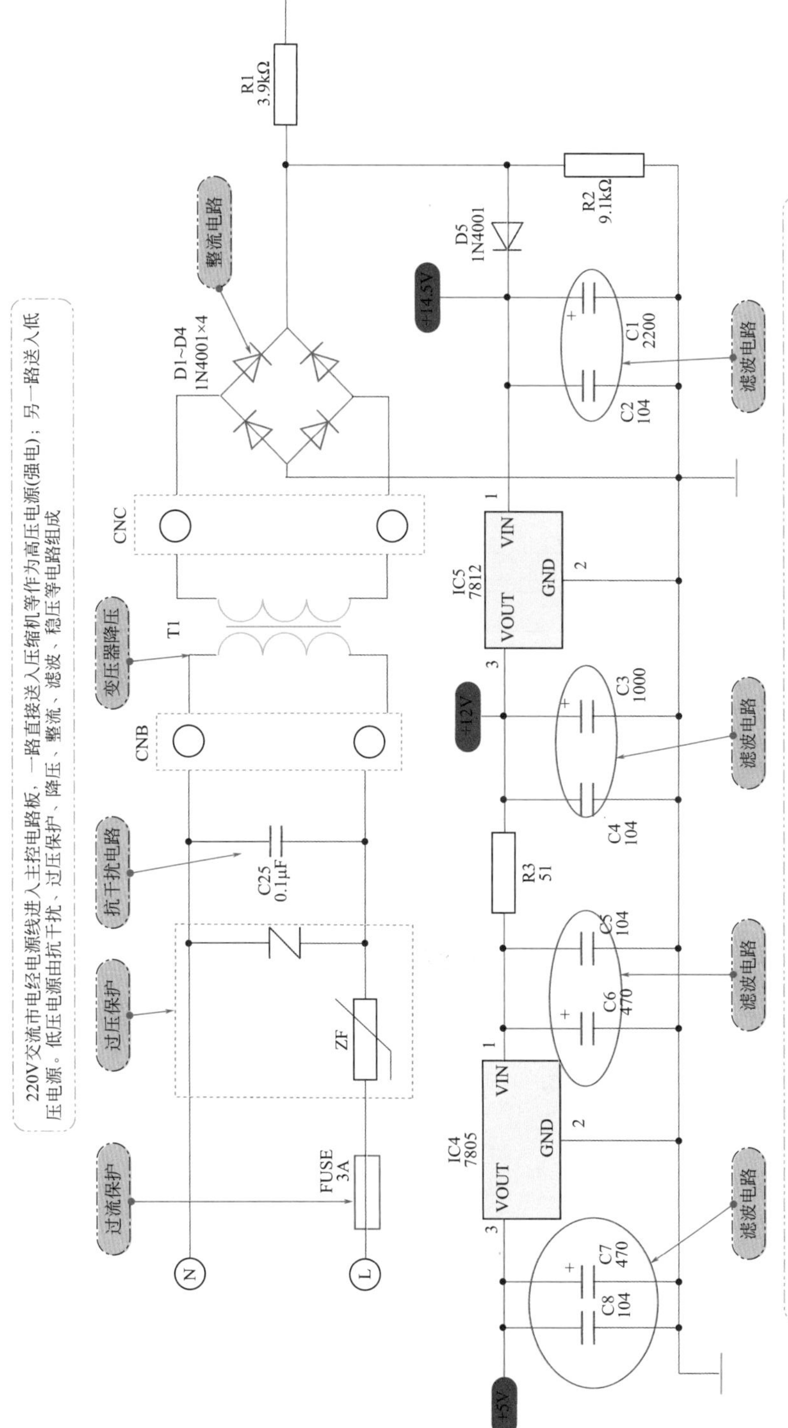
220V交流市电经电源线进入主控电路板，一路直接送入压缩机等作为高压电源(强电)；另一路送入低压电源。低压电源由抗干扰、过压保护、降压、整流、滤波、稳压等电路组成
过流保护
过压保护
抗干扰电路
变压器降压
整流电路
滤波电路
滤波电路
滤波电路
滤波电路
N
L
FUSE
3A
ZF
C25
0.1μF
CNB
T1
CNC
D1~D4
1N4001×4
R1
3.9kΩ
R2
9.1kΩ
D5
1N4001
+14.5V
C1
2200
C2
104
IC5
7812
VIN
GND
VOUT
+12V
C3
1000
C4
104
R3
51
C5
104
C6
470
IC4
7805
C7
470
C8
104
+5V
工频市电经保险管FUSE后，进入ZF过压保护和C25组成的抗干扰电路，经插排CNB输入到变压器T1的初级。变压器降压后的交流低压，直接送入桥式整流器D1~D4，经整流后，变为脉冲直流电压，一路经R1送至过零检测电路，另一路经D5隔离，电容C1滤波，成为低压直流电，经过三端稳压器IC5(7812)稳压，输出+12V直流电压，供继电器等使用；+12V直流电压再经三端稳压器IC4(7805)稳压，输出+5V直流电压，供单片机等小信号电路使用。其中，电容C2、C4、C5、C8为高频滤波电容，R3是π型滤波电阻

9.2 单片机及工作条件电路

9.2.1 单片机

该机的单片机是 SAMSUNG（三星）公司生产的，其型号为 S3P9404DZZ-AYB4，电路图中的标号为 IC1。

单片机 S3P9404DZZ-AYB4 引脚功能			
脚号	功能	脚号	功能
1	地	16	室内盘管温度检测信号输入
2	时钟振荡信号输入	17	室内温度检测信号输入
3	时钟振荡信号输出	18	市电过零检测信号输入
4	地	19	室内风扇转速检测信号输入
5	显示屏位控制信号输出	20	遥控信号输入
6	显示屏位控制信号输出	21	应急操作信号输入
7	复位	22	蜂鸣器启动信号输出
8	四通阀控制信号输出	23	显示屏驱动信号 2 输出
9	室外风扇电机控制信号输出	24	步进电机驱动信号输出
10	室内风扇电机控制信号输出	25	步进电机驱动信号输出
11	电加热器控制信号输出	26	步进电机驱动信号输出
12	压缩机控制信号输出	27	步进电机驱动信号输出
13	单冷 / 冷暖机型设置	28	显示屏驱动信号 2 输出
14	地	29	指示灯控制信号输出
15	+5V 参考电压输入	30	+5V 供电

9.2.2 单片机工作条件电路

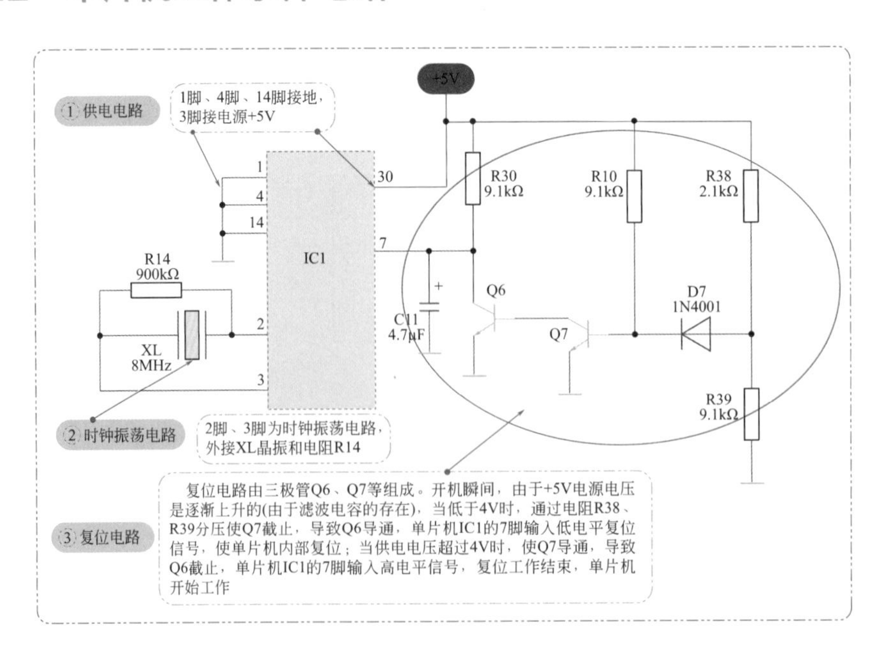

9.3 各控制功能原理

各控制功能主要有：压缩机、四通阀、室外风机、室内风机、风向电机、电加热器等。

9.3.1 压缩机的控制

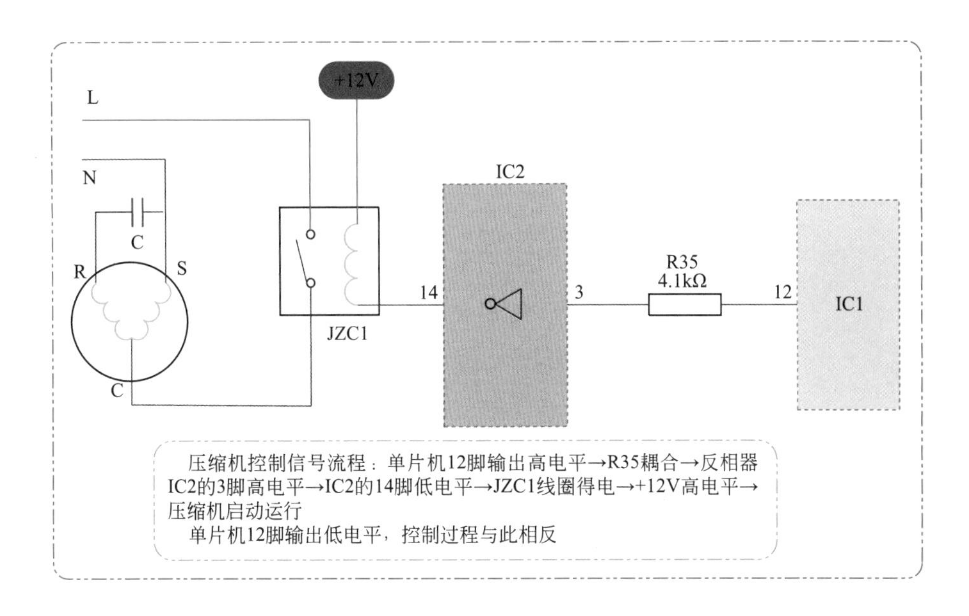

9.3.2 四通阀的控制

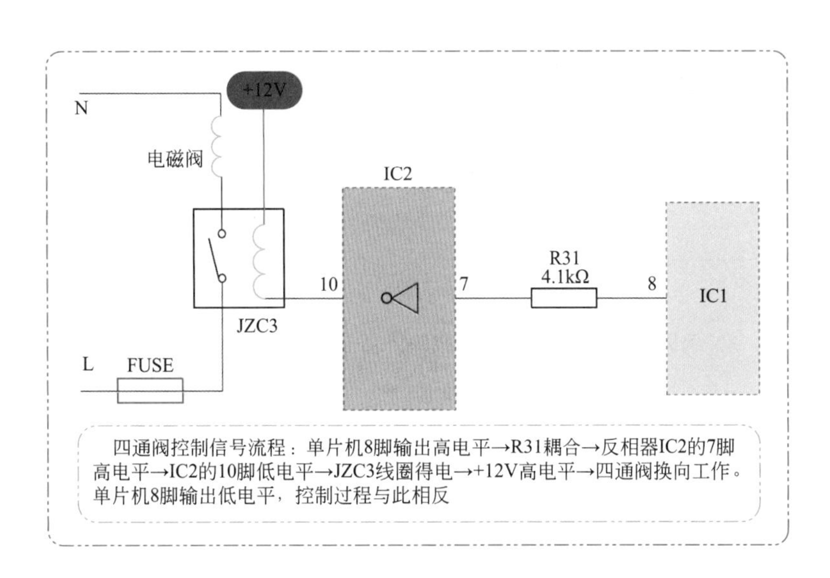

9.3.3 室外风机的控制

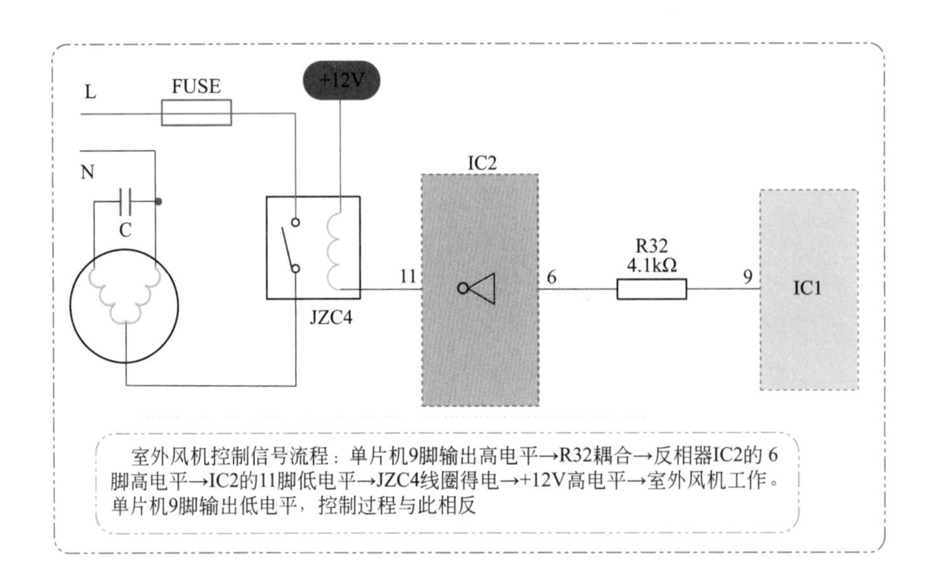

9.3.4 室内风机的控制

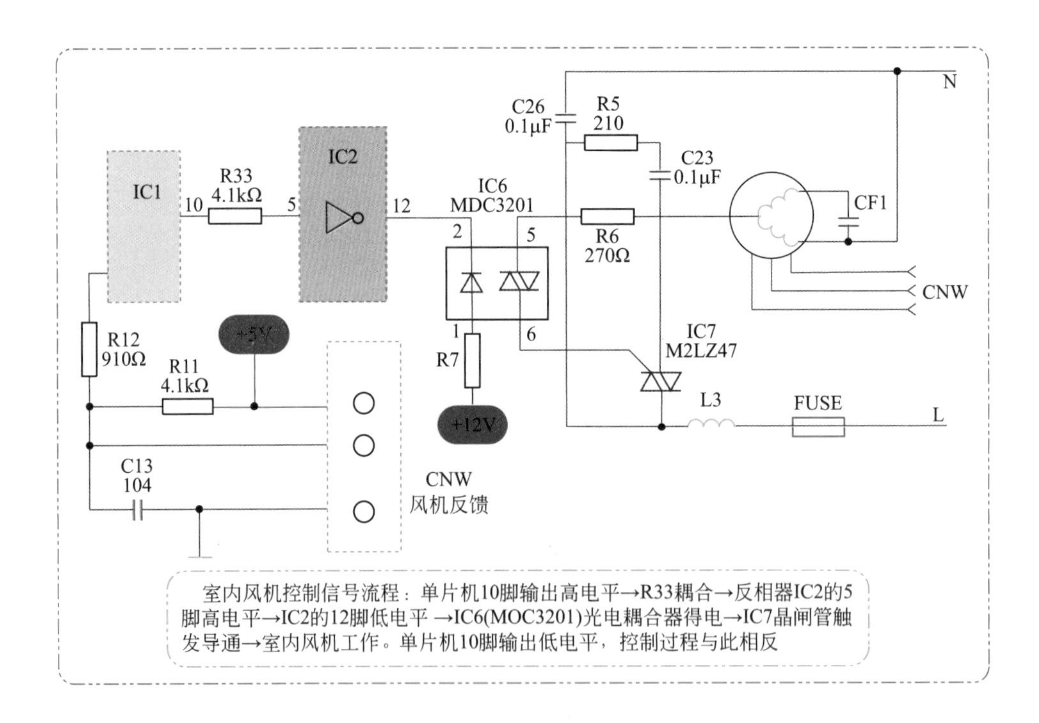

速度调节原理	当用户通过遥控器降低风速时，遥控器发出的信号被单片机识别后，使其 10 脚输出的控制信号的占空比增大，通过上述流程信号，为 IC7 晶闸管提供的导通电压就减小，为室内风扇电机提供的电压减小，室内风扇电机转速下降。反之，控制过程相反

续表

转速检测原理	室内风扇电机内部装有用于检测转速的霍尔传感器。当室内风扇电机旋转后，使霍尔传感器输出端输出测速信号，即PG脉冲信号。该脉冲信号通过连接器CNW输入到单片机电路，再通过电阻R12送至单片机IC1的19脚。当电机的转速高时，PG脉冲的个数就增多，也就是PG脉冲的频率升高，被单片机识别后判定电机转速过高，单片机的10脚输出的控制信号的占空比减小，室内风扇电机转速下降。反之，控制过程相反
防冷风控制原理	制热初期，由于室内盘管温度较低，感温传感器的阻值较大，+5V电压通过该传感器与电阻R25取样后产生的电压较小，通过C17滤波，经R22送至单片机IC1的16脚提供的电压较小，单片机将该电压与其内部存储的室内盘管温度的电压数据进行比较后，判定室内温度较低，它的10脚无室内风扇电机启动信号输出，室内风扇电机不工作；当室内盘管的温度随着制热的不断进行而升高到需要值后，管温传感器的阻值减小，通过取样后为单片机的16脚提供的电压较大，单片机识别出室内盘管的温度升高到需要值，确定室内风扇电机可以运转，于是使它的10脚输出驱动信号，室内风扇电机开始运转，将室内热交换器产生的热量吹向室外，实现制热初期的防冷风控制

9.3.5 风向电机的控制

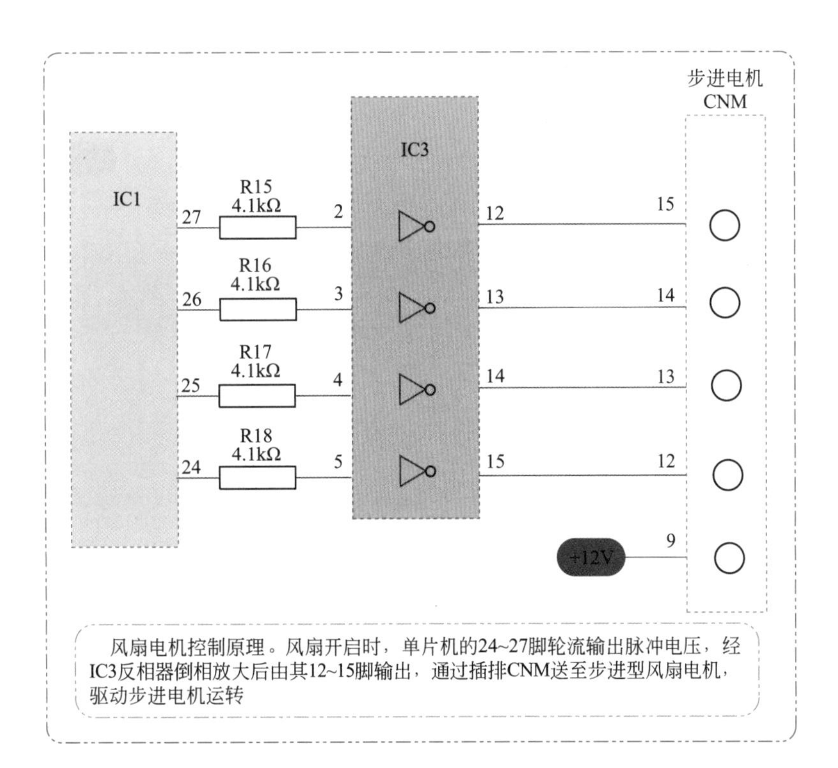

风扇电机控制原理。风扇开启时，单片机的24~27脚轮流输出脉冲电压，经IC3反相器倒相放大后由其12~15脚输出，通过插排CNM送至步进型风扇电机，驱动步进电机运转

9.3.6 电加热器的控制

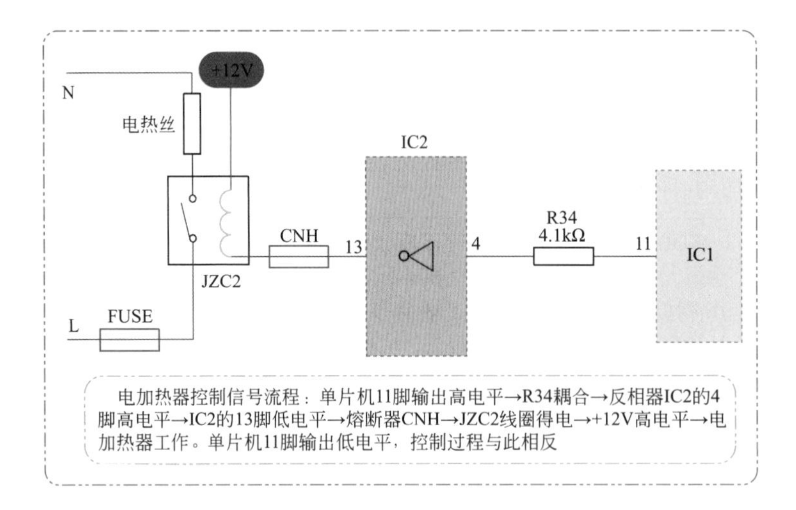

9.4 制冷、制热控制原理分析

9.4.1 制冷控制

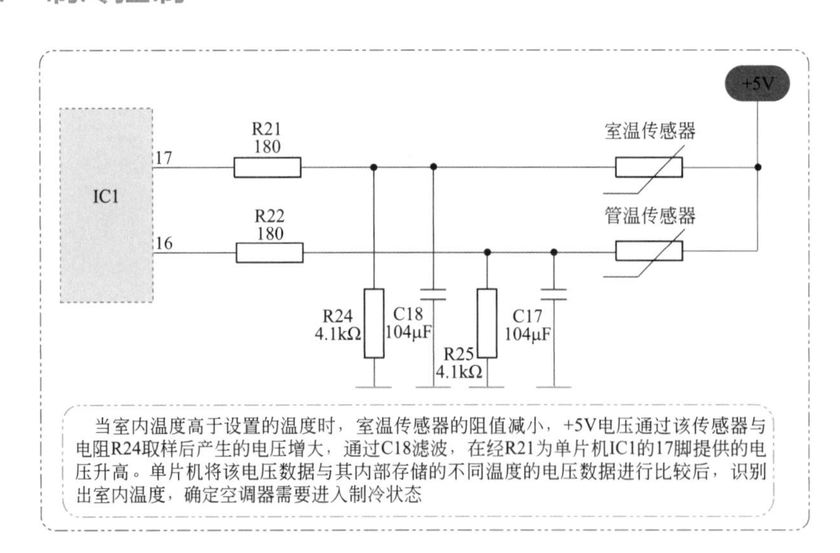

制冷控制原理
空调器进入制冷状态时，它的9脚、12脚输出高电平，室外风扇、压缩机开始工作；8脚、11脚输出低电平，四通阀不工作（在制冷状态）、电加热器不加热。10脚输出的激励脉冲信号使室内风扇电机旋转，加速室内热交换器内的制冷剂气化吸热，实现室内降温的目的。随着压缩机和各个风扇电机的不断运行，室内的温度开始下降。当温度达到要求后，室温传感器的阻值增大，+5V电压通过该传感器与R24分压产生的电压减小，使单片机的17脚电压减小，单片机输出停机信号，使压缩机和风扇电机停止运转，制冷工作暂时结束，进入保温状态。随着保温时间的延长，室内的温度逐渐升高，室温传感器的阻值逐渐减小，重复以上过程，空调器再次启动制冷工作

9.4.2 制热控制

制热控制原理
制热和制冷过程基本相同，不同之处有三个：一是单片机识别到 17 脚的电压，确定该机需要制热后，其 8 脚输出高电平信号，四通阀切换在制热状态；二是制热初期，单片机通过检测管温电压，无室内风扇电机驱动信号输出，实现防冷风控制，随着制热的不断进行，室内盘管的温度升高，被管温传感器检测并提供给单片机后，单片机输出室内风扇电机启动信号，使室内风扇电机旋转；三是单片机的电加热器控制端 11 脚输出高电平控制信号，实现辅助加热控制 另外，CNH 所接的过热保护器，当 IC2 异常引起继电器 JZC2 的触点不能释放时，导致电加热器的温度升高，升高的温度达到热保护器的标称值后该保护器动作，使 JZC2 的触点释放，电加热器停止加热，实现过热保护

9.5 输入与显示电路

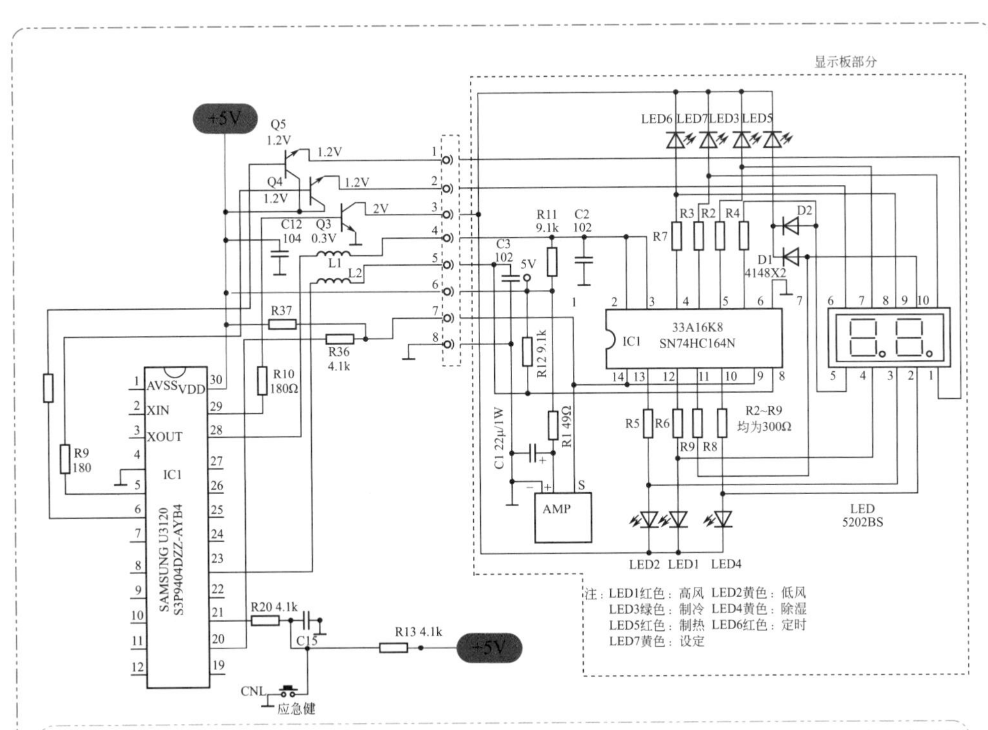

AMP是遥控接收头，单片机通过检测21脚电压高低或20脚遥控接收器送来的信息，判断有无氧化指令输入及指令名称，由单片机5脚、6脚输出显示位启动控制信号，经三极管Q5、Q4放大，送至显示屏的1脚和6脚；单片机28脚、23脚输出“日”形笔画控制信号，29脚输出指示灯组控制信号

单片机的21脚外接的按键是应急开关。当按下该按键使单片机的21脚电位为低电平，被单片机处理后控制该机的机组运转，于是该机工作在应急工作状态

9.6 蜂鸣器报警电路

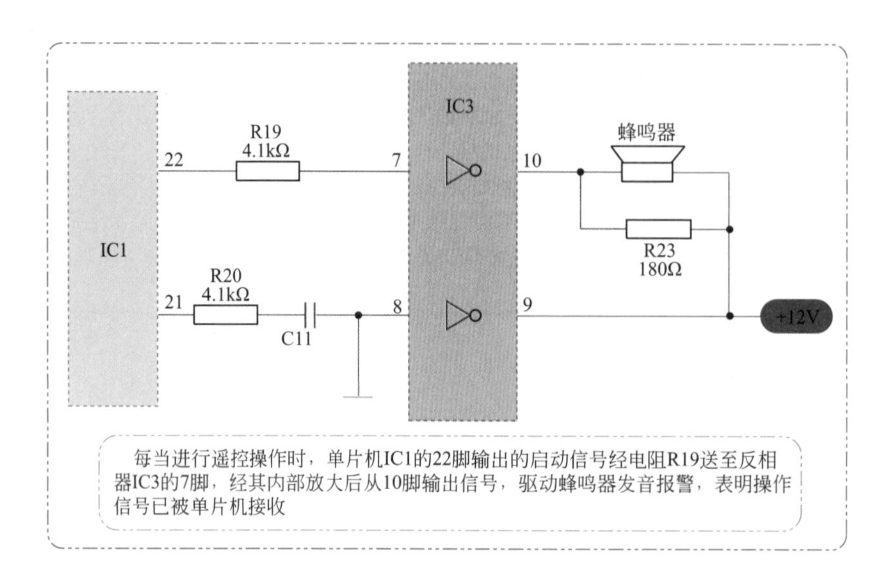

每当进行遥控操作时，单片机IC1的22脚输出的启动信号经电阻R19送至反相器IC3的7脚，经其内部放大后从10脚输出信号，驱动蜂鸣器发音报警，表明操作信号已被单片机接收

9.7 市电过零检测电路

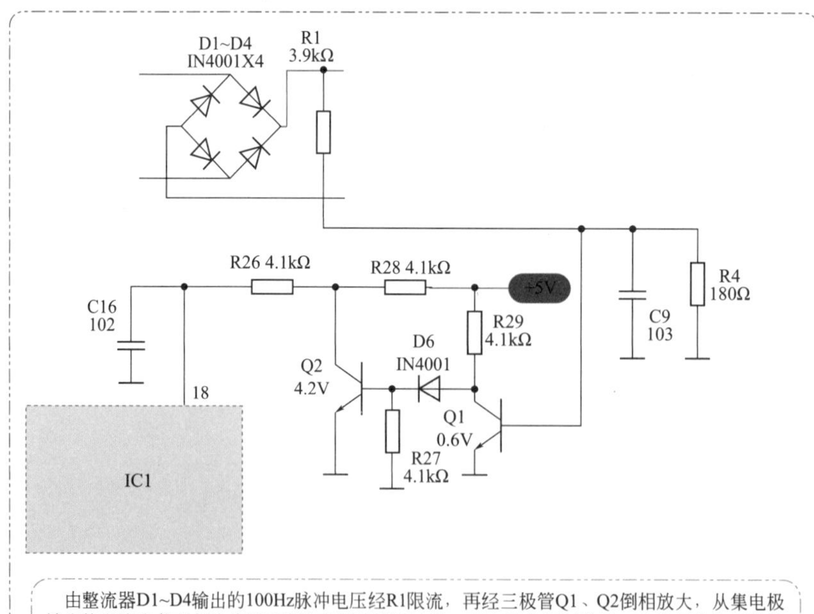

由整流器D1~D4输出的100Hz脉冲电压经R1限流，再经三极管Q1、Q2倒相放大，从集电极输出的交流电信号经电容C16滤除高频干扰脉冲后，产生同步控制信号。该信号作为基准信号加到单片机IC1的18脚。单片机对输入的该信号检测后，确保室内风扇电机供电回路中的光电耦合器IC6在市电的过零处导通，从而避免了晶闸管IC6在导通瞬间被过流损坏

9.8 志高 KFR-30D/A 机型维修实例

9.8.1 志高 KFR-30D/A 机型集成电路测量数据

集成电路的静态是指接通电源后的待机状态，动态是指工作于制冷状态，电压值供维修时参考。

1 IC1(单片机)引脚电压

单位：V

脚号	1	2	3	4	5	6	7	8	9	10	11	12	13	14	15
静态	0	1.5	2.4	0	1.2	1.2	4.8	0	0	0	0	0	0.8	0	5
动态	0	1.8	2.4	0	1.2	1.2	4.8	0	5	0.2	0	5	0.9	0	5
脚号	16	17	18	19	20	21	22	23	24	25	26	27	28	29	30
静态	2.2	2.4	4.1	4.8	4.8	4.8	0	4.8	2	2	2	2	1.4	2.2	5
动态	2.4	2.4	4.1	2.8	4.8	4.8	0	4.8	2	2	2	2	1.4	2.2	5

2 IC2 反相器

单位：V

脚号	1	2	3	4	5	6	7	8	9	10	11	12	13	14	15	16
静态			0	0	0	0	0	0	12	12	12	12	12	12		
动态			2.8	0	0.2	2.8	0.1	0	12	12	0.8	11	12	0.8		

3 IC3 反相器

单位：V

脚号	1	2	3	4	5	6	7	8	9	10	11	12	13	14	15	16
静态		0	0	0	0		0	0	12	12		12	12	12	12	
动态		1.2	1.2	1.2	1.2		1.2	0	12	8.5		8.5	8.5	8.5	8.5	

4 显示板 IC1

单位：V

脚号	1	2	3	4	5	6	7	8	9	10	11	12	13	14
静态	2.6	2.6	2.6	2.6	2.6	2.6	0	5	5	2.6	2.6	2.6	2.6	5
动态	1.4	1.4	1.4	2.4	2.4	0.1	0	5	5	1.4	2.5	2.4	1.4	5

9.8.2 故障代码及代码性故障维修逻辑图

① 志高 KFR-30D/A 机型故障代码

故障代码	故障含义	故障原因
L1	管温传感器异常	管温传感器及阻值、电压信号变化电路异常
L2	室温传感器异常	室温传感器及阻值、电压信号变化电路异常
L6	室内风扇电机故障	驱动电路、运行电容、风扇电机、过零检测
E5	室外风扇电机故障	供电电路、运行电容、风扇电机

② 故障代码 L1 维修逻辑图

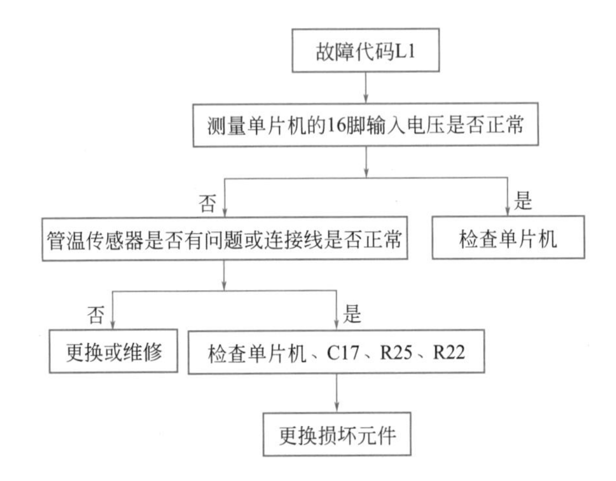

③ 故障代码 L2 维修逻辑图

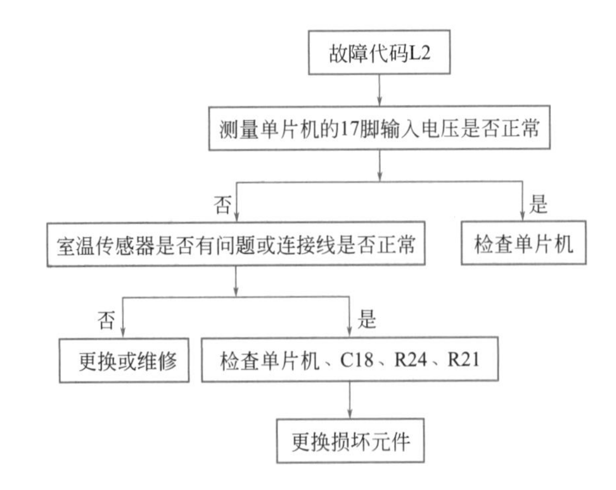

④ 故障代码 L6 维修逻辑图

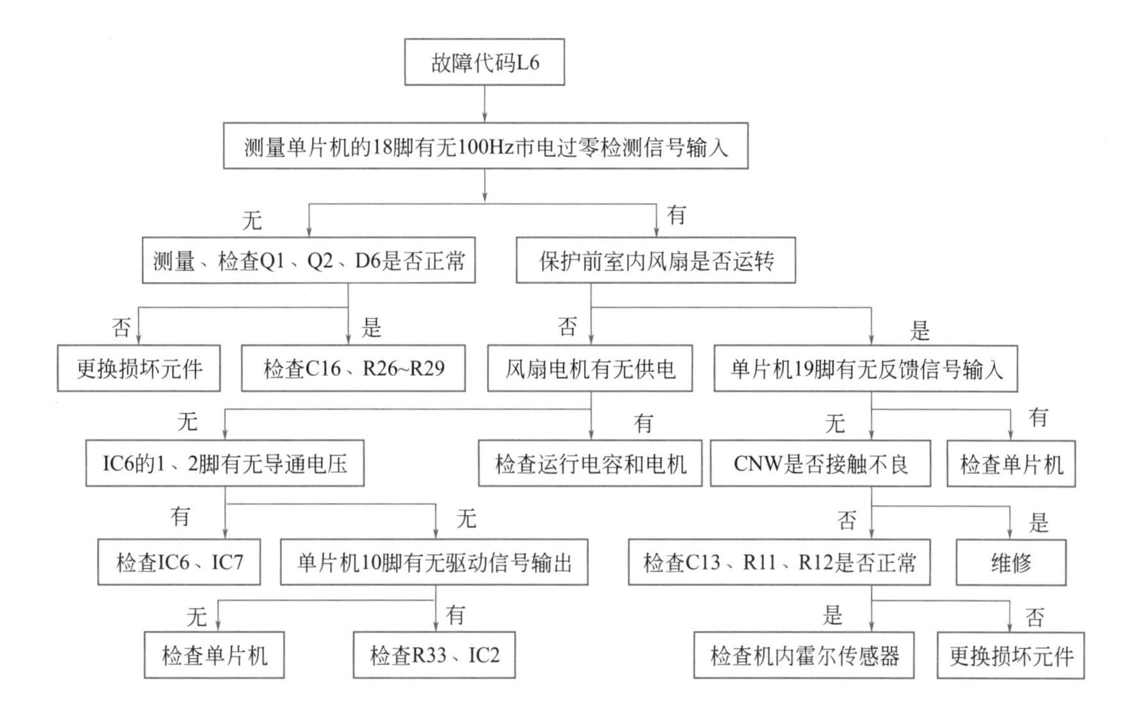

⑤ 故障代码 E5 维修逻辑图

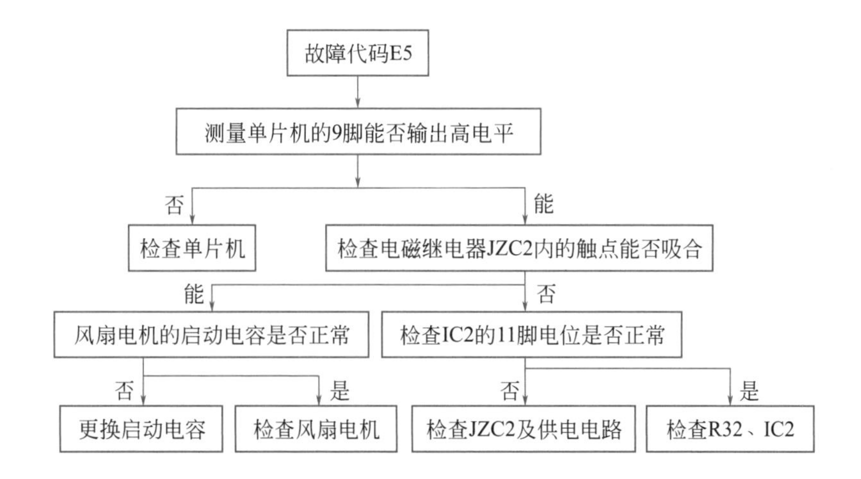

9.8.3 志高 KFR-30D/A 机型常见故障维修逻辑图

① 上电后整机无反应

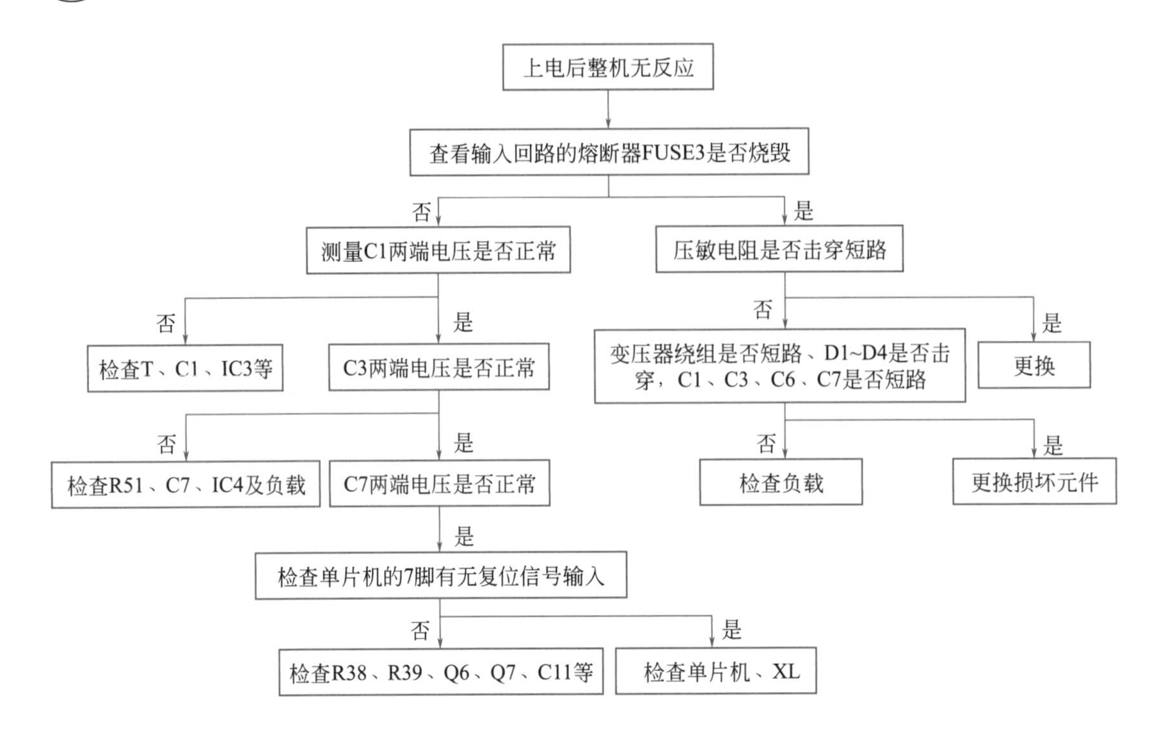

② 制冷效果较差

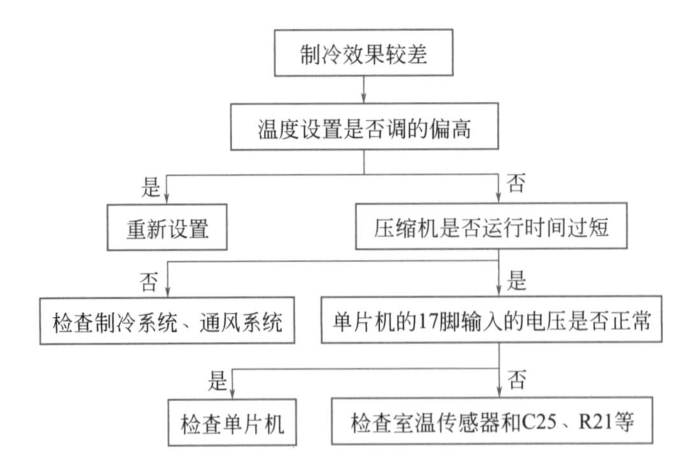

③ 指示灯点亮，但空调器不工作

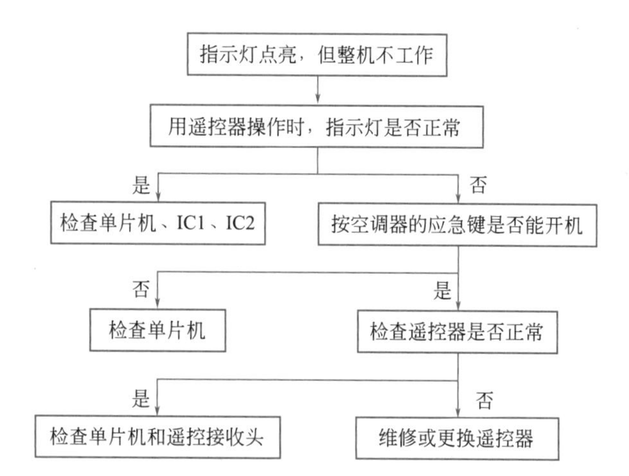

④ 风扇电机运转，压缩机不运转

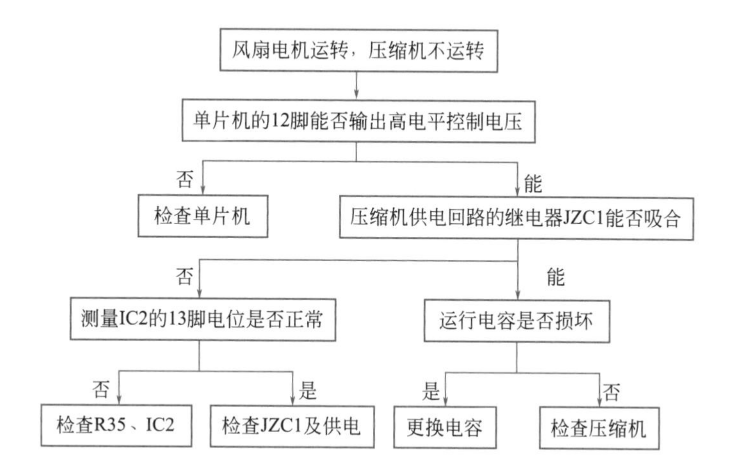

第10章 柜式空调器电控系统

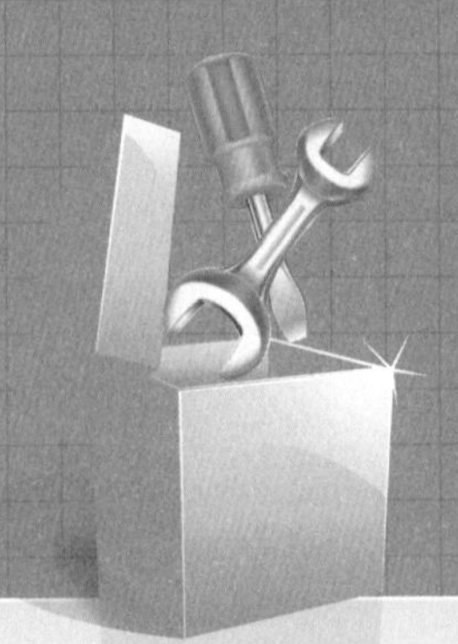

10.1 柜式空调器主板的分类

❶ 按室外机有无主板分	无主板。多见于 2P 或 3P 的空调器，是目前最常见的机型
	有主板。多见于 3P 或 5P 的空调器或早期的空调器
❷ 按供电方式分	供电电压为交流 220V，单相空调器（室外机通常不设主板）
	供电电压为交流 380V，三相空调器（室外机通常设有主板）
❸ 按功能分	与挂机空调器相同
❹ 按室内机单片机设计位置分	单片机位于显示板：多见于早期格力空调器
	单片机位于室内机主板：是目前最常见的机型
❺ 按显示方式分	使用 VFD（真彩动态显示屏）方式：多见于早期空调器
	使用 LED(指示灯) 方式：多见于低档空调器
	使用 LCD（显示屏）方式：是目前最常见的机型

10.2 柜式空调器和挂式空调器单元电路的对比

10.2.1 按键及显示电路的异同

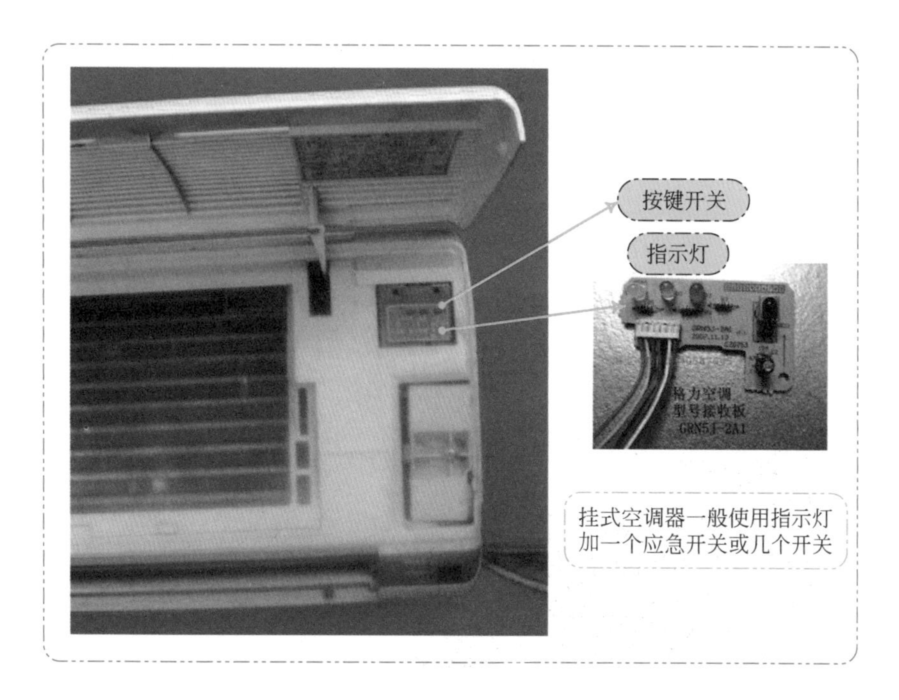

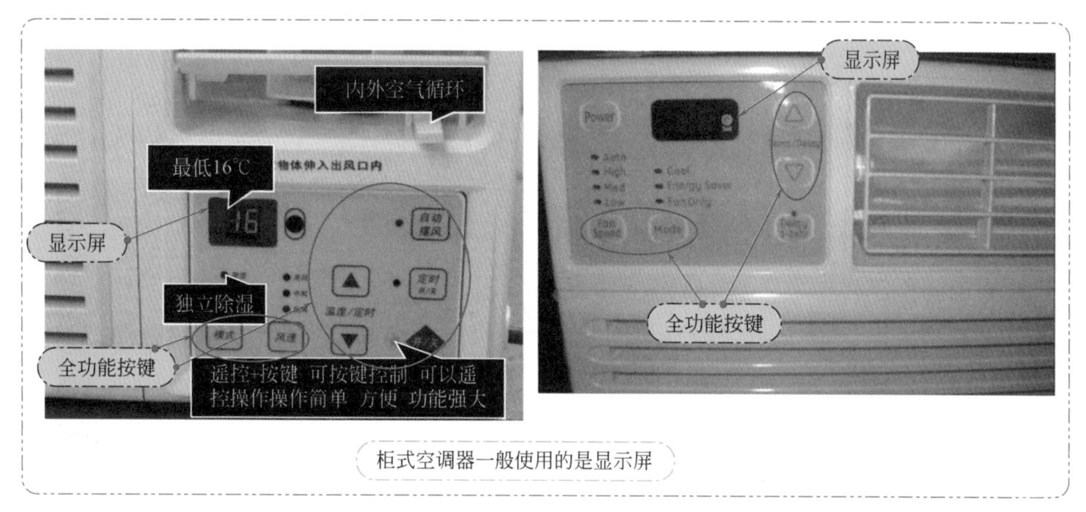

柜式空调器一般使用的是显示屏

10.2.2 室内风机

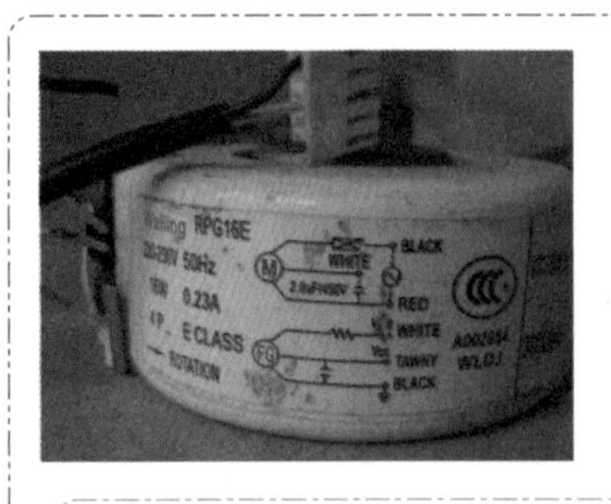

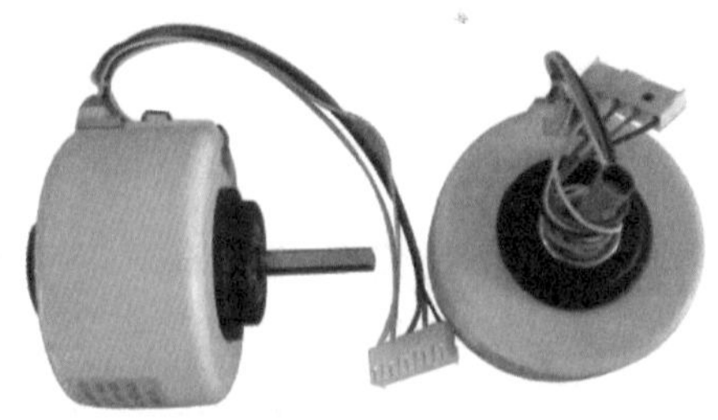

挂机普遍使用PG电机，转速由光耦晶闸管通过改变交流电压有效值来实现，因此设有过零检测电路、PG电机驱动电路、霍尔反馈电路共3个单元电路

离心风扇

柜式空调器室内风机是离心式的，电机一般使用抽头型的。转速由继电器通过改变电机抽头的供电来改变，没有过零检测和霍尔反馈电路

柜机用离心电机

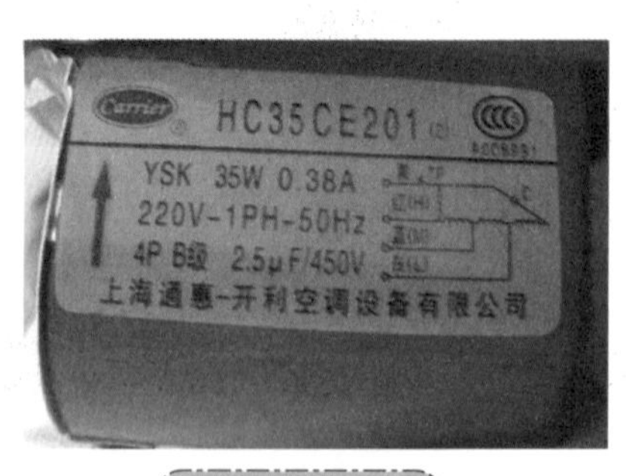

多抽头电机接线图

10.2.3 辅助电加热器

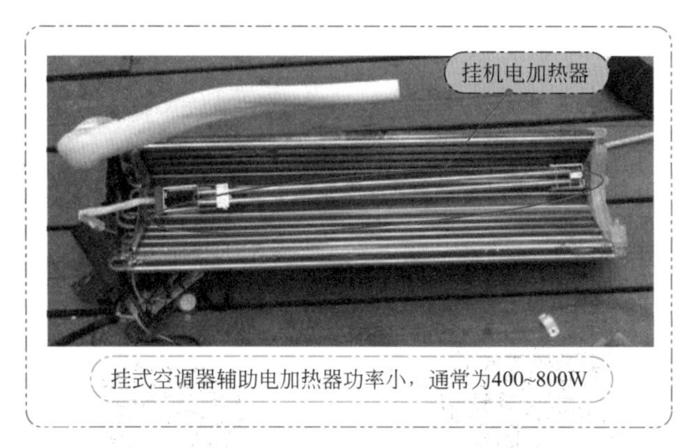

挂式空调器辅助电加热器功率小，通常为400~800W

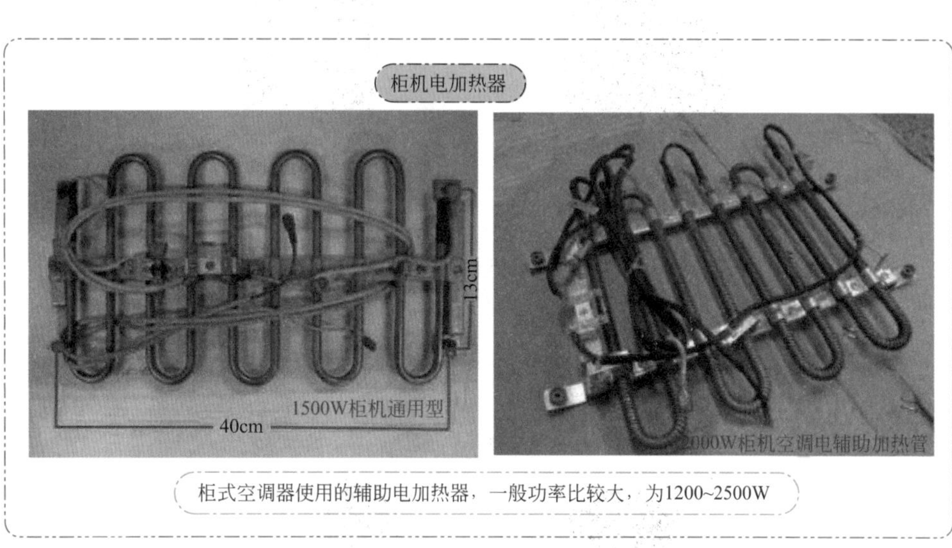

柜式空调器使用的辅助电加热器，一般功率比较大，为1200~2500W

10.2.4 交流接触器

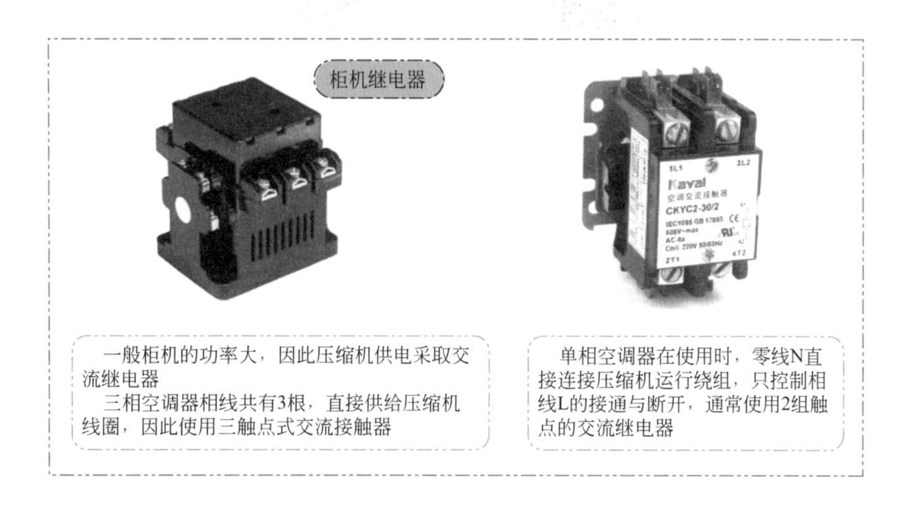

一般柜机的功率大，因此压缩机供电采取交流继电器

三相空调器相线共有3根，直接供给压缩机线圈，因此使用三触点式交流接触器

单相空调器在使用时，零线N直接连接压缩机运行绕组，只控制相线L的接通与断开，通常使用2组触点的交流继电器

10.3 相序保护电路

10.3.1 适用范围

部分 3P 和 5P 柜式空调器使用的是三相电源供电，对应压缩机有活塞式和涡旋式两种。

活塞式压缩机由于存在体积大、能效比低、振动大、高低压阀之间容易窜气等缺点，使用已经逐渐减少了，多是早期的空调器。因电机运行方向对制冷系统没有影响，使用活塞式压缩机的三相供电空调器室外机电控系统不需要设计相序保护电路

涡旋式压缩机由于存在振动小、效率高、体积小、可靠性高等优点，应用在目前全部5P及部分3P的三相供电空调器内。但由于涡旋式压缩机不能反转，其运行方向要与电源相位一致，因此使用涡旋式压缩机的空调器，均需要设置相序保护电路，所使用的电路板通常称为相序板

10.3.2 相序保护电路工作原理

相序板在三相电源相序与压缩机供电相序不一致或缺相时断开控制电路，从而对压缩机进行保护。

相序电路一般有两种方式：继电器方式和单片机控制方式。

① 继电器方式

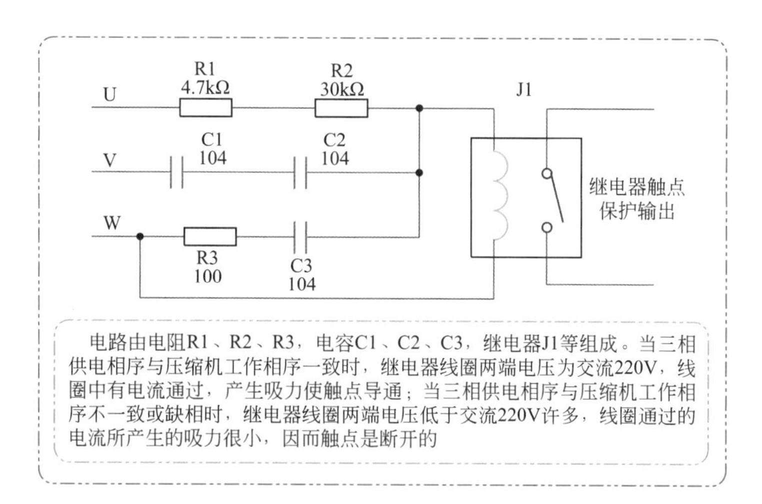

电路由电阻R1、R2、R3，电容C1、C2、C3，继电器J1等组成。当三相供电相序与压缩机工作相序一致时，继电器线圈两端电压为交流220V，线圈中有电流通过，产生吸力使触点导通；当三相供电相序与压缩机工作相序不一致或缺相时，继电器线圈两端电压低于交流220V许多，线圈通过的电流所产生的吸力很小，因而触点是断开的

② 单片机控制方式

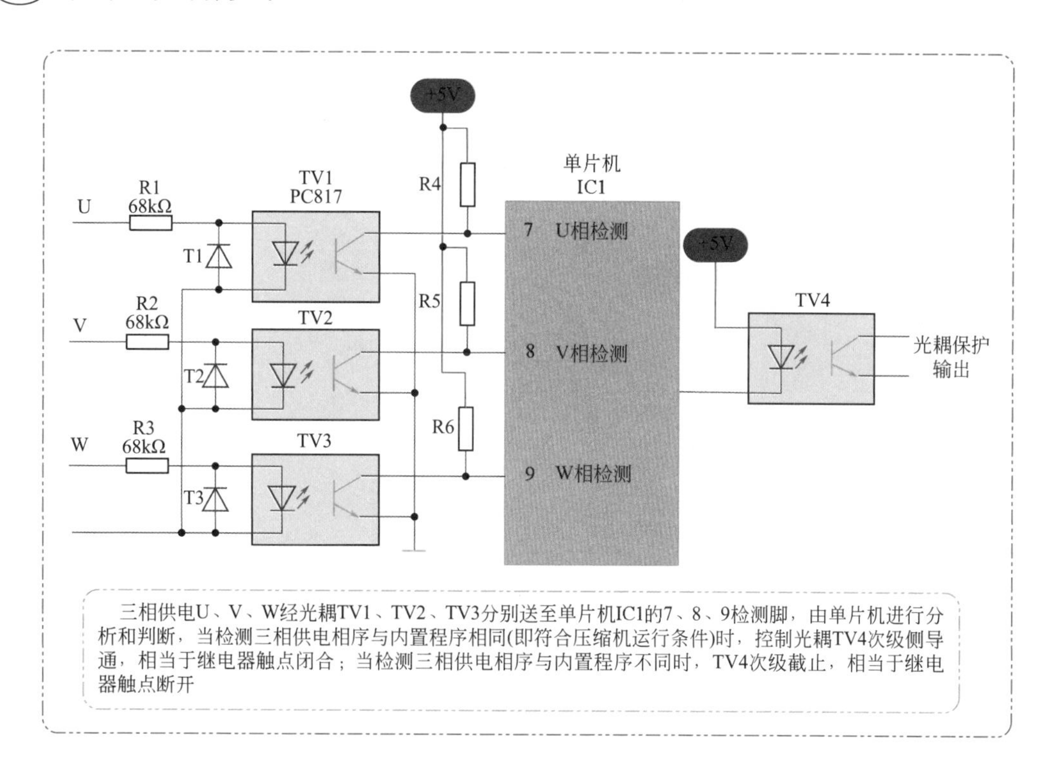

三相供电U、V、W经光耦TV1、TV2、TV3分别送至单片机IC1的7、8、9检测脚，由单片机进行分析和判断，当检测三相供电相序与内置程序相同(即符合压缩机运行条件)时，控制光耦TV4次级侧导通，相当于继电器触点闭合；当检测三相供电相序与内置程序不同时，TV4次级截止，相当于继电器触点断开

10.3.3 判断三相供电相序

三相供电电压正常，为判断三相供电相序是否正确时，可按压交流接触器上的强制按钮，强制为压缩机供电，根据压缩机运行声音、吸气管和排气管温度、系统压力来综合判断。

判断三相供电相序及调相	
相序错误	压缩机运行声音沉闷
	手摸压缩机吸气管不凉、排气管不热，温度接近常温，即无任何变化
	压力表指针轻微抖动，但并不下降，维持在平衡压力（即静态压力不变化）
	由于在反转运行时，涡旋式压缩机容易击穿内部阀片（即窜气故障）造成压缩机损坏，因此测试时间应尽可能缩短
相序正常	压缩机运行声音清脆
	压缩机吸气管和排气管温度迅速变化，手摸吸气管很凉、排气管烫手
	系统压力由静态压力下降至正常值约 0.45MPa
相序保护排除方法	在室外机三组供电端子处任意对调 2 根相线的位置即可排除故障。此种故障常见于新安装的空调器、移机过程中安装空调器、用户装修调整供电相线时

10.4 柜式空调器安装示意图

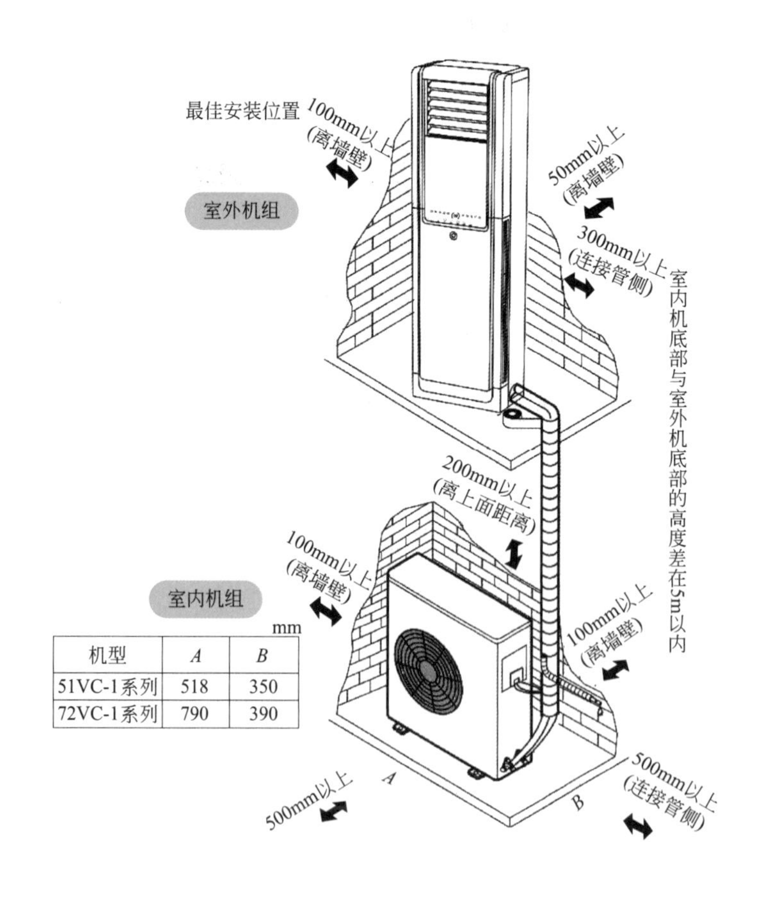

机型	A	B
51VC-1系列	518	350
72VC-1系列	790	390

第11章

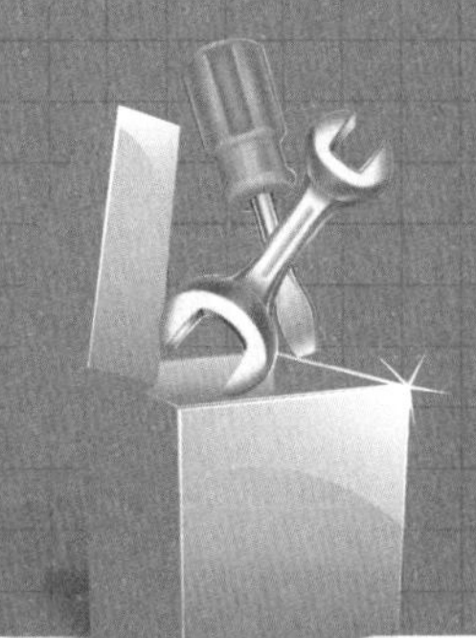

常见故障分析与实战维修

11.1 故障检修的步骤与顺序

11.1.1 故障检修的步骤

对于一台有故障的空调器，检修步骤大体上可分为命名、缩小、确定、查找、维修、试机六大步。

故障检修的步骤	
❶ 命名	命名就是给故障现象起个专业的名称。当接到一台待修的空调器时，首先要通过使用者了解情况，细心询问故障现象、发生的时间、使用的环境、出现的频率及是否修过等。暂时给故障现象起个“乳名”。其次再进行实际观察，观察时应遵循先外而后内，先不通电而后通电的原则，各种操作按键、开关、指示灯、电源线等，而后再决定拆机看内部；最后通电（在确认无短路的情况下）观察，是否是使用者所描述的故障现象。去伪存真，就是说防止使用者因操作不当而造成的假象，确认故障现象后，确切地给故障起个“真名”。如制冷效果差、漏氟、冰堵等。这样便于后面维修、查找有关资料及遇到疑难故障时同行之间的交流

续表

故障检修的步骤	
❷ 缩小	缩小就是把故障发生的范围缩小到某个系统，甚至某个单元电路。通过对故障现象的细心观察，下一步应进入思考分析阶段，认真地研究故障机的整体结构和工作原理，空调器各部分之间是彼此联系、互相影响的，一种故障现象可能有多种原因，而一种原因也可能引起多种故障。因此，在故障检修时，对局部因素需进行综合比较分析，从而较准确地确定故障的性质与部位，大致判断出故障的范围。如强制通电后无任何反应，则可判定为电气控制电路故障
❸ 确定	确定即确定故障部位。只有熟悉空调器的结构、工作原理、控制方法及电路，才能正确判断其故障产生的原因，采取适当措施进行排除处理。上述的两个步骤基本上是分析而来的，当判断出故障的范围后，接下来需要动手检查，检查方法除了直观观察法外必须借助各种仪表、仪器对故障部位进行确定。测量、判断、分析，如此反复循环进行，通过检测进一步缩小故障范围，确定故障部位 如制冷系统发生泄漏或堵塞，会引起制冷系统压力异常，造成制冷量下降，泄漏将引起制冷剂不足，使高压和低压压力下降；而堵塞发生在高压部分时，会引起高压升高、低压降低现象。因此可以根据故障现象加以分析判断，从而找到故障部位
❹ 查找	查找即查找故障元器件。当故障部位缩小到某一系统或某一单元电路时，应进一步查找故障元器件。对制冷系统特殊部位的压力、温度数值应着重记忆，电气控制系统特殊部位的电压数值也应清楚。通过测量、替换等方式，查找出故障元器件（一个或多个）
❺ 维修	维修就是维修元器件、部件或单元电路。当排查出故障元器件后，就应进行修理或更换它。对于可修复的元器件，应修复处理；不能修复的元器件采用更换。更换元器件时最好采用原型号；若没有原型号时，就要考虑参数和规格相近的代换件替代
❻ 试机	试机就是修复后，不要急于把空调器交付用户使用，应通电试运行。经过一段适当时间的试机工作，再复查修复的部位及整机性能，以防所替换的元器件和“带病伤”的隐蔽性的元器件有质量问题，使故障没有达到彻底性的排除

11.1.2 故障检修的顺序

一台空调器基本上是由制冷系统、电气控制系统、通风系统及箱体四大部分组成。同一故障现象，所损坏的元器件不一定相同；同样，同一元器件，在不同的机型上所表现出的故障现象也不尽相同。在维修过程中应如何入手，先修哪一部分的故障呢？根据经验，一般遵循以下顺序：由表及里；从易到难；先电气控制电路，再制冷系统管道，后通风系统、箱体；先条件后器件等。

故障检修的顺序	
❶ 由表及里	由表及里即先检修外部而后检修内部。先排出外界因素的影响，再检查空调器内部实质性故障
❷ 从易到难	维修的“易”与“难”因人而异，但大致上可认为费时、费工、操作复杂的维修工序是难的。先检查易发生、常见的、单一的故障，和先检查易损、易拆卸的部位，后考虑复合、故障率低、难拆卸的器件
❸ 先电气控制电路，再制冷系统管道，后通风系统、箱体	制冷系统的动力源是压缩机，而压缩机的最首要工作条件是电源电压的供给，因此，电气控制电路是各系统正常工作的可靠保证。所以先检修电气控制电路，先把电气故障排出，使压缩机正常运转，再考虑制冷故障

续表

故障检修的顺序	
❹ 先条件后器件	如压缩机不运转，应先查看运转需要的工作电压是否具备，启动器、温控器有无问题，最后才考虑压缩机本身 电气系统检修程序：电气件是否完整→连接方法是否与电路图相符→是否有短路或断路现象→绝缘状况→检查压缩机、启动器、过载保护器、传感器是否完好→启动性能检查 制冷系统检修程序：观察内外制冷管道→放气→打压查漏→更换器件或补漏→吹通→更换干燥过滤器→抽真空→加注制冷剂→试机→封口→试机
	因维修思维是逻辑的推断，一切方法的运用在于变通，不可死搬硬套

11.1.3 判别空调的假故障

空调用户使用不当，或周边条件的变化，外界用电意外等客观因素而造成一些非实质性的故障，称为假故障（非机器故障）。在实际维修中一定要首先排除假故障，然后检查机器故障，避免走弯路。

假故障的原因较多，主要有如下几种。

判别空调的假故障	
❶	关机后不能立即启动。空调器关机后，电源电压虽然关掉，但制冷管路高压侧和低压侧的压力还要保持一段时间（3 ～ 5min）才能达到平衡，立即启动压缩机会产生液击现象而造成零件的损坏，影响压缩机寿命。所以正确使用时，空调器停机后应该等 3min 后才能再次开机 空调器电气控制系统电路中，都设计有开机延时保护器，能自动起延时开机保护作用，所以，关机后，在 3min 保护定时内再启动，不能开机是正常现象 热泵型空调器还会遇到在寒冷时不启动的情况，这是由于热泵型空调器使用条件所限制，单冷热泵型机，当室外温度低于 5℃时，制热效果不好，这是正常的；冷暖热泵型机，当室外温度低于 -5℃时不能正常启动，空调机不能制热供暖
❷	空调启动最初的 10min 内，有时发出“噼啪”声音。空调的壳体材料是采用薄型乳白压花塑料，重量轻、外观优雅，但会有热胀冷缩的物理现象产生，故空调的“噼啪”声是壳体微小变形产生的声音，不是故障
❸	空调运转的时候偶尔会产生如流水的“哗哗”声。这是空调运转过程中，内部制冷剂状态不断发生变化，由液态变成气态，再由气态变回液态。这种正常的物理现象在制冷剂以一定的速度流动，由于受一定的阻力，故会产生一种流水的“哗哗”声，是正常现象
❹	送出的风有轻微臭味或异味。有人认为空调送出的带异味的风是氟利昂泄漏而造成的。但实际上氟利昂是无气味的，异味源于室内的烟气以及其他气味。新型空调通过采用活性碳高效过滤层的强吸附作用，不仅能去除微小的灰尘颗粒，还能除去烟雾的臭味及其他异味，使空气净化大为改进
❺	室内温度降不下来。可首先用手试一下空调器的出风和出风温度是否异常，若正常，则说明空调器无故障。产生的原因可能有室内人多，散热量过大，室外气温较高，房间窗户未关严，窗帘未拉严，空调附近有热源，房间门开关频繁等

续表

判别空调的假故障	
❻	制冷运转时，室内机通风不畅，风不太冷。新型空调一般采用三层过滤网，即尼龙网、静电过滤层、活性碳过滤层，其过滤效率较高，能捕获直径很小的灰尘微粒，空气的净化能力强。但过滤网的清洗周期变短，如不及时清洗，网孔被堵死时便会出现通行不畅，风量减少，降温速度慢的现象
❼	制冷制热效果差。最典型的是“小马拉大车”，即空调器的制冷量和使用的房间不匹配。选型时没有充分考虑房间的面积、层间高度、是否装修、是否密封保温、是否有阳光直射等因素

11.2 常用维修方法

11.2.1 实战 31——感觉法在检修中的应用

利用人的感觉器官，通过视觉、听觉、嗅觉、触觉来查找故障部件，是一种有效的直观检查法，可大致判断故障性质。主要有“看听闻、查摸振”等。

感觉法	
看	仔细观察空调器各部件，着重观察制冷、电气、通风三部分，判断其是否正常工作 制冷系统：观察该系统各管路有无裂缝、破损、结霜与结露等现象；制冷管路之间、管路与壳体等有无相碰摩擦；制冷剂管路焊接处以及接头连接处有无泄漏，通常管路泄漏处会有油污出现，可用干净的软布、软纸擦拭管路焊接处、接头连接处，观察有无油污，以判断是否泄漏；外置冷凝器是否太脏等 电气系统：对于控制电路，应观察电气系统熔丝是否熔断，导线绝缘层是否完整无损，印制板有无断裂，连线处有无松脱，电容器上有无漏电痕迹和爆裂，变压器绕组是否烧焦等 通风系统：要检查进风口、出风口是否畅通，风机与扇叶运转是否正常，风力大小是否正常，机壳是否有损伤等
听	首先是听听用户的反映，就是指询问用户感知到的故障现象，得出第一手资料，以便进行分析判断。然后，通电后细听压缩机运转声是否正常以及有无异常声音；制冷剂气流流动的声音是否正常等
闻	通过嗅觉来判定制冷系统或机内外有无烧焦味及其他异味
查	检查、查找。如查保险是否烧断；机内外连线是否差错、脱落，元件有无缺损；电源供电电压是否正常；压缩机吸排气压力是否正常；空调器运转电流是否正常等
摸	根据故障现象，用手摸空调器相关典型部件感受其温度变化，有助于判断故障性质与部位 摸风扇电机、压缩机外壳温度是否正常；压缩机吸排气管温度是否正常；单向阀两端是否有温差；插头、大电流连接件温度是否正常等 断电后摸大功率电子元件、集成电路及散热器的温度，判断其故障状况
振	轻轻用螺丝刀绝缘柄敲击被怀疑的部位或元器件。如振电磁换向阀或单元电路印制板部分，查找故障点和接触不良等故障
🔔	感觉法首先在不通电的情况下进行，然后再作通电情况下检查。在通电检查时，动作要敏捷，注意力要集中，并且要眼、耳、鼻、手并用，发现故障后立即关机，防止故障扩大，同时，一定要注意人身安全

11.2.2 实战 32——观察法在检修中的应用

用观察法检测空调器运行状况，是维修过程中判断故障的常用方法。

观察法	
结露现象	启动空调器制冷压缩机运行 3min 以后，室外机组外部的液阀、液管出现结露现象，运行 10min 以后，气管、气阀也出现结露现象，表明空调器制冷运行正常，制冷系统制冷剂充足
结霜现象	若启动空调器制冷压缩机运行，液阀、液管一开始出现结霜现象，几分钟后，霜又融化成露，运行 15min 后，气管、气阀出现结露现象，表明空调器制冷系统略微欠氟，但还基本够用，一般不需补充制冷剂 若启动空调器制冷压缩机运行后，液阀、液管出现结霜现象，过 15min 后气管、气阀也出现结霜现象，表明制冷系统内制冷剂充足，是室内机组的空气过滤网过脏，热交换效果不好所致
泄漏	若启动空调器制冷压缩机运行后，一开始液阀、液管出现结霜现象，几分钟后霜不但不化，反而越结越厚，运行十几分钟后，气管、气阀仍没有出现结露或结霜现象，表明其制冷系统内制冷剂已严重泄漏，需要进行补氟 若启动空调器制冷压缩机运行一段时间后，仍不见液阀、液管出现结露或结霜，表明其制冷系统内制冷剂已全部泄漏完，需要对制冷系统进行彻底认真的检漏，排除漏点后，再重新充灌制冷剂

11.2.3 实战 33——测试法在检修中的应用

为了准确判断故障的性质与部位，常使用仪器、仪表测量空调器的性能参数和工作状态是否符合要求。如用检漏仪检查有无制冷剂泄漏，用万用表测量电源电压及运转电流等，测量印制板上各关键点的电压是否正常等。

具体方法有：测电压、电流、电阻、温度、压力及压缩机的绝缘电阻等。

测试法	
❶ 测电压	判断电源、电路基本状态及漏电情况
❷ 测电流	测电流，判断电机故障，制冷系统堵、漏。如果工作电流大于额定电流，说明制冷剂充入量过多，制冷系统微堵、压缩机局部短路。如果工作电流小于额定电流，说明制冷系统有泄漏或系统完全堵塞
❸ 测电阻	测电阻，判断电机、压缩机、元器件及电路的工作状态
❹ 测温度	测温度，用温度计测试空调器室内机组进出口气流的温度差。在空调器进行制冷运转时，当制冷压缩机启动运行 15min 后，蒸发器温度一般在 5 ～ 7℃，进出口气流的温度差若达到 8℃以上 (夏季环境温度在 35℃以上)，出风口应该有明显凉爽的感觉；冬季制热时 (外界环境温度在 7℃以下)，压缩机运行 15min 后，进出口气流的温差若达到 14℃以上 ,，则说明空调器的制冷和制热效果好
❺ 测压力	测压力，判断制冷系统压力是否正常（测漏）等。用压力表测试空调器制冷系统的工作压力，R22 制冷剂制冷时，低压压力：0.4 ～ 0.6MPa，制热时，高压压力：1.6 ～ 2.5MPa；R410a 制冷剂制冷时，低压压力：0.6 ～ 1.2MPa，制热时，高压压力：2.8 ～ 3.5MPa 均为正常。若压力偏离这两项值太多，说明空调器工作不正常

续表

测试法	
❻ 其他	另外，还可以从空调器制冷运行时冷凝水的排泄情况，来大致判断空调器工作状态是否正常。方法是：当空调器在强冷挡运行 15min 后，从出水管口若能观察到有冷凝水滴出，说明空调器工作正常，否则说明空调器工作不正常 测试法还包括用万用表、钳形表或兆欧表，测量电路的电阻值、电压值、电流值及绝缘电阻值等，为方便叙述特列在电阻法、电压法和电流法中介绍

11.2.4　实战 34——电阻法在检修中的应用

电阻法： 电阻检查法是利用万用表各电阻挡测量集成电路、晶体管各脚和各单元电路的对地电阻值，以及各元件的自身电阻值来判断空调器的故障。它对检修开路或断路故障和确定故障元件最有实效
❶ 电阻法判断测量元器件 电路中的元器件质量好坏及是否损坏，绝大多数都是用测量其电阻阻值大小来进行判断的。当怀疑印刷线路板上某个元器件有问题时，应把该元器件从印刷板上拆焊下来，用万用表测其电阻值，进行质量判断。若是新元器件，在上机焊接前一定要先检测，后焊接 适于电阻法测量的元器件有：各种电阻、二极管、三极管、场效应管、插排、按键、印刷铜箔的通断、电机等。电容、电感要求不严格的电路，可做粗略估计；若电路要求较严格，如谐振电容、振荡定时电容等，一定要用电容表（或数字表）等作准确测量
❷ 正反电阻法 裸式集成电路（没上机前或印刷板上拆焊下）可测其正反电阻（开路电阻），进行粗略地判断故障的有无，是粗略判断集成块好坏的一种行之有效的方法 测量完毕后，就可对测量数据进行分析判断。如果是裸式测量，各端子（引脚）电阻约为 0Ω 或明显小于正常值，可以肯定这个集成电路击穿或严重漏电，如果是在机（在路）测量，各端子电阻约为 0Ω 或明显小于正常值，说明这个集成块可能短路或严重漏电，要断开此引脚再测空脚电阻后，再下结论。另外也可能是外围相关电路元件击穿或漏电
❸ 在路电阻法 在路电阻法是在不加电的情况下，用万用表测量元器件电阻值来发现和寻找故障部位及元件。它对检测开路或短路故障和确定故障元件最有实效。实际测量时可以作“在路”电阻测量和裸式（脱焊）电阻测量。如测量电源插头端正反向电阻，将它和正常值进行比较，若阻值变小，则有部分元器件短路或击穿；若电阻值变大，可能内部断路 在路电阻法在粗略判断集成电路 (IC) 时，也是行之有效的一种方法，IC 的在路电阻值通常厂家是不给出的，只能通过专业资料或自己从正常同类机上获得。如果测得的电阻值变化较大，而外部元件又都正常，则说明 IC 相应部分的内电路损坏
在路电阻法和整机电阻法在应用时应注意测量某点电阻时，如果表针快速地从左向右，之后又从右向左慢慢移动，这是测量点有较大的电容之故。这种情况是电容充放电。遇到这种情况，要等电容充放电完毕后，再读取电阻值，即表针停止移动，再看电阻值为多少

① 正反电阻法具体操作方法

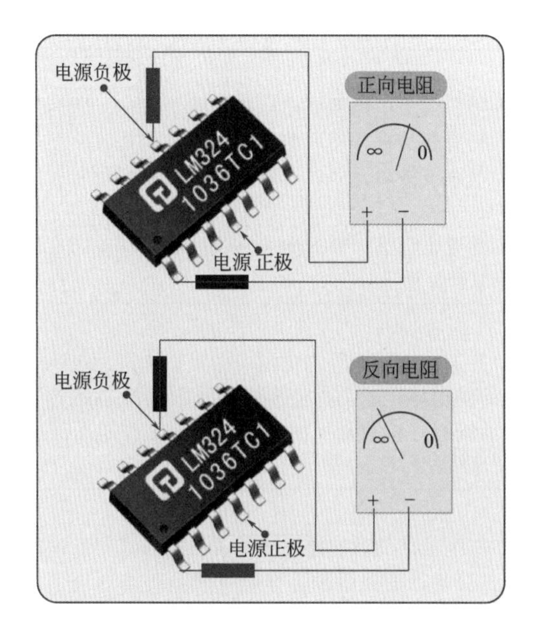

本书在没有特殊说明的情况下，正反向电阻测量是指：黑表笔接测量点，红表笔接地，测量的电阻值叫做正向电阻；红表笔接测量点，黑表笔接地，测量的电阻值叫做反向电阻。使用开路电阻测量时，应选择合适的连接方式，并交换表笔作正反两次测量，然后分析测量结果才能做出正确的判断

测正向电阻时，红表笔固定接在地线的端子上不动，用黑表笔按着顺序（或测几个关键脚）逐个测量其它各脚，且一边作好记录数据。测反向电阻时，只需交换一下表笔即可

② 在路电阻法具体操作方法

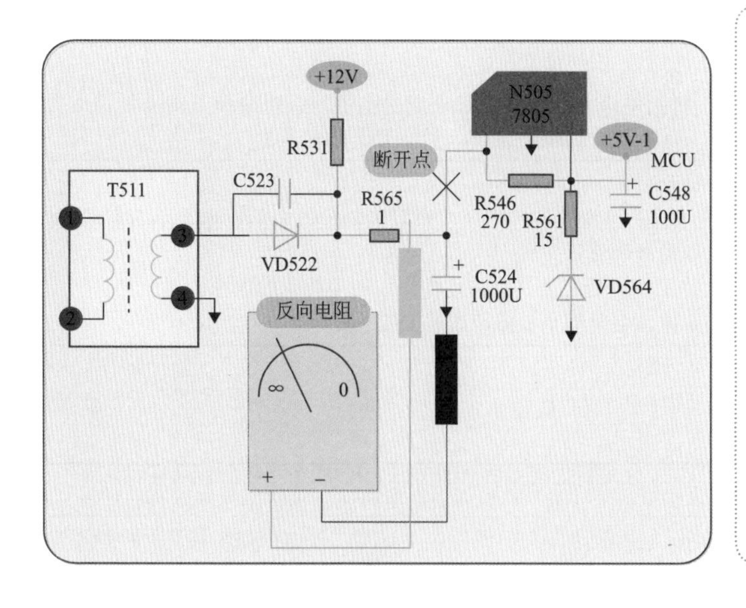

在路电阻法在检修电源电路故障时，较为快速有效。如电源电压（整流滤波后、稳压后）不正常，输出电压偏低许多，这里我们就要判断区分是电源电路本身有故障，还是后级负载有短路情况发生，具体操作方法如下：①测该输出端对地的正反电阻，记下数据；②脱开负载（脱开限流电阻或划断铜箔），再测该输出端对地的正反电阻，记下数据同第一次测量结果作比较。若第二次测量结果数值增大，说明后级负载有短路

11.2.5 实战35——电压法在检修中的应用

电压法：

电压检查法是通过测量电路的供电电压或晶体管的各极、集成电路各脚电压来判断故障的。因为这些电压是判断电路或晶体管、集成电路工作状态是否正常的重要依据。将所测得的电压数据与正常工作电压进行比较，根据误差电压的大小，就可以判断出故障电路或故障元件。一般来说，误差电压较大的地方，就是故障所在的部位

按所测电压的性质不同，电压法常有：直流电压法和交流电压法。直流电压法又分静态和动态直流电压两种，判断故障时，应结合静态和动态两种电压进行综合分析

❶ 静态直流电压

静态是指空调器不接收信号条件下的电路工作状态，其工作电压即静态电压。测量静态直流电压一般用来检查电源电路的整流和稳压输出电压、各级电路的供电电压、晶体管各极电压及集成电路各脚电压。因为这些电压是判断电路工作状态是否正常的重要依据。将所测得的电压与正常工作电压进行比较，根据误差电压的大小，就可判断出故障电路或故障元件

❷ 动态直流电压

动态直流电压便是空调器在接收信号情况下电路的工作电压，此时的电路处于动态工作之中。电路中有许多端点的静态工作电压会随外来信号的进入而明显变化，变化后的工作电压便是动态电压了。显然，如果某些电路应有这种动态、静态工作电压变化，而实测值没有变化或变化很小，就可立即判断该电路有故障。该测量法主要用来检查判断仅用静态电压测量法不能或难以判断的故障

❸ 交流电压法

在空调器维修中，交流电压法主要用在测量整流器之前的交流电路中。在测量中，前一测试点有电压且正常，而后一测试点没有电压，或电压不正常，则表明故障源就在这两测试点的区间，再逐一缩小范围排查。

在测量过程中，一定要注意人、机的安全，并根据实际电压的范围，合理选择万用表的挡位转换。在转换挡位时，一定不要在带电的情况下进行转换，至少一表笔应脱离测试点

❹ 关键测试点电压

一般而言，通过测试集成块的引脚电压、三极管的各极电压，有可能知道各个单元电路是否有问题，进而判断故障原因、找出故障发生的部位及故障元器件等

所谓关键测试点电压，是指对判断电路工作是否正常具有决定性作用的那些点的电压。通过对这些点电压的测量，便可很快地判断出故障的部位，这是缩小故障范围的主要手段

① 电压法模拟检测与判断

故障现象	灯泡不亮
故障分析	灯泡不能正常点亮，主要故障常有电源供电不正常（停电或插座损坏、接触不良等）、灯泡损坏、灯座损坏、开关不能闭合或损坏、线路有断路现象、插头接线有脱落（非一体式的）等
故障检修方法	关键点交流电压法。当然了也可以采用其他方法，只不过在这里主要用来说明电压法的具体应用而已

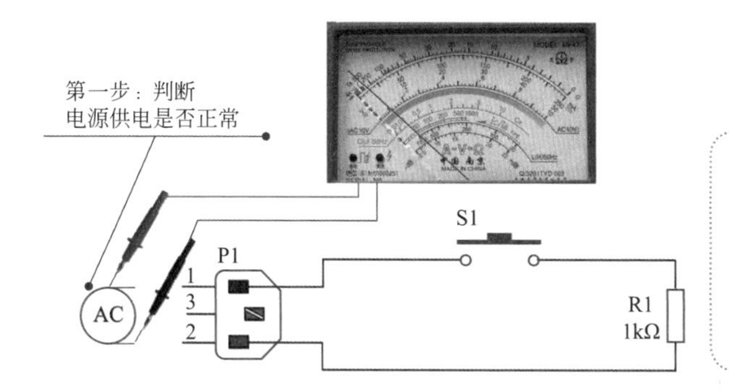

第一步：判断电源供电是否正常

关键点的选择：插座

有220V交流市电，表明电源供电正常，故障在插头的后级电路

如无市电电压，一般故障在供电电源

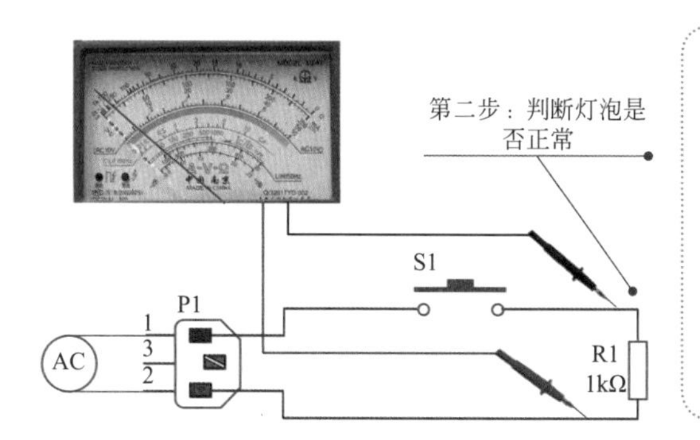

第二步：判断灯泡是否正常

关键点的选择：灯泡座的两个触头有220V交流市电（开关在闭合情况下），表明电路基本正常，故障在灯泡。当然了，可以用直观法或电阻法检测灯丝是否断路

如无市电电压，一般故障在前级供电电路

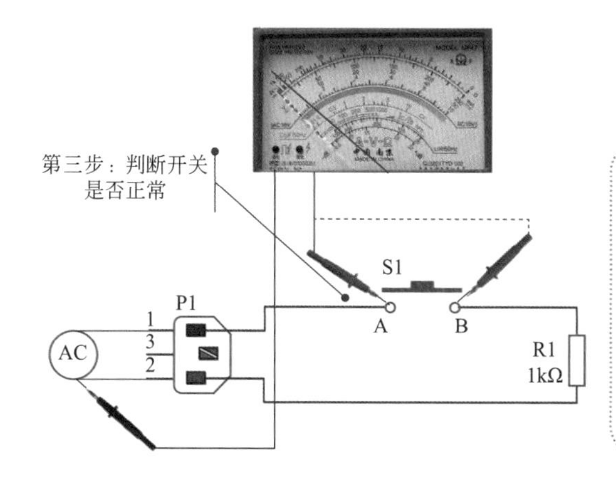

第三步：判断开关是否正常

关键点的选择：开关触头

一只表笔固定接于一个插孔；另一只表笔分别测量开关的两个触头A、B（开关在闭合状态下），两个触头的电压都正常，表明开关正常。否则，A触头有电压，B触头无电压，表明开关损坏

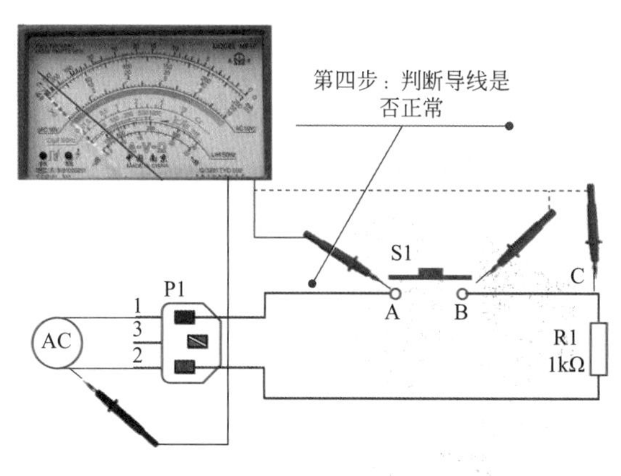

第四步：判断导线是否正常

关键点的选择：导线的多个接头

一只表笔固定接于一个插孔；另一只表笔分别测量接头A、接头B（开关在闭合状态下）、接头C等接点，哪个接点处没有电压，该接点之前的导线有断路情况发生

② 静态直流电压具体操作方法

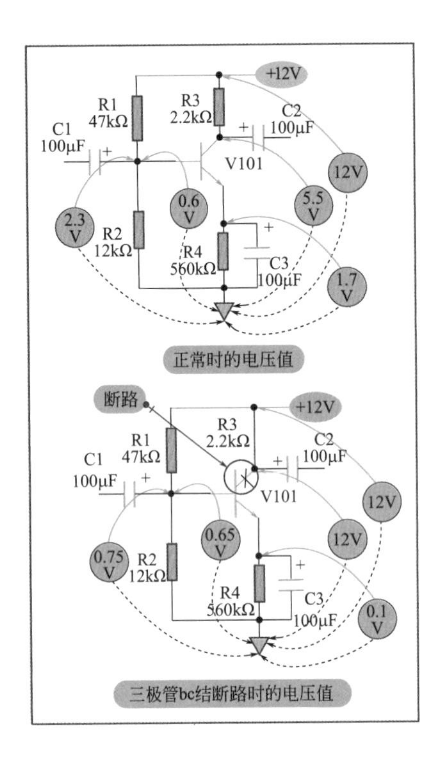

对于电路中未标明各极电压值的晶体管放大器，则可根据：$V_c=(\frac{1}{2}\sim\frac{2}{3})E_c$，$V_e=(\frac{1}{6}\sim\frac{1}{4})E_c$，$V_{be}$（硅）=(0.5～0.7)V，$V_{be}$（锗）=(0.1～0.3)V来估计和判断电路工作状态是否正常

晶体管工作在开关状态时，开时：$V_c\approx V_e$即$V_{ce}\approx 0$；关时：$V_c=V_{cc}$（E_c）

在进行三极管放大电路分析时，主要注意三极管的偏压（V_{be}），而集电极电压通常接近相应的电源电压。通过这两个电压的测试，就基本上可以判断三极管是否能正常工作

对于NPN型三极管是黑表笔接地不动，红表笔进行各点测量；对于PNP型三极管是红表笔接地不动，黑表笔进行各点测量

11.2.6 实战36——电流法在检修中的应用

<table>
<tr><td>电流维修法：
电流法是通过测量元器件的工作电流、局部单元电路的总电流或电源的负载电流来判断故障的。对于有保险座或有电流测试口的电路宜把表串入电路直接测量。电流法适合检查短路性、漏电或软击穿故障</td></tr>
<tr><td>在空调器维修中，常用钳形电流表测量空调器运行时的运转电流值，当电流值接近额定电流值时，说明空调器工作正常，若测出的运转电流值远远大于额定电流值，说明机器有故障，处于过载状态；若测出的运转电流值远远低于额定电流值，说明压缩机处于轻载状态，制冷系统中的制冷剂有较严重的泄漏</td></tr>
</table>

① 运转电流的测量

② 电路板整机电流测量方法

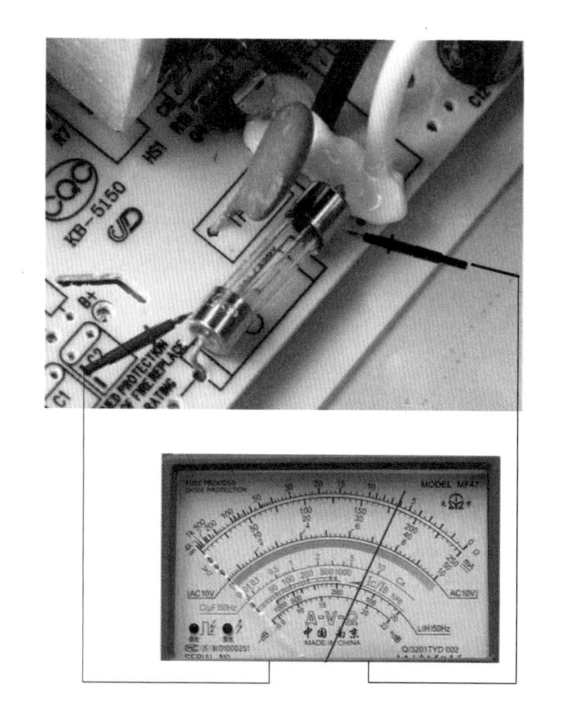

用万用表测量电路板整机电流时，可取下保险管（图中是保险管断路），把万用表的两只表笔串入两保险座中，然后开机测量。把实测结果跟估算值进行比较，若二者相差在0.5A左右，基本上认为正常

电流偏小。若实测电流比估算值小一半以上，说明负载工作不正常，如电源本身损坏等，可能发生断路性故障

电流偏大。实测电流偏大1A以上，甚至更大时，往往内部电路有短路情况发生。这种情况，应认真仔细排查

11.2.7 故障代码法

空调器为了便于生产和故障维修，都具有故障自诊功能，当空调器出现故障后，被单片机内部检测后，通过指示灯或显示板显示故障代码，提醒故障原因及故障发生的部位，所以维修人员通过代码就会快速查找故障部位。

除了上述介绍的多种方法之外，还有不少行之有效的方法，如替换法，用于一些不便于测量的元器件（如集成电路），采用已知的好元件，将被怀疑的元器件予以替换；加热法，用于对被怀疑的毛细管冰堵外敷加热等。

维修空调器是一项技术性很强的工作，要提高检修效率，就必须灵活综合性地运用各种检查方法。

11.3 常见故障显示代码及排除方法

下面以三菱柜式空调器为例，其机型有单冷型FDF504ES、冷暖气兼用型FDF304HEN、FDF504HES等。

11.3.1 故障代码检修流程

① 故障代码 E1 检修流程

故障代码 E1	室内指示灯	红灯：熄灭，闪亮 3 次或 32s　　绿灯：连续闪亮
	室外指示灯	红灯：熄灭　　绿灯：连续闪亮

故障代码 E1 的含义为室内机操作开关之间通信异常，其检修流程图如下图所示。

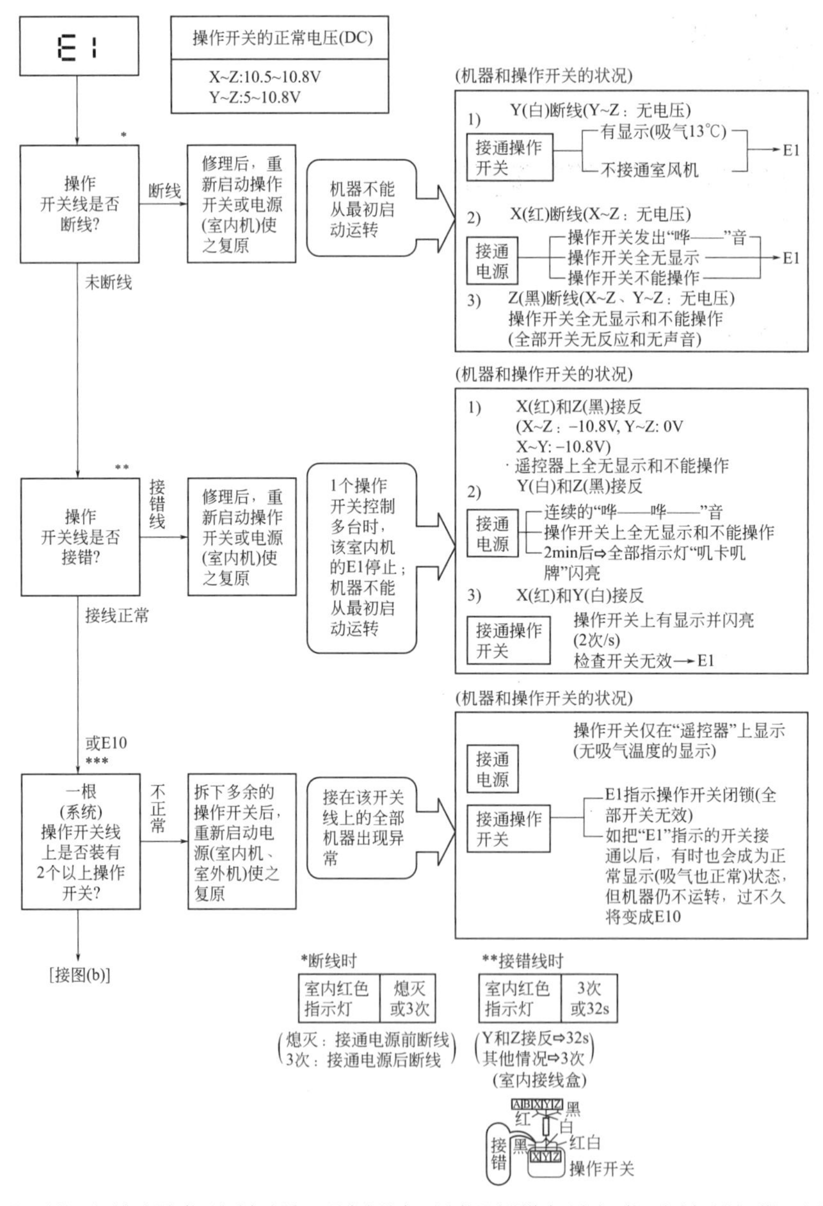

(a) 故障代码E1检修流程图之一

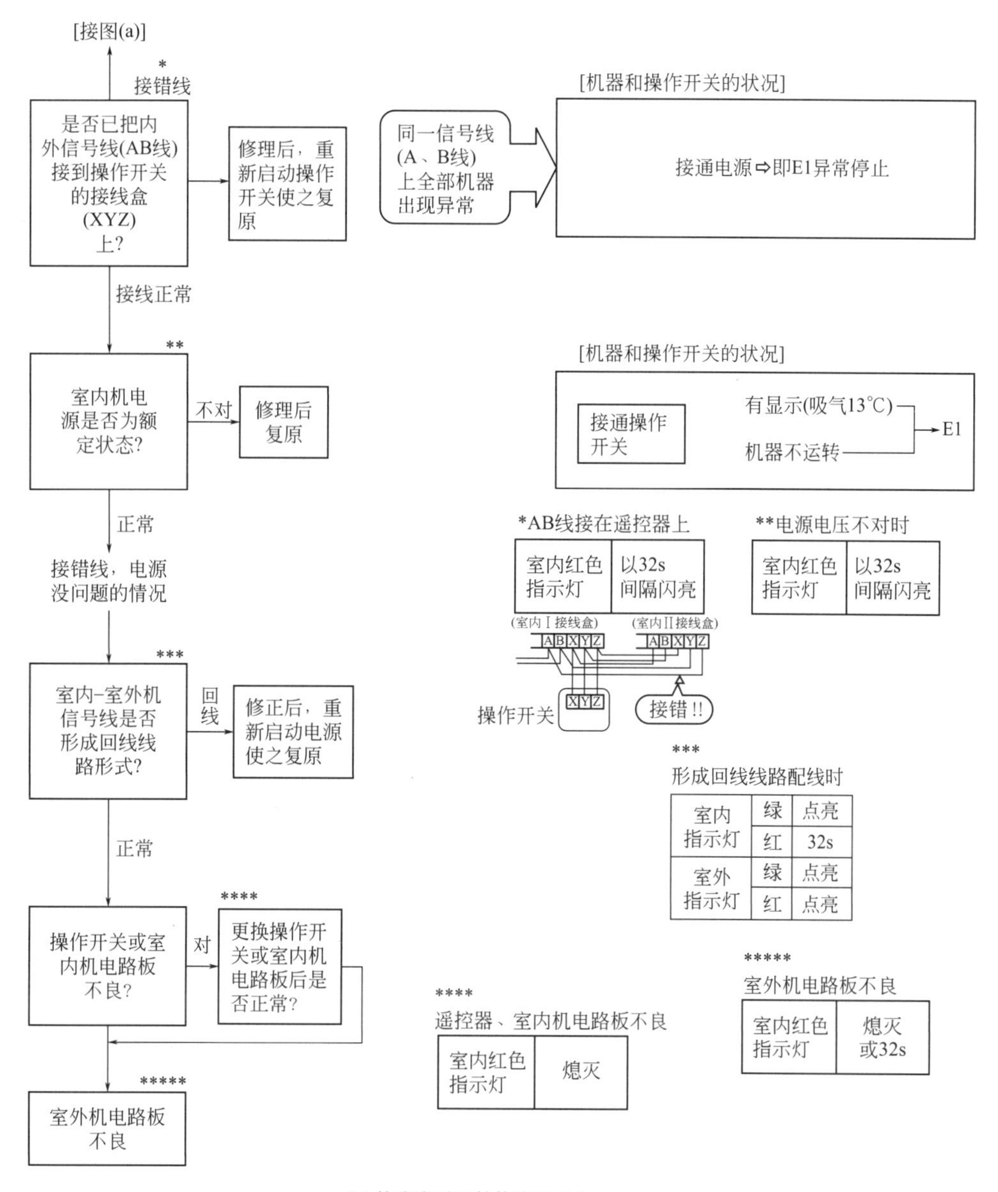

(b) 故障代码E1检修流程图之二

② 故障代码 E2 检修流程

故障代码 E2	室内指示灯	红灯：熄灭，闪亮 1 次	绿灯：连续闪亮
	室外指示灯	红灯：熄灭	绿灯：连续闪亮

故障代码 E2 的含义为用无极性连接线路时，室内机机号重复，其检修流程图如下所示。

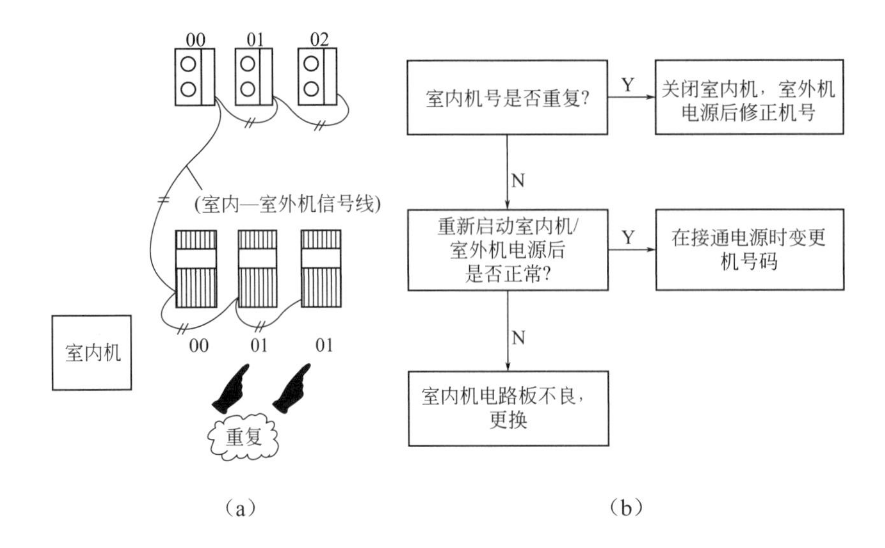

（a） （b）

3 故障代码 E3 检修流程

故障代码 E3	室内指示灯	红灯：闪亮 2 次	绿灯：闪亮
	室外指示灯	红灯：闪亮 3 次、熄灭	绿灯：闪亮

故障代码 E3 的含义为室内机和室外机号码不一致，或室外机的编号出现错误。检修应检查室外机号码与室内机的号码是否一致（熄灭），室外机号码是否编组了“48”或“49”（闪亮 3 次），室内、室外信号线（A、B 线）是否断线或没有连接上（熄灭），如下图所示。

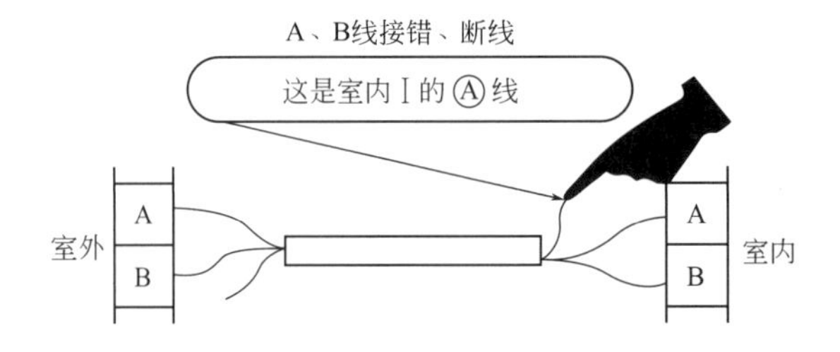

4 故障代码 E4 检修流程

故障代码 E4	室内指示灯	红灯：闪亮 1 次	绿灯：闪亮
	室外指示灯	红灯：熄灭	绿灯：闪亮

故障代码 E4 的含义为室内机号码编写错误。检修应为检查室内机号码是否编组了“48”或“49”。

5 故障代码 E31 检修流程

故障代码 E31	室内指示灯	红灯：熄灭	绿灯：闪亮
	室外指示灯	红灯：闪亮 2 次	绿灯：闪亮

故障代码 E31 的含义为用无极性双线连接线路而室外机号码重复。检修应为检查室外机号码是否重复，如果重复的话，关闭室内机、室外机的电源以后进行修正。

⑥ 故障代码 E31、E34 检修流程

故障代码 E31、E34	室内指示灯	红灯：熄灭	绿灯：闪亮
	室外指示灯	红灯：闪亮 1 次	绿灯：闪亮

故障代码 E31、E34 的含义为 T 相电源的配线出现错误。检修应为检查 T 相电源的配线是否松动、T 相电源配线是否通过室外机电路板上的电流传感器。

⑦ 故障代码 E35 检修流程

故障代码 E35	室内指示灯	红灯：熄灭	绿灯：闪亮
	室外指示灯	红灯：闪亮 1 次	绿灯：闪亮

故障代码 E35 的含义为室内机冷气超载运转。检修应为检查室外机热交换器温度是否超过 70℃，室外机的排风是否循环不畅。

⑧ 故障代码 E36 检修流程

故障代码 E36	室内指示灯	红灯：熄灭	绿灯：闪亮
	室外指示灯	红灯：闪亮 1 次	绿灯：闪亮

故障代码 E36 的含义为压缩机出口制冷剂盘管温度异常。检修方法如下。

① 制冷管道是否有漏气（检查喇叭口连接部、钎焊部等）。

② 现场施工配管部分的制冷剂是否已冲加。FDF504HES、504ES：使用现地配管超过 5m 时，必须要追加制冷剂。FDF304HEN：使用现地配管超过 3m 时，必须要追加制冷剂。

③ 室外机的操作阀是否处于全开状态。

⑨ 故障代码 E40 检修流程

故障代码 E40	室内指示灯	红灯：熄灭	绿灯：闪亮
	室外指示灯	红灯：闪亮 1 次	绿灯：闪亮

故障代码 E40 的含义为电源反相或高压异常。检修应为室外机的电源是否反相（FDF504HES、504ES），当检查高压异常时，排除的方法如下。

① 是否充分地抽空（1h 左右）。配管内如混入空气，则高压压力将会周期性异常升高。

② 室外机气体部分的操作阀是否处于“全开”状态（暖气时）。

③ 室外机的出风口是否排风循环不畅（暖气时）。

④ 制冷剂是否充注过多。

⑤ 高压压力开关（63H1）的配线是否脱开。

11.3.2 实战 37——故障代码维修案例

故障现象	空调器不工作，显示屏显示“4: F1”字样
维修机型	KFR-71LW/D
检修步骤	❶ 根据故障代码可知，显示屏显示“4: F1”字样，表示高压开关保护。对高压开关电路中的控制器进行检查，发现信号连接线的第 5 位处于断开状态 ❷ 更换后，故障排除

故障现象	显示故障代码“4: F2”字样
维修机型	KFR-71LW/WDS
检修步骤	❶ 根据故障代码可知，显示故障代码“4: F2”字样，表示室外风扇电机保护。检测室外风扇电机线圈阻值正常，热保护器和室外、室内机组连接线都正常，用万用表测量控制板上光耦阻值也正常 ❷ 检测电阻 R201，阻值为无穷大，说明已断路，更换该电阻，故障排除

故障现象	室内风机不运转，显示屏显示“F3”字样
维修机型	长虹 KFR-120LW/WDS
检修步骤	❶ 根据故障代码可知，显示屏显示“F3”表示室内风扇电机热保护器工作 ❷ 检查风扇电机热保护器导通，检查电控板上热保护电路，热保护器电路存在故障 ❸ 更换室内电控板，故障排除

故障现象	运行灯、电辅热、化霜灯同时以 5Hz 闪烁，空调不能开机
维修机型	美的 KFR-120LW
检修方法和步骤	❶ 三个灯同时闪烁是室外机保护。有相位保护、高低压保护，经逐个排除，查得低压开关断开，为低压保护，系统缺氟 ❷ 经仔细检查内外机无漏氟现象，打开包扎带查得在连接管上有油渍，发现铜管有裂缝 ❸ 重新焊接管路，加氟后运行正常
经验总结	熟悉灯闪烁情况，维修起来事半功倍

故障现象	空调不开机
维修机型	美的 KFR-120LW

续表

检修方法和步骤	❶ 运行灯、电辅热、化霜灯同时闪烁，不开机。判断是室外机保护，怀疑是相序故障，调动相序后故障没有排除 ❷ 打开室外机，发现外机底部有大量冷冻油，判断室外机内漏，外机低压保护 ❸ 用万用表测量低压开关不通，证明缺氟。仔细观察原来油是从高压排气管连接的消音器底部溢出的，用肥皂水检查底部渗漏，擦干油迹和肥皂水，观察焊点处有两个小裂纹，说明该焊点出厂时未焊牢，机器运转时，消音器产生振动，出现裂纹 ❹ 重新抽真空，补焊，加氟，故障排除
经验总结	像这样灯同闪的现象，维修人员必须从各方面进行分析检测，不但要考虑电控，还要查找系统原因，而且常常是少氟引起

11.4 不制冷的故障检修

11.4.1 制冷系统的正常参数

在维修空调器前，首先要搞清楚空调器制冷系统正常运转的标志、维修参数等，如电流、高压压力、低压压力、进出风口温度等，下面进行具体介绍。

制冷系统的正常参数	
将遥控器调到最低温度，使压缩机连续工作30min后，空调器应出现下述特征	
❶	室外机气管阀门（粗管阀门）应湿润或结露水，用手触摸有明显的凉感
❷	室外机液管阀门（细管阀门）应干燥或湿润
❸	室外排水软管应滴水流畅，而且随着室内相对湿度的增加，露点温度的升高，排水量也增大
❹	室内机进、出风口温差应大于8℃
❺	用钳形电流表测工作电流，应接近铭牌中的额定电流
❻	制冷系统正常低压在0.4～0.6MPa（4～6kgf/cm^2）之间；高压在1.6～1.9MPa（16～19kgf/cm^2）
❼	空调器的出风口温度应为12～15℃
❽	停机时室外温度为38℃时的平衡压力为1 MPa（10kgf/cm^2）
以上参数与室内外的环境温度有关，在检修时应具体分析	
❾	全封闭往复活塞式及旋转式压缩机外壳温度在50℃左右
❿	全封闭往复涡旋式压缩机外壳温度在60℃左右
⓫	低压管温度一般在15℃左右，正常时低压管应结露但不能结霜，如结霜，说明系统缺氟或堵塞
⓬	排气管温度一般在80～90℃之间。如温度过低，说明系统缺氟或堵塞；如温度过高，则说明系统内有空气或压缩机有机械性故障 可根据吸气管结露情况添加氟利昂，氟利昂未加够时吸气管可出现结霜现象，当压缩机吸气管上半部结霜时说明此时加氟量适中
⓭	风扇电机外壳温度一般不超过60℃
⓮	在室内或室外机能听到毛细管中制冷剂的流动声，如听不到流动声说明制冷系统有问题

为简明及实用起见，空调制冷系统故障分析诊断如下表。

故障原因及观察部位	空调器正常	制冷剂不足	过滤器堵塞	制冷剂漏完	冷凝条件不好	蒸发器外部受阻	制冷剂过多	系统内有空气	压缩机阀片破碎或纸垫被击穿
低压（环境30℃）	0.45～2.0MPa（表压）	低于正常压力	低于正常压力	基本上无压力	高于正常压力	低于正常压力	高于正常压力	高于正常压力	高于正常压力
高压（环境30℃）	1.9～2.0MPa(表压)	低于正常压力	略低于正常压力	基本上无压力	高于正常压力	正常	高于正常压力	高于正常压力	低于正常压力
停机时平稳压力	环境温度下的饱和压力	环境温度下的饱和压力：严重时低于饱和压力	环境温度下的饱和压力	基本上无压力	环境温度下的饱和压力	环境温度下的饱和压力	环境温度下的饱和压力	环境温度下的饱和压力	环境温度下的饱和压力
压缩机声音	正常	较轻	略轻	轻	响	轻	响	响	轻
吸气管温度	凉，结露，潮湿天气大量结露	少结露或不结露	不结露，温	温	温	凉，结露过多	凉，结露过多	凉，温，结露少	温，甚至热
排气管温度	热，烫，环境温度+55℃	热，温	热，温，低于环境温度+55℃	温	烫，超过环境温度+55℃	热，略低于环境温度+55℃	热，烫，高于环境温度+55℃	热，烫，高于环境温度+55℃	热
冷凝器	热，环境温度+15℃(40～55℃)	热，温	温，低于环境温度+15℃	温	过热，高于环境温度+15℃	热，略低于环境温度+15℃	热，高于环境温度+15℃	热，高于环境温度+15℃	温，热
蒸发器	冷，全部结露，环境温度-15℃	局部出现霜甚至出现冰层	局部结霜	温	冷，不结露，低于环境温度-15℃	冷，结露过多后出现霜，并逐渐扩大至结冰	冷，结露过多	冷，但结露少，高于环境温度-15℃	温，热

11.4.2 不制冷的分析思路

① 室内风机工作，但不制冷的分析思路

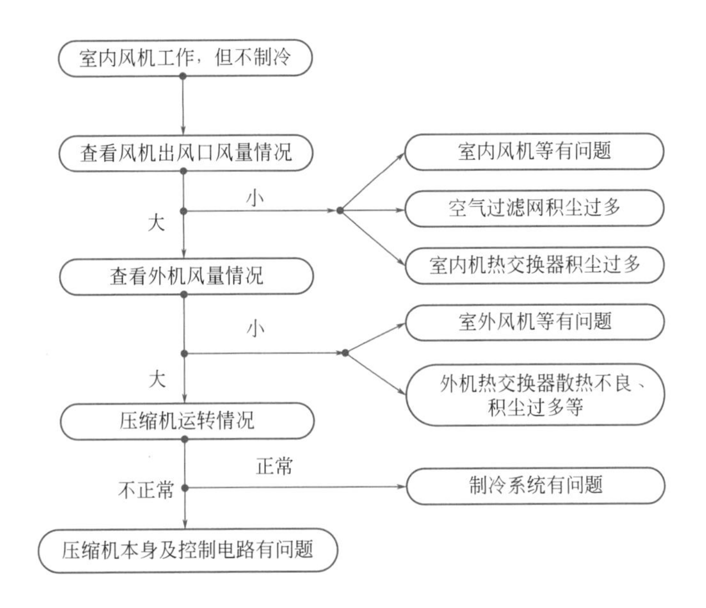

② 空调器不制冷（热）故障分析和故障排除方法

检查部位	故障内容	故障特征	排除方法
制冷系统部分	过滤器内堵塞不通，制冷剂不能通过	吸气管内抽真空，低压开关有时会起跳，排气不热，节流器无流动声音，蒸发器吹出的风不冷	更换过滤器
	系统内制冷剂全部泄漏		检漏，封堵后重新充注制冷剂
压缩机部分	换向阀不能换向，空调器不能制热	听不到换气流声音，室内机组吹出的是冷气，不是热气	更换换向阀
	气阀阀片击碎，不能吸气、排气	吸气、排气压力几乎相等，压缩机壳也比较热	更换压缩机

11.4.3 制冷系统故障分析与判断

制冷系统的故障占空调器整机的故障率最高，有时也较难一下判断准故障范围或部件，要想快而准地确定故障部位，就必须要熟练掌握各关键部位的温度、压力等变化情况，若能掌握并能灵活应用各要点，定能起到事半功倍的效果。空调器不制冷一般由制冷剂泄漏、供电电压不正常、控制电路（电控板）有故障、模式选择开关调节不当等造成。

制冷系统故障分析与判断如下表所示。

观察部位	正常状态	制冷剂不足	干燥过滤器堵塞	制冷剂漏完	冷凝条件不好	蒸发器外部受阻	制冷剂过多	系统内有空气	压缩机阀片碎或纸垫击穿
低压（环境30℃）	0.45～2.0MPa（表压）	＜正常压力	＜正常压力	基本上无压力	＞正常压力	＜正常压力	＞正常压力	＞正常压力	＞正常压力
高压（环境30℃）	1.9～2.0MPa（表压）	＜正常压力	略低于正常压力	基本上无压力	＞正常压力	正常	＞正常压力	＞正常压力	＜正常压力
停机时平稳压力	环境温度下的饱和压力，一般在1.2MPa左右	环境温度下的饱和压力：严重时低于饱和压力	环境温度下的饱和压力	基本上无压力	环境温度下的饱和压力	环境温度下的饱和压力	环境温度下的饱和压力	环境温度下的饱和压力	环境温度下的饱和压力
压缩机声音	正常	较轻	略轻	轻	响	轻	响	响	轻
吸气管温度	凉、结露，潮湿天气大量结露	少结露或不结露	不结露，温	温	温	凉，结露过多	凉，结露过多	凉，温，结露少	温，甚至热
排气管温度	热、烫，环境温度+55℃	热、温	热、温，低于环境温度+55℃	温	烫，超过环境温度+55℃	热，略低于环境温度+55℃	热、烫，高于环境温度+55℃	热、烫，高于环境温度+55℃	热
冷凝器	热，环境温度+15℃(40～55℃)	热，温	温，低于环境温度+15℃	温	过热，高于环境温度+15℃	热，略低于环境温度+15℃	热，高于环境温度+15℃	热，高于环境温度+15℃	温，热
蒸发器	冷，全部结露，环境温度-15℃	局部出现霜甚至出现冰层	局部结霜	温	冷，不结露，低于环境温度-15℃	冷，结露过多后出现霜，并逐渐扩大至结冰	冷，结露过多	冷，但结露少，高于环境温度-15℃	温，热

11.4.4 制冷系统泄漏、堵塞与缺氟的判断

制冷系统不管是泄漏还是堵塞，都将导致空调器不能正常工作，都会引起制冷系统压力不正常，从而造成制冷量下降。泄漏一定会引起制冷剂不足，使高、低压都降低；而堵塞若发生在高压部分，则会出现高压升高、低压降低的现象。

制冷系统泄漏与堵塞的区别				
部位或状态		泄漏	半堵塞	全堵塞
高压侧	功率、电流	输入功率、运行电流均低于正常值	输入功率、运行电流正常或稍高于正常值	输入功率、运行电流均高于正常值
	噪声	压缩机运行噪声小	压缩机运行噪声正常或稍大	压缩机运行噪声大
	温度	排气管温度比正常值低	排气管温度接近正常	排气管温度上升
	压力	高压低于正常值	高压稍升高	高压升高
低压侧	压力	低压低于正常值	低压稍低于正常值	低压低于正常值
	结露	蒸发器结露不完全	蒸发器结露不完全	蒸发器不结露
制冷或热泵制热		不良	不良	不制冷或热泵不制热

缺氟的表现与判断		
什么是缺氟		就是系统的氟没有达到饱和压力，俗称压力低，一般行业内所说的压力低是指低压，也叫蒸发压力。因为一般的空调只有一个检测口，且在粗管阀上，由于大部分的机器毛细管都在室外机，所以当制冷的时候，这里测到的也只能是低压
缺氟时的表现	夏天	制冷时的效果不好，室内机蒸发器结露不全，压缩机易保护。缺氟严重的话室内机结冰漏水，大柜机室外机从三通阀开始所有的粗管子储液罐结霜，大柜机平时看不到的“喷云吐雾”现在倒出现了。双气液分离器的变频空调也会出现结霜现象，压缩机排出管温会显示高温保护
	冬天	空调器在制热工作时，缺氟时外热交换器的表现尤为明显，那就是结霜不全（斑马霜） 外风机吹出来的风一点也不热，粗管子或粗阀门竟然没有一点汗水，水管也不流水
	反应在蒸发器上	❶ 挂机仅进口或制冷剂刚进蒸发器的一部分有凉或冷的感觉，而蒸发器末梢或铜管出口处没有凉或冷的感觉 也就是内机风口吹出来的风温度不低，且蒸发器的温度不匀，温差较大。挂机中间那一段出现结霜或结露（柜机出现在分支毛细管后刚进蒸发器的那一段），可蒸发器末梢却是常温 ❷ 柜机反应出来的却非常有意思，似乎柜机的蒸发器仅上面一点点是干的（没有结露）而下面的都有水呀？其实这是一种错觉，只要你拿手摸一下内热交换器就会明显的发现它其实和挂机一样只是刚进蒸发器的那一段很冰冷（比正常机器要冷）而分支每一组的后面都是常温不冷的，由于后面不冷和环温没有什么温差，所以就不可能结露。而下面看到的水只是上面淌下来的水而已，只要用手摸一下就全明白了，这是必须要做的，原因就是必须要搞清楚是单纯的缺氟了，还是有堵的现象，是一组堵了，还是每个分支都有不同程度的堵还是统一堵在过滤器上

续表

缺氟的表现与判断	
电流	不管是什么空调缺氟时都会反映出电流偏低
压力	反应在定频机器上的是压力偏低；而变频空调则表现为压力偏高
半堵与缺氟的区别	要是过冷管组出现半堵的现象，蒸发器在其表现上也是和缺氟时一模一样的。但表现在高压上却截然不同，缺氟是高压不高，而半堵却是高压特别地高

11.4.5 实战38——四通阀不正常引起的不制冷故障检修实例

故障现象	不制冷
维修机型	美的 KFR-71LW/SDY-S
故障分析	故障应在制冷系统。根据故障分析，造成不制冷（热）有很多原因：系统少氟或无氟；压缩机串气或四通阀串气等
检修方法和步骤	❶ 经上门检查系统工作时高压、低压压力基本平衡，工作电流远远低于额定电流，属串气现象。为了准确判断是否是压缩机串气，还是四通阀串气，首先切开压缩机，检测吸、排气是否正常，如果正常，可判断四通阀串气 ❷ 更换四通阀、抽真空检漏、加氟，故障排除
经验总结	根据空调能正常工作，但不能制冷（热）的情况，检查出系统无缺氟现象，高压、低压压力基本平衡，电流比额定电流偏小，可判断串气

故障现象	制冷时吹热风
维修机型	美的 KFR-32GW/Y-T1
故障分析	制冷不正常，可能是四通阀换向不灵敏或控制线路有故障
检修方法和步骤	❶ 用万用表测四通阀线圈，两端有电压，判定室内主控板正常。故障应为四通阀内滑块不能复位 ❷ 测低压压力 26MPa(kgf/cm^2)，确认为四通阀故障 ❸ 更换四通阀，故障排除
经验总结	四通阀是一个系统转换器件，如果出现只单独制热或制冷，首先检查四通阀线圈两端是否有电压，电路是否有故障

故障现象	该机在制冷调节功能下一开机就制热，不制冷，制热正常
故障原因	电磁四通阀不换向
检修方法和步骤	❶ 打开外机机箱，测量四通阀线圈两端无 220V 电压，因此断定四通阀阀块没有恢复到制冷状态 ❷ 用橡皮锤敲打四通阀阀体，希望能以外力振动迫使阀片回位，敲击后还是不能解决问题，由此判断四通阀坏 ❸ 更换四通阀，故障排除

续表

经验总结	引起此故障一般是由于冬天制热时阀内尼龙阀块受热变形，不能回位而引起，或者是阀上毛细管堵塞，不能在阀内形成压力差，引起内部压差紊乱，或者是阀内阀块受外力阻塞引起

11.4.6 实战 39——冰堵引起的不制冷故障检修实例

故障现象	不制冷
维修机型	美的 KFR-71LW/DY-Q
故障分析	故障应在制冷系统
检修方法和步骤	❶ 环境良好，检测电源电压稳定在 220V 左右，开机制冷约 20min 压机电流达 38A，过一会压机内保护 ❷ 反复几次重复上述现象，从故障现象分析为系统中含有水分。系统中有水分、冰堵所致 ❸ 用温水敷毛细管处，在高压处用真空泵抽，低压工艺口加氟排空，反复多次后故障解除
经验总结	冰堵是较难处理的故障，若系统中含水微量，可排氟后，重新抽空加氟即可解决问题，若含水较多最好的方法为分段法并加热用氮气吹系统，否则难以奏效，冰堵的特征规律性很强，特殊时表现为低压压力不变，毛细管的结霜现象并不明显，四通阀不能实现转换，瞬间压机有过载声音且电流偏小或很大，用温火烧毛细管出口处该故障可解除

故障现象	不制冷
维修机型	美的 KF-26GW/Y
故障分析	故障应在制冷系统
检修方法和步骤	❶ 上门检查空调在刚开机时正常，约 20min 后空调压力、电流降低 ❷ 此空调曾换过压缩机，排除压缩机本身故障，初步判断为系统有堵塞。由于开机 20min 内制冷正常，分析认为很可能为冰堵 ❸ 将制冷剂回收到室外机，在外机低压管处加装干燥过滤器，重新排空开机运行，直至冰堵完全消除 ❹ 拆掉干燥过滤器，开机制冷效果正常
经验总结	维修人员要避免系统进水，否则容易形成冰堵

故障现象	不制冷，室外机启停频繁
维修机型	美的 KFR-120LW/K2SDY

续表

检修方法和步骤	❶ 室内机能正常遥控运行，但室外机在3min左右启停，且3min内出风不冷，由此初步判断为制冷系统故障 ❷ 用压力表测试低压侧压力，由于停机时平衡压力为1.1MPa，到启动后逐渐降到0.1MPa，到停机后逐渐返回平衡压力，且在外机运行时发现从过滤器开始到毛细管到高压管全部结霜，由此可以断定为过滤器脏堵 ❸ 更换新过滤器后，试机一切正常
经验总结	对于外机启停频繁的故障，首先确认是电路故障或制冷系统故障

11.4.7 实战40——脏堵引起的不制冷故障检修实例

故障现象	不制冷
维修机型	美的KFR-51LW/DY-Q
检修方法和步骤	❶ 查内机送风正常，室外压缩机、风扇电机均运转正常，但工作15min后压缩机工作声明显减小，整机保护 ❷ 经测试系统低压为0，高压逐渐增大，根据故障现象判断为内机节流部分脏堵或冰堵 ❸ 将蒸发器高低压管用氮气冲洗，从高压管中冲出一黑色胶质物，可能为出厂前连接口盖密封垫在紧固过程中损坏，一部分卡入管口中，运行时逐渐流入蒸发器节流部分
经验总结	像这样室内机脏堵的排除方法，一般先用高压氮气冲洗，一定要先从低压管冲洗，若不能排除就要找出堵的部位，再切割或更换部件进行排除

故障现象	不制冷
维修机型	美的KFR-71LW/Y-Q
检修方法和步骤	❶ 检查发现，开机不到5min内机回气管结霜。检测系统压力为0.35MPa，电流初始值为12A，开机30min后上升到17A，判断为系统微堵 ❷ 拆开机器连接管打压未发现异常。然后拆下内机蒸发器，打压发现气体喷出，并伴有黑色胶皮颗粒喷出 ❸ 焊开盘管连接管，发现管内有一块黑胶皮，除去后试机正常
经验总结	此种情况出现很少，一般为截止阀橡皮密封圈破损

故障现象	不制冷
维修机型	美的KFR-32GW/I1Y
检修方法和步骤	❶ 检查内外机均运转，高压管结霜，测电流22A，回气压力为1MPa ❷ 打开外机壳，发现过滤器出口结霜，测其停机时的平衡电压为0.7MPa，由此判断过滤器脏堵。拆开过滤器，发现过滤器严重脏堵 ❸ 更换过滤器后，抽空加氟，试机正常，低压为0.5MPa，电流5.2A

续表

经验总结	一般过滤器堵会出现以下现象：毛细管出口结霜，蒸发器局部也会结霜，检测低压压力低于正常值，高压压力略低于正常压力，停机平衡压力接近环境温度下的饱和压力，压缩机排气温度及机壳温度升高

11.4.8 实战 41——制冷剂泄漏引起的不制冷故障检修实例

故障现象	连接管漏氟
维修机型	美的 KFR-32GW/Y-T
检修方法和步骤	❶ 新移机空调安装完成试机效果很好，第二天用户反映不制冷，经检查室内外机都运转，排除有接触不良现象 ❷ 在检测运行压力时发现室外机运行压力为负压，检测内外机管子接头无漏氟现象，对整套机打压后发现内外机连接管粗管有裂缝 ❸ 补焊后再次打压无漏点，抽真空定量加制冷剂后工作正常
经验总结	对于一些漏点很小，特别是管道连接处出现微漏，在压力较低时，往往很难发现，这就要求维修人员仔细查找，最好对整机加压后进行查找排除

故障现象	不制冷
维修机型	美的 KFR-71LW/DY-R
检修方法和步骤	❶ 用户反映空调不制冷，开机制冷运行，内外机都启动运行，无异常现象。说明电控正常，检查空调工作电流很小，查系统压力只有 0.1MPa，系统缺氟可能有漏点 ❷ 检查漏点，发现内机气管接头有泄漏现象 ❸ 重新拧紧气管连接螺帽后，检漏、抽真空加氟，故障排除
经验总结	空调制冷剂泄漏一部分和安装有关，也有少量的是系统问题

故障现象	不制冷
维修机型	美的 KFR-50LW/DY-Q
检修方法和步骤	❶ 上门检查，空调开机运行正常，无冷气吹出 ❷ 检查系统压力为 0MPa，系统缺氟。查内外机铜管接头无漏点，怀疑系统有漏点，加压检漏，发现内机蒸发器输出管有沙眼漏气，其他管路无漏点 ❸ 补焊抽真空加氟，试机运行正常
经验总结	空调维修过程中，要准确找到问题所在，一次性解决问题

故障现象	不制冷
维修机型	美的 KFR-35GW/I1Y

续表

检修方法和步骤	❶ 经上门检查，发现压缩机温度较高，电流偏小，只有3A左右，低压压力也只有0.3MPa，而外风机运行正常 ❷ 怀疑空调制冷系统有堵、漏或压缩机吸排气能力差。将空调拉回维修部，先进行氮气吹污，清洗，然后打压检漏，发现冷凝器下端“U”形端口焊接处微漏 ❸ 补焊，抽真空加制冷剂，故障排除
经验总结	空调使用时间不长，制冷效果差，多数情况是制冷剂泄漏。维修时最好检漏

故障现象	不制冷
维修机型	美的 KFR-32GW/Y-T1
检修方法和步骤	❶ 经上门多次检查都是缺氟引起不制冷，但每次都没有找到漏点。但可以肯定是系统慢漏所引起 ❷ 由于在用户家不方便检漏。把旧机拆回，在系统中充入氮气浸水检漏发现室外机冷凝器U形管内漏 ❸ 焊接处理后，再保压检漏。故障排除
经验总结	如果同一台机器在短时间内连续出现缺氟，用直观法很难找到漏点，不要总加氟。因为这样不会最终排除故障的

故障现象	不制冷
维修机型	美的 KF-26GW/I1Y
检修方法和步骤	❶ 经查系统无氟，检查内外机接头均正常，打开外机也未发现油迹，氮气试压，发现毛细管与过滤器的焊接点附近有严重的裂纹（大约3/4），因减震胶泥包裹在内，有油迹不易发现 ❷ 重新焊接毛细管，抽真空，加制冷剂，故障排除
经验总结	空调省略了隔板，使冷凝器缺少支撑与固定。工作时抖动偏大，且焊接引起铜管退火变软，毛细管很容易折裂

11.4.9 实战42——移机引起的不制冷故障检修实例

故障现象	不制冷
维修机型	美的 KFR-32GW/AY
检修方法和步骤	❶ 上门后检查电压220V、机器环境均正常 ❷ 检查外机的系统压力，低于正常值，但外机的电流值偏大，怀疑有半堵的可能 ❸ 检查内外连接管并未有折扁的地方，后听用户讲机器是后移至此处，细听内机有节流的响声，打开内机后侧发现粗管已被折扁 ❹ 收氟后，将内机取下，管路断开，用焊具将折扁处断开，将管路重新处理，做型后焊接回到原处，接好管路后重新试机，补充制冷剂后正常

续表

经验总结	在修机器之前认真听用户描述的故障现象，分析可能的原因之后，检查机器的具体故障点进行维修，移机造成的内机管路弯扁，应注意安装时的角度

故障现象	空调能启动但不制冷
维修机型	美的 KFR-32GW/Y-T
检修方法和步骤	❶ 经检测，空调开机 10min 制冷正常，测量压力、电流正常。空调继续运转后，测量低压压力逐渐降低，电流随之减小，制冷效果很差，判断系统肯定有水分 ❷ 经询问用户，空调安装时是在雨天进行，可能连接管道时有水进入 ❸ 放掉制冷剂重新抽空加氟，空调工作正常
经验总结	这种故障多数来自安装或维修过程，对于此类故障应多问、多看、多摸，才能快速找出故障原因

11.5 空调器不制热或制热效果差的故障检修

11.5.1 制热工作状态下的正常参数

制热工作状态下的正常参数	
❶	制冷系统正常低压在 0.4 ～ 0.6MPa（4 ～ 6kgf/cm^2）
❷	冬季制热时，制冷系统的正常高压在 1.5 ～ 2.2MPa（15 ～ 22kgf/cm^2）；正常低压应为 0.6MPa（6kgf/cm^2）左右。冬季制热时，当环境温度过低室外散热器会出现结霜现象 冬季室外温度为 -5℃时，系统平衡压力为 0.55 ～ 0.69MPa，其强制制冷运行低压压力为 0.26 ～ 0.3MPa
❸	热泵型空调器出风口温度应在 35 ～ 42℃之间，进出风口温度差应大于 15℃；电热型空调器出风口温度应在 30 ～ 45℃之间，进出风口温度差应大于 15℃
❹	压缩机外壳温度应比制冷状态下低 10℃左右 冬季制热时，当空调器处于除霜状态，压缩机正常运转，室内外风扇电机应停止运行 以上参数与室内外的环境温度有关，在检修时应具体分析
❺	当环境温度低于 -5℃时，空调器制热效果将明显降低，且室外机还会出现结霜现象
❻	制热运行时，单向阀两端不应有温度差，如两端有温度差，则说明其内漏
❼	空调器处于除霜状态时，换向阀断电，此时室外机会发出一气流声；如无此气流声，则说明换向阀有故障
❽	冬季制热时如室外环境温度较高，会出现室外机排水现象

11.5.2 空调器不制热或制热效果差原因分析

空调器不制热的主要原因			
❶	系统严重缺氟	❺	压缩机不能正常工作
❷	室外风机不运转	❻	室外温度过低
❸	室内风机不运转	❼	用户操作不当
❹	四通阀损坏或没有切换	❽	变频机的频率不能上升等

制热效果差的原因	
❶ 室外机吸热不良	外机的机罩没有去掉；冷凝器太脏；外风机转速低，时转时停；风叶破损等
❷ 室外机安装位置不对	外机安装在一个热交换不好的地方。例如小阳台的下部，冷气散不出去，自然风进不来，后背吸入的就是自己吹出去的冷风 一台空调对着一台空调的后背吹冷风，外机后部不易进风的空调龛里 外机前方就是大广告牌，窄小的空间等
❸ 化霜不好	外热交换器与风机的中间有一座“冰山”，外热交换器的上部外气流可以通过，而外热交换器的下部却因“冰山的阻挡”，外气流到了这里过不去，形成“涡旋气流” 天气冷，湿度大，容易结霜或冰 外热交换器太脏，例如油烟、灰尘、积垢等，后背有什么东西（例如树叶、报纸、塑料袋、尘土）堵了等。油烟灰尘都是绝热的东西，虽然翅片铜管有热，但遇到隔热物，那么化霜的效果就大打折扣了 单向阀堵死或卡死也会造成化霜不好 内外管温或电路板上的管温采样电路有问题
❹ 系统泄漏	缺氟引起的老是化不完霜（缺氟化霜时，外热交换器仅上面热，而外热交换器的下面是不热的），这样外热交换器的下面老是化霜不好，加之化霜后的水不能及时流走而沉淀在外热交换器下面（还有一种现象叫“离皮”就是外热交换器上的冰霜确实是化完了，但远处的冰霜却化不了，中间一条深沟）形成恶性循环
❺	制冷剂充注太多
❻	空调与房间匹配不当
❼	四通阀损坏或串气
❽	室内机蒸发器太脏
❾	用户操作不当
❿	室内温度太低
⓫	变频机的频率不能上升等

11.5.3 制热状态下缺氟的判断

<table>
<tr><th colspan="2">制热状态下缺氟的判断</th></tr>
<tr><td rowspan="2">观察气液分离器</td><td>如果气液分离器仅下部结霜，上部常温，我们可以判定它为缺氟，如果气液分离器通体凉但不很冰，仅压机吸入口结“白毛霜”则可以判定氟加得太多</td></tr>
<tr><td>这里的气液分离器结霜是由于气液分离器的冷冻油里面所溶的氟利昂二次蒸发所致，气温与分离器温差较小，同时回气温度与冰点也较接近，所以结霜较难熔化。若长时间开机，压机温度升到很高，或溶解氟利昂蒸发饱和后此现象就不存在了</td></tr>
<tr><td rowspan="2">观察外热交换器</td><td>正常的空调器蒸发压力略高于缺氟的空调器，因此蒸发温度也高于缺氟的空调，缺氟的空调先于正常机器结霜，由于它的蒸发温度低于正常空调，所以它结霜的地方蒸发吸热优于正常的空调，所以它结霜结的厚，挨着铜管及翅片的地方霜比正常空调还要“瓷实”；但外层的温差较小，所以结的霜比较“虚松”</td></tr>
<tr><td>有些地方在制热时，外热交换器是干的，怎么观察“霜”是否均匀？可以拔掉外风机线，这时候就可以看到是否均匀。再不明显，就只能是打开外壳，眼看、手摸外热交换器管板弯管，是否结露和上下的温度是否均匀即可</td></tr>
<tr><td rowspan="2">加氟与减氟的方法</td><td>比如因缺氟而加氟，加到粗细管阀门一样冷，停止加氟，合上四通阀线，看结霜是否均匀。如果温度、湿度不支持结霜，可拔掉外风机线观察，还不明显，则可以观察外热交换器管板弯管结露和上下温度是否均匀。有了这一次的模板，下一次加氟可适度添加修正值（例如内外环温、电压，机型内外风机转速等），只看压力、电流就行</td></tr>
<tr><td>减氟：一般采取细管保温套内放一个温度计探头监控温度（细管阀的温度约等于内机风口温度），再调整至最高温度
如果不确定，可以看一下室外机的最冷点是哪里，比如最冷点是外热交换器的底部，就是缺氟了；如果是外热交换器不冷而气液分离器或压缩机吸入口比外热交换器还要冷，那就是氟加多了</td></tr>
</table>

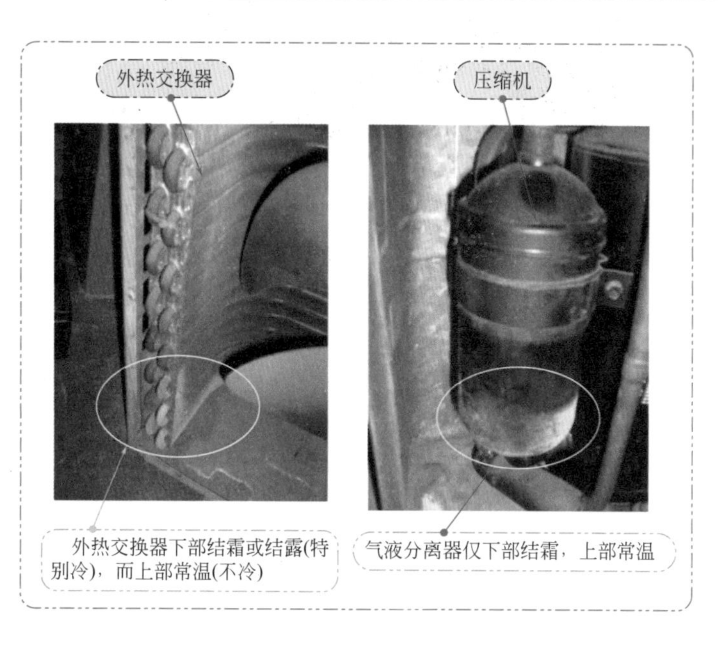

11.5.4 制热状态下四通阀串气的判断

制热状态下四通阀串气的判断	
串气的定义	高压不高，低压不低
串气的部件	只有压缩机和四通阀
怎样区分是压缩机还是四通阀串气	区分压缩机串气了还是四通阀串气了，仅需手摸一下气液分离器或储液罐的温度，如果气液分离器是“热的、温的”，就可以断定是四通阀串气了。大家都知道，不管制热还是制冷气液分离器都应该是“冷的，冰的”，如果不是这样，那就是四通阀串气了
区分、判断的依据	四通阀的阀块不是盖在左边的两个孔上，就是盖在右边的两个孔上。而尼龙块如果是卡在“半截腰上”，那么压缩机高压排出来的热气就会通过四通阀的上管经过四通阀的下中管（尼龙块没有盖住中孔）来到气液分离器，所以气液分离器就是热的、温的
最终判定压缩机是否串气的方法	最终判定压缩机是否串气，还必须烫开压缩机的吸入、排出管道，给压缩机上电启动后，看手能不能压住排出来的气。不管压缩机大小，如果能把排气管压住不漏气，那么这台压缩机就绝对不能用了；如果压不住，就不要怀疑压缩机串气了
注意	大家如果采取是的摸四通阀的四根管子，要知道机器正常的时候，夏季热管可达100℃左右，一定要注意防烧

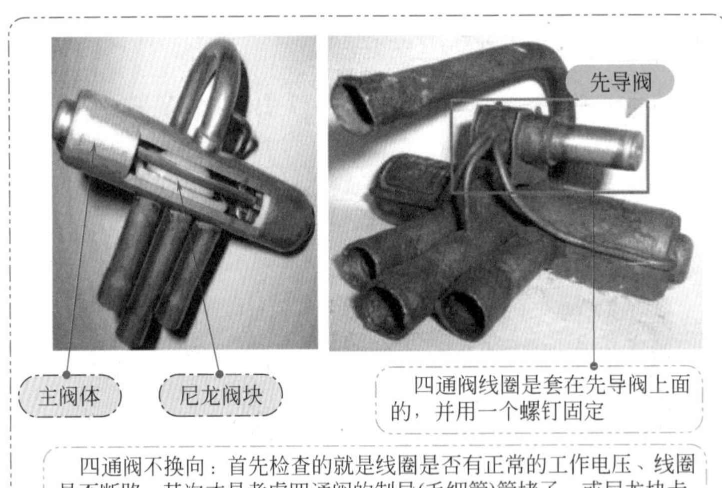

11.5.5 四通阀故障的判断方法与更换

① 四通阀故障的判断方法

四通阀故障的判断方法		
故障现象	空调不能正确和正常地进行制冷、制热模式的转换	
判断方法	❶	四通阀内滑阀被系统内部的脏物（氧化皮、杂物）等卡住，可用木棒或胶棒轻击四通阀阀体，如果换向恢复正常，判断正确
	❷	阀体受外力冲击损坏（阀体凹）造成滑阀不能换向，外观观察就可判断
	❸	先导阀毛细管堵、漏、裂，先导阀无法动作；系统压力没有建立起来（系统制冷剂严重不足），不能带动先导阀动作，从而不能带动四通阀主阀换向
	❹	由于系统内部的液击使滑阀导向架断裂、端盖损坏变形，此时无法换向，采用❶、❸两种方法不起作用，可判断为液击使阀滑导向架断裂、端盖损坏
	❺	四通阀内部间隙过大，阀座焊接时轻微烧坏泄漏量超标，造成串气，使滑阀两端压力平衡，无法推动滑阀换向，采用❶、❷两种方法时，有时可以换向
	❻	四通阀阀体或管路的焊口泄漏，漏口处有油（冷冻油）渗出容易判断，或采用肥皂水检漏
	❼	制热模式下四通阀先导阀线圈无电压或线圈烧毁（也可能接插件松、脱），造成先导阀不动作，使四通阀主阀不换向。可用一块永磁铁放在四通阀阀体端面或先导阀上判断，如果此时能使滑阀换向，判断正确

② 四通阀更换操作注意事项

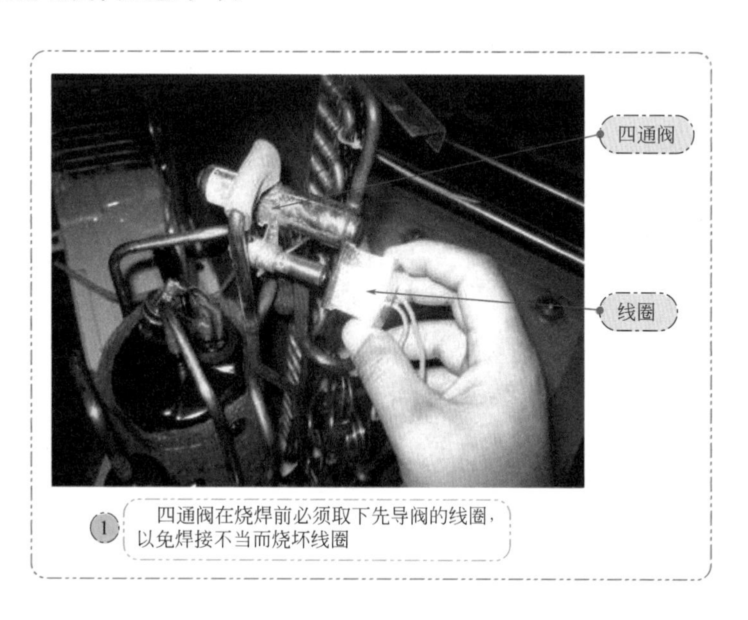

① 四通阀在烧焊前必须取下先导阀的线圈，以免焊接不当而烧坏线圈

湿布将四通阀包住

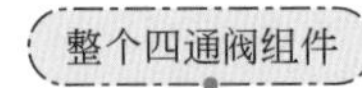

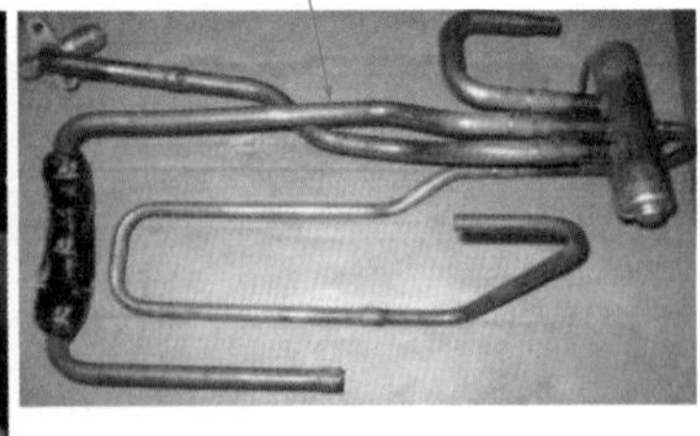

② 在焊下四通阀前，必须用湿布将四通阀包住，并将四通阀组件整个焊下，注意焊接时火焰的方向，不允许火焰对阀体进行加热

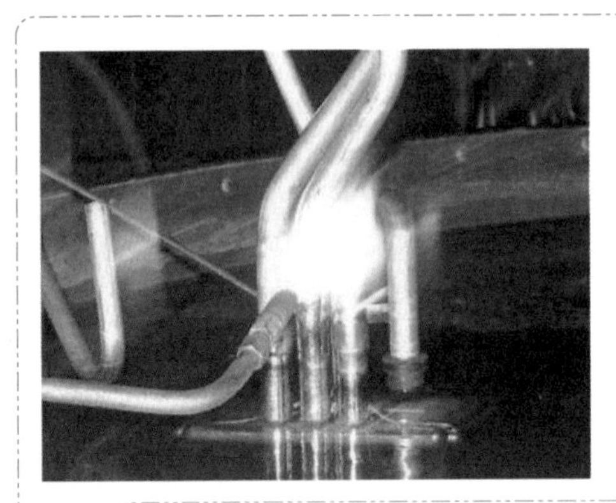

拆下一根管路件

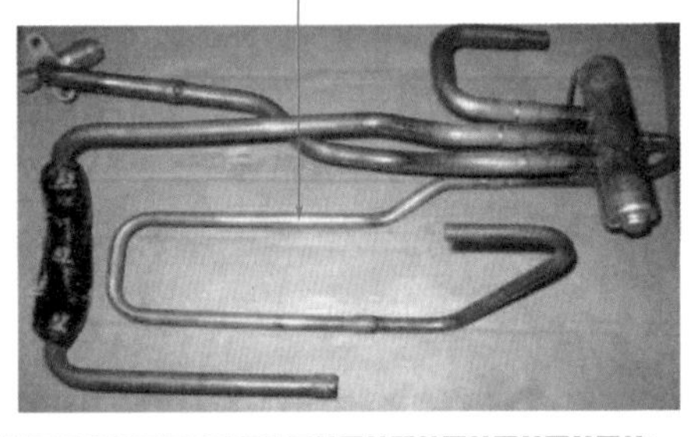

③ 将组件中的四通阀浸没在水中进行更换(最好能设计简易适用的工装)，为了控制四通阀组件管路件之间的相对角度，可以采取拆下一根管路件重新装在新阀上焊接好后，再拆换其他管路件的方法。更换过程中应保证新四通阀内部不被烧坏，确保新阀的焊接质量

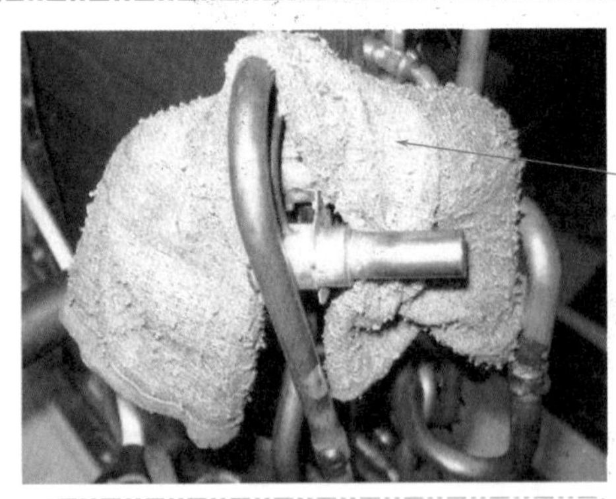

用湿布将四通阀包住

④ 在安装焊接四通阀组件时，必须用湿布将四通阀包住，同时注意焊接时火焰的方向，不允许火焰对阀体进行加热，并避免烧坏周围其他部件

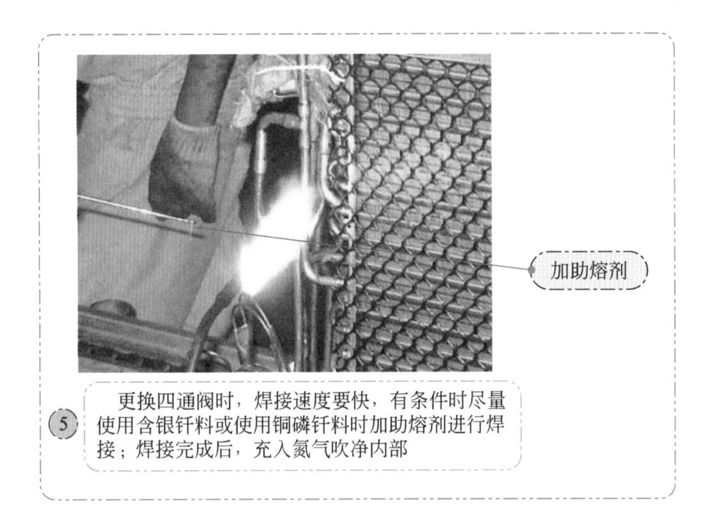

11.5.6 制热时正常机器室外机的表现

制热时，正常空调器室外机的表现	
❶	外热交换器表面的温度应该是很均匀的，且温度低，视温度、湿度的不同会出现结露、结薄冰或结霜的现象，外热交换器管板弯管上表现更明显
❷	外风机吹出来的风很冷，与外环温的温差可达 4 ～ 10℃。当然温差越大越好，说明吸热较好
❸	粗管热，细管温。但如果粗管烫，且不能长时间的用手握住，那就不正常了。很有可能是氟不合适或管子握扁，内热交换器有堵（堵是指系统某组管道堵了或内热交换器的进风面、后背、过滤网的脏堵）等

11.5.7 制热状态下两阀门的温度情况

制热状态下两阀门的温度情况
正常制热时，两阀门的温度是：开机两个阀门之间的温度差别很小且温度慢慢上升，此时电流、压力也同步缓慢上升；但上升到一个高度后，电流与压力又开始下降，粗管阀温略有下降，细管阀温度明显下降，这表明内风机已经工作
细管阀的温度约等于内机风口温度（也就是说，你不必来回室内外观察制热效果，仅从细管阀这里就可以方便地知道内机风口温度），这是一个老维修工常用的一种方法
而一些初学者常喜欢摸粗管子以辨别制热效果，这是不对的。因为当粗管子非常烫的时候，很有可能是氟不合适，因为加氟的时候会有一个“驼峰现象”，也就是说，当氟加到百分之七八十和百分之一百三十的时候，粗管温度会有两个峰值。也就是说，非常烫。而氟加到百分之百，也就是刚好，粗管子并不烫，它是热的，制热的效果也是最好的，细管子的温度也是最高的

11.5.8　制热状态下，从两阀门温度判断加氟多少

制热状态下，从两阀门温度判断加氟多少	
正常氟量	蒸发压力的升高势必带来的是蒸发温度的升高，外热交换器与外环温的温差减小。氟正常时，外热交换器与外环温的温差最大。外热交换器进口与出口的温差均匀，吸的热最多，粗管热、细管温
氟多	外热交换器与外环温的温差减小。外热交换器的出口冷于进口，外热交换器的温度均匀。吸的热少点，粗管烫，细管常温
氟再多	外热交换器与外环温的温度相近。外热交换器几乎没有什么反应，仅外热交换器管板弯管有所反应，外热交换器的出口与进口的温度接近，气液分离器的温度低于外热交换器。外热交换器的温度均匀，几乎吸不来热，粗管烫，细管凉
氟如果再多	室外机的最冷点就移到气液分离器下面　压机吸入口处，外热交换器不吸热
粗管烫就是氟不合适	加氟多少会有一个“驼峰现象”，也就是说，氟少了或氟多了粗管子都会烫的，而氟加的合适却并不烫，而是热的
加氟看电流、压力，添加修正数据	修正因素有：例如内外风机风速高低，内外环温高低，两换热器及毛细管搭配情况，房间高度，这些因素都会影响到高压的压力和电流
不同工况下高压不同	系统高压并不是一个固定值，而是受多因素影响而变化的 氟没有加够，高压主要是随着氟的多少而变化。氟一旦加够，也就是说，到了饱和压力，高压是随着冷凝器的温度而变化的 比方说一台空调制热，室内风机快开但还没有开的时候，它的高压是非常高的(这时候内热交换器的温度是相对高的)。可是一旦内风机打开了，高压就下来了，原因就是风扇把内热交换器给吹凉了（这是一个吸热的过程） 再如，内风机是低风，高压就相对高些（原因是吸热少，内热交换器比较热）。反之，内风机是高风，高压就相对低些（原因是吸热多，内热交换器比较凉） 当然房间内的温度也直接影响到高压的压力，例如定频空调的电压，变频空调的转速都会影响到高压的压力高低 就是说在同一台空调上不同工况下高压不同的现象；另外还有因为品牌机型不同所带来的同一工况下的不同

11.5.9　实战43——氟加多了制热效果差故障检修实例

故障现象	制热差
检修方法和步骤	❶ 高压不高，电流不大，回气管“烫”，细管冷，外热交换器摸不出来也看不出来什么，低压偏高。打开外机管板弯管全部结露。手摸外热交换器出口远比进口冷得多。这是氟加多了的现象 ❷ 依旧是制热模式，把氟回收到空大罐（大罐放在冷水盆中，并利用外风机冷气），放氟至外热交换器，进、出口的温差一致 ❸ 检测内机风口温度已到28℃（进出风口的温差已达28℃ -7℃ =21℃）。停机，把外机罩壳全部恢复到位，再次开机，20min后再次检测内机风口温度已达34℃(34℃ -9℃ =25℃)，此时没有加辅助电加热器

续表

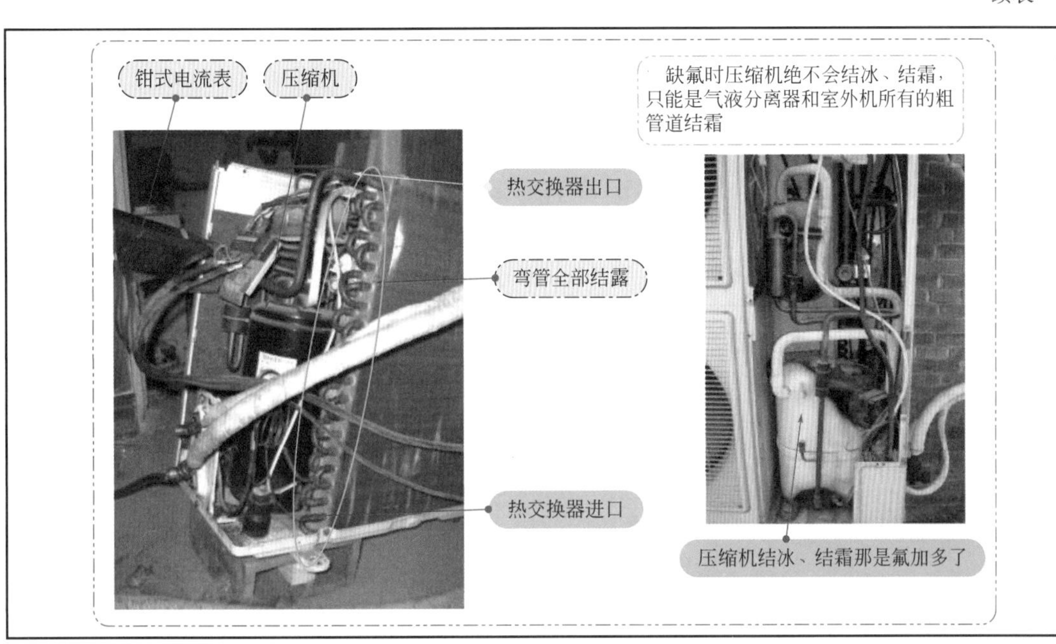

故障现象	不制热
维修机型	小挂机
检修方法和步骤	❶ 判断用户的压缩机坏了，于是派了一个师傅带着压缩机上门去更换，可加氟后试机的效果非常不好 ❷ 粗管道特别烫，电流，压力都正常。外热交换器不结霜，气液分离器下及压机吸入口处却有“白毛霜”，显然是氟加多了 ❸ 为了谨慎起见，拔掉四通阀线，却见蒸发压力明显偏高（别的机子大概只有0.2MPa多一点，而这台机器却高达0.38MPa） ❹ 加上四通阀线（制热）把氟一点一点地收回到空大罐里，并一直观察外热交换器的进口和出口，直至温度最低和均匀，故障排除
经验总结	氟加多了，冷凝压力并不是线性同步上升的，有时还会下降 为什么说氟加多了，压力不升反降呢，其实很简单，氟加的刚好，内热交换器的温度相对最好，可氟加多了蒸发压力就高了，吸热就会不好，内热交换器的温度就下来了，压力就下来了 同理电流也是受多因素影响而变化，而影响最大的应该是高压的压力。其次还有电压，例如电压高了，电流就大了；反之电压低了，电流就小了。变频空调则是随着频率高低变化，频率高了，电流就大，频率低了电流就小

故障现象	制热不好
检修方法和步骤	❶ 询问用户才知道，前不久另一个维修师傅才加了氟。故障依旧 ❷ 摸粗、细管阀门都烫。进屋打开进风栅，原来是过滤网全堵了 ❸ 内机粗、细管还烫，翻开内热交换器，拿“扫把”清理后背 ❹ 细管凉了下来，粗管还烫。去室外机拔掉外风机线，看霜倒是挺匀的。说明氟过量了

续表

检修方法和步骤	❺ 给细管子保温套内塞进一个温度计探头，给氟罐“放氟”，并把氟罐放到外风机风口冷却，放氟速度很慢（原因是氟罐的温度下不去），温度计的温度却不断上升，等温度又下降了，停止放氟，一会温度又回到最高值

11.5.10 实战 44——缺氟制热效果差故障检修实例

故障现象	制热差，化霜不好
检修方法和步骤	❶ 外热交换器 2/3 下部结霜，霜层竟和墙紧紧地粘在一起，而室外机里面的冰把风叶裹得紧紧的，出风口流出来的冰溜子好长。判断为缺氟 ❷ 补充氟，故障排除
经验总结	缺氟的空调蒸发压力低，结霜的地方会结厚厚的，而黑的地方总是常温，自然是不会结霜。外热交换器仅上面热，下面是常温的，每次仅上面的霜化掉了，变成水沉淀在冰上，形成一个“流坡”

故障现象	制热效果差
维修机型	美的五匹机
检修方法和步骤	❶ 检测压力、电流都基本正常 ❷ 显示高风，用钳流表检查电流也是高风，可感觉不像高风 ❸ 跑到室外明显看到外热交换器有“斑马霜”现象。判断为缺氟 ❹ 加氟后，故障排除
经验总结	冬季加氟因气温高低不同，因此压力差别也比较大，一般在 0.15 ～ 0.35MPa

续表

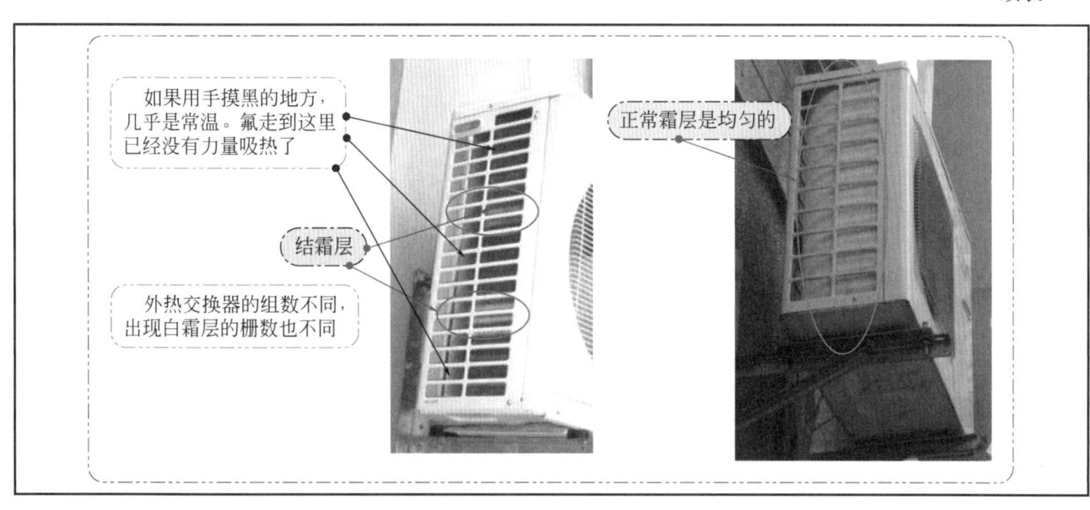

故障现象	制热差
维修机型	美的 KFR-32GW/DY-Q
检修方法和步骤	❶ 上门检修电压正常、电流 4.5A、高压压力 11 ～ 16kgf/cm²，出风温度 26℃ ❷ 根据电流分析明显低于正常电流值，故考虑有可能系统缺氟 ❸ 测高压压力有时能到 16kgf/cm²，检查无漏点，故分析系统少氟或进空气 ❹ 反复排空加氟。检测电流 7.8A、高压压力 16.5kgf/cm²、出风温度 48℃，试机正常

故障现象	制热效果差
维修机型	美的 KFR-71LW/Y-Q
	❶ 用户反映该机制热效果差，上门检测得到以下数据：工作时，电压 230V、电流 4A、回气压力 2.8kgf/cm²、排气压力 16kgf/cm²、室外温度 6℃、室内温度 8℃、出风口风温度 30℃ ❷ 分析空调漏氟，检查各接头无漏氟现象。空调运行 20min 后目测室外机蒸发器上部结霜严重，故诊断为系统自身缺氟 ❸ 补氟后，电流 4.4A、回气压力 3.2kgf/cm²、排气压力 18kgf/cm²，出风口温度 32℃，制热效果依旧不理想，但空调各项数据显示空调正常 ❹ 维修一时陷入僵局。后结合用户使用面积 30m²，应稍大，空调负荷能力不能满足，天气冷，制热效果差 ❺ 加装电辅助加热管，增加后，出风口温度达 39℃，故障排除
经验总结	对于空调各方面正常的情况，很多是空调能力与房间的面积匹配不合理

11.5.11 实战45——不制热故障检修实例

故障现象	不制热
检修方法和步骤	❶用户反应夏天制冷正常，但现在制热时根本就不制热，一开机就吹冷风 ❷检查外机，制热时外机不工作；而强制制冷，外机可以工作 ❸拔掉管温传感器，检查管温传感器插头处的直流电压+5V，正常。更换内管温传感器，机器正常
经验总结	内管温阻值漂移（阻值变小），提供给单片机一个错误的信号，即内热交换器太热了。通过停外风机（减少吸热）改善内热交换器的温度（降低温度），等内热交换器的温度降低了，再打开外风机吸热 内管温阻值变小还会造成化霜不好或干脆不化霜。还有“防冷风”超前，也叫吹冷风

故障现象	不制热，外机起停频繁
检修方法和步骤	❶ 上门检查，原来是室温探头从探头塑料支架上掉到内热交换器上，机器一工作，室温探头就给单片机报室温到了，外机就停了，一会内热交换器温度下来了，外机又工作 ❷ 把室温探头重新安装到探头塑料支架上，故障排除

故障现象	不制热
维修机型	美的KFR-120LW/K2SDY
检修方法和步骤	❶ 空调器已多次维修，但未能解决问题。上门观察空调开机3min跳停保护，经询问用户之前维修人员多次上门加氟，换过电脑板但未能解决问题 ❷ 询问用户空调之前移过机，经检测低压压力偏低，高压压力偏高。判定为毛细管脏堵 ❸ 焊开毛细管、过滤器检查，发现过滤器内有焊渣杂物，重新用氮气吹净，更换过滤器加制冷剂，试机正常
经验总结	遇到此类问题因多多询问用户，才能快速准确地解决问题

11.5.12 实战46——系统有水制热效果差故障检修实例

故障现象	制热不好
检修方法和步骤	❶ 移一台三匹空调，可偏偏用户那里停电了。把外机螺母一卸，把氟全放了。移机安装好，试机的效果异常地差 ❷ 怀疑系统有水分。用真空泵把系统抽了30min，再加氟，试机正常
经验总结	把氟放得太快，系统铜管内壁吸热严重，油膜上下都沾有水分，加之排空不到位，这是第一次试机效果特别不好的主要原因（系统有水分） 机器运转后，系统里的水分全部都溶在氟里，现在把脏氟全部放掉，重新加氟，自然效果就好了。当然把系统过滤一下水分也能达到同样的效果 建议移机时，收了氟，等系统（铜管）的温度和外环温接近时再卸管道。这样就不存在温差，既然没有了温差就不存在吸热凝露的问题了。然后再松开螺母，回收管道，室内机等

故障现象	制热非常差
维修机型	小挂机
检修方法和步骤	❶ 经上次检查是压缩机损坏了。10 天左右压缩机才到货，更换压缩机，抽空，定量加氟后，给用户家送去，可试机的效果非常差 ❷ 反反复复检查，也查不出什么问题 ❸ 后发现压缩机冷冻油是粉红色的，马上意识到是氟利昂已经变成氢氟酸了 ❹ 先把原来的氟全部排掉，再重新加氟并把系统用变色硅胶过滤一下。故障排除
经验总结	上次检查压缩机时把吸入口和排出口都焊开了，由于下大雪湿气在排出氟的同时侵入到系统内管壁的油膜上，由于温度等原因有的水分已经返到油膜下管壁上。维修时确实是用真空泵吸了真空，可附着在油膜上下的水分却是怎么也吸不出来的，而水分却溶于氟，在氟反复的冲刷和溶解中被干燥过滤器中的硅胶吸收了水分，问题自然就解决了
系统里有水分或杂质时的油色	“皂化”系统里有轻度水分 “粉红色”系统里有中度的水分 “葱绿色”系统里有大量的水分 “茶褐色”压机过流或过热 “砖灰黑色”系统进了沙石砖末等杂质
大柜机的过滤器   附着管壁油膜上下的水分是无法拿“真空泵”吸干净的，但氟溶于水；也溶于油，当这些混合气体来到“变色硅胶处”时就被变色硅胶把水分吸收了。而油和氟却可以顺利地通过，反复循环一段时间后，系统里面的水分就过滤的差不多了。如果变色硅胶依旧是变色了，那么就更换硅胶继续过滤，直到硅胶不变色为止	

11.5.13　实战 47——堵塞引起制热效果差故障检修实例

故障现象	制热不好
检修方法和步骤	❶ 检查外热交换器管板弯管，一半结露，一半是干的，说明是蒸发压力过低 ❷ 测量高压也过高 ❸ 低压过低，高压过高，肯定是节流过大。引起节流过大的原因主要有细阀门没有完全打开，过滤器脏堵，加长过管道，细管道有半堵等 ❹ 最后，判断为毛细管有半堵现象。更换毛细管，故障排除

续表

经验总结	❶ 过冷管组半堵和缺氟的症状相同的是：蒸发压力都低；不同的是：缺氟，高压不高。过冷管组半堵的症状是高压比较高。而且制热模式下，有点像氟不合适的症状，即手摸粗管非常烫，可一到内热交换器就变成常温了 ❷ 毛细管剪短了和氟加多了从外热交换器来看有相似的地方，都是蒸发（低压）压力高，蒸发温度高，与外环温的温差小，吸的热少，制热差（外热交换器的温度倒是挺均匀的） ❸ 在毛细管剪短的情况下，冷凝（高压）压力打不上去。氟加多了的情况，则视压缩机的效率和氟加多的程度而不一样。如果是加多一点，压力会上去；如果加多的很多，压力不光不上，还会下降 内热交换器如果是多组的话，氟加多了则会出现分层现象，即内热交换器上面热下面凉，原因是压力高温度低，高温气态氟和油易液化成液态沉淀到下部，也就是说，内热交换器和内机风口温度不均匀。换言之，就是制热不好 ❹ 也可以用温度计探头塞进外热交换器上部的“翅片里”，监控最后一段的温度。如果是氟不够，这里不会冷；但是氟多了，蒸发温度和蒸发压力都高了，这里的也不冷。也就是说：只有氟加合适了，这里才会最冷

故障现象	制热效果比原来差许多
检修方法和步骤	❶ 制热状态毛细管没有霜，是从毛细管后面结霜的。即从分支器到交换器处有结霜现象 ❷ 毛细管后到分支管结霜必是蒸发压力偏低，而引起蒸发压力偏低的原因也只能是缺氟和半堵 ❸ 如果加氟能消除结霜现象，就是缺氟了。如果不但不能解决问题，而且还引起压缩机保护，那肯定就是半堵了 ❹ 本机是半堵，而半堵的地方就是结霜前面的那个部位—毛细管。我们行内有句非常经典的话叫做：“哪堵哪结霜”。本机是副毛细管半堵
经验总结	冰堵叫完全堵死，后面没有氟通过，也就不存在吸热，相应就不可能见到结霜现象 氟加多了，蒸发压力就高了，蒸发温度随着也增高，与外环温的温差减小，不会结霜的。我们行内有句非常经典的话叫做“哪堵哪结霜”，指的是半堵的后面结霜 半堵和缺氟在这里的表现都是一样的。区别就在于：缺氟了加点氟，结霜的位置就改变了。而半堵了，加点氟，结霜的位置却并不改变
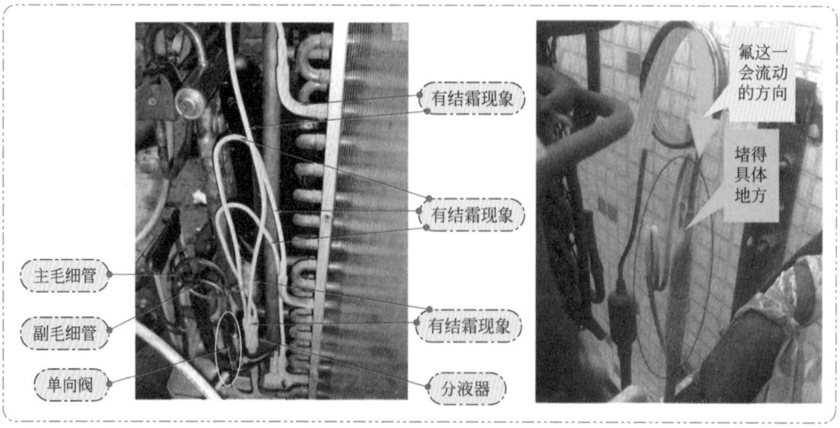 有结霜现象 有结霜现象 主毛细管 副毛细管 有结霜现象 单向阀 分液器 氟这一会流动的方向 堵得具体地方	

故障现象	制热效果差
维修机型	KFRd-23LW/Z
检修方法和步骤	❶ 用户反映这台空调以前使用挺好的，前段时间搬家，搬家公司给移的机子，空调搬过去装好后，试机是正常的（在制冷状态下） ❷ 开机初始制热效果还可以，但过一会就不行了。气液分离器原来结霜挺好，出问题的时候气液分离器的霜就化得差不多了，再看外热交换器仅底下有一段霜。判断为“蒸发压力偏低”，可能是缺氟或截流过甚 ❸ 可制热正常的时候，压力、电流都正常；出问题的时候，压力也降了下来。检查气液分离器的温度，是低的，排除了四通阀串气的可能性。焊下压缩机，明显地可以看到气液分离器滤网上面有些“黑乎乎”的东西 ❹ 焊下气液分离器，单试压缩机大约 5min，吸、排气都挺好。再看气液分离器，好的气液分离器从上面往下看应该能看到滤网，可这个什么也看不到，黑乎乎的，用平口螺丝刀能挖下来黑色黏糊糊的东西 ❺ 用汽油清洗气液分离器后并恢复，再打开过冷管组的过滤器发现也很脏。更换了一套过冷管组 ❻ 系统加氟，粗管道串了个过滤器，里面加变色硅胶和活性炭，运行两小时，再抽空加氟，试机，一切正常
经验总结	制热不好需要检查电流和冷凝压力，可更需要注意蒸发压力

故障现象	制热不好
检修方法和步骤	❶ 上门检查发现出风口温度时高时低，打开窗户发现外风机不转，检查 4 号线，没有电，还没有反应过来是怎么回事，外风扇又转了。马上意识到是内管温阻值漂移 ❷ 更换一只内管温传感器，观察外风机不再停，制热也恢复了，故障排除

故障现象	制热效果差，夏天制冷正常
维修机型	美的 KFR-23GW/I
检修方法和步骤	❶ 经上门检查，空调工作电流、压力正常，但制热效果确实很差 ❷ 进出口温差只有 10℃，根据用户描述制冷正常，初步怀疑为系统问题，拆开外机发现毛细管有结霜现象，判定为毛细管有堵 ❸ 更换毛细管和过滤器，试机一切正常
经验总结	此类因制冷好而制热差的情况多数出现在毛细管部位

11.5.14　实战 48——单向阀引起制热效果差故障检修实例

单向阀的几个问题	
❶ 单向阀的作用	单向阀和副毛细管并联接在主毛细管上（也叫叠加）是为了在寒冷的地区使用，进一步降低蒸发压力和温度，增大蒸发器与外环温的温差，更好地吸热

续表

单向阀的几个问题	
❷ 为什么毛细管不能再加长	毛细管加长了，低压将会更低、高压将会更高，这是必然的结果；但高压并不是我们追求的目的。也就是说，到了饱和压力，压力就不会线性上升，反而很有可能下降
❸ 单向阀正常的时候	单向阀制冷、化霜时打开，气流从外热交换器经过主毛细管→单向阀→二通阀（单向阀阻力小，副毛细管阻力大，所以走单向阀，不走副毛细管） 制热时单向阀关闭，气流从二通阀经副毛细管，再经主毛细管，到外热交换器蒸发吸热（制热时由于单向阀关闭，气流从这里无法通过，只能走副毛细管） 单向阀在制热时容易出的问题是该关死的时候却没有完全关死。即低压不低、高压不高。结果就是，吸热不好，制热不好（而化霜的时候，则应该是打开贯通，如果不能打开或不能完全贯通，则会造成化霜不好，即外热交换器上面的化掉了，而下面的却化不掉）
❹ 现场鉴别	在制热的模式下，先记录下当时的电流、压力、回气管（细管）保温套内的温度。迅速地关闭细管阀，然后再打开 90°，细细地调整一下细管阀的开启度，对比刚才记录下的电流、压力、回气管温度，看是否有所改善。如果是效果有明显的改善，就可以确认单向阀的问题；如果效果没有改善，而是更差了，就不要再怀疑单向阀有什么问题了。
更换单向阀注意	更换单向阀一定要泡水大焊枪焊（焊前先把单向阀入水端用塑料胶带螺旋缠绕，最后封口时捏一下，保证入水焊接时，不会进水）。现在的单向阀阀针都是尼龙的，密封性特好，就是不耐高温，如果不泡水焊，而用湿抹布包着焊，肯定会焊坏

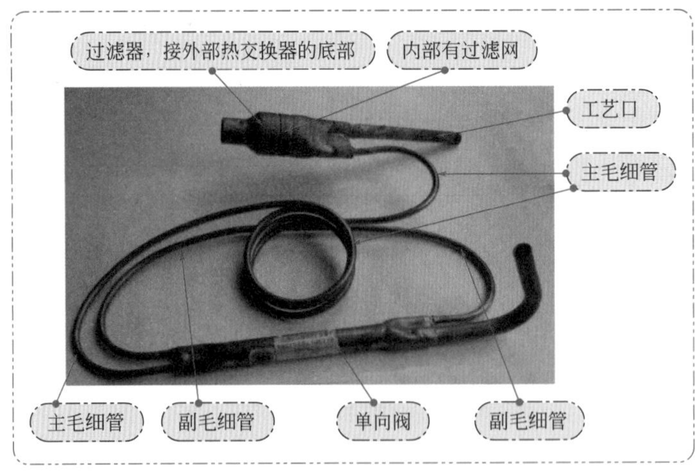

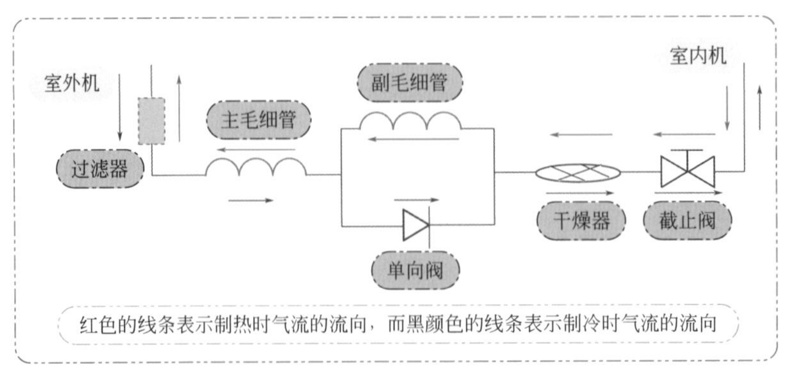

红色的线条表示制热时气流的流向，而黑颜色的线条表示制冷时气流的流向

故障现象	制热差
维修机型	美的 KFR-32GW/I1Y
检修方法和步骤	❶ 制冷良好，可到冬天室外机启动时室内机无风，上门检查发现，外机的铜管很烫手，但压力只有 2.3MPa，可到室内蒸发器处有一点温度，压力偏高，判断为室外机有脏堵 ❷ 将机器拆回，对空调制冷系统全面仔细检查，发现单向阀有脏堵 ❸ 更换单向阀
经验总结	单向阀堵，阀块不动作，还有与它一体的辅助毛细管也被堵后，会造成制冷或制热效果差，甚至不制冷或不制热

故障现象	制热效果差
维修机型	美的 KFR-32GW/Y
检修方法和步骤	❶ 开机检查，测气管压力偏低，为 9kgf/cm^2，根据故障现象判断系统缺氟或进空气、单向阀密封不良 ❷ 放掉制冷剂，重新抽空，定量注氟，开机故障依旧。故断定故障为单向阀密封不严，制冷剂未通过辅助毛细管、单向阀未起作用，使气管压力偏低，制热效果差 ❸ 更换单向阀，重新抽空注氟，空调器工作正常
经验总结	单向阀关闭不严时，在高压压力下，由尼龙阀块与阀座间隙泄放高压压力，回流制冷剂未全部进入毛细管，相当缩短了毛细管的长度，导致制热时高压压力下降，制热效果差；制冷时单向阀完全导通，不影响制冷效果

11.5.15 实战 49——更换压缩机检修实例

故障现象	制热不好
检修方法和步骤	❶ 给一个空调器更换了一个大压缩机（比原机马力大）后，出现了制热不好，外热交换器上部结霜，下部常温，有热保护现象 ❷ 更换过冷管组。这个压缩机是原配“美的”32 空调上的，更换为 32 机的过冷管组 ❸ 新压缩机的电容为 30μF，原机电容为 25μF ❹ 重新更换了毛细管，给压缩机又装上减震棉，外机壳安装到位，抽空加氟，试机，空调运行正常
经验总结	❶ 小压缩机不可以代替大压缩机，但大一号的压缩机可以代换小压缩机 ❷ 更换大压缩机一定要注意毛细管、电容匹配是否合适，另外还应考虑“底角的距离”（是高脚还是底脚）、气液分离器的大小、吸排气管的口径等
过冷管组	过冷管组，有的厂家都管它叫“毛细管组”，它是由主毛细管、副毛细管、单向阀、过滤器四小件组成的一个组件 它的作用是改变氟的相态和比热容，又可以理解为“降压节流” 通常来讲过冷管组是根据压缩机大小选择的，即压缩机大，毛细管必短而粗；压缩机小，毛细管就又长又细。毛细管长了，高压更高，低压更低；反之毛细管短了，高压打不高，低压降不下来

续表

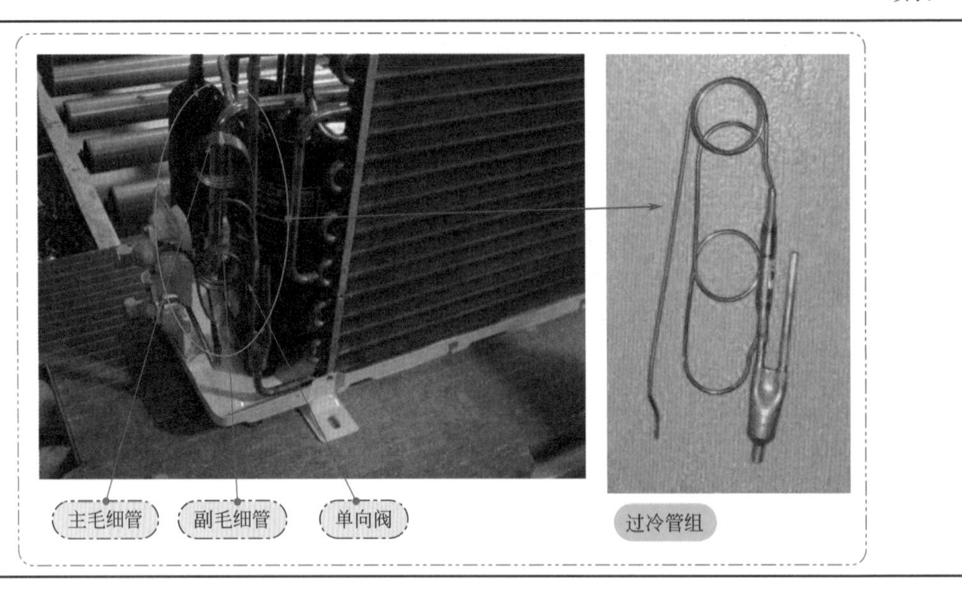

故障现象	制热效果差
维修机型	格兰仕两匹柜机
检修方法和步骤	❶ 检测出风口温度为26℃左右 ❷ 感觉气液分离器不太冷，把氟都放了，重新加氟，故障依旧 ❸ 怀疑压缩机有问题。把压机的吸、排气口焊开，启动压缩机，用拇指堵住压缩机吸入口，感觉吸气很慢且无力 ❹ 更换压缩机，故障排除
经验总结	更换压机后试机效果非常好，进出风口的温差可达27℃（也就是说，进风温度8℃，出风温度35℃）

11.5.16　实战50——四通阀引起的故障检修实例

故障现象	制热时化霜的“噗哧”气流声太频繁
检修方法和步骤	❶ 室内气温3～4℃。放气声第一次间隔的长点，以后每隔3～5min就出声一次 ❷ 分析要是化霜的话就太频繁了，怀疑是电脑板出了问题。检查四通阀回路也没有接触不良情况等 ❸ 关机的时候发现了问题，关机时压缩机和四通阀差不多同时停下来，而风机还在转个不停，好久才停下来（正常程序应该是四通阀最后断电以减小气流声） ❹ 仔细检查，是室外机的风机与四通阀的线接反了。更换接线后，故障排除
经验总结	原来用户用的那几天气温都较高，蒸发器热保护较频繁，本该外风机时转时停的，变成四通阀频繁通断了，导致出现这样一个奇怪的现象，而气温低的时候就看不出故障了

故障现象	一开机空调就制热
维修机型	美的 KFR-71LW/DY-S
故障分析	怀疑四通阀有问题
检修方法和步骤	❶ 上门检查发现开机就吹热风，因是新装机，首先检查线路没有接错 ❷ 怀疑四通阀有问题，检测四通阀线圈电阻正常且通电正常。分析肯定是四通阀卡，新装机四通阀坏的可能性小，多是由于轻微卡死。用木棒反复敲打，试机故障依旧，由此确定四通阀坏 ❸ 更换四通阀，故障排除
经验总结	在维修四通阀时一定注意不要轻易更换，其轻微卡死的现象可用简单的物理方法修复

故障现象	不制冷、不制热
维修机型	美的 KFR-23GW/Y
故障分析	故障最大可能在电磁四通阀
检修方法和步骤	❶ 该机在制冷功能下一开机就制热。打开外机盖，测四通阀线圈两端无 220V 电压，因此断定四通阀阀块没有恢复到制冷状态 ❷ 用橡皮锤敲打四通阀阀体，希望能以外力振动迫使阀片回位，敲击后还是不能解决问题，由此判断四通阀坏 ❸ 更换四通阀，故障排除
经验总结	引起此故障的原因一般是由于冬天制热时阀内尼龙阀块受热变形，不能回位而引起，或者是阀上毛细管堵塞，不能在阀内形成压力差，引起内部压差紊乱，或者是阀内阀块受外力阻塞引起

故障现象	不制热
维修机型	新科 KFR-45LW
检修方法和步骤	❶ 用户反映该空调夏季使用时制冷就不好，冬季制热时不能制热 ❷ 测量用户电源电压基本正常，开机测量排气压力为 0.9MPa，无排气压力差，使四通阀强制换向，四通阀有吸合但制冷系统内无换气气流声，测量压缩机吸排气口有温差，判断压缩机基本正常 ❸ 怀疑四通阀有问题，更换四通阀，故障排除

故障现象	不制热
维修机型	新科 KFR-32GW
检修方法和步骤	❶ 空调器不制热的主要原因有：电磁阀线圈电压过低，不能吸合阀芯上移；电磁阀线圈断路或烧坏；电磁阀阀芯卡住不能上移；电气控制电路故障 ❷ 用万用表测量电磁阀换向阀线圈的工作电压，正常。后切断电源，用欧姆挡测量线圈的通断情况，也正常 ❸ 通电后用小锤轻敲电磁换向阀体，只听见“啪”的一声，这时电磁阀芯吸合上移，此空调的电磁阀阀芯被卡住。若不吸合，更换四通阀

11.6 制冷差的故障检修

11.6.1 制冷量不足分析思路

空调机运转，但制冷（热）量不足即效果不好，不一定是缺氟。造成空调制冷（热）效果不好的原因很多，缺氟只是其中之一。

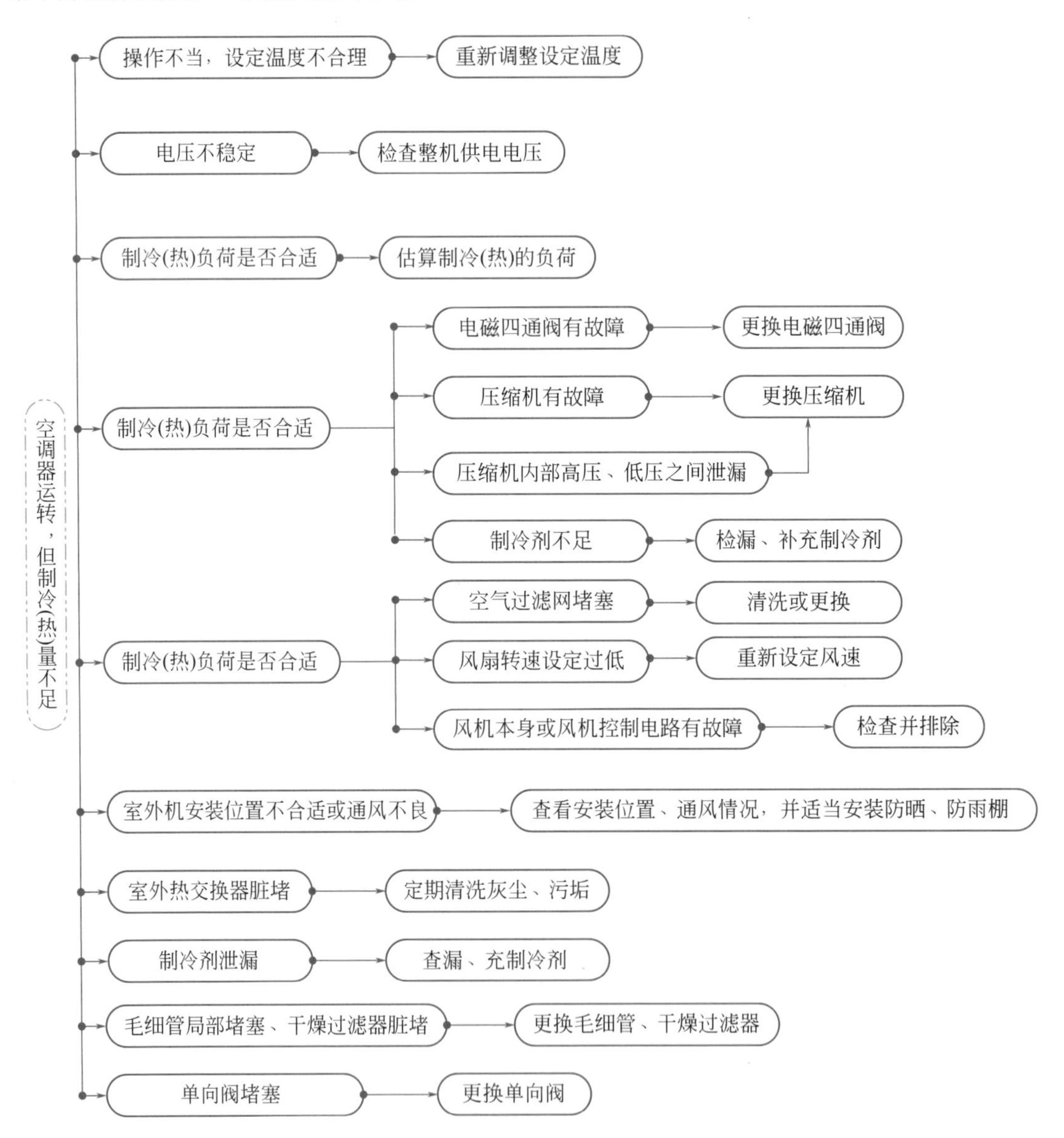

空调运转但制冷效果不佳的分析与判断			
检查部位	故障内容	故障特征	排除方法
制冷系统部分	制冷剂量不足	吸气压力高，吸气管及泵壳结露，压缩机比较热	检漏、封堵，充氟
	过滤器受堵	同上，过滤器外表发凉	更换过滤器
	制冷剂充注过多，蒸发温度高，传热受影响	吸气压力高，吸气管及泵壳结露，严重者有轻度湿行程	放掉一些制冷剂
	系统中混入空气	排气压力和自控温度高、泵壳温度高，压缩机运行电流较高	停机放空气
	冷凝器表面灰尘过多，风量小，散热效果差	排气压力和排气温度高，输液温度也高，单位制冷量下降	清洗冷凝器
	室外机组通风不畅，形成热风短路流动	同上，室内气温高于室外环境温度，散热效果特差	拆去障碍物，保证空气畅通
	蒸发机组过滤网灰尘太多，风量下降	吸气压力下降，吸气温度低，吸气管及泵壳结露	清洗过滤网
压缩机部分	活塞与气缸严重磨损，制冷能力下降	吸气压力上升，排气压力下降，压缩比不高，排气量下降	更换压缩机
	气阀泄漏比较严重，制冷能力下降	同上	同上

11.6.2 实战51——制冷量不足的检修实例

故障现象	制冷效果差
维修机型	美的 KFR-45GW/Y
故障分析	故障应在制冷系统
检修方法和步骤	❶ 上门检查，用户电源电压220V，正常；测低压压力0.65MPa，明显偏高，放氟到0.55MPa时，室内机出风口冷气很少，测量工作电流7.3A，正常 ❷ 触摸高低压铜管，低压管比较冷，高压管常温，证明压缩机基本无故障 ❸ 用手摸四通阀的四根铜管，接压缩机排气管的一根温度较高，另外三根均微热。将空调工作模式换到制热状态，听到四通阀不是很强的换气吸合声，制热效果也不是很好，判定为空调的四通阀故障 ❹ 更换四通阀、抽真空检漏、加制冷剂，故障排除
经验总结	遇到该故障时，首先应分清是压缩机还是四通阀故障。根据压力测试与用手感觉，找出故障点。一般四通阀窜气：进气、出气口温差较小，阀体内有较大的气流声，压缩机回气管吸力较大，贮液气温度较高

故障现象	制冷效果差
维修机型	美的 KFR-71LW/K2Y

续表

原因分析	对于一些反映制冷性能较差的空调器，应综合考虑，应有清晰的处理思路，由主到次，由表及里，由外到内逐步查找，一般要考虑以下情况： ❶ 观察机器是否正常工作 ❷ 考虑使用场所对室内、室外机散热情况有无影响 ❸ 考虑室内、室外风机转速是否影响散热 ❹ 测量各项参数是否正常，从而分析原因 ❺ 机器有无管线加长，考虑加长管线对机器性能的影响 ❻ 室外机压缩机有无偷停现象，考虑间歇工作的影响 ❼ 系统有无节流，考虑制冷剂流量对制冷性能的影响
检修方法和步骤	❶ 上门开机检查，空调器能正常运转，检查室内机过滤网及换热器、室外机换热器，发现都比较干净，不会影响到制冷效果 ❷ 查室内外风机电容及各项参数，正常 ❸ 测电压 220V、电流 13.5A、低压压力 0.4MPa，无加长管线，室外机压缩机运转也正常，表面看来也未发现节流现象 ❹ 看来只有长时间观察或许会发现问题。机器大约运转 20min 后，再次测量电流及压力，发现电流为 15A、系统压力为 0.3MPa，制冷效果变差，根据测量数据分析系统有堵或有节流的地方 ❺ 检查室内外机之间连接管并无问题，不存在节流现象。考虑节流装置（毛细管）位于室外机，因此着重检查室外机毛细管。观察发现连接分配器的毛细管有两组略结霜，由此可以判断是该组毛细管有问题，将该分配器与毛细管焊开，发现分配器内部过滤网已经被油泥及异物堵住，但未堵死，从而导致该组毛细管的流量不足而引起节流、结霜 ❻ 将该空调器分配器更换新件后，系统进行氮气清洗，抽真空，充氟后整机运行，效果良好

故障现象	制冷效果差
维修机型	美的 KF-120LW/K2SY
检修方法和步骤	❶ 检查用户电源正常，检测室内机出风口温差偏小 ❷ 打开室内机面板，触摸蒸发器。蒸发器上下部分温差明显偏高 ❸ 怀疑系统漏氟，将室内机输入、输出管的保温管打开检漏。发现回气管结霜且很粘手，停机几分钟后检查，接口处无漏氟现象 ❹ 再次开机故障依旧，依据故障现象推断为蒸发器有堵塞现象，收制冷剂将室内机拆回，检查发现蒸发器之前毛细管分配器有一路焊堵 ❺ 更换毛细管分配器，故障排除
经验总结	根据故障表面现象，很容易误认为系统多氟，此类现象分析时，首先应看室内机风量是否正常。如正常，再查看管路是否二次节流，仔细分析故障现象，最终判断是什么故障

故障现象	制冷效果差
维修机型	美的 KFR-33GW/CY

续表

检修方法和步骤	❶用户电压正常，检测室内机出风口温度，发现温差偏小 ❷打开室内机面板，触摸蒸发器，蒸发器上下部分明显有温差，蒸发器下部温度明显偏高，怀疑系统缺制冷剂 ❸将室内机输入、输出管的保温管打开检漏，发现回气管结霜且很粘手。停机几分钟后检查，接口处无漏氟现象。依据故障现象推断为蒸发器有堵塞现象，收氟将室内机拆回 ❹检查发现蒸发器三岔分液管处有一管路焊堵 ❺重新焊接装配，安装试机正常
经验总结	根据故障的表面现象，很容易误判为系统氟过量现象（氟利昂在蒸发器中未完全蒸发在回气管中吸热造成），仔细分析故障现象，应为蒸发器堵塞引起。故障判定应仔细观察空调运转的各个运转参数，减少误判

故障现象	制冷效果差，工作灯闪
维修机型	美的 KFR-35GW/I1DY
检修方法和步骤	❶上电后，外机工作 10min 后，外风机停，压缩机工作，且压缩机工作 1min 后过流保护 ❷开始判断为散热不好。检查室内外机十分干净，散热良好，排除散热问题 ❸测得正常工作时压力、电压、电流均正常，初判为内机主板损坏，不给外风机供电，检测室内主板正常 ❹重新上电开机后，用手摸室内机蒸发器结露情况。此时，发现内机蒸发器上半部分不凉，是常温且有结霜的迹象，下半部分结露正常。经仔细检查判断，故障为内机蒸发器上半部分管路被焊堵，导致工作一段时间后，系统压力过高，外机超高温保护 ❺更换内机蒸发器后，系统工作一切正常，故障排除
经验总结	在维修空调时对于故障现象要全面分析，找出表面现象和主要故障根源，在维修发现两器换热好时，去看摸两器表面温度是否正常，这样就能很快解决问题

故障现象	制冷效果差
维修机型	美的 KFR-71LW/K2DY
检修方法和步骤	❶用户反映制冷效果差，室外机有类似吹口哨的叫声，经检查电源电压、房间面积正常，电流 14A 偏大，回气压力 0.35MPa 偏小，听啸叫声来自排气管路 ❷拆开排气管，接高压开关的三通管处有一焊口被焊料堵了近 1/2 ❸清洗干净，重新焊接，抽空加制冷剂，试机正常
经验总结	出现异常啸叫声往往是管路局部堵塞、气流加速造成，这时要仔细查找噪声源

故障现象	空调制冷效果差，曾维修过，一直未能排除故障
维修机型	美的 KFR-71LW/K2DY

续表

检修方法和步骤	❶ 上门检查，用户电源电压220V正常，电流正常，室外环境温度37℃，室内环境温度34℃，出风口温度20℃，系统低压压力0.6MPa，空调的出水量特别小 ❷ 拆开内机面壳用手摸蒸发器表面，感觉蒸发器温度不均匀，大约有1/3的面积接近常温。怀疑室内外连机管有弯扁现象。经检查后连机管正常，由此判断是蒸发器有堵塞的现象 ❸ 更换蒸发器，空调运行正常
经验总结	空调的制冷效果差，有很多的维修师傅认为是系统缺氟，结果加了氟后效果更差，主要是忽略了检查蒸发器的蒸发温度。对制冷差的空调，一定先测压力，若压力偏高，在排除散热差，制冷剂过多等情况后，则要检查蒸发器的蒸发情况

故障现象	制冷效果不好，停机频繁
维修机型	美的KFR-22LW/Y
故障原因	可能原因：过滤器脏堵；毛细管脏堵或冰堵。系统蒸发器或冷凝器接头处堵
检修方法和步骤	❶ 检查用户电源正常，检测电流4.3A，正常 ❷ 压力4.5kgf/cm^2，运行1min左右，电流突然上升，直到过流保护。此时压力为负压，判定空调系统可能堵塞 ❸ 首先检查外机过滤器及毛细管。发现过滤器出口处结霜，毛细管并没有明显的温差，根据经验及数据综合分析，判定过滤器脏堵 ❹ 卸下外机将过滤器焊下，发现过滤器严重堵塞，用高压氮气反复吹洗，脏物清除 ❺ 重新焊接，加制冷剂，故障排除
经验总结	对于多次维修的空调，一定要认真仔细的检查，分析找出原因

故障现象	制冷效果差
维修机型	美的KF-120LW/K2SY
检修方法和步骤	❶ 测低压压力为2.4kgf/cm^2，管路无漏点，压缩机电流8.2A，偏大，运转约20min左右压缩机停机且很烫手，初步判断为氟偏少，回气不凉而导致压缩机过热保护 ❷ 重新启动加制冷剂，电流慢慢上升，一会压缩机跳停保护，内机显示灯全部快闪，判断可能系统有脏堵 ❸ 经检查发现过滤器出口处毛细管结霜，判断过滤器堵塞。把过滤器焊下，发现毛细管插入太深，已顶到过滤器的滤网而导致流量不足 ❹ 更换干燥过滤器，焊好加氟，试机正常
经验总结	遇到电流偏大，跳停现象，不一定就是压缩机故障，要综合考虑故障现象，一般空调维修时要检查电流及维修压力，电流大、压力低是系统堵，着重检查过滤器及毛细管

故障现象	制冷效果差
维修机型	美的KFR-43LW/HDY

续表

检修方法和步骤	❶ 上门检修，工作一会儿后室内蒸发器有结霜现象，随后测试压力，压力值偏低为 3.5 kgf/cm^2，补氟后压力不变 ❷ 空调继续工作，随后室外机回气管结霜，怀疑是冰堵现象 ❸ 收氟过程中，用扳手旋开螺母，才发现低压阀开启不到位 ❹ 阀门全部开满后，调整氟压至正常值。故障排除
经验总结	对于 43 机型这种故障，属于阀门过紧，导致回路不畅通，形成结霜，在出现制冷系统故障时，不要盲目进行加氟

故障现象	制冷效果差
维修机型	美的 KF-50LW/K2Y
检修方法和步骤	❶ 检测外机低压压力为 3.5kgf/cm^2，电流约为 7A，电压为 220V，环境温度为 32℃，房间面积为 30m^2，进出风口温差 9℃，怀疑系统少氟 ❷ 加氟后效果仍不明显，电流和压力不变。怀疑可能是蒸发器脏引起的。拆开前面框，看到蒸发器表面干净，拆下蒸发器发其背部有薄薄一层纤维状异物 ❸ 清洗蒸发器，故障排除
经验总结	空调维修一定要认真仔细，判断正确并发现故障点

故障现象	制冷效果不好，风速无明显变化
维修机型	美的 KFR-75LW/E
故障原因	可能原因为：风机问题；风机电容问题；过滤网及蒸发器脏；电控主板问题
检修方法和步骤	❶ 上门检测空调使用环境面积偏大，300m^2(共有六台 3P 柜机)。用户反映空调今年已多次维修，效果始终不好（加氟，换电控板等），用户意见很大 ❷ 仔细检查电压 220V，电流为 15A，压力 5kgf/cm^2，均正常 ❸ 出风口温度偏高，根据以上数据分析，判定故障是风量小引起的 ❹ 风机转速很低，采用调节风速 (高、中、低) 来判断风机转速，风速没有明显示变化 ❺ 检查风机、电容均良好，主板控制风机继电器三挡有明显吸合声，从而排除电器故障 ❻ 问题可能为蒸发器脏堵引起，清洗内机蒸发器后，风量还是无变化，内风机风道并无堵塞 ❼ 根据上述正常情况，风路不畅才会出现风量变小，拆开内机面板抬起蒸发器仔细检查才发现蒸发器粘有很多糊状东西 ❽ 清洗蒸发器，故障排除
经验总结	对于多次维修的空调，一定要认真仔细的检查，对于此种故障，应先检查：室内外机风量是否正常；环境温度是否过高；室内外两散热器是否良好，最后检查系统本身，这样才不会走弯路

故障现象	制冷效果差
维修机型	美的 KFR-32GW/Y

续表

检修方法和步骤	❶ 用户电压220V，室内环境温度32℃。反映没冷气，开机试运行，压缩机启动后工作15min测出风口28℃，测低压压力1.1kgf/cm^2，判断为制冷剂泄漏 ❷ 用户反映该机一个半月前因压缩机出口处漏氟已维修过，于是将该机拆回修理部，将内机、外机系统部分充压浸入水中检测，未发现漏点，将连接管加压检测时发现低压管有沙眼微漏 ❸ 补焊后，抽真空加氟，故障排除
经验总结	在维修时应仔细询问情况，彻底进行检查，免得复修

故障现象	只吹风不制冷，摸室外机感觉到只有风扇在转，压缩机没有启动
维修机型	美的 KFR-50LW/DY-Q
检修方法和步骤	❶ 经观察室外冷凝器很脏，先断开电源，清洗冷凝器，大约半小时后再开机，室外压缩机启动，但仍无冷气吹出 ❷ 检查外机电流为2A，明显偏低，室外高、低压管根本不凉，于是判断整机无氟，顶开顶针无氟放出，这时压缩机停止工作，室外风扇仍在运转 ❸ 打开外机顶盖，发现压缩机上面一根铜管上面沾有许多黑油，同时有一段连接线烧坏 ❹ 查找漏点后补焊，整机检漏无漏点，抽真空加氟，试机工作正常
经验总结	由于连接线放置位置不当，搭在了铜管上，引起连接线老化与铜管产生电击，致使铜管漏氟

故障现象	制冷效果差
维修机型	美的 KF-51LW/Y-S
检修方法和步骤	❶ 重新拆卸、安装后室内声音异常，在试机3min后和送风模式下没有异常声音，当压缩机启动后室内蒸发器出现异常制冷气流声，而且比较大 ❷ 经检查，室内蒸发器输出管和冷凝器铜管（连接处不是螺纹铜管）在室内蒸发器连接处高低压管都有四分之三弯扁 ❸ 更换连接管
经验总结	像这种情况气流声主要是制冷剂流通不畅导致的，只有仔细检查才能发现那里管弯扁，这主要是在安装弯管时不专业导致的

故障现象	制冷效果差，外机运行一段时间后停机
维修机型	美的 KFR-71LW/Y-Q
检修方法和步骤	❶ 空调为去年移机，去年安装后一直反映空调效果不好，维修人员多次上门检查空调，都没有修好 ❷ 空调运行电流12.5A，压力5kgf/cm^2，出风温度12℃，进风30℃。从以上数据看空调正常，但运行一段时间后空调电流逐渐升高，出风温度渐渐上升。1.5h后空调保护，维修人员根据维修经验判断为外机热保护，检查外机散热环境，良好未有阻碍，冷凝器也不脏

续表

检修方法和步骤	❸ 维修一时陷入僵局，维修时发现如果用水淋冷凝器，外机则不会保护，判断可能故障为：压缩机故障；系统制冷剂轻度污染；管路问题 ❹ 根据故障现象首先检查系统问题及管路问题，低压连接管在出墙洞时有压扁现象。造成系统堵塞，制冷差 ❺ 重新处理好管道，试机一切正常
经验总结	这种故障是由于安装问题，但又往往会被维修人员所忽视，要发现这种故障应多看多分析，不能盲目加氟或换外机。主要原因是连接管弯扁，使系统循环不畅通，空调不能正常工作

11.7 整机不工作的故障检修

11.7.1 整机不工作的分析思路

造成空调器整机不工作的原因较多，其分析思路如下图所示。

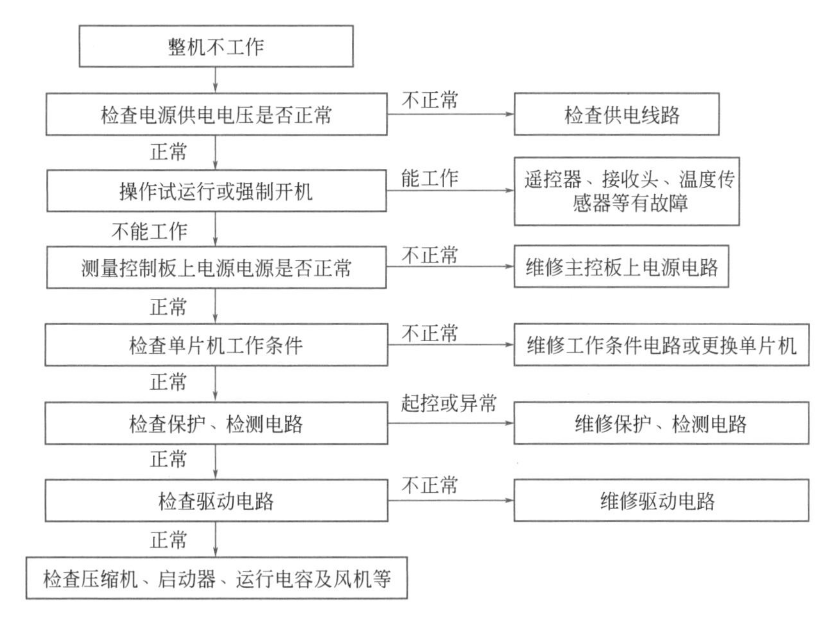

从上图中可以看出，整体的维修思路是先外围（电源供电、遥控器），再内部（内电路），先简单（机内电源、单片机工作条件、接收头、温度传感器），再复杂（保护电路、检测电路、驱动电路、受控器件等）。分析思路在具体应用时，一定要灵活变通，不可死搬硬套，如本故障内机面板指示灯点亮，就表明电源电路基本正常；再如不能遥控开机，应先检查遥控器电池，是否电压太低或电池装反。

11.7.2 实战 52——电源电路故障检修实例

故障现象	开机后无任何反应
维修机型	长虹 KFR-25GW/Q
故障分析	开机后无任何反应，应首先检查、测量电源电路是否输出正常
检修方法和步骤	❶ 测量三端稳压器件 7805 的输出端无 +5V 输出，它的输入端也无 +12V 电压 ❷ 测量开关管 V2 集电极对地电压，也无 +310V 电压，表明此前电路有问题 ❸ 测量 C2 两端有 220V 交流电压，而整流桥 VC1 无交流电压输入。最后查明限流电阻 R60（2.4Ω）断路 ❹ 限流电阻的损坏，可能伴随有短路现象的发生，为安全起见，用电阻法继续排查电源电路。最后查出整流桥 VC1、开关管 V2 也损坏 ❺ 更换限流电阻、整流桥及开关管，测量各输出端对地正反电阻，没有发现短路现象。试机，故障排除
经验总结	限流电阻在代换时可以稍增大功率，但阻值不要改变；开关管采用的是中功率的，在没有原型号时，可以用参数相近的其他型号代换

故障现象	上电后无反应
维修机型	格力 KFR-26GW/A101
故障分析	开机后无任何反应，应首先检查、测量电源电路是否输出正常
检修方法和步骤	❶ 测量输入电压 220V 正常。检查熔丝也正常 ❷ 测量变压器初级绕组有正常的电压，而次级没有电压。拆下来测量次级电阻，发现已断路 ❸ 更换变压器，故障排除

故障现象	上电后无任何反应
维修机型	海信 KFR-2801GW/BP
故障分析	开机后无任何反应，应首先检查、测量电源电路是否输出正常。
检修方法和步骤	❶ 检查 3A 熔丝没有烧毁。用万用表交流电压挡测量变压器次级输出电压为 10.5V，正常 ❷ 继续检查发现三端稳压器 LM7805 没有输出电压且发热严重，更换 LM7805，故障排除

故障现象	开机后整机无反应
故障原因	电源变压器插排接触不良
检修方法和步骤	❶ 插上电源后，电源指示灯不亮，整机无反应，测量 220V 供电正常 ❷ 打开室内机壳，测 220V 已经输入到控制电路板上；测量变压器的初级有 220V 电压，而次级无电压为 0V，故障范围在此 ❸ 断电，拔下变压器的插排，测量变压器的初次级电阻，两绕组阻值基本正常。插上该插排，再测量次级电压，还是 0V ❹ 仔细观察初次级的插排，原来是次级插排的焊点脱焊，补焊后试机，故障排除

故障现象	上电后无任何反应
维修机型	格力 KFR-33GW
故障原因	电源变压器损坏
检修方法和步骤	❶ 查看保险管完好，测量电源输入 220V 也正常 ❷ 测量电源变压器次级无交流输出，断电用电阻法判断变压器的好坏 ❸ 变压器的初级绕组为无穷大，表明变压器初级断路。更换变压器，故障排除

故障现象	接通电源后，室内机定时、睡眠指示灯均不亮
维修机型	格力 KFR-32GW
故障原因	电阻损坏
检修方法和步骤	❶ 检查定时、睡眠发光二极管均良好，插排 CN15 也无松脱现象 ❷ 检查插件 2 端有 +5V 电压输出，逐个检查 R34、R35、R36 的阻值，发现 R34 已开路 ❸ 更换同规格的电阻后，故障排除

故障现象	雨天雷电过后，工作中的空调器“啪”的一声就停机了
维修机型	长虹 KFR-25GW/Q
检修方法和步骤	❶ 打开机壳取出电控板后，看到电源滤波电容 C1(100μF/450V) 已经炸裂，铝箔与牛皮纸碎屑布满整个电控板 ❷ 用镊子和小毛刷仔细清理电控板上的碎屑，直到干净为止 ❸ 认真检查电源电路，发现保险管烧毁、压敏电阻 RV 也已炸裂 ❹ 更换保险管、压敏电阻及滤波电容 ❺ 断开 +35V、+12V 的后级负载，通电测量电源输出电压，两路输出电压基本正常。测量各输出端对地正反电阻，没有发现短路现象。恢复刚才断开的负载，试机，故障排除
经验总结	在雷雨天因打雷而损坏的空调器，往往因雷电从电网窜入电控板，所以，电源电路首当其冲损坏，特别是压敏电阻和滤波电容损坏率较高，严重时会造成单片机损坏，维修这种故障，一定要仔细、认真、彻底，在无法维修原控制板时，可采用整体代换（换板）

11.7.3　实战 53——压缩机故障检修实例

压缩机的故障可分为电机故障和机械故障。机械故障往往使电机超负荷运转甚至堵转，是电机损坏的主要原因之一；电机的损坏主要表现为定子绕组绝缘层破坏（短路）和断路等。

绕组烧毁的原因不外乎以下几种：异常负荷和堵转；金属屑引起的绕组短路；接触器问题；电源缺相和电压异常；冷却不足；用压缩机抽真空等。实际上，多种因素共同促成的电机损坏更为常见。

压缩机不启动故障分析和故障排除方法			
检查部位	故障内容	故障特征	排除方法
压缩机部分	轴承烧熔	发出“嗡嗡”的异常电磁声音	更换压缩机
	气阀损坏	阀板破碎零件进入气缸，使活塞不能回转	更换压缩机
	电机绕组间短路或绕组绝缘层严重老化	电机运转速度极慢，发出“嗡嗡”声，电流较高，不多时保护起跳	更换压缩机
	气阀严重泄漏	气缸内始终充满高压气体，电机超载运转，有拖不动现象	更换压缩机
电源及电气部分	压缩机电机电容损坏	电机启动不了，发生“嗡嗡”声，启动电流高，随后保护器起跳	更换电容器
	缺相运行	三相电机二相电运行，噪声很响，电流很大，然后保护器起跳	检查供电电路

故障现象	压缩机不能正常启动
维修机型	长虹 KFR-33GB/H
检修方法和步骤	❶ 空调器通电后，室内、室外机正常运转，压缩机不能正常启动，室内指示灯显示正常 ❷ 初步判断故障应在压缩机驱动控制电路及压缩机热保护器中。用钳式电流表测量，压缩机的启动电流为 32A 左右，说明压缩机存在过流故障 ❸ 关闭电源，测量压缩机的绝缘电阻为零，表明压缩机已被烧毁。更换压缩机，故障排除

故障现象	不制冷，压缩机不运转
维修机型	长虹 KFR-33W
故障原因	控制压缩机的继电器损坏
检修方法和步骤	❶ 检查电源供电正常，内外机连接线路接触良好，故可能是压缩机过热保护或控制电路有问题 ❷ 检查发现压缩机继电器无电压输出，但停一会儿又有电压输出，用螺丝刀柄轻打该继电器，故障出现较明显。判断为继电器接触不良性损坏 ❸ 更换同型号的继电器，故障排除
经验总结	出现此故障，一般有以下原因：线路接触不良，导致压缩机失电；电压突降，电压回升时可自动恢复；压缩机热保护，短期内不可恢复；主控板压机控制继电器接触不良等

故障现象	压缩机“吱吱”噪声大
维修机型	长虹 KFR-34GW

续表

故障原因	压缩机缺油
检修方法和步骤	❶ 拆开室外机外壳，听到压缩机内部传出“吱吱”噪声 ❷ 检测压力和工作电流。表压正常，但压缩机工作电流偏高，摸其外壳表面温度偏高，初步判断是压缩机缺油引起摩擦声 ❸ 低压吸入定量冷冻油后，试机故障排除
经验总结	当出现噪声大时，在实际维修中需先弄清结构件等外部因素引起的噪声，如果冷冻油过多或过少都会造成压缩机温度高、电流大，而系统油堵、制冷（热）差，正好相反。区别是冷冻油过多会引起“哗哗”的声响

故障现象	压缩机不能正常启动，并发出“嗡嗡”声响
维修机型	长虹 KFR-30GW
故障原因	压缩机抱轴或卡缸
检修方法和步骤	❶ 测量电流超过额定电流，热保护器在短时间内有动作，片刻立即复位，如此反复，造成空调过流保护 ❷ 测量压缩机 3 根接线柱之间绕阻阻值正常，故判断压缩机抱轴或卡缸 ❸ 在没有能力开壳维修的情况下，可采用调压器提高电压给压缩机增大转矩，强制启动。若还不能启动，可更换压缩机 ❹ 更换压缩机后，故障排除
经验总结	按程序一定要先测量电压、电流、系统压力等基本数据是否异常来准确判断及时维修，当提高电压、增大转矩压缩机还不能启动，可能是压缩机抱轴或卡缸较严重，可更换压缩机

故障现象	能正常运行，但不制冷
维修机型	格力 KFR-26GW
故障原因	压缩机串气
检修方法和步骤	❶ 测量电源电压 220V，室内温度 30℃，室外温度 32℃，分析是室外机故障 ❷ 打开室外机，用万用表测室外机电源电压正常，压机启动电流仅有 3A，判断压缩机不正常 ❸ 用压力表测高低压压力平衡，故判断压缩机串气 ❹ 更换压缩机，故障排除
经验总结	理论分析室外机电流比铭牌上的额定电流低，测高低压压力平衡，可以初步判断可能是四通阀或压缩机故障。如检查四通阀正常无故障，可以判断为压缩机无吸排气。空调制冷系统故障的维修一定要先测量电压，电流，系统压力等基础数据，才能准确判断

11.7.4 实战 54——单片机电路故障检修实例

故障现象	整机无反应
维修机型	长虹 KFR-30GW/D
故障原因	晶振损坏
检修方法和步骤	❶ 拆卸室内机组，检测保险管完好。通电后，继续检测 ❷ 测量电源 +24V、+12V、+5V 输出也正常 ❸ 复位脚与地瞬间短路，也不能开机，表明不是复位电路问题 ❹ 试代换 19、20 脚晶振（G101），故障排除

故障现象	整机无反应
维修机型	长虹 KFR-33GW/J
故障原因	单片机损坏
检修方法和步骤	❶ 打开室内机组，测量 +12V、+5V 电压输出基本正常 ❷ 用指针式万用表测量单片机 (D41 TMP87PH46N) 的 42 脚供电端电压，有 +5V 的正常工作电压；测量 18 脚的复位电压，有约 5V，试着把该脚短路到地，也没有反应；测量 19、20 脚时钟振荡电压，分别为 0V 和 2.5V，不正常 ❸ 换上一只质量合格的晶振（4.00MHz），19 脚依然无电压。查外围元件 C42、C43 等基本正常。至此，判断单片机损坏 ❹ 用整块电控板代换，故障排除

故障现象	自动开机
维修机型	格力 KFR-36GW
故障原因	单片机接触不良
检修方法和步骤	这明显是控制电路的软故障，空调的软故障检修起来都很棘手。拆机后发现室内机单片机背面焊点产生锈斑，接触不良，引起单片机内部程序紊乱，误发指令，导致开关机不正常 用小砂纸打磨单片机背面锈点，并加装磁环，试机正常，运行良好

故障现象	整机无反应
维修机型	长虹 KF-26GW
故障原因	晶振损坏
检修方法和步骤	❶ 检查机内电源电路，+12V、+5V 电压输出正常 ❷ 检测单片机的工作条件，22 脚与地之间电压 +5V 供电正常；检测 18 脚复位端的 C124、C113 及 VD110 等基本正常；测量晶振对地电压分别为 0 V、2V，代换晶振 X101(4.0MHz)，开机后单片机有输出，故障排除
经验总结	该机型，晶振对地电压一般分别在 0.6V、2.2V 左右，当不知道正常的电压或不具备示波器的情况下，往往采用替换法比较容易判断

11.7.5 实战 55——其他电路故障检修实例

故障现象	移机后，用遥控器开机，室内外机均不运转
维修机型	长虹牌 KFR-28GW
故障原因	晶振损坏
检修方法和步骤	❶ 试机发现，用遥控器开机，室内机上的运行指示灯闪烁，而室内、外机均不运转 ❷ 卸下室内机外壳，检测电控板上的保险管、压敏电阻良好；测变压器初级 220V 交流电压、次级交流 15V 输出基本正常；测量整流输出、三端稳压器 7812、三端稳压器 7805 输出正常；测控制板通往室外机控制线有输出信号。说明空调器不运转与室内机控制板无关 ❸ 卸下室外机外壳，测量端子板没有信号过来，说明故障点在控制线线路中 ❹ 把室内机控制线卸下拉出，发现控制线在过墙时，把信号线拉断。把控制信号线用烙铁重新接好，并用塑料套管封好断线处，再用塑料胶布包扎好。重新装好控制线，通电试机验证，故障排除

故障现象	能制冷不能制热
维修机型	长虹 JU7.520.1644
故障原因	继电器损坏
检修方法和步骤	❶ 由于制冷正常，因此主要检查电磁四通阀及其控制电路。用一只万用表表笔（或短路线）短路继电器 K104 的常闭触点引脚，开机后空调器工作在制热模式下，表明继电器 K104 触点没有闭合 ❷ 测量反相器 D102(ULN2003AN)14 脚为低电平，继而测量继电器线圈另一供电端有 +24V 电压，表明反相器输出控制信号正常，故判断为四通阀控制继电器损坏 ❸ 用质量合格的同型号的继电器代换，故障排除
经验总结	本电路若单片机的 7 脚（四通阀控制输出）为高电平（大于 4V），则之前电路正常，故障应在此之后。7 脚待机时应为 0V，制冷模式时应为 0V，制热模式时应为高电平（4.8V）

故障现象	指示灯闪烁
维修机型	长虹 JU7.520.1644
故障原因	插排接触不良
检修方法和步骤	❶ 打开室内机组的外壳，取出电控板，试机指示灯又不闪烁了。摆动一下电控板，故障又重新出现。表明有接触不良现象 ❷ 用敲击摇晃法逐步检查，最后查明是温度传感器 X103 插排接触不良，重新维修后故障排除
经验总结	该机型的温度传感器 X103、X104 插排两脚间常温下的电压应为 1.6 ～ 3.3V；若为 0V 或 +5V，则这部分电路有问题，应仔细排查

故障现象	工作正常，但蜂鸣器不响
维修机型	长虹 KF-26GW
故障原因	反相器 ST2003 损坏
检修方法和步骤	❶ 首先测量喇叭 BP101 正常，一端子供电 +12V 也正常 ❷ 操作遥控器，同时测量反相器 IC103（ST2003）的 14 脚为高电平，而 3 脚也为高电平，表明反相器损坏 ❸ 考虑到整机其他功能都正常，试着将原 3 脚的输入信号改接至 1 脚（空脚），原 14 脚的输出信号改接至 16 脚（空脚），蜂鸣器可以报警。故障排除
经验总结	反相器 2003 有 7 个独立的放大器，有些机型常有一些闲置空脚，当某一放大器不能工作时，不妨改接到其他闲置的空脚上试一试，说不定还可利用。若集成电路内部损坏较严重时，只有整个代换

故障现象	遥控器有时能操作，有时不能操作
维修机型	长虹 KFR-30GW/D
故障原因	外界有干扰源
检修方法和步骤	❶ 根据用户反映的情况，怀疑遥控器接触不良。给用户配备了一个同型号的遥控器，让其使用 ❷ 第二天，用户打来电话反映故障没有排除。怀疑接收头有问题 ❸ 拆机更换接收头，故障还是排除不了 ❹ 详细询问用户故障出现的时间、次数、频率等有关使用情况。据用户反映，晚上不易操作，而白天有时不可以操作，出现的次数较少。怀疑有干扰源存在 ❺ 细心观察空调器正对面有一只日光灯（60W）在点亮，随后关掉日光灯，操作遥控器，能正常工作。反复试验，确定了该故障就是日光灯引起的干扰。问用户得知，这个日光灯的电子电路是刚更换过不久的
经验总结	日常生活中的干扰源较多，如电子日光灯、电磁炉、电子理疗仪、电脑等，干扰源造成的各种故障往往被使用者和维修人员所忽视。当遇到空调器时好时坏，就要考虑是否存在有干扰源

故障现象	通电运行灯、化霜灯、定时灯同时以 5Hz 闪烁，整机不工作
维修机型	美的 KFR-120LW/K2SDY
故障分析	根据故障代码显示属外机保护动作，外机保护动作有很多原因：❶电源错相或缺相；❷室内外信号线故障；❸电流检测板故障；❹系统少氟，压缩机和四通阀串气；❺感温头失灵
检修方法和步骤	❶ 经检查，电控信号无异常，测得电流比额定电流小 1/6 左右，估计缺氟，测得低压压力（在制冷状态）0.9MPa，低压运行压力接近于平衡压力，由此判定属串气现象 ❷ 压缩机欠电流引起整机保护 ❸ 更换四通阀、抽真空检漏、加氟，故障排除
经验总结	根据上述故障代码来看，很容易误判外机电控保护动作，为了不走弯路，可以把室内黄色信号线与电源零线短接，外机压缩机就启动，这样检查系统故障就方便多了

11.8 保护停机故障检修

11.8.1 保护停机的分析思路

在维修空调时，经常会遇到因保护而停机，并显示出相应的故障代码。由于各厂家选用的电路不同，其故障代码也不相同，给维修人员带来困难。

<table>
<tr><th colspan="2">保护停机的分析</th></tr>
<tr><td>❶ 压缩机的热保护及过流保护停机</td><td>压缩机上装有过载保护器，新机型一般采用内置式热继电器。此种热继电器既可以作过流保护，又是一种超温保护，两个条件只需满足一个便进入保护。其保护原因有电源电压低、压缩机自身有故障、循环系统堵塞、制冷剂过多或不足等
排除方法：首先测量电源电压是否正常。工作电流偏大，运行压力正常，因过热或过流保护动作而停机，则是电网电源电压过低或导线电阻大。刚一启动就停机，电源指示灯也熄灭，则是室外电源或控制板的供电电路有问题
观察两个热交换器是否灰尘过多影响散热或风机运转是否正常，散热不良可导致压缩机过热和连带压力保护动作，使整机停止工作。空调器运转一段时间后，工作电流在正常值的基础上慢慢升高，至过热或过流保护动作停机，则是由于室外机组热交换器脏污、通风条件差、风机不良等
制冷剂过多导致排气压力增高，使压缩机过负荷，同时还有可能导致压力保护
制冷剂过少可导致制冷效果差，使蒸发器结冰。由此导致压缩机不能休息引起过热保护停机，也是常见的一种现象。制冷或制热效果差，工作电流、运行压力、平衡压力都小于其正常值，长时间运转后，过热保护动作停机，则是制冷系统缺氟。此时，有故障代码显示，代码内容表明压缩机排气温度异常
工作电流、低压压力偏低，高压压力偏高，很快过热或高压保护动作而停机，高、低压平衡速度慢，但平衡压力正常，则是管路系统堵塞
另外当电磁四通阀串气导致压缩机升温快，制冷制热效果均差，也将导致压缩机升温异常。对于热继电器保护如仅保护压缩机，基本上都能启动室内外风机，只是压缩机不工作，如果连带出现其他保护，则整机无法运行。若运转灯一亮即灭，则是压缩机及回路不良；若测得的电流快速升高后停机，则是压缩机运转电容不良</td></tr>
<tr><td>❷ 温度传感器及风机超温保护停机</td><td>温度传感器中室温传感器用来监测环境温度；室内蒸发器的管温传感器，用来监测蒸发器的温度，防止过热及结冰；室外管温监测冷凝器温度。上述几个传感器如果损坏均能相应地出现故障代码，正常情况下能够灵敏地进行保护。室内风机温度保护装在风机的外壳上，串于电路控制板供电中，一旦风机超温，便能停止工作，并待风机温度正常后重新开机。引起保护的原因还有：蒸发器及防尘网上的灰尘较多，导致制冷制热效果均差；制冷剂过多时引起冷凝器升温，压缩机升温排气压力大，制冷剂过少也能引起蒸发器结冰从而进入保护停机
工作电流、运行压力正常，但运行一段时间后停机，则是电气控制电路不良。此时，若有故障代码显示，则按代码的提示进行判断；若将空调器设置于强制调试或试运转状态，压缩机能运转，则是温度传感器不良；若压缩机上无工作电压，则是控制执行元件不良，通常是继电器或驱动电路不良</td></tr>
<tr><td>❸ 压力保护停机</td><td>在空调器中压力保护有两处，分别在高压与低压管路中。压力保护动作的原因有两点：一是毛细管堵塞（脏堵，油堵及冰堵三种）；二是主机灰尘太多或散热不良，使冷凝压力升高</td></tr>
</table>

11.8.2 实战56——保护停机的检修实例

故障现象	开机一段时间出现压机过热保护
维修机型	美的 KF-71LW/K2Y
故障原因	内外机通风不畅，电源电压低，蒸发器、冷凝器脏，风机转速不够，制冷剂多或少，压缩机及系统本身问题
检修方法和步骤	❶ 检测电压、电流、压力正常。冷凝器、蒸发器及室外机通风良好 ❷ 开机一段时间后电流慢慢攀升。手摸冷凝器上下部都很热，判断为冷凝器散热不良，安装位置很好，怀疑外风机转速不够，欲增大外风机电容，此时忽然发现外机有点逆风，外风机散热阻力较大，重新调整外机方向，试机正常，未出现保护现象 ❸ 改变外机的安装位置，故障排除
经验总结	地处沿海，夏季一般刮东南风，而此台机安装时未考虑风向，以致空调工作时外风机散热阻力很大引起冷凝器散热不良，造成保护 安装时一定要考虑空调的安装位置及风向，维修有关过热保护的故障，最好先找外部原因，再考虑空调本身的故障，由简单到复杂一步步排除，直至找出根本原因

故障现象	空调器开机不到10min压缩机停机
故障原因	夏季环境温度高，室外机朝南，室外热交换器灰堵等综合因素致使冷凝压力升高，压缩机过载保护
检修方法和步骤	❶ 用钳形表检测开机电流，电流由4A逐渐上升至5A。当时环境温度约为35℃，外机面朝南 ❷ 压缩机停机后再过十多分钟可再次启动，所以判断压缩机保护器动作 ❸ 检查电容无异常，观察到室外机翅片很脏，便对室外热交换器进行清洗，直至可以通过翅片看到风叶 ❹ 重新开机，电流降到3.7A，连续运转2h电流不再上升，故障排除
经验总结	夏季环境温度高，再加上室外机朝南、冷凝器脏堵等综合因素致使冷凝压力升高，压缩机过载保护

故障现象	制冷效果差，外机运行一段时间后停机
故障原因	制冷系统连接管折扁
检修方法和步骤	❶ 该机维修多次，但都不理想。测试数据如下：空调运行电流12.8A，压力5kgf/cm^2，出风温度12℃，进风28℃。从以上数据来看空调正常，但运行一段时间后空调电流逐渐升高，出风温度逐渐上升 ❷ 1h后空调保护，初步判断为室外机热保护。检查外机散热环境良好，热交换器也不脏 ❸ 试着用水淋室外热交换器，外机则不会保护。可能原因有压缩机本身故障、系统制冷剂轻度污染、管路有问题 ❹ 首先检查系统及管路问题，发现低压连接管在出墙洞时有压扁现象 ❺ 重新处理好管道，试机一切正常

续表

经验总结	该机主要原因是连接管弯扁，使制冷循环系统不能畅通，导致空调制冷差。这种故障一般是由于安装问题造成的，但又往往会被维修人员所忽视，要发现这种故障应多加分析，不能盲目加氟或换外机

故障现象	定时灯快闪（5Hz），室内风机不转
维修机型	长虹 KFR-34GW/WCS
故障分析	该机型定时灯快闪（5Hz）的故障代码含义为：室内风机的控制、转速检测电路、AC 过零检测电路异常。首先应根据故障代码进行逐步排查
检修方法和步骤	❶ 打开室内机组外壳，用手拨动室内风机，转动灵活，表明风机不是机械性故障 ❷ 取出电控板，检测启动电容 C126 的容量，基本正常 ❸ 测量 CPU 的 35 脚（室内风机控制端）电压为 0V，表明控制输出为关闭值 ❹ 测量 CPU 的 32 脚（AC 过零检测端）电压为 0V，表明 AC 过零检测电路异常（起控）。脱焊下三极管 V104 的集电极，风机开始运转。最后查明为三极管 V104 的 C-E 极短路。更换 V104（2SC1815）后，故障排除
经验总结	各种保护电路是对主控电路实施有效保护，一旦这部分电路出现故障，也将导致整机不能进入工作状态。为了快速判断故障范围，有时不妨脱开或短路该保护脚，若脱开或短路该保护脚后，故障排除了，则表明故障范围在此，反之，故障范围在此以外

故障现象	空清灯闪烁，空清不工作
维修机型	长虹 KFR-30GW/Q
故障分析	该机的空清模式为：空清灯亮，室内风机以设定风速运转，空清组件常开；当室内风机以自动风速（中风）运转时，15min 后以低风运转，30min 后以静音运转，且空清组件以 5min/ 停 /10min 交替运行工作
检修方法和步骤	❶ 取出电控板后，首先检查插排 XS12 接触良好。 ❷ 开机后，令空调器工作在空清状态下，且同时用万用表测量单片机的 34 脚电压，开启空清时为高电平，正常。表明空清控制输出正常 ❸ 测量驱动管 V6(DTC143) 的集电极电压 V_c 为 +5V，表明驱动管处于截止状态。关机，脱焊下 V6，用万用表判断为断路损坏。更换驱动管后，故障排除
经验总结	空清异常保护：若空清开启 1min 内，单片机（IC1 TMP87P64H）的 29 脚输入的空清反馈信号异常，则令其空清控制的 34 脚输出低电平关闭值，10min 后空清系统再次开启；若连续 5 次出现以上情况，则令 12 脚输出脉冲电压，使空清灯闪烁、报警空清故障（可用面板按键或遥控器按键消除）

11.9 漏水、结冰故障检修

11.9.1 空调器漏水的原因

空调器漏水的原因	
墙体打洞不合适和内机挂得不正	洞高接水盘低；洞内低洞外高；不管左高或右高都是不对的；机器前倾后仰；水管出墙后又上翘；水管没有整理呈“波浪型”或压扁；柜机水管脱落；挂机水管出内机口时“割破”
水管“气栓”折扁形成的漏水	排水管不平整、缠绕；成波浪形，形成气栓；水管没有整理好（包扎带过早分叉水管）穿墙洞时形成Z字形再被管道压扁；排水管破碎、裂纹（比如出水后骨架口割破）；出水口上翘；排水管接头松脱；排水管有“霉菌聚集”或异物脏堵；出水口放到容器里，水面已没过出水口
铜管与环温的温差已超出保温套的抗凝露能力	保温套外的扎带扎得太紧；内机接口处忘了包保温套；回气管折扁，形成二次节流，在节流后的地方蒸发；铜管与环温的温差已超出保温套的抗凝露的能力 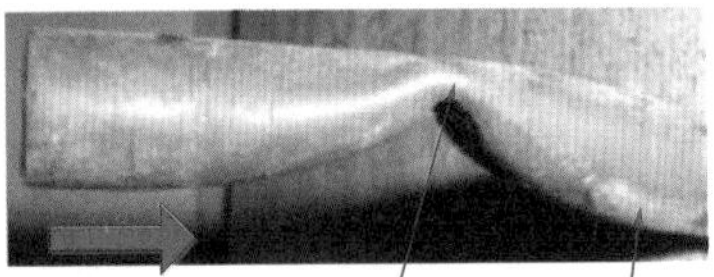 气流方向 二次节流点 过渡蒸发处
后骨架与蒸发器管板处出现闪缝而出现的凝露	风道里的干冷风一部分吹到电控盒的塑料壳上与湿热空气交汇，产生凝露，滴到前罩壳上又从机壳右端漏水 蒸发器管板变形内敛将会使得蒸发器下端向前后水槽的“阴面檐口靠边，蒸发器下不到底面，形成漏风”，水无法流入水槽，而顺着水槽沿流入风道，或开机短时间不漏水，而开机长时间才漏水。处理办法就是把蒸发器“撇大点”也叫掰宽点 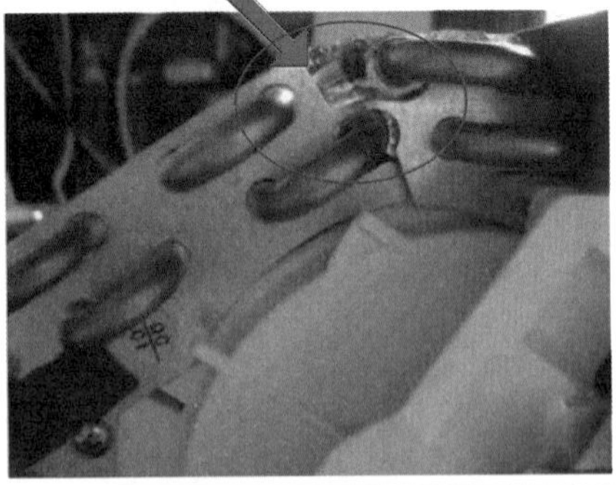 蒸发器变形处
顶端漏风	多段蒸发器接缝拟合不好在顶端漏风，水珠掉落到贯流风扇上又从风口吹出（可采取粘单面胶泡沫条或拿泡沫条阻风或用“黄胶带”粘接）
蒸发器没有完全落入水槽	单边进水槽，另一边没有进水槽，且挨着水槽沿，有的还伴有漏风现象

续表

空调器漏水的原因	
保温棉被撕掉	水槽里的保温PE棉被撕掉，水槽下产生凝露又从风口吹出。原来的PE棉是起到保温作用的，现在把它撕掉，就加大了温差，容易凝露
水顺着电线流	蒸发器小弯头或分支管上的水顺着电线流向前罩壳
设计有缺陷	内热交换器设计有问题
有污物堵塞	后水槽通往前水槽的水嘴存水或有污物堵塞
导风板异常	导风板的迎角太大，加之湿度大，温差大，设定风速过低（必要时要求用户水平设置摆风叶）
系统缺氟	系统缺氟，造成蒸发器结冰、结霜，可融化后的冰霜又不能落入水槽，形成漏水
出风道的保温海绵脱落	柜机出风道的保温海绵脱落，造成外壳凝露，多段蒸发器的上端后倾变形，水流脱离"涨性"无法顺着蒸发器往下流，或蒸发器下端阴面紧挨水槽，上面流下来的水沿着水槽后沿落向"蜗壳"由底盘溜出，接水盘泡沫破裂，老鼠咬坏，铜管接水橡皮碗老化无法把水引入接水槽而顺着铜管流下去
有喉管	接水盘与水嘴还有"喉管"连接处开胶断裂，水管与喉管没有接好

11.9.2 蒸发器结冰原因及排除方法

结冰原因		排除方法
制冷剂不足	由于安装或使用时间较长等原因，会出现制冷剂泄漏或渗漏。制冷系统内制冷剂减少后，便造成蒸发压力过低，导致蒸发器结冰，结冰的位置一般在蒸发器前部分	先处理好泄漏部位，正确加注制冷剂
压缩机故障	压缩机使用时间较长，磨损严重、效率降低；压缩机配气系统损坏，造成压力过低而结冰	结冰位置也在蒸发器前部分，前者补加制冷剂，故障就可排除。如果不能排除，就要更换压缩机
温度设置太低	用户把空调器温度设置过低了，空调器制冷量跟不上，房间温度降不到设定温度而长时间开机，或停机时间较短，也会造成蒸发器结冰。房间温度降得很低，也会造成蒸发器温度过低结冰	把温度设置高一些，故障即可排除
风量小	风叶有灰尘太脏，粘有许多污垢，影响送风，造成蒸发器结冰。风机因机械、电气故障而转速变慢	清理污垢；更换风机；更换电容
蒸发器有些脏	蒸发器上灰尘、污垢较多，阻碍空气流通，造成热交换减少，蒸发器温度过低而结冰	彻底清洗蒸发器
制冷剂过多	一些空调器因为维修的原因，可能维修人员操作不当加注制冷剂过量，造成过多制冷剂流到蒸发器后部分蒸发而结冰。这类结冰多在蒸发器后部分及压缩机回气管周围	放掉多余的制冷剂

续表

结冰原因		排除方法
温度传感器异常	温度传感器短路或断路，位置不对或脱落等造成检测信号不正常	更换温度传感器

11.9.3 实战 57——漏水、结冰的检修实例

故障现象	室内机壳结冰
维修机型	美的 KFR-23GW/AY
故障分析	一般系统缺氟，或系统里进有水分都会引起蒸发器结冰
检修方法和步骤	❶ 上门检查，内蒸发器部分结冰，冰冻以后，内机盖打不开，经检查用户使用环境是桑拿休息室，温度高，由于系统缺制冷剂，内机蒸发器结霜堵塞了风道，再加上室内湿度大，时间一长就产生了冰冻 ❷ 外加制冷剂后，故障排除

故障现象	空调结冰
维修机型	美的 KFR-23GW/I1Y
检修方法和步骤	❶ 用户反映内机挡风板漏水，以前维修人员已处理过但未能解决问题。经询问用户，上次维修打开前面罩，试机 1h 也不曾漏水，做排水试验正常，走后半个小时又开始漏水 ❷ 经仔细检查内机上方蒸发器有冰块产生，下边管路凉，风一吹冰块滑落，而不能顺利流入接水盘，而打开前面罩通风顺畅，冰块与热量蒸发不容易查出，最后确定系统缺氟 ❸ 充制冷剂后蒸发器无冰块产生，制冷效果也好了，试机一切正常
经验总结	漏水检查要多方位考虑，不要一味检内机

故障现象	室内机结冰
维修机型	美的 KFR-120LW/SDY-Q
检修方法和步骤	❶ 室内机蒸发器结霜，连接管各连接口结冰非常厚，断电化冰去水，试机 10min 后蒸发器又开始结霜 ❷ 经检测室内工作环境正常，蒸发器及吸尘网均干净 ❸ 但外机与一门窗加工厂相邻，仔细检查发现，冷凝器翅片与铜散热管相连的中间有细小的铝沫将冷凝器堵死 ❹ 收氟后将室外机拆下，用高压氮气经过多次冲打将铝沫清除干净，重新连接室内外机，试机正常
经验总结	在一些特殊场所如制衣厂、帽厂、纱厂等粉尘较多场所，应首先检查过滤网和蒸发器是否干净

故障现象	内机结冰
维修机型	美的 KFR-32GW/I1DY
检修方法和步骤	❶ 测试室外机低压压力很低，蒸发器上结很厚的冰，回气管上也结霜。检查未发现管道有折扁现象 ❷ 打到送风模式，化冰后测低压压力低于正常值。检漏发现，室内机连接管铜帽破裂 ❸ 更换铜帽后抽真空、加氟，故障排除
经验总结	具体情况具体分析，一般根据结霜的部位、面积大小来进行分析故障的原因所在。一般情况下系统缺氟液管会结霜，蒸发器上半部会结很厚的冰

故障现象	制冷效果不好且内机漏水
维修机型	美的 KFR-32GW/ADY
检修方法和步骤	经查发现内机蒸发器结霜，怀疑系统缺氟，测试系统压力很低。检漏发现高压阀阀体连接管处漏水，重新焊接管路，补焊加氟试机正常
经验总结	因空调缺氟而结霜较多造成内机漏水现象且制冷效果差。漏焊缺氟是问题的根本所在

故障现象	高低压连接管结冰
维修机型	美的 KF-23GW/IY
检修方法和步骤	❶ 用户反映经常使用到半夜内机结霜，出风口无吹风，关机漏水，内机经常结冰，有时外机高低压连接管都结冰 ❷ 仔细检查了空调，发现该内机风扇电机电容接触不良，有时正常有时不正常，有时转速非常低 ❸ 重新焊接电容接触头后风速提高，空调恢复正常
经验总结	判断出故障所在，避免走弯路。如上例，很容易让人认为是系统的问题。但只要认真分析现象就判断出故障是因室内蒸发不够造成高低压结冰，蒸发不够主要是内机散热不良，一般问题为内电机，蒸发器脏，通风不顺，主板坏。再一步步排除即可

11.10 噪声振动大故障检修

11.10.1 噪声振动大故障的确认与判断

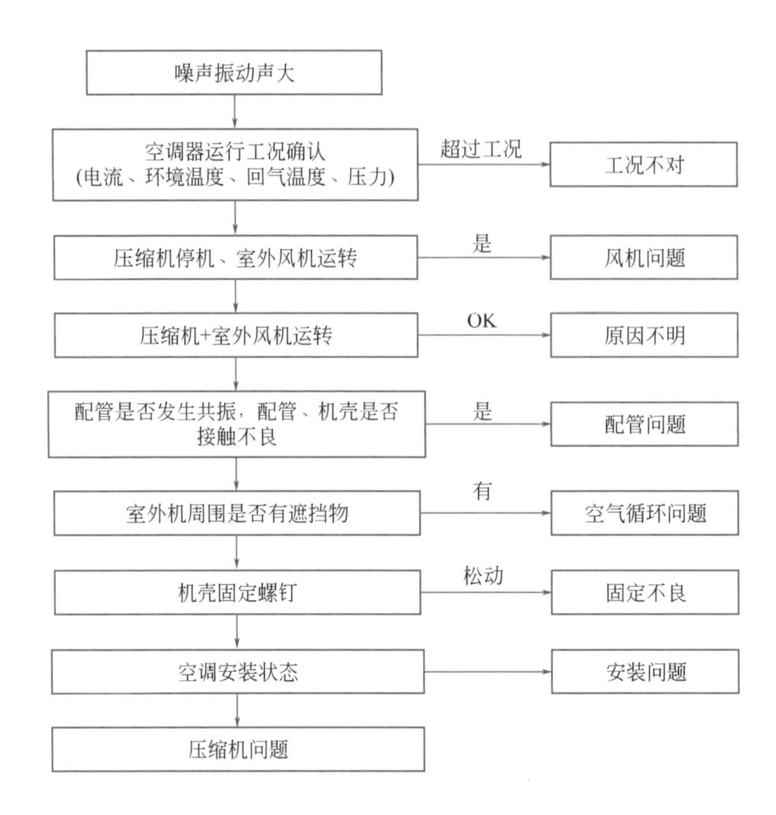

11.10.2 实战 58——噪声振动大故障的检修实例

故障现象	室内机有响声
维修机型	海信 KFR-26GW×2
检修方法和步骤	❶ 经仔细观测，发现面板及整机振动特别大，调整面板无效，随后把面板拆卸下来，振动声音依然很大 ❷ 观察贯流风叶，风叶平衡后看电机，电机并没有声音 ❸ 把空调器设置为送风模式，并无振动和声音 ❹ 开制热，待室内风机工作，噪声、振动声音特别大，后仔细观察风机轴承，发现轴承根部磨损，更换轴承，故障排除

故障现象	室内机发出“哒哒”声
维修机型	长虹 KFR-32GW/DC3

续表

检修方法和步骤	❶ 开机后，室内风扇电机振动大、发烫。由于该机室内机风机调速采用的是脉冲控制方式，电源中存在高次谐波分量，室内电机调速时电源反冲量大，致使晶闸管不能完全关断，从而产生异常振动声 ❷ 更换控制板上的K106固态继电器，故障排除

故障现象	空调器工作时，压缩机抖动，室外机噪声大
维修机型	格力KFR-35G/DC2
检修方法和步骤	❶ 开机后观察室外机组，发现外机不停地抖动，声音很大，制冷效果还可以 ❷ 拆开机壳检查，发现压缩机两个减振橡胶垫老化、裂开，造成工作时不平衡（稳定不好） ❸ 三个减振胶垫一起更换

附录

附录1 科龙 KFR-35（42）GW/F22 空调器电路图

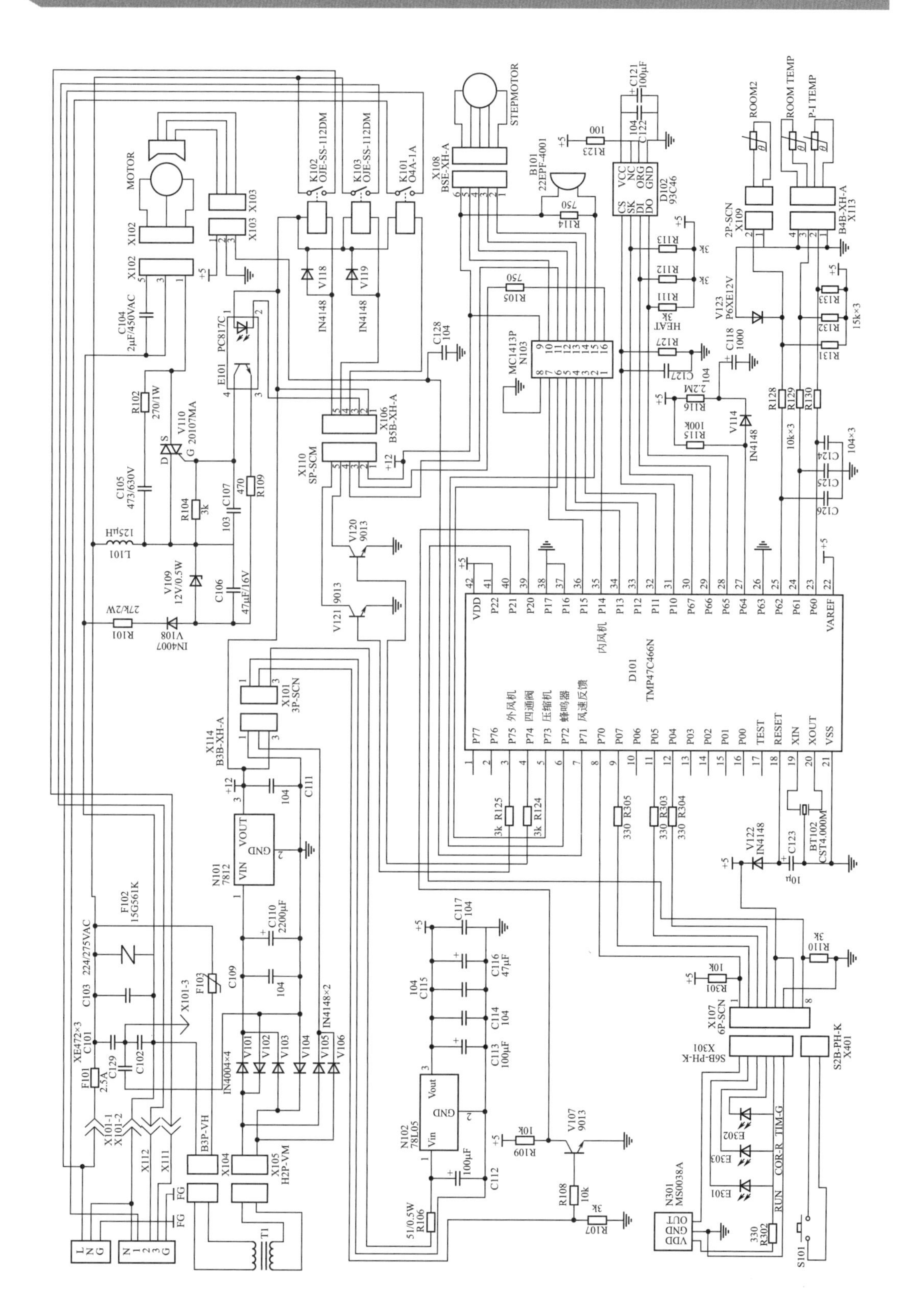

附录 2 志高 KFR-30D/A 空调器电路图

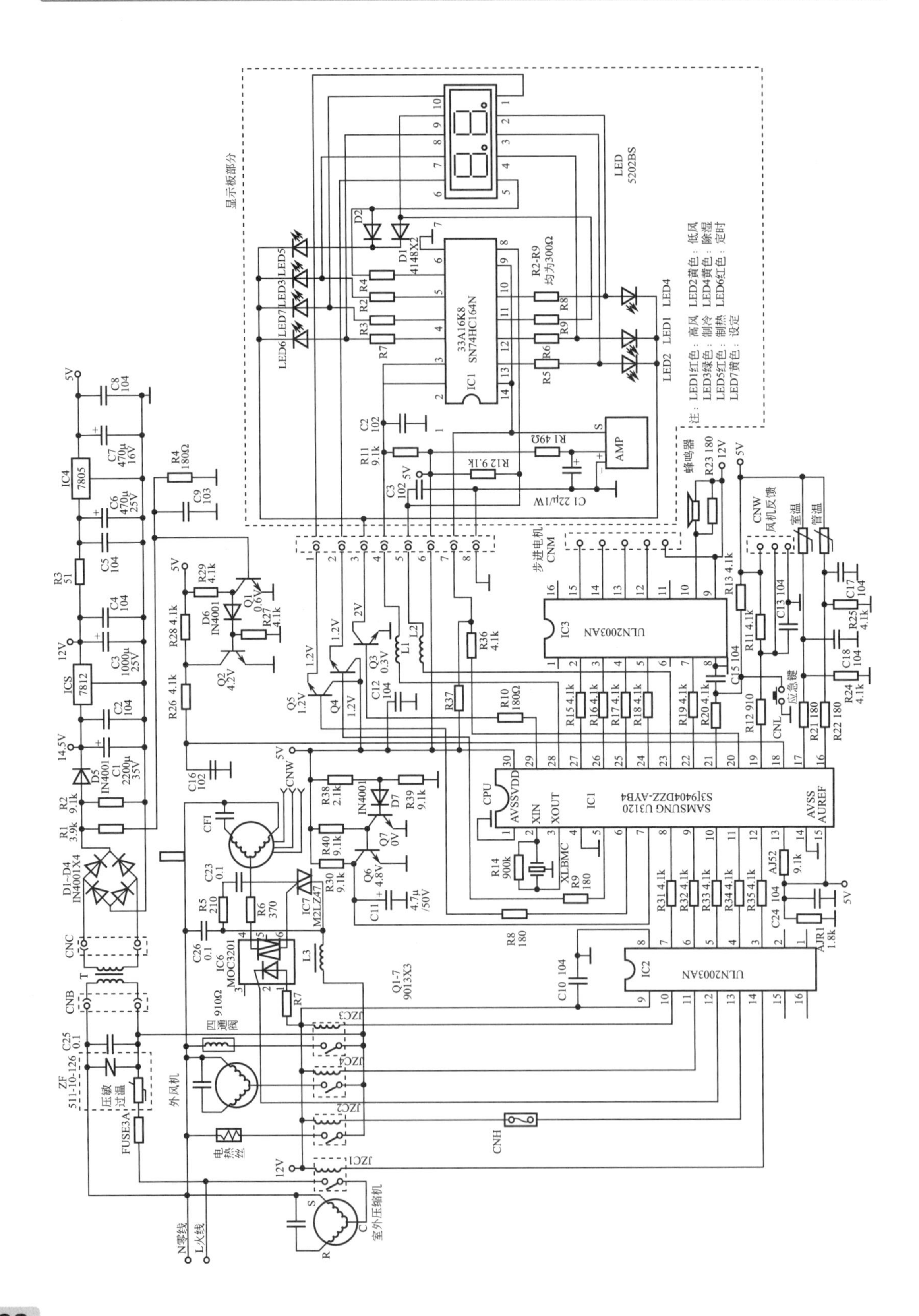

参考文献

[1] 王学屯 . 跟我学修空调器 . 北京：人民邮电出版社，2009.
[2] 王学屯 . 图解空调器、电冰箱维修 . 北京：电子工业出版社，2014.
[3] 王学屯 . 边学边修空调器 . 北京：化学工业出版社，2016.
[4] 肖凤明等 . 空调器电控板解析与零件级维修全新图解 . 北京：机械工业出版社，2013.
[5] 孙立群 . 空调器维修技能完全掌握 . 北京：化学工业出版社，2012.
[6] 蒋秀欣 . 变频空调器维修完全图解 . 北京：化学工业出版社，2013.
[7] 蒋秀欣 . 空调器电脑板维修一本通 . 北京：国防工业出版社，2008.
[8] 李志锋 . 图解空调器维修从入门到精通 . 北京：化学工业出版社，2014.

家电维修类图书推荐书目

ISBN 号	书　　名	定价	出版日期
9787122258069	电子电工技术边学边用丛书——边学边修小家电	38.00	2017 年 3 月
9787122237439	电子电工技术边学边用丛书——家电维修技能边学边用	29.00	2015 年 8 月
9787122267238	电子电工技术边学边用丛书——边学边修变频空调器	38.00	2016 年 7 月
9787122257796	电子电工技术边学边用丛书——边学边修彩色电视机	38.00	2016 年 3 月
9787122264008	电子电工技术边学边用丛书——边学边修电冰箱	38.00	2017 年 3 月
9787122231604	电子电工技术边学边用丛书——边学边修电磁炉	38.00	2015 年 6 月
9787122268433	电子电工技术边学边用丛书——边学边修空调器	38.00	2016 年 9 月
9787122256201	电动自行车·电动三轮车维修从入门到精通	98.00	2016 年 2 月
9787122256195	智能手机·平板电脑维修从入门到精通	88.00	2016 年 2 月
9787122198556	跟高手全面学会家电维修技术——轻松掌握电冰箱维修技能	39.00	2014 年 8 月
9787122199409	跟高手全面学会家电维修技术——轻松掌握空调器安装与维修技能	49.00	2017 年 9 月
9787122203762	跟高手全面学会家电维修技术——轻松掌握小家电维修技能	39.00	2014 年 9 月
9787122201621	跟高手全面学会家电维修技术——轻松掌握液晶电视机维修技能	49.00	2014 年 10 月
9787122181787	跟高手学家电维修丛书——电磁炉维修完全图解	48.00	2015 年 3 月
9787122165602	跟高手学家电维修丛书——空调器维修完全图解	48.00	2013 年 6 月
9787122139634	跟高手学家电维修丛书——液晶彩电维修完全图解	48.00	2013 年 3 月
9787122156013	家电维修半月通丛书——空调器维修技能半月通	29.00	2017 年 1 月
9787122144539	家电维修完全掌握丛书——家用电器维修技能完全掌握	69.00	2017 年 6 月
9787122202635	家电维修完全掌握丛书——小家电维修技能完全掌握	49.00	2014 年 7 月
9787122202925	家电维修完全掌握丛书——液晶电视维修技能完全掌握	49.00	2014 年 7 月
9787122239051	百分百全图揭秘变频空调器速修技法：双色版	49.00	2017 年 6 月
9787122235657	百分百全图揭秘彩色电视机速修技法(双色版)	49.00	2016 年 1 月
9787122236661	百分百全图揭秘电冰箱速修技法(双色版)	49.00	2016 年 1 月
9787122237743	百分百全图揭秘电磁炉速修技法(双色版)	49.00	2016 年 1 月
9787122235664	百分百全图揭秘电动自行车速修技法(双色版)	49.00	2016 年 1 月
9787122239433	百分百全图揭秘空调器速修技法(双色版)	48.00	2016 年 1 月
9787122236913	百分百全图揭秘液晶电视机速修技法(双色版)	49.00	2016 年 1 月
9787122236043	百分百全图揭秘智能手机速修技法：双色版	49.00	2016 年 1 月

续表

ISBN 号	书　　名	定价	出版日期
9787122229120	电磁炉维修就学这些	48.00	2016 年 6 月
9787122260574	电动自行车维修就学这些	39.00	2016 年 4 月
9787122233806	家电维修精品课堂——电冰箱维修就学这些	46.00	2017 年 1 月
9787122228949	家电维修精品课堂——洗衣机维修就学这些	39.00	2017 年 3 月
9787122219435	空调器维修就学这些	48.00	2015 年 5 月
9787122260567	小家电维修就学这些	39.00	2016 年 4 月
9787122198402	家用电器维修全程精通丛书——图解彩色电视机维修完全精通：双色版	58.00	2014 年 6 月
9787122187444	家用电器维修完全精通丛书——图解电磁炉维修完全精通（双色版）	58.00	2017 年 7 月
9787122187932	家用电器维修完全精通丛书——图解洗衣机维修完全精通（双色版）	58.00	2017 年 2 月
9787122187970	家用电器维修完全精通丛书——图解中央空调安装、检修及清洗完全精通（双色版）	58.00	2017 年 6 月
9787122224361	家用电器故障维修速查全书——图解电动自行车故障维修速查大全	38.00	2015 年 1 月
9787122225177	家用电器故障维修速查全书——图解洗衣机故障维修速查大全	38.00	2015 年 6 月
9787122217851	家用电器故障维修速查全书——图解液晶电视机故障维修速查大全	38.00	2017 年 6 月
9787122219053	图解变频空调器故障维修速查大全	38.00	2017 年 9 月
9787122218704	图解彩色电视机故障维修速查大全	38.00	2015 年 1 月
9787122221124	图解电冰箱故障维修速查大全	46.00	2015 年 1 月
9787122218971	图解空调器故障维修速查大全	38.00	2015 年 1 月
9787122284365	家电维修职业技能速成课堂 · 变频空调器	36.00	2017 年 2 月
9787122284839	家电维修职业技能速成课堂 · 彩色电视机	48.00	2017 年 2 月
9787122282965	家电维修职业技能速成课堂 · 电冰箱	39.00	2017 年 2 月
9787122286338	家电维修职业技能速成课堂 · 电磁炉	39.00	2017 年 3 月
9787122283665	家电维修职业技能速成课堂 · 电动自行车	36.00	2017 年 1 月
9787122283870	家电维修职业技能速成课堂 · 空调器	36.00	2017 年 2 月
9787122284372	家电维修职业技能速成课堂 · 热水器	36.00	2017 年 2 月
9787122285850	家电维修职业技能速成课堂 · 洗衣机	38.00	2017 年 3 月
9787122285683	家电维修职业技能速成课堂 · 小家电	48.00	2017 年 3 月
9787122283887	家电维修职业技能速成课堂 · 液晶电视机	36.00	2017 年 2 月
9787122285287	家电维修职业技能速成课堂 · 智能手机	39.00	2017 年 2 月
9787122200952	图解液晶电视机维修完全精通（双色版）	58.00	2016 年 3 月
9787122204769	变频空调器故障维修全程指导：超值版	28.00	2017 年 7 月
9787122255723	彩色电视机 · 液晶电视机维修从入门到精通	88.00	2016 年 2 月
9787122241887	彩色电视机检测数据及信号波形实修实查大全	68.00	2016 年 1 月
9787122262301	彩色电视机维修技能精要	88.00	2016 年 6 月
9787122004826	常用电器与设备维修速查手册	25.00	2016 年 6 月

续表

ISBN 号	书　　名	定价	出版日期
9787122204776	电冰箱故障维修全程指导：超值版	28.00	2015 年 9 月
9787122177773	电动自行车 / 三轮车精修名师 1 对 1 培训教程（附学习卡）	49.80	2013 年 11 月
9787122217059	电动自行车故障检修现场通	38.00	2014 年 11 月
9787122182272	电动自行车维修店开店指南	38.00	2013 年 11 月
9787122134417	电动自行车维修全程指导（双色版）(赠 50 元学习卡）	38.00	2013 年 10 月
9787122191175	电动自行车维修速成全图解：双色精通版	58.00	2017 年 2 月
9787122234315	电动自行车维修掌中宝	28.00	2016 年 3 月
9787122162458	电动自行车维修自学速成——电动自行车电动机图表速查速修	48.00	2013 年 5 月
9787122253859	家电维修工作手册	49.00	2017 年 6 月
9787122222138	家电维修快捷入门	49.00	2017 年 4 月
9787122163165	家电维修全程指导全集．彩色电视机・液晶、等离子彩电・洗衣机	88.00	2016 年 1 月
9787122163158	家电维修全程指导全集．空调器、电冰箱、变频空调器	88.00	2017 年 2 月
9787122197085	就业金钥匙——图解电动自行车维修一本通	38.00	2014 年 5 月
9787122255730	空调器・变频空调器维修从入门到精通	88.00	2017 年 6 月
9787122294012	空调器维修从入门到精通（图解彩色版）	49.80	2017 年 9 月
9787122225221	空调器维修从入门到精通（图解最全版）	58.00	2016 年 8 月
9787122131294	名优液晶电视机电路精选图集	68.00	2012 年 5 月
9787122200044	摩托车维修技巧与电路图集	58.00	2017 年 6 月
9787122200938	巧用万用表检修家电	29.80	2016 年 8 月
9787122142276	双色图解空调器维修从入门到精通	49.80	2017 年 6 月
9787122144430	双色图解万用表检测电子元器件	38.00	2013 年 8 月
9787122245106	图解家用电器维修手册	148.00	2016 年 2 月
9787122202345	图解空调器维修从入门到精通（全新彩色版）	49.80	2015 年 6 月
9787122295118	图解空调器维修从入门到精通．加强版	68.00	2017 年 7 月
9787122223920	图解空调器维修一看就懂	48.00	2015 年 5 月
9787122238566	无师自通学液晶电视机维修	49.00	2015 年 9 月
9787122194152	新型空调器控制电路图集	68.00	2014 年 5 月
9787122289872	新型中央空调器维修技能一学就会	59.80	2017 年 5 月
9787122235541	液晶电视集成电源维修精粹	49.00	2015 年 7 月
9787122159946	液晶电视维修技能从新手到高手	48.00	2017 年 6 月
9787122235534	一步到位学会家电维修	49.00	2017 年 4 月
9787122224316	一步到位学会空调器维修	46.00	2015 年 5 月
9787122221094	一步到位学会液晶电视机维修	48.00	2017 年 5 月
9787122274830	用万用表检修液晶电视机一学就会	58.00	2016 年 10 月